21 世纪全国本科院校土木建筑类创新型应用人才培养规划教材

特殊土地基处理

主 编 刘起霞 张 明

北京大学出版社
PEKING UNIVERSITY PRESS

内容简介

　　本书针对几类特殊土的工程性质，介绍了相应的地基处理方法、地基处理效果检测与评价方法，以及地基处理设计与施工应注意的问题，并列举了各类特殊土地基处理的工程应用实例。全书共 8 章，内容包括绪论、软土地基处理、湿陷性黄土地基处理、膨胀土地基处理、冻土地基处理、吹填土地基处理、盐渍土地基处理、其他特殊土地基处理。

　　本书可作为普通高等院校土木工程、岩土工程专业的本科高年级学生和研究生教材，也可作为土木工程、岩土工程及相关专业的科研、设计、施工及教学人员的参考用书。

图书在版编目(CIP)数据

特殊土地基处理/刘起霞，张明主编. —北京：北京大学出版社，2014.3
（21 世纪全国本科院校土木建筑类创新型应用人才培养规划教材）
ISBN 978－7－301－23997－1

Ⅰ.①特…　Ⅱ.①刘…②张…　Ⅲ.①地基处理—高等学校—教材　Ⅳ.①TU472.99

中国版本图书馆 CIP 数据核字(2014)第 041708 号

书　　　　名：特殊土地基处理	
著作责任者：刘起霞　张　明　主编	
策 划 编 辑：吴　迪	
责 任 编 辑：伍大维	
标 准 书 号：ISBN 978－7－301－23997－1/TU・0392	
出 版 发 行：北京大学出版社	
地　　　　址：北京市海淀区成府路 205 号　100871	
网　　　　址：http://www.pup.cn　新浪官方微博：@北京大学出版社	
电 子 信 箱：pup_6@163.com	
电　　　　话：邮购部 62752015　发行部 62750672　编辑部 62750667　出版部 62754962	
印 刷 者：北京鑫海金澳胶印有限公司	
经 销 者：新华书店	

　　　　　　787 毫米×1092 毫米　16 开本　25.5 印张　594 千字
　　　　　　2014 年 3 月第 1 版　2014 年 3 月第 1 次印刷

定　　　　价：50.00 元

前　　言

我国地域辽阔，地质条件复杂，由于不同的地理环境、气候条件、地质因素及次生变化等，使一些土类具有特殊的工程性质，形成了各式各样的区域性特殊土。作为建筑物地基来讲，这些土质往往表现为不良土，工程建设中如不采取相应的地基处理措施，势必产生一系列特殊土的岩土工程问题，甚至造成重大的工程事故。所以，掌握特殊土的工程性质与相应的地基处理方法是很有必要的。

"特殊土地基处理"是土木工程学科岩土工程专业的一门重要的专业课，是人类在长期的生产实践中发展起来的一门应用学科。本书旨在使学生掌握几类特殊土的工程性质与相应的地基处理方法，了解地基处理设计、施工中应着重注意的问题，综合运用土力学与地基基础设计基本理论及力学知识进行各类特殊土地基处理方案选择与地基处理设计。本书对特殊土工程性质和地基处理方法的基本理论进行了阐述，并结合现行规范和工程实例，力求反映地基处理领域的前沿动态，拓展学生的设计创新能力，使学生能够应用特殊土的综合性知识服务于工程建设。

按照高等学校土木工程专业指导委员会关于"土木工程专业本科(四年制)培养方案"的要求，"地基处理"是高等院校土木类专业(应用型)工程课群组四年制本科教育的一门专业选修课，是地下、岩土、矿山专业课群组的核心课程，是继"土力学"和"基础工程"等主干课程之后开设的又一门重要专业课。本书作为高等学校土木工程专业地基处理与托换技术课程的教材，严格按照新修订的"地基处理"课程教学大纲要求和新的国家规范编写，内容主要包括：绪论、软土地基处理、湿陷性黄土地基处理、膨胀土地基处理、冻土地基处理、吹填土地基处理、盐渍土地基处理、其他特殊土地基处理 8 章，并编入适量课后习题。

本书以各类特殊土为主线，依照《建筑地基处理技术规范》(JGJ 79—2012)、《建筑地基基础设计规范》(GB 50007—2011)、《建筑地基基础工程施工质量验收规范》(GB 50202—2002)和《建筑基坑工程监测技术规范》(GB 50497—2009)等最新规范，深入浅出地阐述了各类特殊土地基处理方法的加固理论，强调基本理论、基本原理和基本方法的学习，注重适用性和可操作性，重视实践性环节，以达到解决工程实际问题的目的。各章重点叙述特殊土的基本物理力学性质、特殊工程地质特性、评价指标、加固或作用机理(原理)、设计要点、施工要点、施工监测、质量检测与效果检测等，并参照近年来注册岩土工程师考试的内容和题型编写了课后习题。

本书由河南工业大学刘起霞副教授和河南工程学院张明副教授主编，编写人员具体分工如下：前言、第 1 章和第 3 章由河南工业大学刘起霞副教授编写；第 2 章和第 6 章由河南工程学院张明副教授编写；第 4 章由河南工业大学赵阳博士编写；第 5 章由三门峡职业技术学院杨永生讲师编写；第 7 章由深圳市房地产评估发展中心胡荣华博士编写；第 8 章由中国铁道科学研究院付兵先博士编写。

本书得到张明副教授主持的河南工程学院博士基金项目(D2012007)资金的资助及课题组成员的支持，在编写过程中，也得到河南工业大学和河南工程学院部分教师的大力支持，在此表示感谢！

最后，编者向本书的主审邹剑峰教授以及本书参考文献的所有作者和同行表示感谢。

由于编者水平有限，书中不妥之处在所难免，恳请读者批评指正！

编　者

2013 年 12 月

目　　录

第 **1** 章
绪　论

教学目标

本章主要讲述特殊土的地基处理方法。通过本章的学习，应达到以下目标：

(1) 掌握地基处理的概念；

(2) 掌握地基处理的目的和意义；

(3) 掌握各种特殊土的工程地质性质；

(4) 重点掌握地基处理的各种方法；

(5) 重点掌握地基处理方案的选择；

(6) 了解地基处理技术在我国的发展阶段和发展趋势。

教学要求

知识要点	能力要求	相关知识
地基处理的概念、目的和意义	(1) 掌握地基处理的概念 (2) 掌握人工地基和天然地基的概念 (3) 掌握地基处理的目的 (4) 掌握地基处理的意义	(1) 天然地基和人工地基的概念 (2) 地基处理的概念 (3) 地基处理的目的 (4) 地基处理的意义
特殊土的类型和分布	(1) 掌握地基处理的对象 (2) 熟悉软土的特性 (3) 熟悉冻土的特性 (4) 熟悉填土的特性 (5) 熟悉混合土及特性	(1) 软弱地基 (2) 特殊土地基 (3) 湿陷性黄土 (4) 盐渍土及其特性 (5) 混合土及其特性 (6) 填土及其特性
特殊土采用的地基处理方法及适用范围	(1) 掌握地基处理方法的分类 (2) 掌握地基处理方法的原理 (3) 掌握地基处理方法的适用范围	(1) 换土垫层法 (2) 重锤夯实法 (3) 平板振动法 (4) 强夯挤淤法 (5) 强夯法 (6) 挤密法 (7) 堆载预压法 (8) 加筋法 (9) 热学法 (10) 化学加固法
地基处理方案的选择和设计原则	(1) 了解地基处理设计前的工作内容 (2) 掌握地基处理方案的确定步骤	(1) 地基处理设计方法 (2) 影响地基处理的因素
地基处理技术在我国的发展简况	(1) 了解地基处理发展阶段 (2) 了解地基处理技术存在的问题 (3) 了解地基处理技术在我国的发展简况	(1) 建筑地基处理技术规范 (2) 优化设计理论

基本概念

基础、地基、天然地基、人工地基、地基处理、托换技术、软弱地基、软土、湿陷性黄土、膨胀土、红黏土、冻土、盐渍土、混合土。

引例

在土木工程建设中，天然地基在上部结构传递的荷载及外加荷载作用下，往往由于强度不足会产生较大的沉降和侧向变形，影响建(构)筑物的稳定性。人们常常采用不同的方法加固和处理地基，特别是现在建筑的类型复杂性越来越大，大桥的规模也越来越大，高速公路和高速铁路的修建，都使我们面临的地基处理问题难度越来越大，所以深入研究地基处理问题具有巨大的现实意义。

1.1 地基处理

1.1.1 地基处理的概念、目的和意义

我国地域广阔，软弱地基类别多、分布广，当今国内土木工程建设规模大、发展快。而地基是整个土木工程的基础，故地基处理尤为重要。对于软弱地基，复合地基是一种必不可少的地基技术处理方法，在当今的工程实践中往往能有效地解决所遇到的难题。复合地基较好地利用了增强体和天然地基土，两者共同承担建(构)筑物荷载的潜能，具有比较经济的特点，得到了学术界和工程界从事岩土工作的专家学者的广泛兴趣和高度重视。

1. 地基处理的概念

任何建(构)筑物的荷载最终将传递到地基上，由于上部结构材料强度很高，而地基土强度很低，压缩性较大，因此需要通过设置一定结构形式和尺寸的基础来解决这个矛盾。基础具有承上启下的作用，一方面它处于上部结构的荷载及地基反力的共同作用下，承受由此产生的内力；另一方面，基础底面的反力反过来又作为地基土的荷载，使地基产生应力和变形。基础设计时，除了需保证基础结构本身具有足够的刚度和强度外，同时还需选择合理的基础尺寸和布置方案，使地基的强度和沉降保持在规范允许的范围内。因此，基础设计又称为地基基础设计。凡是基础直接建在未经加固的天然土层上的地基称为天然地基。若天然地基很软弱，则事先需要经过人工处理后再建造基础，这种地基称为人工地基。

地基处理工程的设计和施工质量直接关系到建筑物的安全，如处理不当，往往会发生工程事故，且事后补救大多比较困难。因此，对地基处理要求实行严格的质量控制和验收制度，以确保工程质量。

地基处理(Foundation Treatment)一般是指用于改善支承建筑物的地基(土或岩石)的承载能力或抗渗能力所采取的工程技术措施，主要分为基础工程措施和岩土加固措施。有的工程不改变地基的工程性质，而只采取基础工程措施；有的工程还同时对地基的土和岩石加固，以改善其工程性质。

随着国民经济的高速发展，不仅需要选择在地基条件良好的场地从事建设，而且有时也不得不在地质条件不良的地基上进行修建。另外，科学技术的日新月异也使结构物的荷载日益增大，对变形要求越来越严，因而原来一般可评价为良好的地基，也可能在某种特定条件下非进行地基处理不可。因此，地基处理的重要地位也日益明显，已成为制约工程建设的主要因素。如何选择一种既满足工程要求，又节约投资的设计、施工和验算方法，已经刻不容缓地呈现在广大的工程技术人员面前。

2. 地基处理的目的和意义

软土是指近代沉积的软弱土层，由于它所具有的低强度、高压缩性和弱透水性，作为地基，常常成为棘手的工程地质问题。软土的成分包括饱含水分的软弱黏土和淤泥土，其工程性质主要取决于颗粒组成、有机质含量、土的结构、孔隙比及天然含水率。软土地基的共同特性是：天然含水率高，最小为30%，最高可达200%；孔隙比大，最小为0.8，最大达5；压缩系数大；渗透系数小，一般小于$1\times10^{-6}\,cm/s$；灵敏度高，在2～10之间，灵敏度高的软土，经扰动后强度降低很多。

软弱地基就是指压缩层主要由淤泥、淤泥质土、充填土、杂填土或其他高压缩性土层构成的地基。它是指基本上未经受过地形及地质变动，未受过荷载及地震动力等物理作用或土颗粒间的化学作用的软土、有机质土、饱和松砂土和淤泥质土等地层构成的地基。

软弱地基的特点决定了在这种地基上建造工程，必须进行地基处理。地基处理的目的就是利用换填、夯实、挤密、排水、胶结、加筋和热学等方法对地基土进行加固，用以改良地基土的工程特性，主要包括以下方面。

1）提高地基土的抗剪强度

地基的剪切破坏以及在土压力作用下的稳定性，取决于地基土的抗剪强度。因此，为了防止剪切破坏以及减轻土压力，需要采取一定措施以增加地基土的抗剪强度。

2）降低地基的压缩性

降低地基的压缩性主要是采用一定措施以提高地基土的压缩模量，以减少地基土的沉降。另外，防止侧向流动（塑性流动）产生持续的剪切变形，也是改善剪切特性的目的之一。

3）改善透水特性

由于地下水的运动会引起地基出现一些问题，为此，需要采取一定措施使地基土变成不透水层或减轻其水压力。

4）改善动力特性

地震时饱和松散粉细砂（包括一部分轻亚黏土）将会产生液化。因此，需要采取一定措施防止地基土液化，并改善其振动特性以提高地基的抗震特性。

5）改善特殊土的不良地基特性

改善特殊土的不良地基特性主要是指消除或减少黄土的湿陷性和膨胀土的膨胀性等以及其他特殊土的不良地基特性。

软弱土地基经过处理，不用再建造深基础和设置桩基，防止了各类倒塌、下沉、倾斜等恶性事故的发生，确保了上部基础和建筑结构的使用安全和耐久性，具有巨大的技术和经济意义。

1.1.2 地基处理技术在我国的发展概况

1. 地基处理技术的发展历史

1）古代地基处理技术

地基处理在我国有着悠久的历史，人民群众在长期的生产实践中积累了丰富的经验。据史料记载，早在 3000 年前我国就采用过竹子、木头、麦秸来加固地基；而早在 2000 多年前就开始采用向软土中夯入碎石等材料来挤密软土。此外，利用夯实的灰土和三合土等作为建（构）筑物垫层，在我国古建筑中应用就更为广泛。

2）现代地基处理技术

新中国成立以来，我国地基处理技术的发展历程大致经历了两个阶段。

第一阶段是指 20 世纪 50—60 年代的起步应用阶段。这一时期大量地基处理技术从苏联引进，如砂桩挤密、砂石垫层、重锤夯实、化学灌浆、石灰桩、灰土桩及井点降水等地基处理技术先后被引用或开发使用，为我国地基处理技术的发展积累了丰富的经验和教训。

第二阶段是指 20 世纪 70 年代至今的应用、发展、创新阶段，是我国地基处理技术发展的最主要阶段。大批国外先进地基处理技术被引进国内，从而大大促进了我国地基处理技术的应用和研究。1984 年中国土木工程学会土力学基础工程学会，在浙江大学成立了地基处理学术委员会，1986—2008 年先后召开了十届学术讨论会，组织编著了《地基处理手册》（1988 年第 1 版、2002 年第 2 版），出版了《地基处理》期刊，原建设部也组织编写了《建筑地基处理技术规范》（JGJ 79—1991）、《建筑地基处理技术规范》（JGJ 79—2002）。中国地基处理学术委员会成立的 30 多年，也是我国地基处理技术迅猛发展的 30 多年。到目前为止，不仅国外已有的地基处理方法被我国行业内专家全部掌握，而且还在工程实践中发展了适合我国国情的许多新的地基处理技术，如真空预压法、低强度桩复合地基技术、孔内夯扩技术等，地基综合处理能力已达到世界先进水平。

2. 地基处理发展中存在的问题

我国地基处理技术已经取得了很大的发展，各种地基处理技术的推广应用也产生了良好的经济和技术效益，但在发展中还存在着一些不容忽视的问题。

（1）理论研究落后，对地基处理各种工法及一般理论缺乏深入、系统的研究。例如，复合地基计算理论远落后于复合地基实践。因此，应加强复合地基理论的研究，如各类复合地基承载力和沉降计算，特别是沉降计算理论、复合地基优化设计、复合地基的抗震性状、复合地基可靠度分析等。另外，各种复合土体的性状也有待进一步认识。

（2）地基处理方案的选择、比较、优化不够，处理方法的选用有时比较盲目，不能正确评价各种地基处理方法的适用范围，不能因地制宜合理选用技术上可行、经济上节约、处理效果更好的方法。

（3）施工机械性能较低，技术效果和经济效益不高，与工程建设的需要有很大差距，严重影响地基处理的质量和水平。

（4）施工队伍素质参差不齐，建设管理体制有待完善。绝大多数施工队伍缺乏必要的技术培训，缺少熟练的技术工人，而现行体制只重视总包单位是否具有高资质，忽视了对具体施工队伍的资质考核与管理，难以形成熟练的专业化施工队伍。

（5）质量检验措施不够完善，不少工法施工的工程质量缺乏保障。

3. 地基处理技术未来发展的展望

展望地基处理的发展，需要综合考虑地基处理学科特点、工程建设对岩土工程发展的要求，以及相关学科发展对地基处理的影响。

1）优化设计理论研究

地基处理实践的发展势必促进地基处理理论的进步，理论的进步又将指导地基处理实践的进一步发展。在加强地基处理一般理论研究的同时，应特别重视对地基处理优化设计理论的深入研究。地基处理优化设计包括两个层面：一是地基处理方法的合理选用，二是某一方法的优化设计。目前许多地基处理设计仅停留在能够解决工程问题，没有做到合理选用设计方法，更没有做到优化设计方法。今后应加强地基处理优化设计理论的研究。

2）新材料的开发应用

新材料的开发应用包括新型材料的开发和工业废渣废料及建筑垃圾的利用两个方面。新型材料主要是指土工合成材料的开发，如目前常用的土工织物、土工膜、土工格栅、土工网、塑料排水带等。新型土工合成材料具有特殊的性能，能够明显改善地基土的性能，提高地基承载力、减小沉降和增加地基的稳定性。土工合成新型材料的发展必将促进地基处理新技术的发展。

近年来，利用工业废渣废料和城市建筑垃圾处理地基的研究也取得了可喜的进步，如采用生石灰和粉煤灰开发的二灰桩复合地基、利用废钢渣开发的钢渣桩复合地基、利用城市建筑垃圾开发的渣土桩复合地基。这些废料的开发利用，节约了大量的资源和建设费用，符合环保要求。

3）先进施工机械的研制

目前，在地基处理领域，我国施工机械能力与国外差距较大。例如，深层搅拌法、振冲法、高压喷射注浆法等工法的施工机械性能与国外相比有较大的差距。只有各种工法的施工机械能力有了较大提高，才能促进地基处理水平有较大提高。

在引进国外先进施工机械的同时，更应重视研制国产的高性能的先进施工机械，这也将是未来地基处理发展中急需解决的问题之一。

4）新工艺和新技术的发展

地基处理理论的深入研究、新材料的开发、先进施工机械的研制必将促进地基处理的新工艺、新技术发展。新工艺和新技术必将带来更好的技术效果和经济效益，发展地基处理的新工艺、新技术也是工程建设的需要。

5）多种地基处理技术的综合应用

地基处理技术，包括地基加固技术（主要作用是增强软土地基的承载力，减少其沉降变形）、桩基技术（主要作用是把上部荷载传至地基深部）、地下连续墙技术（主要作用是提供侧向支护）。这三种不同施工技术的综合应用形成了许多新技术、新工艺，能产生更好的技术效果、经济效益和社会效益。随着地基处理技术水平的提高，多种地基处理技术的综合应用将是我国地基处理技术发展的一个新动向。

6）复合地基理论的运用和发展

随着地基处理技术的发展，复合地基技术得到愈来愈多的应用。复合地基是指天然地基在地基处理过程中部分土体得到增强或被置换，或在天然地基中设置加筋材料，加固区由基体（天然地基土体）和增强体两部分组成的人工地基。

开展复合地基的本构模型研究可以从两个方向努力：一是努力建立用于解决实际工程问题的实用模型；二是为了建立能进一步反映某些岩土体应力应变特性的理论模型。理论模型包括各类弹性模型、弹塑性模型、黏弹性模型、黏弹塑性模型、内时模型和损伤模型，以及结构性模型等。它们应能较好地反映地基的某种或几种变形特性，是建立工程实用模型的基础。工程实用模型应是为某地区岩土、某类岩土工程问题建立的本构模型，它应能反映这种情况下岩土体的主要性状。用它进行工程计算分析，可以获得工程建设所需精度的满意的分析结果。

地基处理是地基与环境科学密切结合的一门新学科。它主要应用岩土工程的观点、技术和方法为治理和保护环境服务。人类生产活动和工程活动造成许多环境公害，如采矿造成采空区坍塌，过量抽取地下水引起区域性地面沉降，工业垃圾、城市生活垃圾及其他废弃物和有毒有害废弃物污染环境，施工扰动对周围环境的影响等。另外，地震、洪水、风沙、泥石流、滑坡、地裂缝、隐伏岩溶引起地面塌陷等灾害对环境造成破坏。上述环境问题的治理和预防给岩土工程师们提出了许多新的研究课题。随着城市化、工业化发展进程加快，地基处理的研究将更加重要。应从保持良好的生态环境和保持可持续发展的高度来认识和重视地基处理的研究。

展望地基处理的发展，要特别重视特殊岩土工程问题的研究，如库区水位上升引起的周围山体边坡稳定问题，越江越海地下隧道中的岩土工程问题，超高层建筑的超深基础工程问题，特大桥、跨海大桥超深基础工程问题，大规模地表和地下工程开挖引起的岩土体卸荷变形破坏问题等。

1.2 特殊土的类型及其特性

《建筑地基基础设计规范》（GB 50007—2011）中规定：软弱地基（Soft Foundation）指主要由淤泥、淤泥质土、冲填土、杂填土或其他高压缩性土层构成的地基。

特殊土地基（Special Ground）大部分具有地区性特点，它包括软土、湿陷性黄土、膨胀土、红黏土、冻土，以及盐渍土、混合土等。

1.2.1 特殊土的类型

1. 软土

软土（Soft Soil）是在静水或非常缓慢的流水环境中沉积，并经生物化学作用形成，其天然含水量大于液限，天然孔隙比大于 1.0 的黏性土。

这类土的物理特性大部分是饱和的，含有机质。当软土的天然孔隙比大于 1.5 时，称为淤泥；天然孔隙比大于 1 而小于 1.5 时，称为淤泥质土。

一般是第四纪后期在滨海、湖泊、河滩、三角洲、冰碛等地质沉积环境下沉积形成的，软土广布在我国东南沿海、内陆平原和山区，如上海、杭州、温州、福州、广州、宁波、天津和厦门等沿海地区，以及武汉和昆明等内陆地区。

软土的特性是天然含水量高、天然孔隙比大、抗剪强度低、压缩系数大、渗透系数小。在外荷载作用下，地基承载力低、变形大、不均匀变形也大、透水性差和变形稳定历时较长。在比较深厚的软土层上，建筑物基础的沉降常持续数年乃至数十年之久。

2. 湿陷性黄土

凡天然黄土在上覆土的自重应力作用下，或在上覆土自重应力和附加应力的共同作用下，受水浸湿后其结构迅速破坏而发生显著附加沉降的黄土，称为湿陷性黄土(Collapsible Loess)。

由于黄土的浸水湿陷而引起建(构)筑物的不均匀沉降是造成黄土地区工程事故的主要原因。设计时首先要判断其是否具有湿陷性，再考虑如何进行地基处理。

我国湿陷性黄土广泛分布在甘肃、陕西、黑龙江、吉林、辽宁、内蒙古、山东、河北、河南、山西、宁夏、青海和新疆等地。

3. 膨胀土

膨胀土(Expansive Soil)是指土的黏性成分主要是由亲水性黏土矿物组成的黏性土，是一种吸水膨胀、失水收缩，具有较大的胀缩变形性能且反复变形的高塑性黏土。

我国膨胀土分布在广西、云南、湖北、河南、安徽、四川、河北、山东、陕西、江苏、贵州和广东等省。利用膨胀土作为建筑物地基时，必须进行地基处理。

4. 红黏土

在亚热带温湿气候条件下，石灰岩和白云岩等碳酸盐类岩石经风化作用所形成的褐红色黏性土，称为红黏土(Red Clay)。

红黏土通常是较好的地基土，但由于下卧岩层面起伏变化，以及基岩的溶沟、溶槽等部位常常存在软弱土层，致使地基土层厚度及强度分布不均匀，此时容易引起地基的不均匀变形。

5. 冻土

当温度低于0℃时，土中液态水冻结成冰并胶结土粒而形成的一种特殊土，称为冻土。冻土按冻结持续时间又分为季节性冻土(Seasonally Frozen Ground)和多年冻土。季节性冻土是指冬季冻结、夏季融化的土层。冻结状态持续三年以上的土层称为多年冻土或冻土(Permafrost)。

季节性冻土在我国东北、华北和西北广大地区均有分布，因其呈周期性的冻结和融化，对地基的稳定性影响较大。例如，冻土区地基因冻胀而隆起。可能导致基础被抬起、开裂及变形，而融化又使地基沉降，再加上建筑物下面各处地基土冻融程度不均匀，往往造成建筑物的严重破坏。

6. 岩溶

岩溶(Karst)主要出现在碳酸类岩石地区。其基本特性是地基主要受力层范围内受水的化学和机械作用面形成溶洞、溶沟、溶槽、落水洞以及土洞等。

我国岩溶地基广泛分布在贵州和广西两省。溶洞的规模不同，且沿水平方向延伸，有的有经常性水流，有的已干涸或被泥砂填实。

建造在岩溶地基上的建筑物，要慎重考虑可能会造成的地面变形和地基陷落。山区地基条件比较复杂，主要表现在地基的不均匀性和场地的稳定性两方面，基岩表面常常起伏大，而且可能存在大块孤石；另外还会遇到滑坡、崩塌和泥石流等不良地质现象。

7. 填土

1) 冲填土

在整治和疏通江河航道时，用泥浆泵将挖泥船挖出的含有大量水分的泥砂，通过输泥管吹填到江河两岸而形成的沉积土，称为冲(吹)填土(Hydraulic Fill)。

冲填土的成分比较复杂。以黏性土为例，由于土中含有大量的水分而难以排出，土体在沉积初期处于流动状态，因而冲填土属于强度较低、压缩性较高的欠固结土。另外，主要以砂或其他粗粒土所组成的冲填土，其性质基本上类似于粉细砂，而不属于软弱土范围。可见，冲填土的工程性质主要取决于其颗粒组成、均匀性和沉积过程中的排水固结条件。

2) 杂填土

杂填土(Miscellaneous Fill)是由于人类活动而任意堆填的建筑垃圾、工业废料和生活垃圾。杂填土的成因很不规律，组成物杂乱分布极不均匀，结构松散。它的主要特性是强度低、压缩性高和均匀性差，一般还具有浸水湿陷性。对有机质含量较多的生活垃圾和对基础有侵蚀性的工业废料等杂填土，未经处理不宜作为基础的持力层。

8. 盐渍土

盐渍土是盐土和碱土以及各种盐化、碱化土层的总称。盐土是指土层中可溶性盐含量达到对作物生长有显著危害的土类。盐分含量指标因不同盐分组成而异。碱土是指土层中含有危害植物生长和改变土壤性质的多量交换性钠的土类。盐渍土主要分布在内陆干旱、半干旱地区，滨海地区也有分布。全世界盐渍土面积约 897 万 km^2，约占世界陆地总面积的 6.5%，占干旱区总面积的 39%。中国盐渍土面积约 20 万 km^2，约占国土总面积的 2.1%。

盐渍土指的是不同程度的盐碱化土的统称。在公路工程中，一般指地表下 1.0m 深的土层内易溶盐平均含量大于 0.3% 的土。

盐渍土所处地形多为低平地、内陆盆地、局部洼地以及沿海低地，这是由于盐分随地面、地下径流而由高处向低处汇集，使洼地成为水盐汇集中心。但从小地形看，积盐中心则在积水区的边缘或局部高处，这是由于高处蒸发较快，盐分随毛管水由低处往高处迁移，使高处积盐较重。此外，由于各种盐分的溶解度不同，在不同地形区表现出土壤盐分组成的地球化学分异，即由山麓平原、冲积平原到滨海平原，土壤和地下水的盐分一般是由重碳酸盐、硫酸盐逐渐过渡到氯化物。

水文地质条件也是影响土壤盐渍化的重要因素。地下水埋深越浅和矿化度越高，土层积盐越强。

9. 混合土

在自然界中，常常存在一种粗细粒混杂的土，其中细粒含量较多。这种土如果按颗粒组成成分常可视为砂类土甚至碎石类土，其可通过 0.5mm 筛后的数量较多又可进行可塑性试验，按其塑性指数又可视为粉土或黏性土。这类土在分类中找不到相应的位置，为了正确评价这一类土的工程性质，把它们称为混合土。

混合土主要由级配不连续的黏粒、粉粒和碎石粒(砾粒)组成的土。

混合土的成因一般有冲积、洪积、坡积、冰碛、崩塌堆积、残积等。

1.2.2 特殊土的特性

特殊土一般具有下列工程特性。

1. 含水量较高，孔隙比较大

软土的成分主要是黏土粒组和粉土粒组，并含少量的有机质。黏粒的矿物成分为蒙脱石、高岭石和伊利石。这些矿物晶粒很细，呈薄片状，表面带负电荷，它与周围介质的水和阳离子相互作用，形成偶极水分子，并吸附于表面形成水膜，在不同的地质环境下沉积形成各种絮状结构。因此，这类土的含水量和孔隙比都比较高。根据统计，一般含水量为 $35\% \sim 80\%$，孔隙比为 $1 \sim 2$。软土的高含水量和大孔隙比不但反映土中的矿物成分与介质相互作用的性质，同时也反映软土的抗剪强度和压缩性的大小。含水量愈大，土的抗剪强度愈小，压缩性愈大。反之，强度愈大，压缩性愈小。《建筑地基基础设计规范》(GB 50007—2011)利用这一特性按含水量确定软土地基的承载力基本值。许多学者把软土的天然含水量与土的压缩指数建立相关关系，以推算土的压缩指数。

由此可见，从软土的天然含水量可以略知其强度和压缩性的大小，欲要改善地基软土的强度和变形特性，那么首先应考虑采用何种地基处理的方法来降低软土的含水量。

2. 抗剪强度很低

根据土工试验的结果，我国软土的天然不排水抗剪强度一般小于 20kPa，其变化范围在 $5 \sim 25$kPa。有效内摩擦角 $\varphi' = 20° \sim 35°$。固结不排水剪内摩擦角 $\varphi_{cu} = 12° \sim 17°$。正常固结的软土层的不排水抗剪强度往往随离地表深度的增加而增大，从地表往下每米的增长率为 $1 \sim 2$kPa。在荷载的作用下，如果地基能够排水固结，软土的强度将产生显著的变化，土层的固结速率愈快，软土的强度增加愈大。加快软土层的固结速率是改善软土强度特性的一种有效途径。

3. 压缩性较高

一般正常固结的软土层的压缩系数 $a_{1-2} = 0.5 \sim 1.5$MPa^{-1}，最大可达到 $a_{1-2} = 4.5$MPa^{-1}；压缩指数 $C_c = 0.35 \sim 0.75$，它与天然含水量的关系为 $C_c = 0.0147w - 0.213$。天然状态的软土层大多数属于正常固结状态，但也有部分属于超固结状态，近代海岸滩涂沉积为欠固结状态。欠固结状态土在荷载作用下产生较大沉降。超固结状态土，当应力未超过先期固结压力时，地基的沉降很小。因此研究软土的变形特性时应注意考虑软土的天然固结状态。先期固结压力 p_c 和超固结比 OCR 是表示土层固结状态的重要参数。它不但影响土的变形特性，同时也影响土的强度变化。

4. 渗透性很小

软土的渗透系数一般约为 $i \times 10^{-6} \sim i \times 10^{-2}$cm/s。所以在荷载作用下固结速率很慢。若软土层的厚度超过 10cm，要使土层达到较大的固结度(如 $U = 90\%$)往往需要 $5 \sim 10$ 年之久。所以在软土层上的建筑物基础的沉降往往拖延很长时间才能稳定，同样在荷载作用下地基土的强度增长也是很缓慢的。这对于改善地基土的工程特性是十分不利的。软土层的渗透性有明显的各向异性，水平向的渗透系数往往要比垂直向的渗透系数大，特别是含有水平夹砂层的软土层更为显著，这是改善软土层工程特性的一个有利因素。

5. 具有明显的结构性

软土一般为絮状结构，尤以海相黏土更为明显。这种土一旦受到扰动（振动、搅拌、挤压等），土的强度显著降低，甚至呈流动状态。土的结构性常用灵敏度 S_t 表示。我国沿海软土的灵敏度一般为 4～10，属于高灵敏土。因此，在软土层中进行地基处理和基坑开挖时，若不注意避免扰动土的结构，就会加剧土体的变形，降低地基土的强度，影响地基处理的效果。

6. 具有明显的流变性

在荷载的作用下，软土承受剪应力的作用产生缓慢的剪切变形，并可能导致抗剪强度的衰减，在主固结沉降完毕之后还可能继续产生可观的次固结沉降。

根据上述软土的特点，以软土作为建筑物的地基是十分不利的。由于软土的强度很低，天然地基上浅基础的承载力基本值一般为 50～80kPa，故不能承受较大的建筑物荷载，否则就可能出现地基的局部破坏乃至整体滑动，在开挖较深的基坑时，就可能出现基坑的隆起和坑壁的失稳现象。由于软土的压缩性较高，建筑物基础的沉降和不均匀沉降是比较大的，对于一般 4～7 层的砌体承重结构房屋，最终沉降为 0.2～0.5m，对于荷载较大的构筑物（储罐、粮仓、水池）基础的沉降一般达 0.5m 以上，有些甚至达到 2m 以上。如果建筑物各部位荷载差异较大，体形又比较复杂，就会产生较大的不均匀沉降。沉降和不均匀沉降过大将引起建筑物基础标高的降低，影响建筑物的使用条件，或者造成倾斜、开裂破坏。由于渗透性很小，固结速率很慢，沉降延续的时间很长，给建筑物内部设备的安装和与外部的连接带来许多困难。同时，软土的强度增长比较缓慢，长期处于软弱状态，会影响地基加固的效果。由于软土具有比较高的灵敏度，若在地基施工中采取振动、挤压和搅拌等作用，就可能引起软土结构的破坏，降低软土的强度。因此，在软土地基上建造建筑物，需要对软土地基进行处理。地基处理的目的主要是改善地基土的工程性质，达到满足建筑物对地基稳定和变形的要求，包括改善地基土的变形特性和渗透性，提高其抗剪强度和抗液化能力，消除其他不利的影响。

1.3 特殊土采用的地基处理方法及适用范围

1.3.1 特殊土采用的地基处理方法

近年来，许多重要的工程和复杂的工业厂房在软弱地基上兴建，工程实践的要求推动了软弱地基处理技术的迅速发展，地基处理的途径愈来愈多，考虑问题的思路日益新颖，老的方法不断改进完善，新的方法不断涌现。根据地基处理方法的原理，基本上分为如表 1-1 所示的几类。

表 1-1 常用地基处理方法的原理、作用及适用范围

分类	处理方法	原理及作用	适用范围
换土垫层法	机械碾压法	挖除浅层软弱土或不良土，分层碾压或夯实土，按回填的材料可分为砂垫层、碎石垫层、粉煤灰垫层、干渣垫层、灰土垫层、二灰土垫层和素土垫层等。提高持力层的承载力，减少沉降量，消除或部分消除土的湿陷性和胀缩性，防止土的冻胀作用以及改善土的抗液化性	常用于基坑面积宽大和开挖土方量较大的回填土方工程，一般适用于处理浅层软弱地基、湿陷性黄土地基、膨胀性土地基、季节性冻土地基、素填土和杂填土地基
	重锤夯实法		一般适用于地下水位以上稍湿的黏性土、砂土、湿陷性黄土、杂填土以及分层填土地层
	平板振动法		适用于处理无黏性土或黏粒含量少和透水性好的杂填土地基
	强夯挤淤法	采用边强夯、边填碎石、边挤淤的方法，在地基中形成碎石墩体，以提高地基承载力和减小沉降	适用于厚度较小的淤泥和淤泥质土地基。应通过现场试验确定其适用性
深层密实法	强夯法	利用强大的夯击能，迫使深层土液化和动力固结而密实	适用于碎石土、砂土、素填土、杂填土、低饱和度的粉土与黏性土、湿陷性黄土，对淤泥质土经试验证明施工有效时方可使用
	挤密法（砂桩挤密法）（振动水冲法）（灰土、二灰或土桩挤密法）（石灰桩挤密法）	通过挤密或振动使深层土密实，并在振动挤密过程中，回填砂、砾石、灰土、土或石灰等形成砂桩、碎石桩、灰土桩、二灰土桩、土桩或石灰桩，与桩间土一起组成复合地基，从而提高地基承载力，减少沉降量，消除或部分消除土的湿陷性或液化性	砂桩挤密法和振动水冲法一般适用于杂填土和松散砂土，对软土地基经试验证明加固有效时方可使用灰土桩、二灰土桩。土桩挤密法一般适用于地下水位以上，深度为 5～10m 的湿陷性黄土和人工填土
排水固结法	堆载预压法、真空预压法、降水预压法、电渗排水法、	通过布置垂直排水井，改善地基的排水条件，及采取加压、抽气、抽水和电渗等措施，以加速地基土的固结和强度增长，提高地基土的稳定性，并使沉降提前完成	适用于处理厚度较大的饱和软土和冲填土地基，但需要有预压的荷载和时间的条件。对于厚的泥炭层则要慎重对待
加筋法	加筋土、土锚、土钉		加筋土和土锚适用于人工填土的路堤和挡墙结构，土钉适用于土坡稳定
	土工聚合物	在人工填土的路堤或挡墙内，铺设土工聚合物、铜带、钢条、尼龙绳或玻璃纤维等作为拉筋，或在软弱土层上设置树根桩或碎石桩等，使这种人工复合土体，可承受抗拉、抗压、抗剪和抗弯作用，以提高地基承载力、增加地基稳定性和减少沉降	适用于砂土、黏性土和软土

（续）

分类	处理方法	原理及作用	适用范围
加筋法	树根桩		适用于各类土
	碎石桩		碎石桩(包括砂桩)适用于黏性土对于软土,经试验证明施工有效时方可采用
热学法	热加固法	通过渗入压缩的热空气和燃烧物,并依靠热传导,而将细颗粒土加热到适当温度(如温度在100℃以上),则土的强度就会增加,压缩性随之降低	适用于非饱和黏性土、粉土和湿陷性黄土
	冻结法	采用液体氮或二氧化碳膨胀的方法或采用普通的机械制冷设备与一个封闭式液压系统相连接,而使冷却液在里面流动,从而使软而湿的土进行冻结,以提高土的强度和降低土的压缩性	适用于各类土。对于临时性支承和地下水控制,特别在软土地质条件,开挖深度大于7~8m,以及低于地下水位的情况下,是一种普遍而有用的施工措施
化学加固法	灌浆法	通过注入水泥浆液或化学浆液的措施,使土粒胶结。用以改善土的性质,提高地基承载力,增加稳定性,减少沉降,防止渗漏	适用于处理岩基、砂土、粉土、淤泥质黏土、粉质黏土、黏土和一般填土层
	高压喷射注浆法	将带有特殊喷嘴的注浆管通过钻孔投入要处理的土层的预定深度,然后将浆液(常用水泥浆)以高压冲切土体,在喷射浆液的同时,以一定速度旋转、提升,即形成水泥土圆柱体;若喷嘴提升不旋转,则形成墙状固化体,可用以提高地基承载力,减少沉降,防止砂土液化、管涌和基坑隆起,建成防渗帷幕	适用于处理淤泥、淤泥质土、黏性土、粉土、黄土、砂土、人工填土和碎石土等地基,当土中含有较多的大粒径块石、坚硬黏性土、大量植物根茎或过多的有机质,应根据现场试验结果确定其适用程度
	水泥主搅拌法	分湿法(也称深层拌法)和干法(也称粉体喷射搅拌法)两种。湿法是利用深层搅拌机将水泥浆与地基土在原位拌和;干法是利用喷粉机将水泥粉(或石灰粉)与地基土在原位拌和,搅拌后形成柱状水泥土体,可提高地基承载力,减少沉降量,防止渗漏,增加稳定性	适用于处理淤泥、淤泥质土、粉土和含水率高且地基承载力标准值不大于120kPa的黏性土等地基。当用于处理泥炭土或地下水具有侵蚀性时,宜通过试验确定其适用程度

注：二灰为石灰和粉煤灰的拌合料。

表1-1中各种地基处理方法都有各自的特点和作用机理,在不同的土类中产生不同的加固效果和局限性。没有哪一种方法是万能的。具体的工程地质条件是千变万化的,工程对地基的要求也是不相同的,而且材料的来源、施工机具和施工条件也因工程地点的不同有较大的差别。因此,对于每一工程必须进行综合考虑,通过几种可能采用的地基处理方案的比较,选择一种技术可靠、经济合理、施工可行的方案,既可以是单一的地基处理方法,也可以是多种地基处理方法的综合处理。

1. 换土垫层法

1) 垫层法

其基本原理是挖除浅层软弱土或不良土，分层碾压或夯实土，按回填的材料可分为砂（或砂石）垫层、碎石垫层、粉煤灰垫层、干渣垫层、土（灰土、二灰土）垫层等。干渣分为分级干渣、混合干渣和原状干渣；粉煤灰分为湿排灰和调湿灰。换土垫层法可提高持力层的承载力，减少沉降量；常用机械碾压、平板振动和重锤夯实进行施工。

该法常用于基坑面积宽大和开挖土方量较大的回填土方工程，一般适用于处理浅层软弱土层（淤泥质土、松散素填土、杂填土、浜填土以及已完成自重固结的冲填土等）与低洼区域的填筑。一般处理深度为 $2\sim3\mathrm{m}$。适用于处理浅层非饱和软弱土层、素填土和杂填土等。

2) 强夯挤淤法

其原理是采用边强夯、边填碎石、边挤淤的方法，在地基中形成碎石墩体。可提高地基承载力和减小变形。适用于厚度较小的淤泥和淤泥质土地基，通过现场试验才能确定其适应性。

2. 振密、挤密法

振密、挤密法的原理是采用一定的手段，通过振动、挤压使地基土体孔隙比减小，强度提高，达到地基处理的目的。软土地基中常用强夯法，强夯法是利用强大的夯击能，迫使深层土液化和动力固结，使土体密实，用以提高地基土的强度并降低其压缩性。

3. 排水固结法

其基本原理是软土地基在附加荷载的作用下，逐渐排出孔隙水，使孔隙比减小，产生固结变形。在这个过程中，随着土体超静孔隙水压力的逐渐消散，土的有效应力增加，地基抗剪强度相应增加，并使沉降提前完成或提高沉降速率。

排水固结法主要由排水和加压两个系统组成。排水可以利用天然土层本身的透水性，尤其是上海地区多夹砂薄层的特点，也可设置砂井、袋装砂井和塑料排水板之类的竖向排水体。加压主要是地面堆载法、真空预压法和井点降水法。为加固软弱的黏土，在一定条件下，采用电渗排水井点也是合理而有效的。

1) 堆载预压法

在建造建筑物以前，通过临时堆填土石等方法对地基加载预压，达到预先完成部分或大部分地基沉降，并通过地基土固结提高地基承载力，然后撤除荷载，再建造建筑物。

临时的预压堆载一般等于建筑物的荷载，但为了减少由于次固结而产生的沉降，预压荷载也可大于建筑物荷载，称为超载预压。为了加速堆载预压地基固结速度，常可与砂井法或塑料排水带法等同时应用。如黏土层较薄，透水性较好，也可单独采用堆载预压法。

该方法适用于软土地基。

2) 砂井法（包括袋装砂井、塑料排水带等）

在软土地基中，设置一系列砂井，在砂井之上铺设砂垫层或砂沟，人为地增加土层固结排水通道，缩短排水距离，从而加速固结，并加速强度增长。砂井法通常辅以堆载预压，称为砂井堆载预压法。

该方法适用于透水性低的软弱黏性土，但对于泥炭土等有机质沉积物不适用。

3）真空预压法

在黏土层上铺设砂垫层，然后用薄膜密封砂垫层，用真空泵对砂垫层及砂井抽气，使地下水位降低，同时在大气压力作用下加速地基固结。

该方法适用于能在加固区形成（包括采取措施后形成）稳定负压边界条件的软土地基。

4）真空-堆载联合预压法

当真空预压达不到要求的预压荷载时，可与堆载预压联合使用，其堆载预压荷载和真空预压荷载可叠加计算。

该方法适用于软土地基。

5）降低地下水位法

通过降低地下水位使土体中的孔隙水压力减小，从而增大有效应力，促进地基固结。

该方法适用于地下水位接近地面而开挖深度不大的工程，特别适用于饱和粉、细砂地基。

6）电渗排水法

在土中插入金属电极并通以直流电，由于直流电场作用，土中的水从阳极流向阴极，然后将水从阴极排除，而不让水在阳极附近补充，借助电渗作用可逐渐排除土中的水。在工程上常利用它降低黏性土中的含水量或降低地下水位来提高地基承载力或边坡的稳定性。

该方法适用于饱和软土地基。

4. 置换法

其原理是以砂、碎石等材料置换软土，与未加固部分形成复合地基，以达到提高地基强度的目的。

1）振冲置换法

振冲置换法也称作碎石桩法，该方法是利用一种单向或双向振动的冲头，边喷高压水流边下沉成孔，然后边填入碎石边振实，形成碎石桩。桩体和原来的黏性土构成复合地基，以提高地基承载力和减小沉降。

该方法适用于不排水抗剪强度大于 20kPa 的淤泥、淤泥质土、砂土、粉土、黏性土和人工填土等地基。对不排水抗剪强度小于 20kPa 的软土地基，采用碎石桩法须慎重。

2）石灰桩法

在软弱地基中用机械成孔，填入作为固化剂的生石灰并压实形成桩体，利用生石灰的吸水、膨胀、放热作用以及土与石灰的物理化学作用，改善桩体周围土体的物理力学性质，同时桩与土形成复合地基，达到地基加固的目的。

该方法适用于软弱黏性土地基。

3）强夯置换法

对厚度小于 6m 的软弱土层，边夯边填碎石，形成深度 3～6m、直径为 2m 左右的碎石柱体，与周围土体形成复合地基。

该方法适用于软黏土。

4）水泥粉煤灰碎石桩

水泥粉煤灰碎石桩（CFG 桩）是在碎石桩基础上加进一些石屑、粉煤灰和少量水泥，加水拌和，用振动沉管打桩机或其他成桩机具制成的具有一定黏结强度的桩。桩和桩间土通过褥垫层形成复合地基。

该方法适用于填土、饱和及非饱和黏性土、砂土、粉土等地基。

5）EPS 超轻质料填土法

发泡聚苯乙烯（EPS）的重度只有土的 $1/100 \sim 1/50$，并具有较好的强度和压缩性能，用于填土料可有效减少作用在地基上的荷载，需要时也可置换部分地基土，以达到更好的效果。

该方法适用于软弱地基上的填方工程。

5. 加筋法

通过在土层中埋设强度较大的土工聚合物、拉筋、受力杆件等提高地基承载力、减小沉降、或维持建筑物稳定。

1）土工合成材料

土工合成材料是岩土工程领域中的一种新型建筑材料，是用于土工技术和土木工程，而以聚合物为原料的具有渗透性的材料的总称。它是将由煤、石油、天然气等原材料制成的高分子聚合物通过纺丝和后处理制成纤维，再加工制成各种类型的产品，置于土体内部、表面或各层土体之间，以发挥加强或保护土体的作用。常见的这类纤维有聚酰胺纤维（PA，如尼龙、锦纶）、聚酯纤维（如涤纶）、聚丙烯纤维（PP，如腈纶）、聚乙烯纤维（PE，如维纶）以及聚氯乙烯纤维（PVC，如氯纶）等。

利用土工合成材料的高强度、韧性等力学性能，扩散土中应力，增大土体的抗拉强度，改善土体或构成加筋土以及各种复合土工结构。土工合成材料的功能是多方面的，主要包括排水作用、反滤作用、隔离作用和加筋作用。

该方法适用于砂土、黏性土和软土，或用作反滤、排水和隔离材料。

2）加筋土

把抗拉能力很强的拉筋埋置在土层中，通过土颗粒和拉筋之间的摩擦力形成一个整体，用以提高土体的稳定性。

该方法适用于人工填土的路堤和挡墙结构。

3）土层锚杆

土层锚杆是依赖于土层与锚固体之间的黏结强度来提供承载力的，它使用在一切需要将拉应力传递到稳定土体中去的工程结构，如边坡稳定、基坑围护结构的支护、地下结构抗浮、高耸结构抗倾覆等。

该方法适用于一切需要将拉应力传递到稳定土体中去的工程。

4）土钉

土钉技术是在土体内放置一定长度和分布密度的土钉体，与土共同作用，用以弥补土体自身强度的不足。它不仅提高了土体整体刚度，又弥补了土体的抗拉和抗剪强度低的弱点，显著提高了整体稳定性。

该方法适用于开挖支护和天然边坡的加固。

5）树根桩法

在地基中沿不同方向，设置直径为 $75 \sim 250 \text{mm}$ 的细桩，可以是竖直桩，也可以是斜桩，形成如树根状的群桩，以支撑结构物或用以挡土，稳定边坡。

该方法适用于软弱黏性土和杂填土地基。

6. 胶结法

在软弱地基中部分土体内掺入水泥、水泥砂浆以及石灰等物，形成加固体，与未加固部分形成复合地基，以提高地基承载力和减小沉降。

1）注浆法

其原理是用压力泵把水泥或其他化学浆液注入土体，以达到提高地基承载力、减小沉降、防渗、堵漏等目的。

该方法适用于处理岩基、砂土、粉土、淤泥质黏土、粉质黏土、黏土和一般人工填土，也可加固暗浜和使用在托换工程中。

2）高压喷射注浆法

将带有特殊喷嘴的注浆管，通过钻孔置入要处理土层的预定深度，然后将水泥浆液以高压冲切土体，在喷射浆液的同时，以一定速度旋转、提升，形成水泥土圆柱体；若喷嘴提升而不旋转，则形成墙状固结体。通过高压喷射注浆，可以提高地基承载力、减少沉降、防止砂土液化、管涌和基坑隆起。

该方法适用于淤泥、淤泥质土、人工填土等地基。对既有建筑物可进行托换加固。

3）水泥土搅拌法

利用水泥、石灰或其他材料作为固化剂的主剂，通过特别的深层搅拌机械，在地基深处就地将软土和固化剂（水泥或石灰的浆液或粉体）强制搅拌，形成坚硬的拌和柱体，与原地层共同形成复合地基。

该方法适用于淤泥、淤泥质土、粉土和含水量较高且地基承载力标准值不大于120kPa的黏性土地基。

7. 冻结法

冻结法是通过人工冷却，使地基温度低到孔隙水的冰点以下，使之冷却，从而具有理想的截水性能和较高的承载力。该方法适用于软黏土或饱和的砂土地层。

8. 其他方法

1）锚杆静压桩

锚杆静压桩是结合锚杆和静压桩技术而发展起来的，它是利用建筑物的自重作为反力架的支承，用千斤顶把小直径的预制桩逐段压入地基，再将桩顶和基础紧固成一体后卸荷，以达到减少建筑物沉降的目的。

该方法主要适用于加固处理淤泥质土、黏性土、人工填土和松散粉土。

2）沉降控制复合桩基

沉降控制复合桩基是指桩与承台共同承担外荷载，按沉降要求确定用桩数量的低承台摩擦桩基。目前上海地区沉降控制复合桩基中的桩，宜采用桩身截面边长为250mm、长细比在80左右的预制混凝土小桩，同时工程中实际应用的平均桩距一般在5～6倍桩径以上。

该方法主要适用于较深厚软弱地基上，以沉降控制为主的8层以下多层建筑物。

表1-1虽已列出多种地基处理方法，但仍有些新方法未纳入表内，而且目前又有新的发展，不能一一阐述。本章简要介绍几种常用地基处理方法的作用原理、设计方法和施工质量要求。

1.3.2　地基处理方案的选择和设计原则

1. 地基处理设计前的工作内容

对建造在软弱地基上的工程进行设计以前，必须首先进行相关调查研究，主要内容如下。

1) 上部结构条件

建造物的体型、刚度、结构受力体系、建筑材料和使用要求；荷载大小、分布和种类；基础类型、布置和埋深；基底压力、天然地基承载力、地基稳定安全系数和变形容许值等。

2) 地基条件

地基条件包括建筑物场地所处的地形及地质成因、地基成层情况，软弱土层厚度、不均匀性和分布范围，持力层位置的状况，地下水情况及地基土的物理和力学性质等。

各种软弱地基的性状各不相同，现场地质条件随着场地的不同也是多变的，即使是同一种土质条件，也可能有多种地基处理方案。

如果根据软弱土层厚度确定地基处理方案，当软弱土层较薄时，可采用简单的浅层加固办法，如换土垫层法；当软弱土层较厚时，则可以按被加固土的特性和地下水的高低而采用排水固结法、挤密桩法、振冲法或强夯法。

如遇砂性土地基，若主要考虑解决砂土的液化问题，一般可采用强夯法、振冲法、挤密桩法或灌浆法。

如遇淤泥质土地基，由于其透水性差，一般应采用竖向排水井和堆载预压法、真空预压法、土工聚合物等；而采用各种深层密实法处理淤泥质土地基时要慎重对待。

3) 环境影响

在地基处理施工中应该考虑场地环境的影响。如采用强夯法和砂桩挤密法等施工时，振动和噪声会对邻近建筑物和居民产生影响和干扰；采用堆载预压法时，将会有大量的土方运进输出，既要有堆放场地，又不能妨碍交通；采用真空预压法或降水预压法时，往往会使邻近建筑物的地基产生附加沉降；采用石灰桩或灌浆法时，有时会污染周围环境。总之，施工时对场地的环境影响也不是绝对的，应慎重对待，妥善处理。

4) 施工条件

(1) 用地条件。如果施工时占地较多，则对工程施工较为方便，但有时会影响经济造价。

(2) 工期。从施工角度来讲，工期不宜太紧，这样可以有条件地选择缓慢加荷的堆载预压法等方法，且施工期间的地基稳定性会增大。但有时工程要求缩短工期，早日完工投入使用，这样就限制了某些地基处理方法的采用。

(3) 工程用料。尽可能就地取材，如当地产砂，就应该考虑采用砂垫层或挤密砂桩等方法的可能性；如有石料供应，就应考虑碎石垫层和碎石桩等方法。

(4) 其他条件。如当地某些地基处理的施工机械的有无、施工的难易程度、施工管理质量控制、施工管理水平和工程造价等因素也是采用何种地基处理方法的关键影响因素。

2. 地基处理方案的确定步骤

地基处理方法的选择和确定要根据下面的步骤进行。

(1) 搜集详细的工程质量、水文地质及地基基础的设计材料。

(2) 根据结构类型、荷载大小及使用要求，结合地形地貌、土层结构、土质条件、地下水特征、周围环境和相邻建筑物等因素，初步选定几种可供考虑的地基处理方案。另外，在选择地基处理方案时，应同时考虑上部结构、基础和地基的共同作用；也可选用加强结构措施(如设置圈梁和沉降缝等)和处理地基相结合的方案。

(3) 对初步选定的各种地基处理方案，分别从处理效果、材料来源及消耗、机具条件、施工进度、环境影响等方面进行认真的技术经济分析和对比，根据安全可靠、施工方便、经济合理等原则，因地制宜地寻找最佳的处理方法。值得注意的是，每一种处理方法都有一定的适用范围、局限性和优缺点。没有一种处理方案是万能的。必要时也可选择两种或多种地基处理方法组成的综合方案。

（4）对已选定的地基处理方法，应按建筑物重要性和场地复杂程度，在有代表性的场地上进行相应的现场试验和试验性施工，并进行必要的测试以验算设计参数和检验处理效果。如达不到设计要求，则应查找原因，采取措施或修改设计以达到设计的要求。

（5）地基土层的变化是复杂多变的，因此，确定地基处理方案，一定要有有经验的工程技术人员参加，对重大工程的设计一定要请专家们参加。当前有一些重大的工程，由于设计部门的缺乏经验和过分保守，往往使很多方案确定得不合理，浪费也很严重，必须引起足够的重视。

3. 地基处理方案的选择

各种地基处理方法的主要适用范围和加固效果如表 1-2 所示。

表 1-2 各种地基处理方法的主要适用范围和加固效果

按处理深浅分类	序号	处理方法	适用情况						加固效果				最大有效处理深度/m
			淤泥质土	人工填土	黏性土		无黏性土	湿陷性黄土	降低压缩性	提高抗剪性	形成不透水性	改善动力特性	
					饱和	非饱和							
浅层加固	1	换土垫层法	*	*	*	*		*	*	*		*	3
	2	机械碾压法		*		*	*	*	*	*			3
	3	平板振动法		*		*	*		*	*			1.5
	4	重锤夯实法		*		*	*	*	*	*			1.5
	5	土工聚合物法	*		*								
深层加固	6	强夯法		*		*	*	*	*	*		*	30
	7	砂桩挤密法	慎重	*	*	*	*		*	*		*	20
	8	振动水冲法	慎重	*	*	*	*		*	*			18
	9	灰土（土、二灰）桩挤密法		*		*		*	*	*			20
	10	石灰桩挤密法	*		*	*			*	*			20
	11	砂井（袋装砂井、塑料排水带）堆载预压法	*		*				*	*			15
	12	真空预压法	*		*				*	*			15
	13	降水预压法	*		*				*	*			30
	14	电渗排水法	*		*				*	*			20
	15	水泥灌浆法	*		*	*	*	*	*	*	*	*	20
	16	硅化法	*		*	*	*	*	*	*	*	*	20
	17	电动硅化法	*		*				*		*		

（续）

按处理深浅分类	序号	处理方法	适用情况						加固效果				最大有效处理深度/m
			淤泥质土	人工填土	黏性土				降低压缩性	提高抗剪性	形成不透水性	改善动力特性	
					饱和	非饱和	无黏性土	湿陷性黄土					
深层加固	18	高压喷射注浆法	*	*	*	*	*		*	*	*		20
	19	深层搅拌法	*	*	*	*			*	*	*		18
	20	粉体喷射搅拌法	*		*	*			*	*	*		13
	21	热加固法			*			*	*	*			15
	22	冻结法	*	*	*	*	*	*		*	*		

注：" * "表示适用或具有该种加固效果。

地基处理方法设计顺序可参考图 1-1。

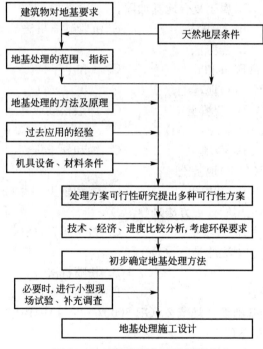

图 1-1　地基处理方法设计顺序

本 章 小 结

本章主要讲述了我国常见的特殊土的类型以及常见的处理方法，从每种特殊土的特性入手，介绍了不同的地基处理方法的原理。此外，本章还对地基处理的发展概况、地基处理发展中的问题及地基处理技术的发展方向进行了介绍。

本章的重点是掌握各种地基处理方法，并知道如何选用合适的地基处理方法。

习　题

一、思考题

1. 什么是人工地基？什么是天然地基？什么是地基处理？
2. 地基处理的目的和意义是什么？
3. 简述地基处理的发展简史。
4. 地基处理的对象是什么？特殊土的特性是什么？
5. 目前地基处理的方法有哪些？
6. 如何在众多的地基处理方法中选用合适的处理方法？

二、单选题

1. 地基加固方法（　　）属于复合地基加固。
a. 深层搅拌法　　　b. 换填法　　　　c. 沉管砂石桩法　　　d. 加筋法
e. 真空预压法　　　f. 强夯法
A. a 和 b　　　　　B. a 和 c　　　　　C. d 和 f　　　　　D. a 和 e

2. 换填法不适用于（　　）地基上。
A. 湿陷性黄土　　　B. 杂填土　　　　C. 深层松砂地基土　　D. 淤泥质土

3. 砂井堆载预压法不适合于（　　）。
A. 砂土　　　　　　B. 杂填土　　　　C. 饱和软土　　　　D. 冲填土

4. 强夯法不适用于（　　）地基土。
A. 松散砂土　　　　B. 杂填土　　　　C. 饱和软土　　　　D. 湿陷性黄土

5. 对于松砂地基不适用的处理方法是（　　）。
A. 强夯法　　　　　B. 杂填土　　　　C. 挤密碎石桩法　　D. 真空预压法

6. 下列不属于化学加固法的是（　　）。
A. 电渗法　　　　　　　　　　　　　B. 粉喷桩法
C. 深层水泥搅拌桩法　　　　　　　　D. 高压喷射注浆法

7. 我国《建筑地基基础设计规范》（GB 50007—2011）中规定，软弱地基是由高压缩性土层构成的地基，其中不包括（　　）地基土。
A. 淤泥质土　　　　B. 冲填土　　　　C. 红黏土　　　　　D. 饱和松散粉细砂土

8. 在地基处理中，如遇砂性土地基，若主要考虑解决砂土液化的问题，则不宜采用的地基处理方法为（　　）。
A. 强夯法　　　　　B. 真空预压法　　C. 挤密桩法　　　　D. 注浆法

第2章 软土地基处理

教学目标

本章主要介绍软土的工程性质及处理方法。通过本章的学习，应达到以下目标：

(1) 了解相关规范规程对软土的定义；

(2) 掌握软土的成因及分类；

(3) 重点掌握软土的工程性质；

(4) 掌握常用软土地基处理方法的分类；

(5) 重点掌握堆载预压法与真空预压法处理软土地基的加固机理与设计计算；

(6) 熟悉堆载预压法与真空预压法处理软土地基的施工工艺、施工监测与效果检测；

(7) 掌握换土垫层法的作用原理、设计计算、施工工艺与质量检验；

(8) 重点掌握强夯置换法的加固机理、设计与施工要点、施工监测与效果检验；

(9) 重点掌握砂石桩法处理软土地基的作用机理、设计计算、施工方法与效果检验；

(10) 掌握石灰桩法的加固机理、设计计算、施工工艺与效果检测；

(11) 熟悉高压喷射注浆法处理软土地基的加固机理、设计计算、施工方法与质量检验；

(12) 掌握水泥土搅拌法处理软土地基的加固机理、设计计算、施工工艺与质量检验；

(13) 熟悉长短桩复合地基的作用机理、承载力与沉降计算方法及设计施工要点。

教学要求

知识要点	能力要求	相关知识
软土的成因及工程性质	(1) 了解软土的成因类型 (2) 掌握我国软土的分布 (3) 掌握软土的工程性质	(1) 软土按照成因环境的分类 (2) 我国软土分布区域的划分 (3) 软土的物理力学指标 (4) 软土具有的工程性质
软土地基的处理方法——排水固结法	(1) 掌握常用软土地基处理方法的分类 (2) 掌握堆载预压法和真空预压法处理软土地基的加固机理 (3) 掌握排水固结法的设计计算理论 (4) 掌握排水固结法的设计要点 (5) 熟悉排水固结法处理软土地基的施工工艺 (6) 熟悉排水固结法处理软土地基的施工监测与效果检测	(1) 有效应力原理 (2) 软土地基的固结度 (3) 软土地基的抗剪强度增长值 (4) 软土地基的固结沉降计算方法 (5) 堆载预压法的设计 (6) 真空预压法的设计 (7) 水平排水系统与竖向排水系统 (8) 预压荷载 (9) 排水固结法处理软土地基的施工监测与处理效果检测

（续）

知识要点	能力要求	相关知识
软土地基的处理方法——置换法	（1）掌握换土垫层法处理软土地基的作用原理、设计计算、施工工艺和质量检验 （2）掌握强夯置换法加固软土地基的机理、设计与施工要点、施工监测与效果检验 （3）掌握砂石桩法处理软土地基的作用原理、主要设计计算内容、施工方法与效果检验 （4）掌握石灰桩法处理软土地基的加固机理、设计计算、施工工艺要点与效果检测	（1）砂垫层的作用机理 （2）垫层的厚度、宽度、承载力及沉降计算 （3）各类垫层的施工要点与质量检验 （4）强夯置换法加固软土地基的机理 （5）强夯置换法设计、施工要点及施工步骤 （6）强夯置换法施工监测与效果检验 （7）砂石桩处理饱和软土地基的置换作用与排水作用 （8）砂石桩地基处理的设计计算 （9）砂石桩振动成桩与锤击成桩法施工工艺步骤 （10）砂石桩地基处理效果的检验 （11）石灰桩处理软土地基的成孔挤密与吸水置换作用 （12）石灰桩设计一般原则及复合地基承载力与变形计算 （13）石灰桩加固效果检测
软土地基的处理方法——灌入固化物法	（1）掌握高压喷射注浆法加固软土地基的原理、设计计算、施工方法与质量检查 （2）掌握水泥土搅拌法加固软土地基的机理、设计计算、施工工艺与质量检验	（1）高压喷射注浆法加固软土地基的优点 （2）高压喷射注浆法的加固原理 （3）高压喷射注浆法的设计计算要点 （4）单管法、二重管法、三重管法喷射注浆施工 （5）旋喷桩喷射质量的检查 （6）水泥的水解和水化反应、水泥的离子交换和团粒化作用、凝硬作用与碳酸化作用 （7）水泥土搅拌法的设计计算 （8）喷浆型与喷粉型深层搅拌法的施工流程 （9）水泥土搅拌法的质量检验
软土地基的处理方法——加筋法	熟悉长短桩复合地基的作用机理、承载力与沉降计算、设计与施工及复合地基检测	（1）长短桩复合地基的适用条件 （2）长桩作用机理与短桩作用机理 （3）长短桩复合地基承载力计算的面积加权法与分布叠加法 （4）长短桩复合地基沉降计算的复合模量法与增大系数法 （5）长短桩复合地基的设计、施工要点及检测

基本概念

软土、排水固结法、堆载预压法、真空预压法、置换法、换土垫层法、强夯置换法、砂石桩法、石灰桩法、灌入固化物法、高压喷射注浆法、深层搅拌法、加筋法、长短桩复合地基法。

引例

我国沿海及内陆河流两岸和湖泊地区工程建设中经常会遇到第四纪后期由黏性土沉积或河流冲积形成的软土。软土具有含水量高、孔隙比大、压缩性高、抗剪强度低、透水性低、触变性与流变性及不均匀性等工程特性。这类特殊土直接作为建(构)筑物地基时，由于抗剪强度不足会产生局部或整体剪切破坏，在荷载作用下会产生过大的沉降或差异沉降，影响结构物的正常使用。为了保证建(构)筑物的安全和正常使用，必须对软土地基进行处理。软土地基的处理方法很多，根据地基处理的加固机理，本章针对软土的工程性质，介绍了常用的几类软土地基处理方法，并列举了典型的工程应用实例。

2.1 软土的概念

软土是一种特殊性岩土。我国新颁布的《软土地区岩土工程勘察规程》(JGJ 83—2011)中定义，凡天然孔隙比大于或等于1.0，天然含水量大于液限，具有高压缩性、低强度、高灵敏度、低透水性和高流变性，且在较大地震力作用下可能出现震陷的细粒土应判定为软土，包括淤泥、淤泥质土、泥炭、泥炭质土等。

软土中的淤泥和淤泥质土，在新颁布的《建筑地基基础设计规范》(GB 50007—2011)中又做了比较深入的界定：在静水或缓慢的流水环境中沉积，并经生物化学作用形成，其天然含水量大于液限、天然孔隙比大于或等于1.5的黏性土称为淤泥；天然含水量大于液限而天然孔隙比小于1.5，但大于或等于1.0的黏性土或粉土称为淤泥质土。而泥炭和泥炭质土是根据土中未分解的腐殖质(有机质)的含量来区分的，有机质含量大于60%的土称为泥炭，有机质含量大于等于10%且小于等于60%的土称为泥炭质土。

凡由上述软弱土层构成的地基称为软土地基，是工程建设中常遇到的需要处理的地基形式。

2.2 软土的成因、分布及工程性质

2.2.1 我国软土的成因及分布

1. 软土的成因类型

软土一般是指第四纪后期形成的黏性土沉积物或河流冲积物，它广泛分布在我国沿海及内陆河流两岸和湖泊地区，按照沉积环境可分为下列几种类型。

1）滨海沉积软土——泻湖相、三角洲相、滨海相、溺谷相

滨海沉积软土是在较弱的海浪暗流及潮汐的水动力作用下，逐渐沉积淤成的。表层广泛分布一层由近代各种营力作用生成的厚0～3m、黄褐色黏性土的硬壳，下部为淤泥夹粉、细砂透镜体，淤泥厚5～60m，多呈深灰色或灰绿色，常含有贝壳及海生物残骸。

泻湖相：沉积物颗粒微细、孔隙比大、强度低、分布范围较宽阔，常形成海滨平原。在泻湖边缘，表层常有厚0.3～2.0m的泥炭堆积，底部含有贝壳和生物残骸碎屑。

三角洲相：由于河流及海潮的复杂交替作用，而使淤泥与薄层砂交错沉积，受海流与波浪的破坏，分选程度差，结构不稳定，多交错不规则的尖灭层或透镜体夹层，结构疏松，颗粒细小。例如，上海地区深厚的软土层中夹有无数极薄的粉细砂层，为水平渗流提供了良好的通道。

滨海相：常与海浪暗流及潮汐的水动力作用形成的较粗颗粒（粗、中、细砂）相混杂，使其不均匀且极为疏松，增强了淤泥的透水性能，易于压缩固结。

溺谷相：孔隙比大、结构疏松、含水量高，有时甚于泻湖相。分布范围略窄，在其边缘表层也常有泥炭沉积。

2）湖泊沉积软土——湖相、三角洲相

湖泊沉积软土是淡水湖盆沉积物在稳定的湖水期逐渐沉积形成的。其物质来源与周围岩性基本一致，为有机质和矿物质的综合物。沉积物中夹有粉砂颗粒，呈现明显的层理。淤泥结构松软，呈暗灰、灰绿或灰黑色，表层硬层不规律，厚为0～4m，时而有泥炭透镜体。湖相沉积淤泥软土一般厚度较小，约为10m，最厚者可达25m。

3）河滩沉积软土——河床相、河漫滩相、牛轭湖相

河滩沉积软土主要包括河床相、河漫滩相和牛轭湖相。成层情况较为复杂，其成分不均一，走向和厚度变化大，平面分布不规则。软土常呈带状或透镜状，间与砂或泥炭互层，其厚度不大，一般小于10m。

4）沼泽沉积软土——沼泽相

沼泽是湖盆地、海滩在地下水、地表水排泄不畅的低洼地带，因蒸发量不足以干化淹水地面，使喜水植物滋生，常年淤积，逐渐衰退形成的一种沉积物，多以泥炭为主，且常出露于地表。下部分布有淤泥层或底部与泥炭互层。

2. 软土的分布

按工程性质结合自然地质地理环境，新颁布的《软土地区岩土工程勘察规程》（JGJ 83—2011）将我国软土划分为三个区。沿秦岭走向向东至连云港以北的海边一线，作为Ⅰ、Ⅱ地区的界线；沿苗岭、南岭走向向东至莆田的海边一线，作为Ⅱ、Ⅲ地区的界线。我国软土主要分布地区软土的工程地质特征如表2-1所示。这一分区可在区划、规划和勘察的前期工作中使用。

我国渤海的天津塘沽地区，海州湾的连云港，杭州湾的杭州，甬江口的宁波、镇海，舟山群岛的舟山，温州湾的温州，三都港的宁德、三都，泉州港的泉州，厦门港的厦门，闽江口平原地区的福州、马尾，汕头附近的柘林湾、湛江，多分布泻湖相、溺谷相或滨海相软土。泻湖相和溺谷相软土沉积深厚，黏粒含量高，如宁波、温州软土厚达35～40m。滨海相沉积软土中夹有较粗颗粒，厚度一般小于25m。

表 2 - 1　我国软土主要分布地区软土的工程地质特征

区划	海陆别	沉积相	土层深度 m	物理力学指标（平均值）												抗剪强度（固快）		无侧向抗压强度 (q_u) kPa
				天然含水量 (w) %	重度 (γ) kN/m³	孔隙比 (e) —	饱和度 (S_r) %	液限 (w_L) %	塑限 (w_P) %	塑性指数 (I_P) —	液性指数 (I_L) —	有机质含量 %	压缩系数 (a_{1-2}) MPa⁻¹	垂直方向渗透系数 (k) cm/s	内摩擦角 (φ) 度	黏聚力 (c) kPa	
北方 I 地区	沿海	滨海	2～24	43	17.8	1.21	98	44	25	19.2	1.22	5.0	0.88	5.0×10^{-6}	10	11	40
		三角洲	5～29	40	17.9	1.11	97	35	19	16	1.35	—	0.67	—	—	—	—
	沿海	滨海	2～30	52	17.0	1.42	98	42	21	21	—	2.3	1.06	4.0×10^{-8}	11	4	50
		泻湖	1～30	50	16.8	1.56	98	47	25	22	1.34	6	1.30	7.0×10^{-8}	13	6	45
		溺谷	2～30	58	16.3	1.67	97	52	31	26	1.90	8	1.55	3.0×10^{-7}	15	8	26
		三角洲	2～19	43	17.6	1.24	98	40	23	17	1.11	—	1.00	1.5×10^{-6}	17	6	40
中部 II 地区	内陆	高原湖泊	—	77	15.6	1.93	—	70	—	28	1.28	18.4	1.60	—	6	12	—
		平原湖泊	—	47	17.4	1.31	—	43	23	19	—	9.9	—	2×10^{-7}	—	—	—
		河漫滩	—	47	17.5	1.22	—	39	23	17	1.44	—	—	—	—	—	—
南方 III 地区	沿海	滨海	1～20	88.2	15.0	2.35	100	55.9	34.4	21.5	2.56	6.8	2.04	3.59×10^{-7}	2.1	6	4.8
		三角洲	1～19	50.8	17.0	1.45	100	33.0	18.8	14.2	1.79	2.75	1.32	7.33×10^{-7}	5.2	11.6	13.8

长江三角洲的上海，珠江三角洲的广州，多分布典型的三角洲相软土，软土层内粉砂微层分布十分突出。

河谷平原上的软土，如长江中下游的武汉、芜湖、南京，珠江下游的肇庆、三水，多分布河漫滩相或牛轭湖相沉积软土。

湖相沉积软土主要分布于洞庭湖、洪泽湖、太湖、鄱阳湖四周和古云梦泽地区边缘地带，以及昆明的滇池地区等。

沼泽相沉积软土在我国分布较广泛。沿海自渤海湾的海河口至莱州湾的潍河口，自黄海的海州湾至川腰港。湖盆地沼泽如苏皖的射阳湖畔，高邮湖、白马湖盆地。东北嫩江河谷、松花江、乌苏里江河谷，小兴安岭的汤旺河谷，西南岷江上源，一些牛轭湖衰退形成的沼泽也有零星分布，它们常以泥炭为主，夹有软土、腐泥或砂层。

2.2.2 软土的工程性质

软土的成因复杂，各地软土表现出的物理力学指标也有所差异，各类软土的物理力学指标如表 2-2 所示。

表 2-2 各类软土的物理力学指标统计值

成因类型	天然含水量(w)	重度(γ)	天然孔隙比(e)	塑性指数(I_P)	压缩系数(a_{1-2})	内摩擦角(φ)	黏聚力(c)	垂直方向渗透系数(k)	灵敏度(S_t)
	%	kN/m³	—	%	MPa⁻¹	度	kPa	cm/s	—
滨海相沉积软土	40~100	15~18	1.0~2.3	14~29	1.2~3.5	1~7	2~20	$i\times(10^{-6}\sim10^{-8})$	2~7
湖泊相沉积软土	30~60	15~19	0.8~1.8	13~19	0.8~3.0	0~10	5~30	$i\times(10^{-6}\sim10^{-7})$	4~8
河滩相沉积软土	35~70	15~19	0.9~1.8	16~32	0.8~3.0	0~11	5~25	—	4~8
沼泽相沉积软土	40~120	14~19	0.52~1.5	18~34	>0.5	0	5~19	—	2~10

由表 2-2 可见，软土具有如下工程性质。

(1) 天然含水量高，孔隙比大。软土的天然含水量一般都大于 30%，有的超过 70%，甚至高达 120%，多呈软塑或半流塑状态。软土的重度较小，为 14~19kN/m³。孔隙比都大于 1，孔隙比越大，说明土中孔隙所占体积越大，则土质越疏松，越易压缩，故软土地基变形越大。

(2) 压缩性高。软土的压缩系数一般都在 0.5~2.0MPa⁻¹ 以上，最大可达 3.5MPa⁻¹，属于高压缩性土，反映在建筑物的沉降方面为沉降量大。

(3) 抗剪强度低。软土的黏聚力一般在 5~20kPa，很少超过 30kPa，有的趋于 0，故其抗剪强度很低，软土地基承载力很低，软土边坡的稳定性极差。

(4) 透水性低。软土的含水量虽然很高，但透水性差，特别是垂直间透水性更差，垂直方向渗透系数一般为 $i \times (10^{-8} \sim 10^{-5})$ cm/s，属微透水或不透水层。不利于软土地基排水固结，软土地基上建筑物沉降持续时间长，一般达数年以上。

（5）触变性。软土具有触变特性，当原状土受到扰动后，破坏了结构连接，降低了土的强度或很快使土变成稀释状态。触变性的大小，常用灵敏度 S_t 来表示。软土的灵敏度一般为 $3 \sim 4$，个别可达 $8 \sim 10$。因此当软土地基受到振动荷载后，易产生侧向滑动、沉降及基底面两侧挤出现象。若经受大的地震力作用，容易产生较大的震陷。

（6）流变性。软土除排水固结引起变形外，在剪应力作用下，土体还会发生缓慢而长期的剪切变形。这对建筑物地基的沉降有较大的影响，对斜坡、堤岸、码头及地基稳定性不利。

（7）不均匀性。由于沉积环境的变化，软土层具有良好的层理，层中常局部夹有厚薄不等的少数较密实的颗粒较粗的粉土或砂层，使水平和垂直向分布有所差异，作为建筑物地基则易产生差异沉降。

2.3 软土地基的处理方法

为了保证道路、桥梁、高层建筑及工业厂房等建（构）筑物的安全和正常使用，软土地基只要存在以下一类或几类问题就必须进行处理。

（1）当地基的抗剪强度不足以支承上部结构的自重及外荷载时，地基就会产生局部或整体剪切破坏。

（2）当地基在上部结构自重及外荷载作用下产生过大的变形，影响结构物的正常使用，特别是超过建筑物所允许的不均匀沉降量时，结构可能开裂破坏。

（3）地基的渗漏量或水力比降超过允许值时，会发生水量损失，或因潜蚀和管涌导致失事。

（4）在动力荷载（包括地震、机器及车辆振动、波浪和爆破等）的作用下，可能会引起软土地基失稳和震陷等危害。

对软土地基处理方法进行严格的统一分类是很困难的，根据地基处理的加固机理，常用软土地基处理方法的简要原理和适用范围如表 2-3 所示。

表 2-3 常用软土地基处理方法简要原理及适用范围

类别	方法	简要原理	适用范围
排水固结	堆载预压法	在地基中设置排水通道和竖向排水系统，以缩小土体固结排水距离，地基在预压荷载作用下排水固结，地基承载力提高，工后沉降减小	软土、杂填土、泥炭土地基等
	真空预压法	在软土地基中设置排水体系，然后在上面形成一不透气层，通过对排水体系进行长时间不断抽气，在地基中形成负压区，使软土地基产生排水固结，地基承载力提高，工后沉降减小	软土地基
	真空堆载联合预压法	当真空预压法达不到设计要求时，可与堆载预压法联合使用，两者的加固效果可以叠加	软土地基

（续）

类别	方法	简要原理	适用范围
置换	换土垫层法	将软弱土或不良土开挖至一定深度，回填抗剪强度较高、压缩性较小的砂、砾石、混渣等，形成双层地基。垫层能有效扩散基底应力，提高地基承载力，减小沉降	各类软弱地基
	强夯置换法	利用边填碎石边强夯的方法在地基中形成碎石墩体，由碎石墩、墩间土及碎石垫层形成复合地基，以提高地基承载力，减小沉降	粉砂土和软土地基
	石灰桩法	通过机械或人工成孔，在软弱地基中加入生石灰块加其他掺合料，通过石灰的吸水膨胀、放热及离子交换作用，改善桩与土的物理力学性质，形成石灰桩复合地基，以提高地基承载力，减小沉降	杂填土、软土地基
	砂石桩法	采用振冲法或沉管法等在饱和软土地基中成孔，在孔内填入碎石料，形成砂石桩复合地基，以提高地基承载力，减小沉降	杂填土、软土地基
灌入固化物	高压喷射注浆法	利用高压喷射专用机械，在地基中通过高压喷射流冲切土体，将浆液置换部分土体，形成水泥增强体，形成复合地基以提高地基承载力，减小沉降	淤泥、淤泥质土，有机质含量较高时需试验确定其适用性
	水泥土搅拌法	利用深层搅拌机将水泥或水泥粉和地基土原位搅拌形成圆柱形、格栅状或连续墙式的水泥土增强体，形成复合地基以提高地基承载力，减小沉降	淤泥、淤泥质土，有机质含量较高时需试验确定其适用性
加筋	加筋垫层法	在地基中铺设加筋材料（如土工织物、土工格栅等），形成加筋垫层，以增大压力扩散角，提高地基稳定性	各类软弱地基
	长短桩复合地基法	由长桩和短桩与桩间土形成复合地基，以提高地基承载力和减小沉降。通常长桩采用刚度较大的桩型，短桩采用柔性桩或散体材料桩	各类深厚软弱地基

2.3.1 排水固结法

排水固结法是对天然地基，或先在地基中设置砂井等竖向排水体，然后利用建筑物自重分级加载，或是在建筑物建造前预先在场地加载预压，使土体中的孔隙水排出，提前完成固结沉降，同时强度逐步提高的一种软土地基加固方法。该法常用于解决软土地基的沉降和稳定问题，使地基沉降在加载预压期间基本或大部分完成，使建筑物在使用期间不致产生过大的沉降和沉降差，同时，增加地基土的抗剪强度，提高地基的承载力和稳定性。根据加压方式的不同，排水固结法可分为堆载预压法、真空预压法、降水预压法及几种方法兼用的联合预压法。排水固结法主要适用于加固公路铁路路堤、港口码头和堆场、机场跑道、围海造陆等工程中淤泥、淤泥质土等软土地基。堆载预压法和真空预压法在处理软土地基的应用最为广泛，本节着重介绍这两类方法。

1. 加固机理

1）堆载预压法

堆载预压法是在建筑物建造之前，在建筑场地进行加载预压，使地基的固结沉降基本完成并提高地基土强度的方法。在荷载作用下，饱和软土的固结过程就是超静孔隙水压力消散和有效应力增加的过程。例如，地基内某点的总应力增量为 $\Delta\sigma$，有效应力增量为 $\Delta\sigma'$，孔隙水压力增量为 Δu，由有效应力原理，满足下式：

$$\Delta\sigma' = \Delta\sigma - \Delta u \qquad (2-1)$$

用填土等外加荷载对地基进行预压，是通过增加总应力使孔隙水压力消散而增加有效应力的方法。堆载预压是在地基中形成超静孔隙水压力的条件下排水固结，称为正压固结。根据一维固结理论，在达到同一固结度时，软土层固结所需的时间与排水距离的平方成正比。软土层越厚，一维固结所需的时间越长。为了加速固结，最有效的方法是在天然土层中增加排水路径，缩短排水距离（图2-1）。在天然地基中设置砂井或塑料排水带等竖向排水系统，土层中的孔隙水主要水平向通过砂井排出，部分竖向排出。砂井缩短了排水距离，因而大大加速了地基的固结速率（或沉降速率）。

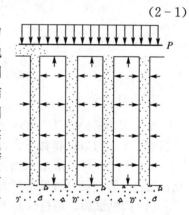

图 2-1 砂井地基的排水情况

2）真空预压法

真空预压法是利用大气压力作为预压荷载的一种排水固结法，其加固机理如图2-2所示。它是在需要加固的软土地基表面铺设水平排水砂垫层，设置砂井或塑料排水带等竖向排水体，其上覆盖2~3层不透气的密封膜并沿四周埋入黏土中与大气隔绝，通过埋设于砂垫层中带有滤水孔的分布管道，用真空装置抽取地基中的孔隙水和气，在膜内外形成大气压差，由于砂垫层和竖向排水井（简称竖井）与地基土界面存在这一压差，使土体中的孔隙水发生向竖井的渗流，孔隙水压力不断降低，有效应力不断提高，从而使软土地基逐渐固结。在抽真空前，地基处于天然固结状态，对正常固结软土层，总应力为土的自重应力，孔隙水压力为静水压力，膜内外均受大气压力 P_0 作用。抽气后，膜内压力逐渐降低至稳定压力 P_2，膜内外形成压力差 $\Delta P = P_0 - P_2$，这个压力差，工程上称为"真空度"。该真空度通过砂垫层和竖井作用于地基，将膜下真空度传至地基深层并形成深层负压源，在软土层内形成负超静孔隙水压力（$\Delta u < 0$）。在形成真空度瞬时（$t=0$），超静孔隙水压力 $\Delta u=0$，有效应力增量 $\Delta\sigma'=0$；随着抽真空的延续（$0<t<\infty$），超静孔隙水压力不断下降，有效应力不断增大；$t\rightarrow\infty$时，超静孔隙水压力 $\Delta u=-\Delta P$，有效应力增量 $\Delta\sigma'=\Delta P$。由此可见，真空预压过程中，在真空负压作用下，土中孔隙水压力不断降低，有效应力不断提高，孔隙水向排水井和砂垫层渗流，软土层固结压缩，强度提高。真空负压作用下地基内

有效应力增量是各向相等的，地基在竖向压缩的同时，侧向产生向内的收缩位移，地基在预压过程中不会发生失稳破坏。因此真空预压加固地基的过程是在总应力不变的条件下，孔隙水压力降低，有效应力增加的过程。

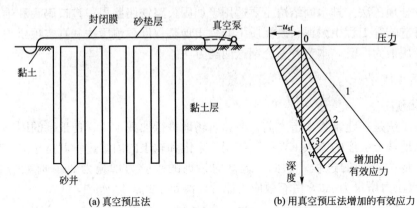

(a) 真空预压法　　　　　　　(b) 用真空预压法增加的有效应力

图 2-2　真空预压法的加固机理

1—总应力线；2—原来的水位线；3—降低后的水位线；
4—不考虑排水井内水头损失时的水压力线

2. 设计与计算

排水固结法的设计，实质上就是排水系统和加压系统的设计。设计之前应进行详细的勘探和土工试验以取得如下设计资料。

(1) 土层分布及成因。通过钻探了解土层的分布，查明土层在水平和竖直方向的变化；通过必要的钻孔连续取样及试验确定土的种类与成层情况。

(2) 固结试验。通过试验得到固结压力 σ_c' 与孔隙比 e 的 $e-\sigma_c'$ 或 $e-\log\sigma_c'$ 关系曲线，得到土的先期固结压力、不同固结压力下土的竖向及水平向固结系数。

(3) 土的抗剪强度指标及不排水强度沿深度的变化。

(4) 砂井及砂垫层所用砂料的颗粒分布、渗透系数。

(5) 塑料排水带在不同侧压力和弯曲条件下的通水量。

1) 设计计算理论

(1) 地基固结度计算。

固结度计算是排水固结法设计的重要内容。由各级荷载下不同时刻的固结度，就可以推算地基土强度的增长，从而进行各级荷载下地基的稳定性分析，确定相应的加载计划。已知固结度，就可推算加载预压期间地基的沉降量，以便确定预压时间。

受压土层的平均固结度包括竖向排水平均固结度和径向排水平均固结度，采用砂井固结理论计算，分是否考虑涂抹和井阻作用的理想井、非理想井两种情况。

① 不考虑涂抹和井阻影响的理想井排水条件下的固结度。

按照《建筑地基处理技术规范》(JGJ 79—2012)：当不考虑涂抹与井阻影响时，一级或多级等速加载条件下，固结时间 t 时对应总荷载的地基平均固结度，按照改进的高木俊介法计算：

$$\overline{U}_t = \sum_{i=1}^{n} \frac{\dot{q}_i}{\sum \Delta p}\left[(T_i - T_{i-1}) - \frac{\alpha}{\beta}e^{-\beta t}(e^{\beta T_i} - e^{\beta T_{i-1}})\right] \tag{2-2}$$

式中，$\dot{q}_i$——第 i 级荷载的加载速率，kPa/d；

T_{i-1}、T_i——第 i 级荷载加载的起始和终止时间(从零点起算)，d(当计算第 i 级荷载加载过程中某时间 t 的固结度时，T_i 改为 t)；

α、β——参数；

$\sum \Delta p$——各级荷载的累加值，kPa。

改进的高木俊介法对于竖向排水固结或竖向与径向排水联合作用的固结都适用。对于不同的排水条件，α、β 参数根据竖井范围内土层及竖井以下受压土层的排水条件从表 2-4 中选用。

表 2-4 理想井不同排水条件下的参数

序号	条件	平均固结度计算公式	α	β	备注
1	竖向排水固结 ($\bar{U}_z > 30\%$)	$\bar{U}_z = 1 - \dfrac{8}{\pi^2} e^{-\frac{\pi^2 C_v}{4H^2}t}$	$\dfrac{8}{\pi^2}$	$\dfrac{\pi^2 C_v}{4H^2}$	Terzaghi 解
2	向内径向排水固结(理想井)	$\bar{U}_r = 1 - e^{-\frac{8}{F(n)}\frac{C_h}{d_e^2}t}$	1	$\dfrac{8C_h}{F(n)d_e^2}$	Barron 解
3	竖向和向内径向排水固结(竖井穿透受压土层)	$\bar{U}_{rz} = 1 - \dfrac{8}{\pi^2} \cdot e^{-\left(\frac{8}{F(n)}\frac{C_h}{d_e^2}+\frac{\pi^2 C_v}{4H^2}\right)t}$ $= 1-(1-\bar{U}_r)(1-\bar{U}_z)$	$\dfrac{8}{\pi^2}$	$\dfrac{8C_h}{F(n)d_e^2}+\dfrac{\pi^2 C_v}{4H^2}$	$F(n)=\dfrac{n^2}{n^2-1}\ln(n)-\dfrac{3n^2-1}{4n^2}$ $n=\dfrac{d_e}{d_w}$

注：表中 C_v、C_h 分别为土的竖向、径向排水固结系数，cm²/s；$\bar{U}_z$ 为双面排水土层或固结应力均匀分布的单面排水土层竖向排水平均固结度；$\bar{U}_r$ 为径向排水平均固结度；$\bar{U}_{rz}$ 为竖向和向内径向排水总平均固结度；H 为土层的竖向排水距离，m；d_e 为竖井影响范围的直径，m；d_w 为竖井的直径，m；n 为井径比。

② 考虑涂抹和井阻影响的非理想井排水条件下的固结度。

饱和软土层固结，渗流水流向竖井，再通过竖井流向砂垫层而排出预压区。由于竖井对渗流的阻力，将影响土层的固结速率，这一现象称为井阻效应。此外，竖井施工时对周围土产生涂抹和扰动作用，扰动区土的渗透系数将减小。Hansbo 得到了等应变条件下考虑涂抹和井阻作用的竖井地基固结理论解，即瞬时加载条件下，考虑涂抹和井阻影响时，竖井地基径向排水平均固结度的表达式如下：

$$\bar{U}_r = 1 - e^{-\frac{8C_h}{Fd_e^2}t} \tag{2-3}$$

式中，F 是一个综合参数，由三部分组成，表示为

$$F = F_n + F_s + F_r \tag{2-4}$$

其中，F_n 反映了井径比 n 的影响。当井径比 $n > 15$ 时，F_n 可简化为

$$F_n = \ln(n) - \frac{3}{4} \tag{2-5}$$

F_s 反映了涂抹扰动的影响，按下式计算：

$$F_s = \left(\frac{k_h}{k_s} - 1\right)\ln s \tag{2-6}$$

这里：

$$s = d_s/d_w \tag{2-7}$$

式中，k_h——天然土层的水平向渗透系数，cm/s；

$\quad\quad k_s$——涂抹区土的水平向渗透系数，可取 $k_s = (1/5\sim1/3)k_h$，cm/s；

$\quad\quad s$——涂抹区直径 d_s 与竖井直径 d_w 的比值，可取 $s = 2.0\sim3.0$，对中等灵敏黏性土取低值，对高灵敏度黏性土取高值。

这里 F_r 反映了井阻的影响，由下式计算：

$$F_r = \frac{\pi^2 L^2}{4} \frac{k_h}{q_w} \tag{2-8}$$

$$q_w = k_w \pi d_w^2/4 \tag{2-9}$$

式中，L——排水井贯穿受压土层的最大竖向排水距离，cm；

$\quad\quad k_w$——竖井砂料的渗透系数，cm/s；

$\quad\quad q_w$——竖井纵向通水量，为单位水力梯度下单位时间的排水量，cm^3/s。

一级或多级等速加载条件下，考虑涂抹和井阻影响时，竖井穿透受压土层地基的平均固结度按式(2-2)计算，其中

$$\alpha = \frac{8}{\pi^2}, \quad \beta = \frac{8C_h}{Fd_e^2} + \frac{\pi^2 C_v}{4H^2}$$

(2) 地基土抗剪强度增长值的预估。

当地基土的天然抗剪强度不能满足稳定性要求时，利用土体因固结而增长的抗剪强度是解决问题的途径之一，即利用先期荷载使地基土排水固结，从而使土的抗剪强度提高以适应下一级加载。计算预压荷载下饱和软土地基中某点的抗剪强度时，应考虑土体原有的固结状态。对于正常固结饱和软土地基，某一点某一时间的抗剪强度可按下式计算：

$$\tau_{ft} = \tau_{f0} + \Delta\tau_{fc} \tag{2-10}$$

$$\Delta\tau_{fc} = \Delta\sigma_z U_t \tan\varphi_{cu} \tag{2-11}$$

式中，τ_{f0}——地基中某点在加荷之前的天然抗剪强度；

$\quad\quad \Delta\tau_{fc}$——由于固结而增长的抗剪强度；

$\quad\quad \varphi_{cu}$——三轴固结不排水压缩试验得到的土的内摩擦角；

$\quad\quad \Delta\sigma_z$——为预压荷载引起该点的附加竖向应力；

$\quad\quad U_t$——为给定时间给定点的固结度，可取土层的平均固结度。

(3) 沉降。

外荷载作用下软土地基表面某时间的总沉降 s_t 由三部分组成，可表示为

$$s_t = s_d + s_c + s_s \tag{2-12}$$

式中，s_d——瞬时沉降；

$\quad\quad s_c$——主固结沉降；

$\quad\quad s_s$——次固结沉降。

瞬时沉降为荷载施加后立即发生的沉降量，它是由剪切变形引起的。固结沉降指在荷载作用下随着土中超孔隙水压力消散，有效应力增长而完成的那部分主要由于主固结而引起的沉降量。次固结沉降是土骨架在持续荷载下发生蠕变所引起的，次固结大小和土的性质有关。对泥炭土、有机质土或高塑性黏土土层，次固结沉降所占比例较大，而其他土所占比例不大。在建筑物使用年限内，若次固结沉降经判断可以忽略，则是最终总沉降 s_∞可按下式计算：

$$s_\infty = s_d + s_c \tag{2-13}$$

软土地基的瞬时沉降 s_d 虽然可以按弹性理论公式计算，但由于弹性模量和泊松比不易准确测定，会影响计算结果的精度。根据国内外一些建筑物实测沉降资料的分析结果，可将式(2-13)改写为

$$s_\infty = \xi s_c \tag{2-14}$$

式中，ξ 为考虑地基剪切变形及其他影响因素的综合性经验系数，它与地基土的变形特性、荷载条件、加载速率等因素有关。对于正常固结或弱超固结土，ξ 通常取 $1.1 \sim 1.4$。荷载较大、地基土较软弱时，ξ 取较大值，否则取较小值。经验系数可以由下面两种方法得到：①s_c 按公式计算，而 s_∞ 根据实测值推算；②从沉降时间关系曲线可推算出最终沉降 s_∞ 和 s_d，再按式(2-13)与式(2-14)得到 s_c 和 ξ 的值。

软土地基的固结沉降 s_c 主要有单向压缩分层总和法和应力历史法两种计算方法。

① 单向压缩分层总和法。

对于正常固结或弱超固结土地基，预压荷载下地基的固结沉降量按下式计算：

$$s_c = \sum_{i=1}^{n} \frac{e_{0i} - e_{1i}}{1 + e_{0i}} h_i \tag{2-15}$$

式中，e_{0i}、e_{1i}——第 i 层中点之土自重应力、自重应力与附加应力之和相对应的孔隙比，由室内固结试验曲线查得；

$\quad\quad h_i$——第 i 层土的厚度，m，沉降计算时，取附加应力与土自重应力的比值为 0.1 的深度作为受压层的计算深度。

② 应力历史法。

对于欠固结土地基，计算预压荷载下地基的固结沉降量时，要考虑应力历史的影响，按下式计算：

$$s_c = \sum_{i=1}^{n} \frac{h_i}{1 + e_{0i}} C_{ci} \log[(p_{1i} + \Delta p_i)/p_{ci}] \tag{2-16}$$

式中，h_i——第 i 分层土的厚度，m；

$\quad\quad e_{0i}$——第 i 层土的初始孔隙比；

$\quad\quad C_{ci}$——从原始压缩试验 $e - \log p$ 曲线确定的第 i 层土的压缩指数；

$\quad\quad p_{1i}$——第 i 层土自重应力的平均值，$p_{1i} = (\sigma_{ci} + \sigma_{c(i-1)})/2$，kPa；

$\quad\quad \Delta p_i$——第 i 层土附加应力的平均值(有效应力增量)，$\Delta p_i = (\sigma_{zi} + \sigma_{z(i-1)})/2$，kPa；

$\quad\quad p_{ci}$——第 i 层土的实际有效应力，小于土的自重应力 p_{1i}，kPa。

对于超固结土地基，先根据原始压缩曲线和原始再压缩曲线分别确定土的压缩指数 C_c 和回弹指数 C_e，再计算地基的固结沉降量，分以下两种情况。

如果某 i 分层土的有效应力增量 Δp_i 大于 $(p_{ci} - p_{1i})$，则各分层总和的固结沉降量为：

$$s_c = \sum_{i=1}^{n} \frac{H_i}{1 + e_{0i}} \{C_{ei} \lg(p_{ci}/p_{1i}) + C_{ci} \lg[(p_{1i} + \Delta p_i)/p_{ci}]\} \tag{2-17}$$

式中，n——分层计算沉降时，压缩土层中有效应力增量 $\Delta p_i > (p_{ci} - p_{1i})$ 的分层数；

C_{ei}、C_{ci}——第 i 层土的回弹指数和压缩指数；

其他符号意义与前相同。

如果某 i 分层土的有效应力增量 Δp_i 不大于 $(p_{ci} - p_{1i})$，则各分层总和的固结沉降量为：

$$s_c = \sum_{i=1}^{n} \frac{H_i}{1+e_{0i}} \left[C_{ei} \log(p_{1i} + \Delta p_i)/p_{1i} \right] \qquad (2-18)$$

式中，n 为分层计算沉降时，压缩土层中具有 $\Delta p_i \leqslant (p_{ci} - p_{1i})$ 的分层数。

2）设计要点

（1）堆载预压法的设计要点。

堆载预压法处理软土地基的设计主要包括以下内容。

① 竖井。

竖井的作用是加速地基固结。当软土层厚度不大或软土层含较多薄粉砂夹层，且固结速率能满足工期要求时，可不设置竖井。对深厚软土地基，应设塑料排水带或砂井等竖井。竖井的断面尺寸、排列方式、间距和深度可根据地基土的固结特性和预定时间内所要求达到的固结度，按下列经验初步估计，最后通过固结理论计算确定。

a. 井径。即著名学者 Hansbo 提出塑料排水带的当量换算直径 d_p (mm) 可按下式计算：

$$d_p = \frac{2(b+\delta)}{\pi} \qquad (2-19)$$

式中，b——塑料排水带宽度，mm；

δ——塑料排水带厚度，mm。

b. 平面布置。竖井有等边三角形和正方形两种平面布置形式。等边三角形排列时，竖井的有效排水直径 $d_e = 1.15l$；正方形排列时，竖井的有效排水直径 $d_e = 1.128l$。

c. 竖井间距。按井径比 n 选用（$n = d_e/d_w$，d_w 为竖井直径，对塑料排水带取 $d_w = d_p$）。塑料排水带或袋装砂井的间距可按 $n = 15 \sim 22.5$ 选用，普通大直径砂井的间距一般为砂井直径的 6~8 倍。袋装砂井的井距一般为 1.0~1.5m，直径通常为 7~12cm。我国常用的直径为 7cm，日本常用的直径为 12cm。我国常用的直径为 7cm 的袋装砂井，相当于井径比为 15~22.5（等边三角形布置）。

d. 竖井深度。竖井深度的选择与土层分布、地基中附加应力大小、建筑物对地基变形和稳定性的要求及工期等因素有关。当软土层不厚时，竖井应贯穿软土层；软土层较厚但间有砂层及透镜体时，排水井应尽可能打至砂层或透镜体；当软土层很厚又无砂透水层时可按建筑物对地基变形及稳定性的要求来确定。对于以沉降控制的预压工程，如受压层厚度不是很大（如小于 20m），可打穿受压层以减小预压荷载或缩短预压时间；当受压层厚度很大时，深度较大处土层的压缩量占总沉降的比例较小，竖井也不一定打穿整个受压层。对于沉降要求很高的建筑物，如不允许建筑物使用期内产生主固结沉降，竖井应尽可能打穿受压土层，并采用超载预压的方法，使预压荷载下地基中的有效应力大于建筑物荷载下总的附加应力。

e. 排水砂井砂料。应选用中粗砂，其黏粒含量不应大于 3%。

② 排水砂垫层。

在竖井顶面应铺设一定厚度的排水砂垫层以连通竖井，引出从土层排入井中的渗流水。砂垫层应足够厚，具有良好的透水性，以减小对水流的阻力。砂垫层的厚度一般不小于 0.4m。砂垫层砂料宜用中粗砂，黏粒含量不宜大于 3%，砂料中可混有少量粒径小于 50mm 的砾石。砂垫层的干密度应大于 1.5g/cm³，渗透系数宜大于 1×10^{-2} cm/s。当砂垫层面积较大时，应在砂垫层底部设置纵横向排水盲沟，使渗流水尽快排出预压区外。

③ 预压荷载。

预压荷载的确定包括预压区范围、预压荷载大小、荷载分级、加载速率和预压时间等。

a. 预压区范围。预压荷载顶面的范围应等于或大于建筑物基础外缘所包围的范围。

b. 预压荷载大小。对于沉降有严格限制的建筑物，应采用超载预压法处理，超载量大小应根据预压时间内要求完成的变形量通过计算确定，并宜使预压荷载下受压土层各点的有效竖向应力大于建筑物荷载引起的相应点的附加应力。

c. 荷载分级与加载速率。加载速率应根据地基土的强度确定。当天然地基土的强度满足预压荷载下地基的稳定性要求时，可一次性加载，否则应分级加载，待前期预压荷载下地基土的强度增长满足下一级荷载下地基的稳定性要求时方可加载。

d. 预压时间。对主要以变形控制的建筑物，当竖井处理深度范围内和竖井底面以下受压土层，经预压所完成的竖向变形和平均固结度符合设计要求时，方可卸载；对主要以地基承载力或抗滑稳定性控制的建筑物，当地基土经预压而增长的强度满足建筑物地基承载力或稳定性要求时，方可卸载。

④ 地基的固结度。

按照《建筑地基处理技术规范》（JGJ 79—2012）：当不考虑涂抹与井阻影响时，一级或多级等速加载条件下，固结时间 t 时对应总荷载的地基平均固结度按照式（2-2）计算；瞬时加载条件下，考虑涂抹和井阻影响时，竖井地基径向平均固结度按照式（2-3）～式（2-9）计算；一级或多级等速加载条件下，考虑涂抹和井阻影响时竖井穿透受压土层地基之平均固结度按式（2-2）计算。对竖井未穿透受压土层之地基，应分别计算竖井范围土层的平均固结度和竖井底面以下受压土层的平均固结度，通过预压使这两部分固结度和所完成的变形量满足设计要求。

⑤ 地基土的抗剪强度。

预压荷载下正常固结饱和黏性土地基某点某一时间的抗剪强度按式（2-10）、式（2-11）计算。

⑥ 沉降计算。

预压荷载下软土地基的固结沉降量按照式（2-15）～式（2-18）计算，最终沉降量按照式（2-14）计算。

（2）真空预压法的设计要点。

真空预压地基的固结是在负压条件下进行的，工程经验和室内试验及理论分析均表明，真空预压法加固软土地基同堆载预压法除侧向变形方向不同外，地基土体固结特性无明显差异，固结过程符合负压下固结理论。采用真空预压法加固软土地基必须设置竖向排水体系，主要设计内容如下。

① 竖井。

排水井的间距、排列方式直接关系到地基的固结度和预压时间，确定方法同堆载预压法，应根据土的性质、上部结构的要求和工期通过计算确定。当被处理软土层底以下有透水层时，砂井不应打穿软土层，并应留有足够的厚度，以保证土体中的真空度。排水井尽量选用单孔截面大、排水阻力较小的塑料排水带。当采用袋装砂井时，尽量采用渗透系数大于 1×10^{-2} cm/s 的砂料作为排水材料，或采用较大直径的竖井。

② 预压区面积和形状。

真空预压效果与预压区面积大小及长宽比等有关。实测资料表明,预压面积越大,加固效果越明显。真空预压区边缘应大于建筑物基础轮廓线,每边增加量不得小于 3.0m,每块预压区相互连接,形状应尽可能为正方形。

③ 膜内真空度。

真空预压效果与密封膜内所能达到的真空度大小关系极大。根据国内一些工程的经验,当采用合理的施工工艺和设备,膜内真空度一般维持在 600mm 汞柱以上,相当于80kPa 的真空压力,此值作为最低膜内设计真空度。一般铺设 2～3 层密封膜,密封膜四周通过密封沟埋入黏土层中,密封沟深度至少 1.5m 以上,必须穿透地表以下浅透水层。对于加固区周边或表层土存在良好的透水层或透气层时,采用黏土泥浆与地表的粉砂层拌和(使黏粒含量达 15%)形成柔性密封墙将其封闭。

④ 真空设备的数量。

真空预压所需抽真空设备的数量,取决于加固面积的大小和形状、土层结构特点等,开始抽真空的压力上升和稳定初期,根据加固总面积按每套设备可控面积为 $1000～1500m^2$ 确定总的抽真空设备数量,施工中压力稳定一段时间后逐步均匀减少抽真空设备,使停泵数不得大于总泵数的 $1/3～1/2$。

⑤ 排水管。

真空预压中排水管既起传递真空压力的作用,也起水平排水的作用,分主管和支管(滤管)两种。主管为直径 75mm 或 90mm 的硬 PVC 管,一般在加固区内沿纵向布置 1～2条。支管为每隔 50mm 钻一直径为 8～10mm 的小孔,外包 $250g/m^2$ 土工布的直径 50mm或 75mm 的硬 PVC 花管,一般在加固区内沿横向布置,间距一般 6m 左右。

⑥ 地基的平均固结度。

竖井深度范围内加固土层的平均固结度应大于 80%,具体视工程加固要求而定,计算方法与堆载预压法相同。

⑦ 沉降计算。

先计算加固前建筑物荷载下天然地基的沉降量,然后计算真空预压期间所能完成的沉降量,两者之差即为预压后在建筑物使用荷载下可能发生的沉降。预压期间的固结沉降可根据设计要求达到的固结度推算加固区所增加的平均有效应力,从 $e-\sigma_c'$ 曲线上查出相应的孔隙比进行计算。地基最终沉降量的计算同堆载预压法,但由于真空预压周围土产生指向预压区的侧向变形,式(2-14)中的经验系数 ξ 取 0.8～0.9。

⑧ 地基土强度增长计算。

真空预压法加固地基,土体在等向应力增量下固结,强度提高,土体中不会产生因预压荷载而引起的剪应力增量。地基土的抗剪强度的计算同堆载预压法,根据已有资料(薛红波,1990),地基中某点某一时间的实测十字板剪切强度 τ_{ft} 与天然强度 τ_{f0} 及固结强度增量 $\Delta\tau_{fc}$ 之和的比值大于 1,其中 $\Delta\tau_{fc}$ 按式(2-11)计算。

3. 施工工艺

要保证排水固结法的加固效果,施工过程中应做好以下两个环节:①按设计做好排水系统的施工,即铺设水平排水系统与设置竖向排水系统;②严格控制预压荷载的施工,确保预压加固全过程地基的稳定性。

1）水平排水系统

水平排水系统一般采用通水性好的中粗砂垫层，若理想的砂料来源困难时，也可因地制宜地选用符合要求的其他材料，或采用连通砂井的砂沟来代替整片砂垫层。砂垫层的厚度按照软土地基所处条件确定：对陆上一般软土地基，砂垫层的厚度一般为 30～50cm；对于潮间带的软基加固工程，砂垫层的厚度根据表层软土的性能参照陆上规定确定，并做好垫层的封围；对于水下软基施工条件，砂垫层的厚度不小于 100cm。

地基表层具有一定厚度的硬壳层，有一定的承载能力，能上一般轻型运输机械时，一般采用机械分堆摊铺法铺设砂垫层，即先堆成若干砂堆，然后用机械或人工摊平；当硬壳层承载力不足时，一般采用顺序推进摊铺法铺设砂垫层；当地基表层为新沉积超软土地基时，首先要改善地基表面的持力条件，使其能上施工人员和轻型运输工具后再铺设砂垫层。无论采用何种施工方法，在排水垫层的施工过程中都应避免对软土表层的过大扰动和挤出隆起，以免造成砂垫层与软土混合或砂垫层被切断，影响垫层的连续性和整体排水效果。

2）竖向排水系统

根据国内外应用排水固结法加固软土地基的多年经验与技术发展，竖向排水系统先后应用过普通砂井、袋装砂井、塑料排水带。

（1）普通砂井。

普通砂井施工工艺主要有套管法、水冲成孔法、螺旋钻成孔法三种。一般采用套管法。选择工艺时主要考虑以下三方面。

① 保证砂井连续、密实，并且不出现颈缩现象。

② 施工时尽量减小对周围土的扰动。

③ 施工后砂井的长度、直径和间距应满足设计要求。

套管法是将带有活瓣管尖或套有混凝土端靴的套管沉到预定深度，然后在管内灌砂、拔出套管形成砂井。根据沉管工艺的不同，又分为静压沉管法、锤击沉管法、锤击与静压联合沉管法、振动沉管法等。通常采用后两种沉管方法。锤击与静压联合沉管法提管时，由于砂的拱作用及与管壁的摩阻力，将管内砂柱带上来，使砂井断开或缩颈，影响砂井排水效果。振动沉管法以振动锤为动力，将套管沉入到预定深度，灌砂后振动提管形成砂井。采用该法施工不仅避免了管内砂随管带上，保证砂井的连续性，同时砂受到振密，砂井质量好。

（2）袋装砂井。

袋装砂井改进了普通砂井施工存在的问题，使竖向排水系统的设计和施工更加科学化，具有以下优点。

① 保证了砂井的连续性。

② 打设设备实现了轻型化，比较适用在软弱地基上施工。

③ 大大减少了用砂量。

④ 加快了施工进度，降低工程造价。

⑤ 缩短了排水距离。

袋装砂井的编织袋具有良好的透水性，袋内砂不易漏失。袋子材料应有足够的抗拉强度，使能承受袋内砂自重及弯曲所产生的拉力，要有一定的抗老化性能和耐环境水腐蚀的性能，同时又要便于加工制作、价格低廉。目前国内普遍采用的袋子材料是聚丙烯编织布。

国内外均有专用的袋装砂井施工设备，一般为导管式振动打设机械。按照行进方式的不同，较普遍采用的打设机械有轨道门架式、履带臂架式、步履臂架式、吊架导架式等。袋装砂井的施工顺序为：立位、整理桩尖（有的是与导管相连的活瓣桩尖，有的是分离式的混凝土预制桩尖）、振动沉管、将砂袋放入导管、往管内灌水（减少砂袋与管壁的摩擦力）、振动拔管等。

（3）塑料排水带。

塑料排水带是对袋装砂井排水阻力的改进。塑料排水带的特点：单孔过水断面大、排水畅通、排水阻力小、质量轻、强度高、耐久性好，是一种较理想的竖向排水系统。塑料排水带的施工机械，基本上可与袋装砂井打设机械共用，可用圆形导管或矩形导管。根据我国软基加固工程施工经验，以轻型门架型插板机为主体，其他机型只要软基承载能力满足施工机械要求即可兼用。塑料排水带打设施工工艺如下。

① 将配备好的竖向排水带施工机械就位。

② 定位：在排水砂垫层表面做好桩位标记。

③ 穿板：将竖向排水带经导管内穿出管靴，与桩尖连接后拉紧，使桩尖与管靴贴紧。

④ 沉管：将导管沉入桩位，校准导管垂直度后随绳下沉，后再开振动锤沉入设计深度。

⑤ 拔管：首先将导管内排水带放松，使其在导管内自然下垂，边振动边拔管，当塑料排水带与软土黏结锚固形成后，无可能上带时，停止振动静拔至地面。

⑥ 在砂垫层上预留 20～30cm 剪断的塑料排水带并检查管靴内是否进入淤泥，而后再将排水带与桩尖连接、拉紧，移向下一桩位。

⑦ 重复步骤③～⑥。

3）预压荷载

根据施工工艺的不同，施加的预压荷载一般分为两类：一类是在被加固软基表面施加实体荷载，称为堆载预压的预压荷载；二是在被加固软基范围内抽真空形成的大气压差，称为真空预压的预压荷载。

（1）堆载预压的预压荷载施加。

堆载预压荷载是指在被加固软基范围内，预先堆筑等于或大于设计荷载的实体材料。堆载预压填料一般以散料为主，如石料、砂、砖土等，采用分级施加，大面积施工时通常采用自卸汽车与推土机联合作业。对超软地基的堆载预压，第一级荷载宜用轻型机械施工，当机械堆载施工工艺不能满足软基整体稳定性要求时可采用人工作业，必要时采取加固措施。

（2）真空预压的预压荷载施加

真空预压荷载施加是指在被加固软基表面和深度范围内完全密封抽真空特定条件下，在加固软基内外形成大气压差，以此作为预压荷载。在完成排水系统施工后，为了保证地基在较短的时间内均匀地施加完预压荷载达到设计要求的加固效果，必须采用先进的抽真空设备和真空预压荷载施加工艺，即采用如下主要工艺流程。

① 真空分布滤管的布设。

真空分布滤管布置宜形成回路，并应设在排水砂垫层中，埋深根据排水砂垫层厚度确定，一般设在排水砂垫层中部。当排水砂垫层较厚时，一般在滤水管上留 10～20cm 厚的砂覆盖层为宜，防止尖锐物露出砂面刺穿密封膜。真空分布管及已施工完成的排水系统，在真空预压排水固结法加固软基工程施工中起着排水和传递真空预压荷载的双重作用。

施工中滤管采用何种排列形式,以及滤水管长度和间距,应根据排水砂垫层材料的性质及施工特点确定。一般情况下,当单元加固面积较大时,以采用封闭环行格状结构为宜,如遇特殊的不规则地形时,则应因地制宜地进行真空分布管布设工艺设计。

② 密封膜施工。

密封膜要求气密性好,抗老化能力强,韧性好,抗穿刺能力强且来源容易,价格便宜。一般采用材料来源充足、气密性好的聚氯乙烯薄膜即可,如能采用抗老化、抗穿刺能力强的线性聚乙烯等专用薄膜更好。密封膜宜铺设 2~3 层,膜周围可采用挖沟埋膜、平铺,并用黏土覆盖压边、围堰沟内及膜上覆水等方法密封。

③ 真空抽气设备。

真空预压的抽气设备宜采用射流真空泵,空抽时必须达到 95kPa 以上的真空吸力,每块预压区至少应设置两台真空泵。

④ 真空预压荷载施加。

按设定的出膜装置,安装好射流真空泵、真空分布滤管、离心泵与射流泵连接管路,接好泵、真空管及膜内真空压力传感器,开动射流真空泵进行真空抽气,施加真空预压荷载。

4. 施工监测与效果检测

1) 现场监测

采用排水固结法对软土地基处理施工时,为检验土体的加固处理效果是否达到设计要求,确保土体在施工期与使用期的安全稳定性,同时有效控制施工进度、保证工程质量,需进行施工期监测。具体监测项目参考表 2-5。

表 2-5 监测项目

监测项目 \ 施工方法	堆载预压	真空预压	备注
孔隙水压力	必选	推荐	
膜内真空度	—	必选	
排水板内真空度	—	推荐	
土体真空度	—	必选	
地面沉降	必选	必选	
深层分层沉降	推荐	推荐	对工后沉降量有要求时必选
土体水平位移	必选	推荐	附近有建筑物时必选
水位	必选	必选	

(1) 孔隙水压力监测。

孔隙水压力监测的主要目的是检测施工期间地基土体在荷载作用下不同深度内的超静孔隙水压力的消长规律,及时了解土体的固结状态和强度增长情况,并通过孔隙水压力消散来控制施工速率。

孔隙水压力监测断面应优先布置在加固区内上部荷载较大、孔隙水压力增长较敏感的位置。垂直方向上应重点布置在可能失稳的深度范围,即在最不利圆弧滑动面以上、最低地下水位以下，间隔 2~3m 设置 1 个观测点。加载期间应加大监测密度，一般应 1 次/d，出现孔隙水压力增长较快时还应加大监测密度。一般在停止加载一周以后，地基逐渐稳定，可将监测密度减少至每 1~3d 一次。

（2）真空度监测。

真空度监测包括膜内真空度、竖向排水体内真空度和土体真空度三部分，以综合控制真空预压加固效果。

① 膜内真空度。

测头一般应设置在排水砂垫层内。没有设置排水砂垫层时，可将测头设置在竖向排水体与抽气管的连接段，并置于竖向排水体的外面。在抽气的开始阶段，膜内真空度每隔 2h 测读一次，以便准确地测出真空压力的上升过程，并有利于检查密封情况。当真空压力达到要求后，每 4~6h 测读一次。

② 竖向排水体内真空度。

按预定的深度将测头布置在竖向排水体内。一般在同一竖向排水体内只安装 1 个测点，在不改变排水体工作性能的情况下，也可以将几个不同深度的测点置于同一竖向排水体内。测点间距以 2~3m 为宜。在抽气的开始阶段，竖向排水体真空度应每 2h 测读 1 次；当真空压力达到要求且变化较小时，每 4~6h 测读 1 次，需要时可根据膜内真空度的变化情况，调整测读频率。

③ 土体真空度。

在抽气的开始阶段，土体真空度应每 2h 测读 1 次，当真空压力达到要求后，每 4~6h 测读 1 次，必要时可根据膜内和竖向排水体真空度的变化情况，适当调整测读次数。

（3）地表沉降观测。

地表沉降观测主要是为了掌握施工期地表沉降及沉降速率的发展规律，一方面用于评价填土加载的安全稳定性，控制加载速率，另一方面通过实测数据的实时分析，推算地基的最终沉降量，计算地基的平均固结度，推算工后沉降及确定合理的卸载时间。地面沉降观测点的布置原则：加固区为条形时，沿观测断面按照荷载特征点布置；加固区为矩形时，可均匀布置。接近原地面位置埋设地表沉降标，设立稳定的基准点，采用高精度水准仪测量测点的高程变化。施工初期，每天观测 1 次，稳定时 2~3d 观测 1 次，计算出测点不同时间的沉降量，绘制沉降过程曲线。

（4）深层分层沉降观测。

深层分层沉降观测的主要目的：结合深层分层沉降观测数据，了解不同深度土层加固过程中的沉降发展时程线，了解各土层的压缩情况，判断有效加固深度，计算各土层的固结度，分析预压加固效果。

深层分层沉降观测孔应优先布置在压缩土层厚度较大、荷载较大的位置，并布置在地基土层的分界面处，间隔 2~3m 设置 1 个测点，一般应采用金属感应或电磁感应式沉降观测装置进行观测，施工阶段应每 1~2d 观测 1 次。

（5）水平位移监测。

一般采用埋设测斜管进行深层水平位移监测。观测测斜管沿深度的倾斜角度，计算管体沿深度的分布位置，通过观测比较管体位置的变化求得地基不同深度处土体的水平位移。对于工程等级较低或稳定性较好的辅助监测位置，也可选用坡底位置设置边桩监测，边桩一般应设置在坡脚外 1~3m 处，用经纬仪或基准桩来监测地基的浅层位移。

测斜管应布置在潜在滑动面范围内的敏感位置。测斜管深度一般应进入底部硬土层内2m以上。测斜管观测时自下而上，每100cm为一个测点，同一方向的观测应正反各测2～3次。加载施工阶段每1～3d观测一次，荷载稳定期可适当减少监测频率。

根据水平位移监测结果整理出累计水平位移量沿深度的分布情况，绘制成位移分布曲线和水平位移历时曲线，进一步找出最大位移的深度位置，计算出位移速率。通过监测结果了解地基软土层在外荷载作用下的水平位移情况，根据位移速率和土体变形情况来指导施工，发现失稳迹象及时报警，确保地基的稳定安全。

（6）水位观测。

在孔隙水压力观测孔附近，应配套布置地下水位观测装置，并与孔隙水压力对应观测，用以观测抽真空及堆载期间地下水位的变化情况，通过静水压力计算超静孔隙水压力。在地下水位受潮水位影响的地区进行监测时，应在正式监测前进行全潮水位与测点响应的观测，建立各测点与潮水位的相关关系，监测中按此关系减去潮水位影响。当测点对潮水位的响应无明显规律可循时，可规定在同一潮水位进行监测，以减少水位对监测结果的影响。确定与潮水位对应的监测时机，应综合考虑监测目标区的整体稳定性，特别是水位骤升骤降所产生的边坡内外水位差对地基稳定的影响，选择在稳定性最差的时机进行监测。

2）处理效果评价

通常通过对加固前后土性变化、地基承载力的变化评价排水固结法处理软土地基的加固效果，主要监测项目包括以下几种。

（1）钻孔取样检测。

通过加固前后土体钻孔取样、室内物理力学性质试验，比较加固前后软土物理力学性质指标的变化，评价设计方案的加固效果。钻孔位置结合监测断面进行，每个监测断面应在中心位置取1～3孔进行现场取土试验，钻孔深度穿透压缩层并进入底部不少于1m。为了减轻取土过程扰动的影响，一般采用薄壁取土器钻取原状土样。

（2）十字板剪切强度检测。

在每个预压区中心区域，对加固前、施工过程及加固后的地基进行十字板剪切试验，比较加固过程中软土强度指标的变化，分析评价设计方案的加固效果。试验位置应结合监测断面进行，每个监测断面应在中心位置取1～3孔进行现场试验，在软土层每间隔1m试验一次，试验深度穿过软土层至计算压缩层底部不少于1m。

（3）载荷板试验检测。

通过加固前后对地基进行荷载板试验，比较加固前后地基承载力的变化，分析评价设计方案的加固效果，试验位置结合监测断面进行，每个监测断面应在中心位置取1～3点进行试验。

2.3.2 置换法

置换法是指用物理力学性质较好的岩土材料置换天然地基中部分和全部软弱土体，以形成双层地基或复合地基，达到提高地基承载力、减小沉降目的的地基处理方法。属于置换加固原理的软土地基处理方法主要有：换土垫层法、强夯置换法、砂石桩置换法、石灰桩法等。

1. 换土垫层法

1) 作用原理

当软弱地基的承载力和变形不满足建筑物的要求，而软弱土层的厚度又不是很大时，采用换土垫层法能取得较好的效果。在软弱土地区经常采用的换土垫层法(简称垫层法或换土法)。按换填材料的不同，可分为砂垫层、砂卵石垫层、灰土垫层、粉煤灰垫层、碎石和矿渣垫层以及用其他性能稳定、无侵蚀性的材料做的垫层等。虽然不同材料垫层应力分布有所差异，但其极限承载力还是比较接近的，不同材料垫层上的建筑物沉降的特点也基本相似，所以各种材料的垫层都可近似按砂垫层的计算方法进行计算。不同材料的垫层换填软弱地基时，其主要作用原理与砂垫层相同。作用原理如下。

(1) 提高浅基础下地基的承载力。

一般来说，浅基础的地基承载力与基础下土层的抗剪强度有关。以抗剪强度较高的砂或其他填筑材料代替软弱土，可提高地基的承载力，避免地基的剪切破坏。

(2) 减少沉降量。

一般情况下，浅层地基的沉降量在总沉降量中所占的比例是比较大的。以条形基础为例，在相当于基础宽度的深度范围内的沉降量约占总沉降量的50%左右。以密实砂或其他填筑材料代替上部软弱土层，可以减少这部分沉降量。由于砂垫层或其他垫层对应力的扩散作用，使作用在下卧层土上的压力较小，这样也会相应减少下卧层土的沉降量。

(3) 加速软弱土层的排水固结。

建筑物的不透水基础直接与软弱土层相接触时，在荷载的作用下，软弱土地基中的水被迫绕基础两侧排出，因而使基底下的软弱土不易固结，形成较大的孔隙水压力，还可能导致由于地基强度降低而产生塑性破坏的危险。砂垫层和砂石垫层等垫层材料透水性大，软弱土层受压后，垫层可作为良好的排水面，使基础下面的孔隙水压力迅速消散，加速垫层下软弱土层的固结和提高其强度，避免地基土塑性破坏。

另外，在膨胀土地区采用换土垫层法，可以消除膨胀土的胀缩作用；在黄土地区采用换土垫层法，可以消除湿陷性黄土的湿陷作用；粗颗粒的换土垫层材料可以防止寒冷地区土中结冰所造成的冻胀等。

各类工程中，垫层所起的主要作用有时也是不同的，如房屋建筑物基础下的砂垫层主要起换土作用；而在路堤及土坝等工程中，主要利用砂垫层起排水固结作用。

换土垫层法除了适用于淤泥、淤泥质土等软弱地基浅层处理外，还可以用于湿陷性黄土、杂填土地基及暗沟、暗浜(塘)和山地不良地基等的浅层处理。

2) 设计计算

垫层设计主要是确定断面的合理厚度和宽度，确定垫层的承载力，计算垫层的沉降。对于垫层，既要求有足够的厚度来置换可能被剪切破坏的软弱土层，又要有足够的宽度以防止垫层向两侧挤出。对于排水垫层来说，除要求有一定的厚度和密度满足上述要求外，还要求形成一个排水面，促进软弱土层的固结，提高其强度，以满足上部荷载的要求。

(1) 垫层厚度的确定。

垫层的厚度一般根据垫层底面处土的自重应力与附加应力之和不大于同一标高处软土层的容许承载力确定，如图 2-3 所示。其表达式为

$$p_z + p_{cz} \leqslant f_z \tag{2-20}$$

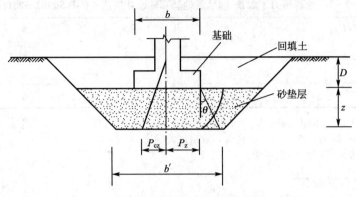

图 2-3 垫层内压力的分布

式中，f_z——垫层底面处土层的地基承载力，kPa；

  p_{cz}——垫层底面处土的自重应力，kPa；

  p_z——垫层底面处土的附加应力，kPa。

具体计算时，一般可根据垫层的容许承载力确定出基础宽度，再根据下卧层土的承载力确定垫层的厚度。垫层的容许承载力要合理拟定，如定得过高，则换土厚度将很深，对施工不利且不经济。载荷试验资料表明：当下卧软弱土的容许承载力为 60~80kPa，压缩模量为 3MPa 左右，换土厚度为 0.5~1.0 倍基础宽度时，垫层地基的容许承载力约为 100~200kPa，平均变形模量大约为 14MPa。一般是先初步拟定垫层厚度，再利用式(2-20)复核。垫层厚度一般不宜大于 3m，太厚施工较困难，太薄(<0.5m)则换土垫层的作用不显著。

垫层底面处的附加压力，可分别按式(2-21)和式(2-22)简化计算：

条形基础：

$$p_z = \frac{b(p-p_c)}{b+2Z\tan\theta} \tag{2-21}$$

矩形基础：

$$p_z = \frac{bl(p-p_c)}{(b+2Z\tan\theta)(l+2Z\tan\theta)} \tag{2-22}$$

式中，p——基础底面的压力，kPa；

  p_c——基础底面处土的自重应力，kPa；

  l、b——基础底面的长度和宽度，m；

  Z——垫层的厚度，m；

  θ——垫层的压力扩散角，根据工程情况按表 2-6、表 2-7 选择。

表 2-6 压力扩散角 [《建筑地基处理技术规范》(JGJ 79—2012)]

换填材料 Z/b	中砂、粗砂、砾砂、圆砾、角砾、 石屑、卵石、矿渣	粉质黏土、粉煤灰	灰土
0.25	20	6	28
≥0.50	30	23	

注：1. 当 $Z/b<0.25$ 时，除灰土仍取 $\theta=28°$ 外，其余材料均取 $\theta=0$，必要时，宜由试验确定。

  2. 当 $0.25<Z/b<0.5$ 时，θ 可通过内插求得。

表 2-7 地基压力扩散角 [《建筑地基基础设计规范》(GB 50007—2011)]

E_{s1}/E_{s2} Z/b	3	5	10
0.25	6	10	20
0.50	23	25	30

注：1. E_{s1} 为上层土压缩模量；E_{s2} 为下层土压缩模量。

2. $Z/b<0.25$ 时，取 $\theta=0$，必要时，宜由试验确定。

3. 当 $Z/b>0.5$ 时，θ 值不变。

（2）垫层宽度的确定。

垫层的宽度应满足基础底面应力扩散的要求，可按下式计算或根据当地经验确定。

$$b' \geq b + 2Z\tan\theta \qquad (2-23)$$

式中，b'——垫层底面宽度，m；

b——基础底面的宽度，m。

整片垫层的宽度可根据施工的要求适当加宽。垫层顶面每边宜超出基础底边不小于300mm，或从垫层底面两侧向上按当地开挖基坑经验的要求放坡。

（3）垫层承载力的确定。

经换填处理后的软弱地基，由于理论计算方法尚不完善，垫层承载力宜通过现场载荷试验确定，如对于一般工程可直接用标准贯入试验、静力触探和取土分析法等。对于不太重要或对沉降要求不高的工程，当无试验资料时，可按表 2-8 确定。

表 2-8 各种垫层的承载力特征值

换填材料	承载力特征值(f_k)/kPa
碎石、卵石	200~300
砂夹石（其中碎石、卵石占全重的 30%~50%）	200~250
土夹石（其中碎石、卵石占全重的 30%~50%）	150~200
中砂、粗砂、砾砂、圆砾、角砾	150~200
石屑	120~150
粉质黏土	130~180
灰土	200~250
粉煤灰	120~150
矿渣	200~300

（4）沉降计算。

砂垫层断面尺寸确定之后，对于较重要的建筑物还要求验算换填垫层地基的沉降，以便使建筑物基础的最终沉降量小于建筑物的允许沉降量。

换填垫层地基的沉降由垫层自身的沉降和软弱下卧层沉降两部分组成。由于垫层材料模量远大于软弱下卧层模量，故软弱下卧层的沉降量占整个沉降量的绝大部分。软弱下卧层的沉降量可按《建筑地基基础设计规范》(GB 50007—2011)有关规定计算。对粗粒换填材料，由于在施工期间垫层的自身压缩变形已基本完成，且变形值很小，因此，对于碎石、卵石、砂夹石、矿渣和砂垫层，当换填垫层厚度、宽度及压实程度均满足设计及相关规范的要求后，可不考虑垫层自身的压缩量而仅计算下卧层的变形。

当建筑物对沉降要求严格，或换填材料为细粒材料且垫层厚度较大时，尚应计算垫层自身的变形，垫层的模量应根据试验或当地经验确定。在无试验资料或经验时，可参照表 2-9 选用。

表 2-9　垫层模量

模量 垫层材料	压缩模量 E_s/MPa	变形模量 E_0/MPa
粉煤灰	8～20	
砂	20～30	
碎石、卵石	30～50	
矿渣		35～70

3）施工工艺

（1）砂和砂石垫层。

砂和砂石垫层适用于除湿陷性黄土地基以外的软弱地基的处理。

砂和砂石垫层的材料，宜采用级配良好、质地坚硬的粒料，其颗粒的不均匀系数最好不小于 10，以中、粗砂为好，可掺入一定数量的碎（卵）石。砂垫层的填料含泥量不应超过 5％，也不得含有草根、垃圾等有机杂物。如用作排水固结地基的砂、石材料，含泥量不宜超过 3％，不应夹有过大的石块或碎石，因为碎石过大会导致垫层本身的不均匀压缩，一般要求碎卵石最大粒径不宜大于 50mm。砂和砂石垫层的施工要点如下。

① 将砂垫层中砂加密到设计要求的密实度。加密方法常用的有振动法（包括平振、插振、夯实）、水撼法、碾压法等。在基坑内分层铺砂，逐层振密或压实，分层的厚度视振动力的大小而定，一般为 15～20cm，分层厚度可用样桩控制。下层砂的密实度经检验合格后，方可进行上层施工。

② 铺砂前，应先验槽。浮土应清除，边坡必须稳定，防止塌土。基坑（槽）两侧附近如有低于地基的孔洞、沟、井和墓穴等，应在未做垫层前加以填实。

③ 开挖基坑铺设砂垫层时，必须避免扰动软弱土层的表面，否则坑底土的结构在施工时遭到破坏后，其强度就会显著降低，以致在建筑物荷重的作用下产生很大的附加沉降。

④ 砂、砂石垫层底面应铺设在同一标高上，如深度不同时，基坑地基土面应挖成阶梯或斜坡搭接，各分层搭接位置应错开 0.5～1.0m，搭接处应注意捣实，施工应按先深后浅的顺序进行。

⑤ 捣实砂石垫层时，应注意不要破坏基坑底面和侧面土的强度。对基坑下灵敏度大的地基，在垫层最下一层宜先铺设一层 15～20cm 的松砂，用木夯夯实，不得使用振动器，以免破坏基底土的结构。

⑥ 水撼法施工时，在基槽两侧设置样桩，控制铺砂厚度，每层为 25cm。铺砂后，灌水与砂面齐平，然后用钢叉插入砂中摇撼十几次，如砂已沉实，便将钢叉拔出，在相距

10cm 处重新插入摇撼，直至这一层全部结束，经验查合格后铺第二层。每铺一次，灌水一次进行摇撼，直至达到设计标高为止。

（2）灰土垫层。

灰土垫层是将基底下一定范围内的软弱土挖去，用按一定体积比配合的灰土在最优含水量情况下分层回填夯实或压实。灰土垫层法适用于处理 1～4m 厚的软弱土层。目前，国内采用灰土垫层作为地基的多层建筑已高达六七层。

灰土的原材料是石灰和土。石灰是一种无机的(矿物的)胶结材料，它不但能在空气中硬化，而且还能更好地在水中硬化。在施工现场用作灰土的熟石灰应予过筛，其粒径不得大于 5mm。熟石灰中不得夹有未熟化的生石灰块，也不得含有过多的水分。灰土中的土不仅作为填料，而且参与化学作用，尤其是土中的黏粒或胶粒，具有一定活性和胶结性，含量越多，灰土的强度也越高。

施工现场常采用就地基坑(槽)中挖出的黏性土(塑性指数大于 4)拌制灰土。淤泥、耕土、冻土、膨胀土以及有机物含量超过 8％ 的土料，都不得使用。土料应予过筛，其粒径不得大于 15mm。

灰土垫层施工要点如下。

① 灰土垫层施工前必须验槽，如发现坑(槽)内有局部软弱土层或孔穴，应挖出后用素土或灰土分层填实。

② 应将灰土拌和均匀，控制含水量，如土料水分过多或不足时，应晾干或洒水润湿，一般可按经验在现场直接判断，其方法为手握灰土成团，两指轻捏即碎。这时，灰土基本上接近最优含水量。

③ 分段施工时，不得在墙角、柱基及承重窗间墙下接缝。上下两层灰土的接缝距离不得小于 500mm。接缝处的灰土应夯实。

④ 按所使用夯实机具来确定分层虚铺厚度，参见表 2-10。每层灰土的夯打遍数应根据设计要求的干土重度在现场通过试验确定。

表 2-10　灰土虚铺厚度

夯实机具种类	质量/kg	虚铺厚度/mm	备注
石夯、木夯	4～8	200～250	人力送夯、落距 400～500mm，一夯压半夯
轻型夯实机械	—	200～250	蛙式打夯机、柴油打夯机
压路机	60～1000	200～300	双轮

⑤ 在地下水位以下的基坑(槽)内施工时，应采取排水措施。夯实后的灰土，在 3d 内不得受水浸泡。

⑥ 灰土垫层筑完后，应及时修建基础和回填基坑，或作临时遮盖，防止日晒雨淋。刚筑完毕或尚未夯实的灰土如遭受雨淋浸泡，则应将积水及松软灰土除去并补填夯实。受浸湿的灰土，应在晾干后再夯打密实。

（3）粉煤灰垫层。

粉煤灰垫层可用于道路、堆场和小型建筑、构筑物等的换填垫层。垫层施工要点如下。

① 粉煤灰垫层可采用分层压实法，压实可用平板振动器、蛙式打夯机和振动压路机等。机具选用应按工程性质、设计要求和工程地质条件等确定。不应采用水沉法和浸水饱和施工。

② 施工压实参数（最大干密度、最优含水量）可由室内轻型击实试验确定。压实系数根据工程性质、施工机具、地质条件等因素选定，一般可取 0.90～0.95。

③ 虚铺厚度和碾压遍数应通过现场小型试验确定。若无试验资料，可选用铺筑厚度 200～300mm，压实厚度 150～200mm。

④ 小型工程可采用人工分层摊铺，在整平后用平板振动器或蛙式打夯机进行压实。施工时须一板压 1/3～1/2 板往复压实，由外围向中间进行，直至达到设计密实度要求。

⑤ 大中型工程可采用机械摊铺，在整平后用履带式机具初压二遍，然后用中、重型压路机碾压。施工时须一轮压 1/3～1/2 轮往复碾压，后轮必须超过两施工段的接缝。碾压一般 4～6 遍，碾压至达到设计密实度要求。

⑥ 施工时宜当天铺筑，当天压实。若压实时呈松散状，则应洒水湿润后再压实；若出现"橡皮土"现象，则应采取开槽、翻开晾晒或换灰等方法处理。

⑦ 施工压实含水量应控制在最优含水率区间 $w_{op}\pm4\%$ 范围内。

⑧ 施工最低气温不得低于 0℃，以防粉煤灰含水冻胀。

⑨ 作为建筑物垫层的粉煤灰应符合有关放射性安全标准的要求。粉煤灰垫层中的金属构件、管网宜采取适当防腐措施。大量填筑粉煤灰时，应考虑对地下水和土壤的环境影响。

（4）碎石和矿渣垫层。

采用碎石或矿渣作垫层来处理软弱地基是目前国内常用的一种地基加固方法。碎石和矿渣具有足够的强度，变形模量大，稳定性好；而且垫层本身还可以起排水层的作用，加速下部软弱土层的固结。

碎石垫层用的碎石粒径，一般为 5～40mm 的自然级配碎石，含泥量不大于 5%。矿渣垫层选用矿渣的松散重度不小于 11%，有机质及含泥量不超过 5%。在碎石和矿渣垫层底部，为防止基坑表层软弱土发生局部破坏而使建筑物基础产生附加沉降，一般应设置一层 15～30mm 厚的中、粗砂砂垫层，然后再铺筑碎石或矿渣垫层。

当采用矿渣垫层时，设计、施工前必须对选用的矿渣化学成分、物理力学性质进行试验，在确认其性能稳定并符合安全规定后方可使用。作为建筑物垫层的矿渣应符合对放射性安全标准的要求。易受酸、碱影响的基础或地下管网不得采用矿渣垫层。大量填筑矿渣时，应考虑对地下水和土壤的环境影响。

碎石或矿渣垫层施工，一般是将软弱土层挖至需要深度，先作砂垫层，用平板式振捣器振实。然后再将碎石或矿渣分层铺设和压实。压实方法可用碾压法或平振法。碾压法系采用重 6～10t 压路机或拖拉机牵引重 50kN 平碾分层碾压。每层铺设厚度为 30cm，用人工或推土机推平后，往返碾压 4 遍以上。平振法适用于小面积施工，系用功率大于 1.5kW，频率为 2000r/min 以上的平板式振捣器往复振捣，每次铺设厚度为 20～25cm，振捣时间不少于 60s，振捣遍数一般 3～4 遍。施工时，按铺设面积大小以总的振捣时间来控制碎石或矿渣分层捣实的质量。

4）质量检验

垫层质量检验包括分层施工质量检查和工程质量验收。

分层施工的质量和质量标准应使垫层达到设计要求的密实度。对于粉质黏土、灰土、粉煤灰和砂石垫层，可用环刀法、贯入仪、静力触探、轻型动力触探或标准贯入试验检验；对于砂石、矿渣垫层可用重型动力触探检验，并均应以通过现场试验以设计压实系数所对应的贯入度作为标准检验垫层的施工质量。

垫层的施工质量检验必须分层进行，应在每层的压实系数符合设计要求后铺填上层土。垫层质量检验方法如下。

(1) 环刀法。

用容积不小于 200mm^3 的环刀压入垫层中每层厚度的 2/3 深度处取样，测定其干密度，干密度应不小于该砂石料在中密状态的干密度。

(2) 贯入仪法。

先将砂垫层表面 30mm 左右厚的砂刮去，然后用贯入仪、钢叉或钢筋以贯入度的大小来定性地检验砂垫层质量，以不大于通过相关试验所确定的贯入度为合格。

(3) 静力触探试验。

根据现场静力触探试验的比贯入阻力曲线，确定垫层的承载力及其密实状态。

(4) 轻型动力触探试验。

根据轻型触探试验锤击数，确定垫层的承载力、变形模量和垫层的密实度。

(5) 标准贯入试验。

由标准贯入试验的贯入锤击数，计算出垫层的承载力及其密实状态。当采用贯入仪或动力触探检验垫层的施工质量时，每分层检验点的间距应小于 4m。

(6) 重型以及超重型动力触探试验。

根据动力触探试验锤击数，确定垫层的承载力、变形模量和垫层的密实度。

(7) 载荷试验。

工程竣工质量验收主要采用载荷试验，即根据垫层载荷试验实测资料，确定垫层的承载力和变形模量。

2. 强夯置换法

强夯法适用于加固处理碎石土、砂土、低饱和度的粉土与黏性土、湿陷性黄土、素填土和杂填土等地基。但对于软塑、流塑状态的黏性土，以及饱和的淤泥、淤泥质土，由于土颗粒细，孔隙间的水分不易排出而处理效果不明显，有时还适得其反。为此，在强夯形成的深坑内填入块石、碎石、砂、钢渣、矿渣、建筑垃圾或其他硬质的粗颗粒材料，并不断夯击坑内回填的粗颗粒填料，使其形成连续的密实强夯置换墩，与周围混有砂石的夯间土形成一个柱状的置换体，该方法称为强夯置换法。该法适用于处理高饱和度的粉土和软塑、流塑的黏性土等地基，具有加固效果显著、施工工期短、费用低等优点，目前已用于堆场、公路、机场、房屋建筑等工程的软土地基处理。经强夯置换法处理的软土地基，既提高地基承载力，又改善排水条件，有利于软土的固结。

1) 加固机理

强夯置换法加固地基的机理与强夯法截然不同。强夯法是通过巨大的夯击能改变被加固土体的性质，主要是提高密度，从而改善其力学性质，处理后的地基独立发挥持力作用。而强夯置换法是通过夯击和填料形成置换体，使置换体和原地基土构成复合地基来共同承受荷载。其加固机理如图 2-4 所示。

当圆柱体形的重锤自高空落下，接触地面的瞬间夯锤刺入并深陷于土中，此时释放出来的大量能量，对被加固土体产生的作用主要有三个方面：① 直接位于锤底面下的土，承受锤底的巨大冲击压力，使土体积压缩并急速地向下推移，在夯坑底面以下形成一个压密体 [图 2-4(a)区域]，其密度大为提高；②位于锤体侧边的土，瞬间受到锤底边缘的巨大冲切力而发生竖向剪切破坏，形成一个近乎直壁的圆柱形深坑 [图 2-4(b)区域]；③锤体下落冲压和冲切土体形成夯坑的同

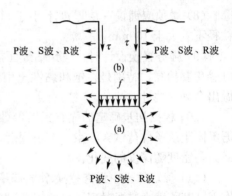

图 2-4 强夯置换加固机理图

时，还产生强烈震动，以三种震波 [P 波、S 波、R 波] 的形式向土体深处传播，基于震动液化、排水固结和振动挤密等联合作用，使置换体周围的土体也得到加固。

2）设计要点

目前强夯置换法尚无成熟的设计计算方法，主要设计参数都是根据规范或工程经验初步选定的，其中有些参数还应通过试夯或试验性施工进行验证，并经必要的修改调整，最后确定适合现场土质条件的设计参数。强夯置换法的设计要点如下。

(1) 强夯置换墩的深度由土质条件确定，一般深度不宜超过 7m。对淤泥、泥炭等黏性软弱土，置换墩应穿透软土层，着底在较好土层上，以免产生较多下沉。对深厚饱和粉土、粉砂，墩身可不穿透该层，因墩下土在施工中密度变大，强度提高有保证，故允许不穿透该层。

(2) 强夯置换法的单击夯击能应根据现场试验确定。

(3) 夯点的夯击次数应通过现场试夯确定，同时应满足下列条件。

① 墩底穿透软弱土层，且达到设计墩长；

② 累计夯沉量(夯点在每一击下夯沉量的总和)为设计墩长的 1.5～2.0 倍；

③ 最后两击的平均夯沉量不宜大于下列数值：当单击夯击能小于 4000kN·m 时为 50mm；当单击夯击能为 4000～6000kN·m 时为 100mm；当单击夯击能大于 6000kN·m 时为 200mm。

(4) 墩体材料可采用级配良好的块石、碎石、矿渣、建筑垃圾等坚硬粗颗粒材料，粒径大于 300mm 的颗粒含量不宜超过全重的 30%，因为墩体材料级配不良或块石过多过大，均易在墩中留下大孔，在后续墩施工或建筑物使用过程中使墩间土挤入孔隙，下沉增加。

(5) 墩体宜采用等边三角形或正方形布置。对独立基础或条形基础可根据基础形状与宽度布置。

(6) 墩间距应根据荷载大小和原土的承载力选定。当满堂布置时，可取夯锤直径的 2～3 倍。对独立基础或条形基础，可取夯锤直径的 1.5～2.0 倍。墩的计算直径可取夯锤直径的 1.1～1.2 倍。当墩间净距较大时，应适当提高上部结构和基础的刚度。为保证基础的刚度与墩间距相匹配，应使基底标高处的置换墩与墩间土下沉一致。

(7) 强夯置换处理范围应大于建筑物基础范围，每边超出基础外缘的宽度宜为基底下设计处理深度的 1/2～3/2，并不宜小于 3m。

(8) 墩顶应铺设一层厚度不小于 500mm 的压实垫层，垫层材料可与墩体材料相同，粒径不宜大于 100mm。

(9) 强夯置换设计时，应预估地面抬高值，并在试夯时校正。因为强夯置换时地面不可避免要抬高，特别是在饱和黏性土中，隆起的体积是很可观的，应在试夯时仔细记录，做出合理的估计。

(10) 根据初步确定的强夯置换参数，提出强夯置换试验方案，进行现场试夯，并根据不同土质条件待试夯结束一至数周后，对试夯场地进行检测。检查置换墩着底情况及承载力与密度随深度的变化。

(11) 确定软土中强夯置换墩地基承载力特征值时，可只考虑墩体，不考虑墩间土的作用，其承载力应通过现场单墩载荷试验确定；对饱和粉土地基可按复合地基考虑，其承载力可通过现场单墩复合地基载荷试验确定。

3）施工要点

强夯置换施工之前应从工程要求、降低费用两方面选取合理的施工机具，主要包括起重机械、夯锤、脱钩装置等。强夯置换法的施工要点如下。

(1) 试夯或试验性施工。强夯置换法施工前，应根据初步确定的强夯参数，在有代表性的场地选取一个或几个试验区进行试夯或试验性施工。通过测试检验强夯或强夯置换效果，以便最后确定工程采用的各项参数。

(2) 平整场地。预估强夯置换后可能产生的平均地面变形，并以此确定夯前地面高程，然后用推土机平整。同时，应认真查明场地范围内的地下构筑物和各种地下管线的位置及标高，尽量避开在其上进行施工，否则应根据强夯置换的影响深度，估计可能产生的危害，必要时应采取措施，以免强夯置换施工而造成损坏。

(3) 降低地下水位或铺垫层。对于场地表层土软弱或地下水位较高的情况，宜降低地下水位，或在表层铺填一定厚度的松散性材料。这样做的目的是在地表形成硬层，可以用以支承起重设备，确保机械设备通行和施工，又可加大地下水和地表面的距离，防止夯击时夯坑积水。

(4) 当强夯法或强夯置换法施工所产生的振动对邻近建筑物或设备产生有害的影响时，应设置监测点，并采取挖隔振沟等隔振或防振措施。

(5) 强夯置换法施工步骤。

① 清理并平整场地。

② 标出夯点位置，并测量场地高程。

③ 起重机就位，夯锤置于夯点位置。

④ 测量夯前锤顶高程。

⑤ 夯击并逐击记录夯坑深度。当夯坑过深而发生起锤困难时停夯，向坑内填料直至与坑顶平，记录填料数量，如此重复直至满足规定的夯击次数及控制标准完成一个墩体的夯击。当夯点周围软土挤出影响施工时，可随时清理并在夯点周围铺垫碎石，继续施工；按由内而外、隔行跳打原则完成全部夯点的施工。

⑥ 推平场地，用低能量满夯，将场地表层松土夯实，并测量夯后场地高程。

⑦ 铺设垫层，并分层碾压密实。

4）施工监测

施工监测对于强夯置换法施工来说非常重要，因为施工中所采用的各项参数和施工步骤是否符合设计要求,在施工结束后往往很难进行检查,所以施工过程中应有专人负责监测工作。

(1) 开夯前应检查夯锤质量和落距,以确保单击夯击能量符合设计要求。若夯锤使用过久,往往因底面磨损而使质量减少。落距未达设计要求的情况,在施工中也常发生,这些都将减少单击夯击能。

(2) 在每一遍夯击前,应对夯点放线进行复核,夯完后检查夯坑位置,发现偏差或漏夯应及时纠正。

(3) 施工过程中应按设计要求检查每个夯点的夯击次数和每击的夯沉量及置换深度。

(4) 施工过程中应对各项参数和施工情况进行详细记录。

5) 效果检验

为保证强夯置换工程质量,在强夯置换施工完成后应进行必要的抽样检测。常见的检测项目主要为强夯置换碎(块)石墩体形和深度、承载力以及强夯置换复合地基的承载力和变形模量等。

(1) 强夯置换碎(块)石墩的体形和深度检测。

常用检测方法主要有开挖、钻孔、重型动力触探、探地雷达和瑞雷波法等。开挖检验比较直观、结果可靠,但费用高、实施难度较大,对一般工程应用较少,仅在重大型工程中采用。由于一般工程地质钻机难以在强夯置换碎(块)石墩体上成孔,所以钻孔法检测一般采用斜钻的方法探求墩体的外形。目前虽常采用探地雷达和瑞雷波检测置换碎(块)石墩的体形和深度。但这毕竟属于一种间接检验方法,存在一定的误差,运用时需与其他方法进行比较。

(2) 强夯置换碎(块)石墩承载力检测。

强夯置换碎(块)石墩承载力检测常采用载荷试验的方法,载荷试验的承压板采用与墩顶面积相同的圆形压板。

(3) 强夯置换复合地基的承载力和变形模量检测。

目前,强夯置换复合地基的承载力检测常用复合地基载荷试验或采用单墩和墩间土分别进行载荷试验的方法,对于墩间土还可以采用其他的原位测试和钻孔取样土工分析以及瑞雷波检测方法。

由于强夯置换碎(块)石墩直径较大,单墩所控制的加固面积较大,因此强夯置换复合地基的承载力检验常采用单墩复合地基载荷试验。

3. 砂石桩法

砂石桩是指利用振动或冲击沉管方式,在软弱地基中成孔后,填入砂、砾石、碎石等材料并将其挤压入孔中,形成较大直径的、由砂石构成的密实桩体的地基处理方法。主要包括砂桩(置换)法、挤密砂桩法和沉管碎石桩法等。

工程实践表明,砂石桩用于处理松散砂土和塑性指数不高的非饱和黏性土地基,其挤密或振动效果较好,不仅可以提高地基的承载力、减少地基的固结沉降,而且可以防止砂土由于振动或地震所产生的液化。砂石桩处理饱和软土地基时,主要是置换作用,可以提高地基承载力和减少沉降,同时起排水作用,能够加速地基土的固结。

1) 作用原理

地基土种类不同,对砂石桩的作用原理也不尽相同。砂石桩在黏性土地基的主要作用是置换而不是挤密，从砂石桩和土组成复合地基角度来看，砂石桩处理饱和软土地基，主要有以下两个作用。

(1) 置换作用。

砂石桩对黏性土地基的置换作用是将桩管位置的工程性能较差的土挤排至四周并换以性能良好的砂石，对桩间土的挤密作用弱。砂石桩在软土中成桩后，就形成了一定桩径、桩长和间距的桩与桩间土共同组成复合地基，由密实的砂石桩桩体替代了与桩体体积相同的软弱土。因为砂石桩的强度和抗变形性能等均优于周围土，所以形成的复合地基的承载力就比原来天然地基的承载力大，沉降量也比天然地基小，从而提高了地基的整体稳定性和抗破坏能力。在外来荷载作用下，由于复合地基中桩体的变形模量和强度较大，刚性基础传给地基的附加应力会随着桩和桩间土发生等量的变形而逐渐集中在桩体上，使桩承担较大部分的应力，而土所负担的应力则相对减少。其结果是，与天然地基相比，复合地基的承载力得到了提高，沉降量也有所减小。

(2) 排水作用。

砂石桩不仅置换软土层，还形成良好的竖向排水通道。如果选用砂石桩材料时考虑级配，砂石桩能起到排水砂井的作用。由于砂石桩缩短了排水距离，从而可以加快地基的固结速率。水是影响黏性土的主要因素之一，黏性土地基性质的改善很大程度上取决于其含水量的减小。砂石的渗透系数比黏性土大 4～6 个数量级，能有效地加速荷载产生的超静孔隙水压力的消散，缩短碎石桩复合地基承载后的固结时间，可消散孔隙水压力约 80%。因此，在饱和黏性土地基中，砂石桩体的排水通道作用是砂石桩法处理饱和软土地基的主要作用之一，比在砂土地基中的排水作用显著。

2) 设计计算

砂石桩地基处理的设计计算内容主要包括：桩体材料、桩径、桩间距、桩长、桩的处理范围、桩孔内填砂石量、桩复合地基承载力和变形验算等。

(1) 桩体材料。

桩体材料的选择一般因地制宜、就地取材，可用碎石、卵石、角砾、圆砾、砾砂、粗砂、中砂或石屑等硬质材料。这些材料可单独使用，也可以粗、细粒料以一定的比例配合使用，以改善级配、提高桩体的密实度。对于饱和黏性土，特别是当原地基土较软弱、侧限不大时，为了有利于成桩，宜选用级配好、强度高的砂砾混合料，或用含有棱角状碎石的混合料，以增大桩体材料的摩擦角。

填料的颗粒尺寸与桩管的直径和桩尖构造有关，以施工时顺利出料为宜。砂石填料中最大粒径不应大于 50mm。填料中含泥量，即粒径小于 0.005mm 的颗粒含量不得大于 5%。

(2) 桩径。

砂石桩的直径取决于施工设备的能力、处理的目的和地基土类型等因素。对饱和黏性土地基，应采用较大的直径。目前，国内使用的砂石桩直径一般为 300～800mm。根据施工设备的桩管直径和地基土的情况来确定桩径。小直径桩的挤密效果均匀但施工效率较低，大直径桩需要较大的机械设备，效率较高，但桩间土挤密不易均匀。对于黏性土地基采用大直径桩可以提高置换率，并减小对地基土的扰动程度。一般成桩直径与桩管的直径比不宜大于 1.5，以避免因扩径较大对地基土产生较大的扰动。

(3) 桩间距。

砂石桩的间距应通过现场试验确定,桩距一般在 3.0~4.5 倍桩径以内。由于砂石桩在松散砂土和粉土中与在黏性土中的作用机理不同,故桩间距的计算方法也不同,下面仅介绍砂石桩在黏性土地基中桩间距的估算方法。

如图 2-5 所示,将一根桩承担的处理面积化为一个等面积的等效圆,即按正方形 [图 2-5(a)] 和等边三角形 [图 2-5(b)] 布桩时,等效圆的面积 A_e 分别与正方形和正六边形的面积相等,即:

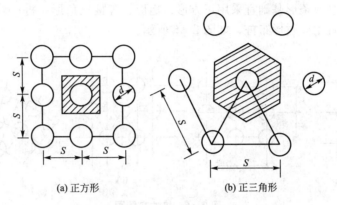

(a) 正方形　　　　　　　(b) 正三角形

图 2-5　砂石桩的平面布置

正方形布置:

$$A_e = s^2 \tag{2-24}$$

$$s = \sqrt{A_e} \tag{2-25}$$

正三角形布置:

$$A_e = \frac{\sqrt{3}}{2} s^2 \tag{2-26}$$

整理为

$$s = \sqrt{\frac{2}{\sqrt{3}} A_e} \approx 1.08 \sqrt{A_e} \tag{2-27}$$

$$A_e = \frac{A_p}{m} \tag{2-28}$$

$$m = \frac{d^2}{d_e^2} \tag{2-29}$$

式中,A_e——一根承担的处理面积,m^2;

　　　A_p——砂石桩的截面积,m^2;

　　　m——面积置换率,一般为 0.1~0.3;

　　　d_e——一根桩分担的处理地基面积的等效圆直径,m(等边三角形布桩时,d_e = 1.05s;正方形布桩时,d_e = 1.13s;矩形布桩时,d_e = 1.13$\sqrt{s_1 s_2}$。s、s_1、s_2 分别为桩间距、纵向和横向间距)。

(4) 桩长。

桩长主要取决于需加固处理软土层的厚度,根据建筑物对地基的强度和变形条件等的设计要求及地质条件通过计算确定。当地基中软土层厚度不大时,桩宜穿过软土层。当地基中软土层厚度较大时，应分以下两种情况考虑：对按稳定性控制的工程，桩长应不小于最危险滑动面以下 2m，其长度可以通过复合地基的滑动计算来确定；对于按沉降变形控制的工程，桩长应满足处理后复合地基沉降变形量不超过建筑物地基变形允许值并且满足软弱下卧层承载力的要求，并应通过复合地基沉降计算确定。

（5）桩的平面布置形式和处理范围。

桩的平面布置形式要根据基础的形式确定。对于大面积满堂处理，一般采用等边三角形布桩；对于独立或条形基础宜采用正方形、矩形、等腰三角形布桩；对于圆形、环形基础，如油罐基础宜用放射形布桩，如图 2-6 所示。

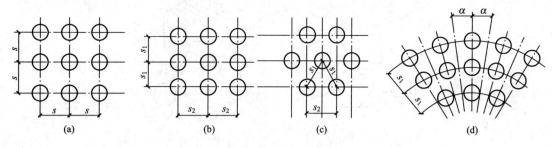

图 2-6 桩位布置图

桩的平面处理范围的确定，可以考虑上部结构的特征、基础尺寸的大小、基础的形式、荷载条件和工程地质条件。由于基础传递的压力向基础以外扩散，外围 2～3 排桩的挤密效果较差，所以处理范围应大于基底范围，处理宽度宜在基础外缘扩大 1～3 排桩。

（6）桩孔内砂石填料量。

砂石桩桩孔内的填料量应通过现场试验确定，估算时可按设计桩孔体积乘以充盈系数 β 确定，β 可取 1.2～1.4。如施工中地面有下沉或隆起现象，则填料数量应根据现场具体情况予以增减。

设每根桩应灌入砂石量为 $Q(\mathrm{kN})$，按下列公式计算：

$$
\begin{aligned}
Q &= \beta(A_\mathrm{p} \times l_\mathrm{p})\gamma \\
&= \beta\frac{A_\mathrm{p} l_\mathrm{p} d_\mathrm{s}}{1+e_1}(1+0.01\mathrm{w})\gamma_\mathrm{w} \\
&= \beta\frac{\pi d^2 l_\mathrm{p} d_\mathrm{s}}{1+e_1}(1+0.01w)\gamma_\mathrm{w}
\end{aligned}
\qquad (2-30)
$$

式中，l_p——砂石桩长度，m；

$\quad\ d$——砂石桩直径，m；

$\quad\ e_1$——处理后土体的孔隙比；

$\quad\ \gamma$——砂石桩内砂石料重度，$\mathrm{kN/m^3}$；

$\quad\ \gamma_\mathrm{w}$——水的重度，$\mathrm{kN/m^3}$；

$\quad\ w$——灌入砂石的含水量，％；

$\quad\ d_\mathrm{s}$——砂石料的相对密度。

（7）褥垫层。

砂石桩施工之后，桩顶 1.0m 左右长度的桩体是松散的，密实度较小，此部分应挖除，或者采取碾压或夯实等方法使之密实，然后再铺设褥垫层，垫层厚度 300～500mm，不宜太厚。褥垫层的铺设应分层压实，褥垫层与桩顶互相贯通，以利排水。垫层材料可选用中、粗砂或砂与碎石的混合料，最大粒径不宜大于 30mm。

褥垫层的作用是将上部基础传来的基底压力通过适当的变形以一定的比例分配给桩及桩间土，使二者共同受力。其主要作用如下。

① 保证桩与土共同承担荷载。基础传来的荷载，首先传给褥垫层，再通过褥垫层传给桩与桩间土。桩间土的刚度小于砂石桩的刚度，桩顶出现应力集中。当桩顶压力超过褥垫层局部(与桩顶接触部分)抗压强度时，褥垫层局部会产生压缩量，基础和褥垫层整体也会产生向下位移压缩桩间土。此时，桩间土承载力开始发挥作用，最终桩与桩间土共同发挥作用。

② 调整桩与桩间土之间的荷载分担比例。当增加褥垫层的厚度时，能够提高桩间土的荷载分担比例。

③ 减少和减缓基础底面的应力集中。

(8) 复合地基承载力计算。

砂石桩复合地基承载力应通过现场复合地基载荷试验确定，初步设计时可用单桩和处理后桩间土承载力特征值按下式(2-31)估算：

$$f_{spk} = m f_{pk} + (1-m) f_{sk} \qquad (2-31)$$

式中，f_{spk}——复合地基承载力特征值，kPa；

f_{pk}——桩体的承载力特征值，宜通过单桩载荷试验确定，kPa；

f_{sk}——处理后桩间土的承载力特征值，宜按当地经验取值，如无经验时，可取天然地基承载力特征值，kPa。

对于小型工程的黏性土地基，没有现场载荷试验资料时，初步设计可按下式估算：

$$f_{spk} = [1 + m(n-1)] f_{sk} \qquad (2-32)$$

式中，n——桩土应力比，由实测获得。无实测值时，对黏性土可取 2~4，粉土和砂土可取 1.5~3。原土强度低取大值，反之取小值。

(9) 复合地基沉降计算。

复合地基沉降量为加固区压缩量 s_1 和加固区下卧层压缩量 s_2 之和。可将加固区视为一复合土体，复合土体的压缩模量可以通过砂石桩的压缩模量 E_p 和桩间土的压缩模量 E_s 在面积上进行加权平均的方法求得，即：

$$E_{sp} = m E_p + (1-m) E_s \qquad (2-33)$$

或

$$E_{sp} = [1 + m(n-1)] E_s \qquad (2-34)$$

然后采用分层总和法计算沉降。

3) 施工方法

砂石桩的施工方法和相应的施工设备多种多样，可根据地质情况选用。对饱和松散的砂性土，一般选用振动成桩法，以便利用其对地基进行振密、挤密；而对于软弱黏性土，则选用锤击成桩法，也可以采用振动成桩法。

(1) 振动成桩法。

振动成桩法分为一次拔管法、逐步拔管法和重复压拔管法三种。一次拔管法成桩工艺主要分为如下几个步骤(图2-7)。

① 移动桩机及导向架，把桩管及桩尖垂直对准桩位，活瓣桩靴闭合。

② 启动振动桩锤，将桩管振动沉入土中，达到设计深度，对桩管周围的土进行挤密或挤压。

③ 从桩管上端的投料漏斗加入砂石料，数量根据设计确定，为保证顺利下料，可加适量水。

④ 边振动边拔管直至拔出地面。

逐步拔管法成桩工艺主要分为如下步骤(图2-7)。

①～③ 与一次拔管法步骤相同。

④ 逐步拔管，边振动边拔管，每拔管50cm，停止拔管而继续振动，停拔时间10～20s，直至将桩管拔出地面。

重复压拔管法成桩工艺步骤如下(图2-8)。

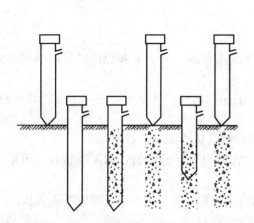

图2-7 一次拔管和逐步拔管成桩工艺

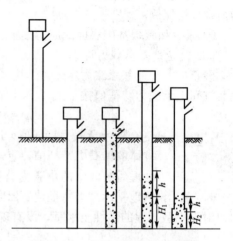

图2-8 重复压拔管成桩工艺

① 桩管垂直就位，闭合桩靴。

② 将桩管沉入地基土中达到设计深度。

③ 按设计规定的砂石料量向桩管内投入砂石料。

④ 边振动边拔管，拔管高度根据设计确定。

⑤ 边振动边向下压管(沉管)，下压的高度由设计和试验确定。

⑥ 停止拔管，继续振动，停拔时间长短按规定要求。

⑦ 重复步骤③～⑥，直至桩管拔出地面。

(2) 锤击成桩法。

锤击成桩法成桩工艺有单管成桩法和双管成桩法两种。

单管成桩法成桩工艺步骤 [图2-9(a)] 如下。

① 桩管垂直就位，下端为活瓣桩靴的则对准桩位，下端为开口的则对准已按桩位埋好的预制钢筋混凝土锥形桩尖。

② 启动蒸汽桩锤或柴油桩锤将桩管打入土层至设计深度。

③ 从加料漏斗向桩管内灌入砂石料。当砂石量较大时，可分两次灌入，第一次灌总料量的2/3或灌满桩管，然后上拔桩管，当能容纳剩余的砂石料时再第二次加够所需砂石料。

④ 按规定的拔管速度，将桩管拔出。

双管成桩法成桩工艺步骤 [图2-9(b)] 如下。

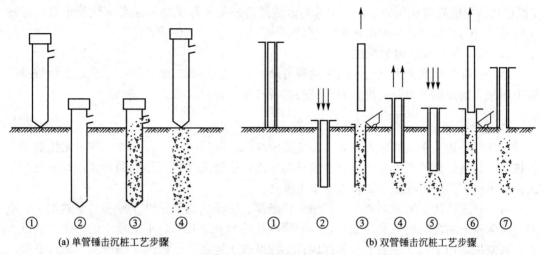

①　　　②　　　③　　　④

(a) 单管锤击沉桩工艺步骤

①　　②　　③　　④　　⑤　　⑥　　⑦

(b) 双管锤击沉桩工艺步骤

图 2 - 9 锤击沉桩成桩工艺

① 将内外管垂直安放在预定的桩位上，将用作桩塞的砂石投入外管底部。

② 以内管做锤冲击砂石塞，靠摩擦力将外管打入预定深度。

③ 固定外管将砂石塞压入土中。

④ 提内管并向外管投入砂石料。

⑤ 边提外管边用内管将管内砂石料冲出挤压土层。

⑥ 重复步骤④～⑤，直至拔管接近桩顶。

⑦ 待外管拔出地面，砂石桩完成。

4) 效果检验

砂石桩地基处理效果的检验，指采用一种或多种检测方法对处理后形成的复合地基的性能进行测试，以验证复合地基各项性能是否满足设计要求。砂石桩的施工质量检验可采用单桩载荷试验，对桩体可采用动力触探试验检测，对桩间土可采用标准贯入试验、静力触探试验、动力触探试验或其他原位测试等方法进行检测。桩间土质量的检测位置应在等边三角形或正方形的中心。该处的检测结果还可以判断桩间距的合理性。检测数量不应少于桩孔总数的 2%。

砂石桩地基竣工验收时，承载力检验应采用复合地基载荷试验，其数量不应少于总桩数的 0.5%，且每个单体建筑不应少于 3 点。

(1) 复合地基载荷试验。

试验类型有单桩复合地基载荷试验和多桩复合地基载荷试验两种。

由于成桩过程对地基土的扰动，使其强度暂时有所降低，饱和土地基在桩周围一定范围内，还产生较高的超孔隙水压力。因此，成桩结束后要静置一段时间，使强度恢复、超孔隙水压力消散以后再进行载荷试验。对饱和黏性土地基，静置时间不宜少于 28d；对砂土、粉土和杂填土地基，不宜少于 7d；非饱和土地基一般在砂石桩施工后 3～5d。

单桩复合地基载荷试验一般采用钢质或钢筋混凝土质压板，形状为圆形或方形，面积为 1 根桩所承担的处理面积即等效圆的面积。

多桩复合地基载荷试验的承压板可用正方形或矩形，其尺寸根据实际桩数所承担的处理面积确定，一般与桩间距和布桩形式有关。常用的有以 2 倍桩间距为正方形边长可覆盖

4 根桩所承担的处理面积的压板。单桩与多桩复合地基载荷试验方法见《建筑地基处理技术规范》(JGJ 79—2012)附录 A 相关规定。

（2）静力触探和动力触探试验。

静力触探和标准贯入试验，用于检验桩间土的加固效果，也可用于检验砂石桩桩身的施工质量。用重型动力触探检验砂石桩的桩身密实度和桩长等。

4. 石灰桩法

石灰桩是指采用机械或人工方法在地基中成孔，然后灌入生石灰块或按一定比例加入粉煤灰、炉渣、火山灰等掺合料及少量外加剂进行振密或夯实而形成的桩体，石灰桩与经改良的桩周土共同组成复合地基以支承上部建筑物。

石灰桩法适用于加固杂填土、素填土、淤泥、淤泥质土和黏性土地基，对素填土、淤泥、淤泥质土的加固效果尤为显著，加固深度从几米至十几米，不适用于地下水下的砂类土。石灰桩适用于以下软弱土地基加固：①深厚软土地区 7 层以内、一般软土地区 8 层以内住宅建筑物或相当的其他多层工业与民用建筑物；②软土地区大面积堆载场地及地坪加固，有经验时也可用于大跨度工业与民用建筑独立柱基下的软弱地基加固；③公路、铁路路基软土加固。石灰桩法可用于提高软土地基的承载力，减少沉降量，提高地基稳定性。

1）加固机理

（1）成孔挤密作用。石灰桩在成孔过程中，对桩间土具有挤密作用，对非饱和土或渗透性较强的土，挤密效果较好；对饱和软土挤密效果差，挤密作用很小，可不允考虑。

（2）生石灰吸水膨胀挤密作用。石灰桩桩体材料石灰的主要成分为 CaO，也叫做生石灰，生石灰在桩孔中吸收桩周土层的孔隙水变成熟石灰时产生体积膨胀，挤密桩周土减少其孔隙比，加速地基土的固结，提高地基承载力。生石灰与桩间土层中的水分发生化学反应：$CaO + H_2O \longrightarrow Ca(OH)_2$，此时体积膨胀 $1.5\sim3.5$ 倍，对桩间土发生挤密作用，使土颗粒靠拢挤密，孔隙比减小，提高地基承载能力。

（3）置换作用。石灰桩是作为竖向增强体和天然地基土体组成复合地基的。使用中石灰桩和天然土共同承载，刚度较大的石灰桩体受到大的应力，从而分担 30% 以上的荷载。通过桩、土分层沉降的观测，说明它的实质是桩体作用的发挥，在复合地基承载特性中起重要作用。不过，桩、土在不同深度的变形很接近，桩土变形协调，可认为是局部换填的作用。另外，在软弱土层中设置具有一定强度和刚度的石灰桩，其置换作用可以提高地基承载力和改善变形特性。

（4）吸水升温使桩间土强度提高。1kg 生石灰水化生成 $Ca(OH)_2$，要吸收 $0.8\sim0.9$kg 水，水化时放出 1172kJ 的热量，桩内温度可达 $200\sim300℃$，这种热量可提高地基土的温度(实测桩间土温度在 $500℃$ 左右)，使土中水分大量蒸发，加速土体固结，提高桩间土的抗剪强度。

（5）离子交换和碳化作用。$Ca(OH)_2$ 中的 Ca^{2+} 和黏土颗粒表面的阳离子 Na^+ 进行交换并吸附在颗粒表面，改变了黏土颗粒带电状态。使其表面弱结合水膜减薄，土粒凝聚，团粒增大，塑性减小，抗剪强度增大。同时生石灰吸水生成 $Ca(OH)_2$，与土中二氧化硅和氧化铝发生反应形成水化硅酸钙($CaO \cdot SiO_2 \cdot mH_2O$)，水化铝酸钙($4CaO \cdot Al_2O_3 \cdot 13H_2O$)和水化硅铝酸钙($2CaO \cdot Al_2O_3 \cdot SiO_2 \cdot 6H_2O$)等水化物，产生胶结作用在桩孔表面形成一定厚度的硬壳，厚度可达 $5\sim10$cm，提高土的强度，随龄期而增长。

2）设计计算

石灰桩与桩间土共同形成承载力较大的复合地基。由于施工材料、施工工艺和被加固土类各地差异较大，设计计算所用参数应根据各地的工程经验或通过试验实测采用。

（1）设计一般原则。

① 生石灰应新鲜，CaO 含量不宜低于 70%，含粉量不得超过 15%。为提高桩身强度，可在石灰中掺加粉煤灰、火山灰、石膏、矿渣、炉渣、水泥等材料，掺料与石灰的比例无经验时或重要工程应通过试验确定。配合比试验应在现场地基土中进行。桩身材料的无侧限抗压强度根据土质及荷载要求，一般情况下为 $0.3\sim1.0MPa$。

② 石灰桩的设计直径根据不同的施工工艺确定，一般采用 $300\sim500mm$，桩中心距宜为 $2\sim3.5$ 倍成孔直径。桩位布置根据基础形式可采用正三角形、正方形或矩形排列。

③ 石灰桩的加固深度，应满足桩底未经加固土层的承载力要求，当建筑物受地基变形控制时尚应满足地基变形容许值的要求。石灰桩桩端宜选在承载力较高的土层中。在深厚的软弱地基中采用悬浮桩时，建筑物层数不应高于 5 层，且应减少上部结构重心与基础形心的偏心，必要时宜加强上部结构重心与基础的刚度。

④ 石灰桩的加固范围应根据土质和荷载情况确定。石灰桩可仅布置在基础底面下，当基底土承载力特征值小于 $70kPa$ 时，宜在基础以外增设 $1\sim2$ 排围护桩。有经验时也可不设围护桩，以降低造价。

⑤ 洛阳铲成孔桩长不宜超过 $6m$；机械成孔管外投料时，桩长不宜超过 $8m$；螺旋钻成孔及管内投料时，可适当加长。

⑥ 在桩顶以上设置 $200\sim300mm$ 厚的砂石垫层，有利于地基排水。

⑦ 石灰桩宜留 $500mm$ 以上的空孔高度，并用含水量适当的土封口，封口材料必须夯实，封口标高应略高于原地面，防止孔口积水。石灰桩桩顶施工标高应高出设计桩顶标高 $100mm$ 以上。

（2）复合地基承载力计算。

在非深厚软土地区，当加固层的天然地基承载力在 $80kPa$ 以上时，可将石灰桩加固层看作一层复合土层，下卧层为另一层土，在强度和变形计算时可按一般双层地基进行计算。

根据静力平衡条件可得：

$$\sigma_c = \sigma_p \cdot m + \sigma_s(1-m) \qquad (2-35)$$

式中，σ_c——复合地基平均应力，kPa；

σ_p——桩顶平均接触应力，kPa；

σ_s——桩间土平均接触应力，kPa；

m——面积置换率。

当 σ_p 达到桩体比例极限 f_{pk} 时，σ_s 达到桩间土承载力特征值 f_{sk}，σ_c 即达到复合地基承载力特征值 f_{spk}，因此式（2-35）可改写为：

$$f_{spk} = mf_{pk} + f_{sk}(1-m) \qquad (2-36)$$

其中，$m = \pi d_1^2/(4s_1 s_2)$，$d_1 = (1.1\sim1.2)d$，排土成孔，土质软弱时取高值，d_1 为实际桩径；不排土成孔时，实际桩径需实测；d 为设计成孔直径；s_1、s_2 为布桩的行距和列距。

由式（2-36）可得：

$$m = \frac{f_{spk} - f_{sk}}{f_{pk} - f_{sk}} \qquad (2-37)$$

设计时，可直接利用式(2-37)预估所需的置换比。f_{pk}可通过单桩静载荷试验求得，或利用桩体静力触探p_s值确定(经验值为$f_{pk}=0.17p_s$)，也可取$f_{pk}=300\sim500\text{kPa}$进行初步设计。施工条件好、土质好时取高值；施工条件差、地下水渗透严重、土质差时取低值。f_{sk}为桩间土承载力特征值，应考虑成桩挤密作用，取天然地基承载力特征值的$1.05\sim1.20$倍，土质软弱或置换率大时取高值，kPa。

(3)复合地基变形计算。

建筑物基础的最终沉降值，可按分层总和法计算。桩长范围内复合土的压缩模量按下式估算：

$$E_{sp}=[1+m(n-1)]E_s'\qquad(2-38)$$

式中，E_{sp}——石灰桩复合土层压缩模量，MPa；

E_s'——桩间土的压缩模量，由室内土工试验确定，可取$(1.1\sim1.3)E_s$，成孔对桩周土挤密效果好或置换率大时取高值(E_s为天然土的压缩模量)，MPa；

n——桩土应力比，取$3\sim4$，长桩取高值。

在施工质量有保证时，桩长范围内复合土层沉降量可按桩长的$0.5\%\sim1\%$估算。经实测统计，对于多层建筑物，在一般软土地区，下卧层承载力在80kPa以上时，最终沉降量一般为$30\sim60\text{mm}$；下卧层承载力低于80kPa时，最终沉降量一般为$50\sim100\text{mm}$；在深厚软土地区，最终沉降一般为$100\sim200\text{mm}$。

3)施工工艺

(1)管外投料法。

当石灰桩体中的掺合料与生石灰拌和后，生石灰和掺合料中的水分迅速发生反应，生石灰体积膨胀，极易发生堵管现象。管外投料法避免了堵管，可以利用现有的混凝土灌注桩机施工，但又受到如下限制：①在软土中成孔，拔管时容易发生塌孔或缩孔现象；②在软土中成孔深度不宜超过6m；③桩径和桩长的保证率相对较低。

石灰桩采用多种打入、振入、压入的灌注桩机均可施工。由于石灰桩多用于8m以内的浅层加固，因此，桩机的高度不必过高。桩管采用$\phi200\sim\phi325\text{mm}$无缝钢管。为防止拔管时孔内负压造成塌孔，采用活动式桩尖，拔管时桩尖靠自重落下，空气由桩管进入孔内，避免负压。管外投料法主要施工工艺流程为：桩机定位—沉管—拔管—填料—压实—再拔管—再填料—再压实，这样反复几次，最后填土封口压实，一根桩即施工完成，如图2-10所示。

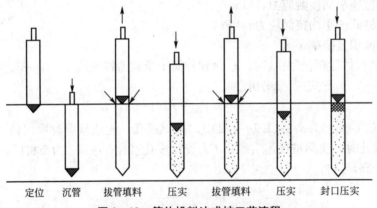

定位　沉管　拔管填料　压实　拔管填料　压实　封口压实

图2-10　管外投料法成桩工艺流程

施工注意事项如下。

① 生石灰与掺合料拌和不宜过早，随灌随拌，以免生石灰遇水膨胀影响质量。拌和过早容易引起冲孔"放炮"，即生石灰和掺合料冲出孔口。

② 冲孔的原因是桩料内含有过量空气，空气遇热膨胀，产生爆发力。因此，防止冲孔的主要措施是保证桩料填充的密实度。要求孔内不能大量进水，掺合料的含水量不宜大于70%（指粉煤灰、炉渣）。

③ 石灰桩施打后，在地下水下，1～2d即可完成吸水膨胀的过程，在含水量为25%左右的土中，需要3～5d；在含水量小于20%的土中，当掺合料含水量也不大时，完成吸水膨胀需要较长时间，但后期膨胀量显著减小。经验证明，在石灰桩施打5～7d后，即可进行基坑开挖。

④ 孔口封顶宜用含水量适中的土，封口高度不宜小于0.5m，孔口封土标高应高于地面，防止地面水早期浸泡桩顶。

⑤ 石灰桩容许偏差没有混凝土桩要求严格。遇有地下障碍物时，技术人员在现场可根据基础尺寸、荷载等因素变动桩位。正常情况下，桩位偏差不宜大于10cm，倾斜度不大于1.5%，桩径误差为±3cm，桩长误差为±15cm。

⑥ 大块生石灰必须破碎，粒径不大小7cm。生石灰在现场露天堆放的时间视空气湿度及堆放条件确定，一般不长于2～3d。

（2）管内投料法。

管内投料法适用于地下水位较高的软土地区。管内投料施工工艺与振动沉管灌注桩的工艺类似，详见图2-11。

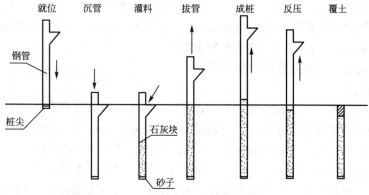

图2-11 管内投料法施工工艺

施工要点如下。

① 石灰及其他掺合料应符合设计要求，随时抽样检验。生石灰应新鲜，堆放时间不得超过3d，做好石灰堆放的防水防火设施。

② 石灰灌入量不应小于设计要求，拔出套管后，用盲板将套管底封住，将桩顶石灰压下约800mm，然后用黏土将桩孔填平夯实，以阻止石灰向上涨发，并对场地采取排水措施，防止地表水流入桩内。

③ 石灰桩容许偏差参见管外投料法。

（3）挖孔投料法。

利用特制的洛阳铲人工挖孔、投料夯实，是湖北地区广泛应用的一种施工方法，称为挖孔投料法。由于洛阳铲在切土、取土过程中对周围土体的扰动很小，在软土甚至淤泥中均可保护孔壁稳定。该法避免了振动和噪声，能在极狭窄的场地和室内作业，大量节约能源和造价，工期短，质量可靠，深受设计、建设及施工单位的欢迎，适用范围广。

挖孔投料法受到深度的限制，一般情况下桩长不宜超过 6m。穿过地下水下的砂类土及塑性指数小于 10 的饱和粉土则难以成孔。主要施工工艺流程为：定位—十字镐、钢钎或铁锹开口（深度 50cm 左右）—人工洛阳铲成孔—孔内抽水—孔口拌和桩料—下料—再下料—再夯实……封口填土—夯实。

施工注意事项如下。

① 在挖孔过程中不宜抽除孔内水，以免塌孔。

② 每次人工夯击次数不少于 10 击，从夯击声音可判断是否夯实。

③ 每次下料厚度不得大于 40cm。

④ 孔底浮泥必须清除，可采用长柄勺挖出，浮泥厚度不得大于 15cm。

⑤ 灌料前孔内水必须抽干。遇有孔口或上部往孔内流水时，应采取措施隔断水流，确保夯实质量。

⑥ 桩顶应高出基底标高 10cm 以上。

⑦ 掺合料应保持适当的含水量，使用粉煤灰或炉渣时含水量宜控制在 30% 左右，必要时经过试验，使掺合料含水量有利于提高夯实的密实度。

⑧ 施工前应做好场地排水设施，防止场地积水。

⑨ 成桩顺序及安全措施参见管外投料法。

4）效果检测

（1）室内试验。

室内试验的项目主要有抗剪强度指标 c、φ 值以及含水量等的测定，通过加固前后这些指标变化的分析，确定加固后桩间土的承载力。

桩身材料强度由无侧限抗压试验确定。

（2）现场试验。

① 石灰桩施工检测宜在施工后 7～10d 进行，竣工验收检测宜在施工 28d 后进行。

② 石灰桩复合地基竣工验收时，承载力检验应采用复合地基荷载试验。试验数量宜为地基处理面积每 200m² 左右布置一点，且每一单体工程不应少于 3 点。

③ 对于重要工程和尚无石灰桩加固经验的地区，宜采用多种试验方法，综合判定加固效果。对于一般工程和具有石灰桩应用经验的地区，可主要采用静力触探试验。

2.3.3 灌入固化物法

灌入固化物是指向土体中灌入或拌入水泥、石灰或其他化学固化浆材，在地基中形成增强体，以达到地基处理的目的。属于灌入固化物加固软土的地基处理方法主要有高压喷射注浆法和水泥土搅拌法。

1. 高压喷射注浆法

高压喷射注浆法又称为旋喷法，就是利用钻机把带有喷嘴的注浆管钻至土层预定位置后，以高压设备使浆液或水成为 20MPa 左右的高压流从喷嘴中喷射出来，冲击破坏土体。

旋喷时，喷嘴一边喷射一边旋转和提升。一部分细小土粒随着浆液冒出水面，其余土粒在喷射流的冲击力、离心力和重力等作用下，与浆液搅拌混合，并按一定的浆土比例和质量大小有规律地重新排列。浆液凝固后，便在土中形成圆柱状固结体。当前，高压喷射注浆法的基本工艺类型分为单管法、二重管法、三重管法和多重管法等四种。

高压喷射注浆法主要适用于加固软弱土地基，如第四纪的冲(洪)积层、残积层及人工填土，砂类土、黏性土、黄土和淤泥都能进行喷射加固，效果较好，解决了细颗粒土不易注浆加固的难题。对于地下水流速过大使喷射浆液无法在注浆管周围凝固、无填充物的岩溶地段、永冻土和对水泥有严重腐蚀的地基，均不宜采用高压喷射注浆法。高压喷射注浆法用于加固地基，可以提高地基的抗剪强度，改善土的变形性质，使其在上部结构荷载作用下，不产生破坏或过大的变形；也可以组成闭合的帷幕，用于截阻地下水流和治理流沙。

高压喷射注浆法加固地基的主要优点可综述如下。

(1) 受土层、土的粒度、密度、硬化剂黏性、硬化剂硬化时间的影响较小，可广泛适用于淤泥、软弱黏性土、砂土甚至砂卵石等多种土质。

(2) 可采用价格便宜的水泥作为主要硬化剂，加固体的强度较高。根据土质不同，加固桩体的强度可为 0.5~10MPa。

(3) 可以有计划地在预定的范围内注入必要的浆液，形成一定间距的桩，或连成一片桩或薄的帷幕墙。

(4) 采用相应的钻机，不仅可以形成垂直桩，也可形成水平的或倾斜的桩。

(5) 可以作为施工中的临时措施，也可作为永久建筑物的地基加固，尤其是在对已有建筑物地基补强和基坑开挖中需要对坑底或侧壁加固、侧壁挡水、对邻近地铁及旧建筑物需加以保护时，这种方法能发挥其特殊作用。

1) 加固原理

旋喷时，高压喷射流在地基中切削土体，其加固范围就是以喷射距离加上渗透部分或压缩部分的长度为半径的圆柱体。一部分细小的土粒被喷射的浆液所置换，随着液流被带到地面上(俗称冒浆)，其余的土粒与浆液搅拌混合。在喷射动压、离心力和重力的共同作用下，在横断面上土粒按质量大小有规律地排列起来：小颗粒在中部居多，大颗粒多在外侧或边缘部分，形成了浆液主体、搅拌混合、压缩和渗透等几部分，经过一段时间便凝固成强度较高渗透系数小的固结体。由于旋喷体不是等颗粒的单体结构，固结质量不太均匀，通常中心强度低、边缘部分强度高。

2) 设计计算

(1) 加固体直径。

加固体的直径与土质、施工方法等密切相关。对于大型或重要工程，加固体直径应在现场通过试验确定。无资料时可按表 2-11 选用。

表 2-11 加固体的直径 　　　　　　　　　　　　单位：m

施工方法 土质		单管法	二重管法	三重管法
黏性土	$0<N<5$	0.5~0.8	0.8~1.2	1.2~1.8
	$6<N<10$	0.4~0.7	0.7~1.1	1.0~1.6
	$11<N<20$	0.3~0.5	0.6~0.9	0.7~1.2

(续)

施工方法 土质		单管法	二重管法	三重管法
砂土	0<N<10	0.6~1.0	1.0~1.4	1.5~2.0
	11<N<20	0.5~0.9	0.9~1.3	1.2~1.8
	21<N<30	0.4~0.8	0.8~1.2	0.9~1.5

注：N 值为标准贯入击数。

(2) 加固体的强度。

加固体强度主要取决于场地土质情况、喷射的浆材及水灰比、注浆管的类型和提升速度以及单位时间的注浆量。当注浆材料为水泥时，加固体的抗压强度的初步设定可参考表 2-12。

表 2-12　加固体的抗压强度

土质	加固体抗压强度/MPa		
	单管法	二重管法	三重管法
砂类土	3~7	4~10	5~15
黏性土	1.5~5	1.5~5	1~5

(3) 加固体的平面布置。

加固体的平面布置需根据加固目的确定。作为独立承重的桩，其平面布置与钢筋混凝土桩的布置相似。作为桩群加固土体时，其平面布置也可有所不同，如图 2-12 所示。分离布置的单桩可用于基础的承重，排桩、板墙可用作防水帷幕，整体加固则常用于防止基坑底部的涌土或提高土体的稳定性，水平封闭桩可用于形成地基中的水平隔水层。

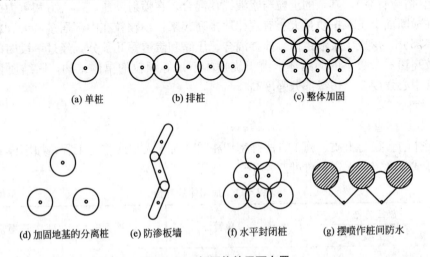

图 2-12　加固体的平面布置

(4) 单桩承载力的确定。

单桩竖向承载力特征值必须通过现场载荷试验确定，在无条件进行试验时，可根据现行《建筑地基处理技术规范》(JGJ 79—2012)确定，可按式(2-39)和式(2-40)估算，取其中较小值：

$$R_a = \eta f_{cu} A_p \tag{2-39}$$

$$R_a = u_p \sum_{i=1}^{n} q_{si} l_i + q_p A_p \tag{2-40}$$

式中，f_{cu}——与旋喷桩桩身水泥土配合比相同的室内加固土试块(边长为 70.7mm 的立方体)在标准养护条件下 28d 龄期的立方体抗压强度平均值，kPa；

η——桩身强度折减系数，可取 0.33；

n——桩长范围内所划分的土层数；

l_i——桩周第 i 层土的厚度，m；

q_{si}——桩周第 i 层土的侧阻力特征值，kPa，可按现行国家标准《建筑地基基础设计规范》(GB 50007—2011)有关规定或地区经验确定；

q_p——桩端土未经修正的承载力特征值，kPa，可按现行国家标准《建筑地基基础设计规范》(GB 50007—2011)有关规定或地区经验确定。

(5) 复合地基承载力的确定。

复合地基承载力宜通过现场复合地基载荷试验确定，在初步设计时，也可按下式进行估算：

$$f_{spk} = m \frac{R_a}{A_p} + \beta(1-m) f_{sk} \tag{2-41}$$

式中，f_{spk}——复合地基承载力特征值，kPa；

m——桩土面积置换率；

f_{sk}——桩间土承载力特征值，kPa；

β——桩间天然地基土承载力折减系数，可根据试验或类似土质条件工程经验确定。当无试验资料时，对摩擦桩可取 0.5，对端承桩可取 0。

(6) 变形计算。

桩长范围内复合土层及下卧层地基变形值，应根据《建筑地基基础设计规范》(GB 50007—2011)中有关规定计算。

(7) 浆液材料。

浆液主要材料是水泥，且根据不同的工程目的分为以下几类。

① 纯水泥浆的普通型。普通型浆液一般采用强度等级为 32.5 和 42.5 级的普通硅酸盐水泥。

② 速凝早强型。常用的早强剂有氯化钙、水玻璃及三乙醇胺等，其用量为水泥用量的 2%～4%。加入速凝早强剂的浆液的早期强度可比普通型浆液提高 2 倍以上。

③ 高强型。旋喷固结体的平均抗压强度在 20MPa 以上，一般要求不低于 42.5 级的普通硅酸盐水泥，同时选择高效能的扩散剂和无机盐组成复合配方的掺入料。

④ 填充型。当对固结体强度要求很低、浆液只起充填地层或岩层空隙作用时，可采用填充型浆液，即把粉煤灰等材料作为填充剂加入水泥浆液中，这会极大地降低工程造价。它的特点是早期强度较低，而后期强度增长率高、水化热低。

⑤ 抗冻型。常用的抗冻剂有沸石粉(掺量为水泥用量的 10%～20%)、三乙醇胺(掺量为 0.05%)、亚硝酸钠(掺量为 1%)和 NNO(掺量为 0.5%)。

⑥ 抗渗型。在水泥浆中掺入 2%～4% 的水玻璃，模数要求在 2.4～3.4 为宜。如工

程以抗渗为目的，可在水泥浆液中掺入 10%～15% 的膨润土（占水泥质量的百分比）。如有抗渗要求，则不宜使用矿渣水泥；如仅有抗渗要求而无抗冻要求，则可使用火山灰质水泥。

（8）浆液用量。

浆液用量计算有两种方法，即体积法和喷量法，取较大者作为设计喷射浆量。

① 体积法。其计算公式为：

$$Q = \frac{\pi}{4} D_e^2 K_1 h_1 (1+\beta) + \frac{\pi}{4} D_0^2 K_2 h_2 \qquad (2-42)$$

式中，Q——需要用的浆液量，m^3；

$\quad D_e$——旋喷体直径，m；

$\quad D_0$——注浆管直径，m；

$\quad K_1$——填充率，一般取 0.75～0.90；

$\quad h_1$——旋喷长度，m；

$\quad K_2$——未旋喷范围土的填充率，一般取 0.5～0.75；

$\quad h_2$——未旋喷长度，m；

$\quad \beta$——损失系数，一般取 0.1～0.2。

② 喷量法。以单位时间喷射的浆量及喷射持续时间计算出浆量，计算公式如下：

$$Q = \frac{H}{v} q (1+\beta) \qquad (2-43)$$

式中，Q——浆量，m^3；

$\quad v$——提升速度，m/min；

$\quad H$——喷射长度，m；

$\quad q$——单位时间喷浆量，m^3/min；

$\quad \beta$——损失系数，通常取 0.1～0.2。

根据计算所需的喷浆量和设计的水灰比，即可确定水泥的使用数量。

3）施工方法

如前所述，高压喷射注浆法施工可分为单管法、二重管法、三重管法等，其加固原理基本是一致的。

单管法和二重管法中的喷射管较细，因此，当第一阶段贯入土中时，可借助喷射管本身的喷射或振动贯入，只是在必要时，才在地基中预先成孔（孔径为 $\phi6～\phi10cm$），然后放入喷射管进行喷射加固。采用三重管法时，喷射管直径通常为 7～9cm，结构复杂，因此有时需要预先钻一个直径为 15cm 的孔，然后置入三重管喷射进行加固。成孔可以采用一般钻探机械，也可采用振动机械等。

单管法施工，即水泥、水和膨润土采用称量系统，并二次进行搅拌、混合，然后输入到高压泵。水可输送到搅拌器与水泥混合，也可直接输送到高压泵。单管法施工的一种工艺布置如图 2-13 所示。

二重管法施工，即将水泥浆和压缩空气同时喷射（图 2-14）。

三重管法施工中专门设置了水泥仓、水箱和称量系统。此外，在输送水泥浆、高压水、压缩空气的过程中，设置了监测装置，以保证施工质量。施工中冒浆可用污水泵及时吸收，并将其输送到场地以外。

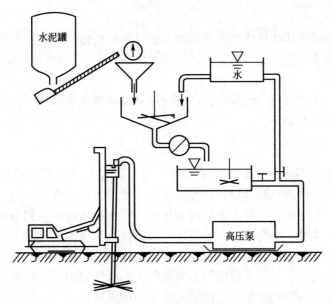

图 2 - 13 单管法施工

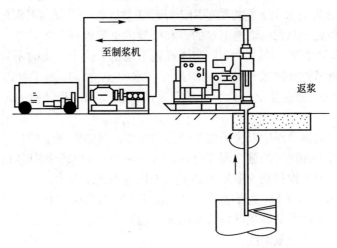

图 2 - 14 二重管法施工

4）质量检查

旋喷固结体形成后不能直接观察到旋喷桩体的质量，必须用切合实际的检查方法来鉴定其加固效果。限于目前我国的技术条件，喷射质量的检查有开挖检查、室内试验、钻孔检查、载荷试验。

（1）开挖检查。

旋喷完毕，待凝固具有一定强度后，即可开挖。该方法一般适用于浅层，能比较全面地检查喷射固结体的质量，是当前较好的一种质量检查方法。

（2）室内试验。

在设计过程中，先进行现场地质调查，并取得现场地基土，以标准稠度求得理论旋喷固结体的配合比，在室内制作标准试件，进行各种物理力学性质的试验，以求得设计所需的理论配合比。

（3）钻孔检查。

在已旋喷好的加固体中钻取岩芯来观察判断其固结整体性，并将所取岩芯做成标准试件进行室内物理力学性质试验，求得强度特性，判断其是否符合设计要求。

（4）载荷试验。

在对旋喷固结体进行载荷试验之前，应对固结体的加载部位进行加强处理，以防加载时固结体受力不均匀而损坏。

2. 水泥土搅拌法

在软土地基中搅拌掺入水泥、石灰等固化剂，使软土固化是一种常用的地基处理方法。水泥土搅拌法是利用水泥等材料作为固化剂，通过特制的搅拌机械，就地将软土和固化剂（浆液或粉体）强制搅拌，利用固化剂和软土之间所产生的一系列物理、化学反应，使软土硬结成具有整体性、水稳性和一定强度的加固体，从而提高地基土强度和增大变形模量。根据固化剂掺入状态的不同，它可分为深层搅拌（湿法）和粉体喷搅（干法）两种。

水泥土搅拌法适宜于加固各种成因的饱和软土。国外使用深层搅拌法加固的土质有新吹填的超软土、沼泽地带的泥炭土、沉积的粉土和淤泥质土等。国内常用于加固淤泥、淤泥质土、粉土和含水量较高且地基承载能力不大的黏性土等。《建筑地基处理技术规范》（GB 50007—2012）规定水泥土搅拌法适用于处理正常固结的淤泥与淤泥质土、粉土、素填土、黏性土、饱和黄土及无流动地下水的饱和松散砂土等地基。当地基土的天然含水量小于 30%（黄土含水量小于 25%）、大于 70% 或地下水的 pH 小于 4 时不宜采用干法。冬季施工时，应注意负温对处理效果的影响。此外，水泥土搅拌法用于处理泥炭土、有机质土、塑性指数 $I_P > 25$ 的黏性土。地下水具有腐蚀性以及无工程经验的地区，必须通过试验确定其适用性。

水泥土搅拌法的加固深度取决于施工机械的功率。日本在海上搅拌加固软土的深度已达到 60m；国内目前在陆上的施工深度已达 30m，在海上的深层搅拌船的有效加固深度已超过 20m。目前水泥土搅拌法主要用于如下软土地基加固工程中。

（1）水泥土（或石灰土）桩复合地基主要应用于 6～12 层多层住宅、办公楼、单层或多层工业厂房、水池储罐基础等建（构）筑物的地基加固；高速公路、铁道和机场场道以及高填方堤基、大面积堆场地基加固。

（2）水泥土（石灰土）支挡结构物用于软土层中的基坑开挖、管沟开挖或河道开挖的边坡支护。

（3）软土地基基坑开挖和其他水利工程的防渗帷幕。

（4）对桩侧或板桩背后软土的加固以增加侧向承载能力；用于地下盾构施工地段的软土加固以保证盾构的稳定掘进等。

1）加固机理

水泥土搅拌法加固的基本原理是基于水泥加固土（以下简称水泥土）的物理化学反应过程。它与混凝土的硬化机理不同。在水泥加固土中，由于水泥的掺量很小，仅占被加固土重的 7%～20%，水泥水解和水化反应完全是在有一定活性的介质——土的围绕下进行，水泥土硬化速度缓慢且作用复杂，其强度增长的过程比混凝土缓慢。一般认为水泥搅拌法加固软土的机理如下。

（1）水泥的水解和水化反应。

将水泥拌入软土后，水泥颗粒表面的矿物很快与软土中的水发生水解和水化反应，生成氢氧化钙、水化硅酸钙、水化铝酸钙及水化铁酸钙等化合物。各自的反应过程如下。

① 硅酸三钙（$3CaO \cdot SiO_2$）：在水泥中含量最高（约占全重的50%），是决定强度的主要因素。

$$2(3CaO \cdot SiO_2) + 6H_2O \longrightarrow 3CaO \cdot 2SiO_2 \cdot 3H_2O + 3Ca(OH)_2$$

② 硅酸二钙（$2CaO \cdot SiO_2$）：在水泥中含量较高（占25%左右），它主要产生后期强度。

$$2(2CaO \cdot SiO_2) + 4H_2O \longrightarrow 3CaO \cdot 2SiO_2 \cdot 3H_2O + Ca(OH)_2$$

③ 铝酸三钙（$3CaO \cdot Al_2O_3$）：占水泥质量的10%，水化速度最快，促进早凝。

$$3CaO \cdot Al_2O_3 + 6H_2O \longrightarrow 3CaO \cdot Al_2O_3 \cdot 6H_2O$$

④ 铁铝酸四钙（$4CaO \cdot Al_2O_3 \cdot Fe_2O_3$）：占水泥质量的10%左右，能促进早期强度。

$$4CaO \cdot Al_2O_3 \cdot Fe_2O_3 + 2Ca(OH)_2 + 10H_2O \longrightarrow 3CaO \cdot Al_2O_3 \cdot 6H_2O + 3CaO \cdot Fe_2O_3 \cdot 6H_2O$$

反应中所生成的氢氧化钙和水化硅酸钙能快速溶解在水中，使水泥颗粒表面重新暴露出来，再与水发生反应，这样周围的水溶液逐渐达到饱和，饱和溶液中的水分子继续渗入水泥颗粒内部，以细分散状态的胶体析出，悬浮于溶液中形成胶体。

（2）水泥的离子交换和团粒化作用。

软土作为多相散粒体，当它和水结合时就表现出一般的胶体特征。例如，土中含量最多的二氧化硅遇水后，形成硅酸胶体微粒，其表面带有钠离子 Na^+ 或钾离子 K^+，它们能和水泥水化生成的钙离子 Ca^{2+} 进行当量吸附交换，使较小的土颗粒形成较大的土团粒，从而使土体强度提高。

水泥水化生成的凝胶粒子的比表面积比原水泥颗粒大1000倍，产生很大的表面能，有强烈的吸附活性，能使较大的土团粒进一步结合起来，形成水泥土的团粒结构，并封闭各土团之间的空隙，形成坚固的联结。从宏观上来看，使水泥土的强度大大提高。

（3）凝硬作用。

随着水泥水化反应的深入，溶液中析出大量的钙离子 Ca^{2+}，当其数量超过上述离子交换的需要量后，在碱性的环境中，能与组成黏土矿物的二氧化硅及三氧化二铝的一部分或大部分和钙离子进行化学反应。随着反应的深入，逐渐生成不溶于水的稳定的结晶化合物。

$$SiO_2 + Ca(OH)_2 + nH_2O \longrightarrow CaO \cdot SiO_2 \cdot (n+1)H_2O$$
$$(Al_2O_3) \qquad\qquad [CaO \cdot Al_2O_3 \cdot (n+1)H_2O]$$

这些新生成的化合物在水和空气中逐渐硬化，增大了水泥土的强度。而且由于其结构比较致密，水分不易侵入，从而使水泥土具有足够的水稳定性。

（4）碳酸化作用。

水泥水化物中游离的氢氧化钙能吸收空气和水中的二氧化碳，发生碳酸化反应，生成不溶于水的碳酸钙，该过程可以小幅度增加水泥土的强度，但主要体现在后期强度。

2）设计计算

（1）固化剂和外掺剂。

① 水泥标号。固化剂宜选用强度等级为32.5级及以上的普通硅酸盐水泥。

② 水泥掺量。除块状加固时可用被加固湿土质量的7%～12%外，其余水泥掺量宜为12%～20%。对竖向承载水泥土搅拌桩如桩长超过10m，可采用变掺量设计。在全桩水泥

总掺量不变的前提下，桩身上部 1/3 桩长范围内可适当增加水泥掺量及搅拌次数；桩身下部 1/3 桩长范围内可适当减少水泥掺量。

③外加剂。外加剂对水泥土强度有着不同的影响，可根据工程需要和土质条件选用有早强、缓凝、减水以及节约水泥等作用的材料。

(2) 桩长和桩径。

桩长应通过变形计算确定。一般情况下，湿法的加固深度不宜大于 20m；干法不宜大于 15m。水泥土搅拌桩的桩径不应小于 500mm。

(3) 布桩形式。

竖向承载水泥土搅拌桩的平面布置可根据上部结构的特点及对地基承载力和变形的要求，采用柱状、壁状、格栅状或块状等不同形式。柱状加固可采用正方形、等边三角形等形式。

(4) 单桩承载力的计算。

竖向承载水泥土搅拌桩单桩承载力特征值 R_a 应通过现场单桩复合地基载荷试验确定。初步设计或无试验资料时，可按下列两式计算，并取其中较小值：

$$R_a = u_p \sum_{i=1}^{n} q_{si} l_i + \alpha q_p A_p \qquad (2-44)$$

$$R_a = \eta f_{cu} A_p \qquad (2-45)$$

式中，u_p——桩的周长，m；

n——桩长范围内所划分的土层数；

q_{si}——桩周第 i 层土的侧阻力特征值，kPa，对于淤泥可取 4～7kPa，对淤泥质土可取 6～12kPa，对软塑状态的黏性土可取 10～15kPa，对可塑状态的黏性土可取 12～18kPa；

q_p——桩端地基土未经修正的承载力特征值，kPa；

l_i——第 i 层土的厚度，m；

α——桩端天然地基土的承载力折减系数，对水泥土搅拌桩可取 0.4～0.6，承载力高时取低值；

f_{cu}——与桩体水泥土配比相同的室内加固土试块（即边长为 70.7mm 的立方体，也可采用边长为 50mm 的立方体）在标准养护条件下 90d 龄期的立方体抗压强度平均值，kPa；

η——桩身强度折减系数，干法取 0.20～0.30，湿法取 0.25～0.33。

(5) 复合地基承载力的计算。

水泥土搅拌桩的承载力性状与刚性桩相似，设计时可仅在上部结构基础范围内布桩。但是，由于搅拌桩桩身强度较刚性桩低，在垂直荷载作用下有一定的压缩变形，在桩身压缩变形的同时，其周围的软土也能分担一部分荷载。因此，当桩间距较大时，水泥土搅拌桩可与周围软土组成柔性桩复合地基。搅拌桩复合地基的承载力特征值可按下式计算：

$$f_{spk} = m \frac{R_a}{A_p} + \beta(1-m) f_{sk} \qquad (2-46)$$

式中，f_{spk}——复合地基承载力特征值，kPa；

m——面积置换率；

R_a——单桩竖向承载力特征值，kPa；

β——桩间土承载力折减系数：当桩端未经修正的承载力特征值大于桩周土的承载力特征值的平均值时，可取 $0.1\sim0.4$，差值大时取低值；当桩端土未经修正的承载力特征值小于或等于桩周土的承载力特征值的平均值时，可取 $0.5\sim0.9$，差值大时或设置褥垫层时均取高值；

f_{sk}——桩间土承载力特征值，kPa。

当搅拌桩加固范围以下存在软弱下卧层时，应按《建筑地基基础设计规范》（GB 50007—2011)规定的方法进行下卧层强度验算。

（6）置换率和桩数。

通常的设计中，根据上部结构对地基要求达到的承载力 f_{spk} 和单桩设计承载力 R_a，按下式即可求得所需的置换率：

$$m=\frac{f_{spk}-\beta f_{sk}}{\dfrac{R_a}{A_p}-\beta f_{sk}} \tag{2-47}$$

对于柱状加固时，可采用正方形或等边三角形布桩形式，其总桩数可按下式计算：

$$n=\frac{mA}{A_p} \tag{2-48}$$

式中，n——总桩数；

A——基础底面积，m^2。

（7）地基变形计算。

搅拌桩复合地基的变形包括搅拌桩复合土层的压缩变形 s_1 与桩端下未加固土层的压缩变形 s_2。其中 s_2 可按《建筑地基基础设计规范》（GB 50007—2011)中规定的分层总和法计算，而 s_1 则按下式计算：

$$s_1=\frac{(p_z+p_{zl})l}{2E_{sp}} \tag{2-49}$$

$$E_{sp}=mE_p+(1-m)E_s \tag{2-50}$$

式中，p_z、p_{zl}——搅拌桩复合土层顶面、底面的附加压力值，kPa；

l——桩长，m；

E_{sp}——桩土复合土层的压缩模量，MPa；

E_s——桩间土的压缩模量，MPa；

E_p——搅拌桩的压缩模量，MPa，可取 $(100\sim200)f_{cu}$，kPa，对桩较短或桩身强度较低者取低值，反之则取高值。

（8）褥垫层的铺设。

竖向承载水泥土搅拌桩复合地基应在基础和桩顶之间设置一层厚度为 $200\sim300$mm 由砂砾、碎石等组成的散粒垫层，将由上部结构基础传递下来的荷载均匀地分配到搅拌桩顶部和桩间土的面层，调整桩土荷载分担比，充分发挥桩间土的作用，也可以减少桩对基础底面的应力集中，防止桩对基础可能产生的冲切破坏。另外，由于搅拌桩顶部强度较高，因此其顶不易砍凿得十分平整，垫层也可改善基础和搅拌桩复合地基的接触条件，防止脱空现象。

褥垫层所用材料可为中、粗砂、级配砂石，最大粒径一般不超过 2cm，垫层的宽度应比基础略大，其超出的尺寸不宜小于垫层的厚度。

3）施工工艺

我国于1977年从日本引入软土地基深层搅拌加固技术已近40年，已形成喷浆和喷粉两大系列的深层搅拌施工技术。由于所使用的固化剂状态不同，两大系列深层搅拌法的施工机械与施工方法有很大的不同。目前喷浆型湿法深层搅拌机械在国内已能批量生产出单、双搅拌轴两个品种，并且开始涉及三轴及多搅拌轴机型的研制、生产工作。喷粉搅拌机（干法）目前仅有单搅拌轴一种机型。

（1）喷浆型。

喷浆型深层搅拌桩的施工顺序如图2-15所示。

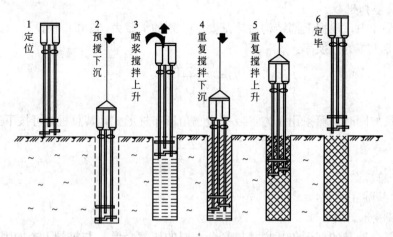

图2-15　喷浆型深层搅拌施工顺序

① 就位。

吊车（或塔架）悬吊深层搅拌机到达指定桩位，使中心管（双搅拌轴机型）或钻头（单轴型）中心对准设计桩位。

② 预搅下沉。

待深层搅拌机的冷却水循环正常后（仅对于采用潜水电动机的机型，对空气冷却型电动机无此内容），启动电动机，放松起重机钢丝绳，使搅拌机沿导向架边搅拌、边切土下沉，下沉速度可由电动机的电流监测表控制，工作电流不应大于70A。

③ 制备水泥浆。

待深层搅拌机下沉到一定深度时，即开始按设计确定的配合比拌制水泥浆，待压浆前将水泥浆倒入集料斗中。

④ 喷浆搅拌提升。

深层搅拌机下沉到设计深度后，开启灰浆泵将水泥浆压入地基中，并且边喷浆、边旋转搅拌钻头，同时严格按照设计确定的提升速度提升深层搅拌机。

⑤ 重复搅拌下沉和提升。

待深层搅拌机提升到设计加固范围的顶面标高时，集料斗中的水泥浆应正好排空。为使软土和水泥浆搅拌均匀，可再次将搅拌机边旋转边沉入土中，至设计加固深度后再将搅拌机提升出地面。

⑥ 清洗。

向集料斗中注入适量的清水，开启灰浆泵，清洗全部管路中残余的水泥浆，直至基本干净。并将黏附在搅拌头上的软土清除干净。

⑦ 移位。

将深层搅拌机移位，重复上述①～⑥步骤，进行下一根桩的施工。

对于单搅拌轴的深层搅拌在施工中预搅下沉时也可采用喷浆切割土体、搅拌下沉的工艺，以防止出浆口在下沉过程中被土团所堵塞。

（2）喷粉型。

图 2-16 为喷粉深层搅拌法加固软土地基施工流程图。

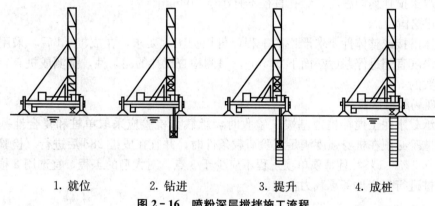

| 1. 就位 | 2. 钻进 | 3. 提升 | 4. 成桩 |

图 2-16　喷粉深层搅拌施工流程

① 就位。

移动钻机，使钻头对准桩位，校正井架的垂直度。

② 钻进。

启动钻机，使之处于正转给进状态。同时，启动空压机，通过送气管路向钻具内喷射压缩空气。一是防止钻头喷口堵塞，二是减少钻进阻力。钻至设计标高后停钻，关闭送气管路，打开送料管路和给料机开关。

③ 提升。

操纵钻机，使之处于反转状态，确认水泥粉料到达钻头后开始提升。边旋转搅拌、边提升，使水泥粉和原位的软土充分拌和。

④ 成桩。

当钻头提升至设计桩顶标高后，停止喷粉，形成桩体。继续提升钻头直至离开地面，移动钻机到下一个桩位。

4）质量检验

（1）材料质量检验。

固化剂和外掺剂必须按设计要求的配方通过现场加固土的强度试验，进行材料质量检验，合格后方可使用。

（2）成桩质量评定。

检查施工记录，根据预定的施工工艺对成桩质量进行评定。对于不符合工艺要求的桩需根据其所在位置、数量等具体情况，通过质量分析提出补桩或加强附近桩等措施。

（3）钎探检验。

成桩后 3d 内，可用轻型动力触探（N_{10}）进行钎探，以判断桩身强度，同时检查搅拌均匀程度。检验数量为施工总桩数的1‰。当桩身的N_{10}击数比原地基土的N_{10}击数增加1.5倍以上时，即认为搅拌桩的桩身强度基本上能够达到设计要求。

轻型动力触探检验的深度一般不超过4m。为了加大钎探深度，可从桩顶到桩底，每延米桩身先钻孔0.7m，然后触探0.3m；再钻孔0.7m，再触探0.3m；如此重复可加大检验深度。

（4）取样检验。

从开挖外露的桩体中凿取试块或采用岩芯钻孔取样，采用双管单动取样器直接测定桩身强度，观察搅拌均匀程度，钻孔直径不宜小于108mm。

（5）开挖检验。

对桩体搭接或整体性要求严格的工程，可根据工程要求，在成桩7d后，采用浅部开挖桩头［深度宜超过停浆（灰）面下0.5m］，目测检查搅拌的均匀性，量测成桩直径，检查量为总桩数的5‰。

（6）现场载荷试验。

竖向承载水泥土搅拌桩地基竣工验收时，承载力检验应采取单桩和复合地基载荷试验。载荷试验必须在桩身强度满足试验荷载条件时，并宜在成桩28d后进行，检验数量为桩总数的0.5‰~1‰，且每项单项工程不应少于3点。对大型的工程，宜选用2根以上带承台的群桩进行复合地基承载力检验。

2.3.4 加筋法

此方法仅介绍长短桩复合地基法。

在荷载作用下，地基中附加应力随着深度增加而减小，地基变形也逐渐减小，所需地基刚度与强度也相应变小。因此，为了有效地利用复合地基中桩体的承载潜能，可以通过调整竖向增强体复合地基的桩体刚度与强度分布来适应附加应力由上而下减小的特征。鉴于此，郑俊杰等近年提出了多元复合地基的设计思想，即将竖向增强体复合地基中的两种甚至三种桩型联合应用于加固软土地基，从而取得更好的技术经济效果。

长短桩复合地基是多元复合地基的一种，它是一种由刚性或半刚性长桩、柔性短桩、桩间土在空间上组合共同承担上部荷载而形成的复合地基形式。长桩的刚度一般较大，可采用钢筋混凝土桩、低强度桩、素混凝土桩、CFG桩等；短桩则可采用水泥土搅拌桩、二灰土桩、碎石桩等。为了协调不同刚度的桩来共同工作，常在桩顶设置一定厚度的碎石或砂垫层。长短桩复合地基的适用条件有以下几种。

（1）长短桩复合地基特别适用于压缩土层较厚的软弱地基。在长短桩复合地基中，加固区浅层地基中既有长桩又有短桩，复合地基置换率高，不仅地基承载力高，而且加固区复合模量大，可以满足加固要求；在加固区深层地基中，附加应力相对较小，只有长桩，也可以达到满足承载力要求、有效减小沉降的目的。

（2）短桩补强的复合地基情况。当基底以下存在厚度不大的（局部）软弱土层时，采用间距较大长桩不能完全满足承载力要求，则采用短桩对该厚度不大的软弱土层进行补强加固，可提高基底软弱土层的承载力，消除局部软弱土层引起的不均匀沉降。

（3）当基底以下存在两层较为理想的桩端持力层时，若采用短桩方案，将桩端落在上层持力层，则不能完全满足承载力的要求；若采用长桩方案，将桩端落在下层持力层，承载力又过高，偏于保守。此时可考虑将长、短桩分别落在下、上两层持力层上，形成长短桩复合地基。

（4）上部结构的荷载水平很小时，可能采用柔性短桩复合地基即可；荷载很大，桩间土承担的荷载占总荷载的比例很小，考虑桩间土的承载力效果就不明显。只有适当的荷载水平，采用长短桩复合地基的效果才最显著。

1. 长短桩复合地基的作用机理

长短桩复合地基由于桩长的差异，作用机理有别于一般的桩体复合地基。由于长桩、短桩的设置，在复合地基中一般形成三个不同的工作区域，加固区Ⅰ、加固区Ⅱ和非加固区，如图2-17所示。

加固区Ⅰ是以提高复合地基承载力为主的长短桩联合工作区；加固区Ⅱ是以减少沉降量为主的长桩工作区；非加固区Ⅲ是承受桩体荷载的持力土层或称为无桩工作区。三个区域共同工作，以提高浅层地基承载力、减少地基沉降量，形成长短桩复合地基。其中，长桩和短桩发挥着不同的作用。

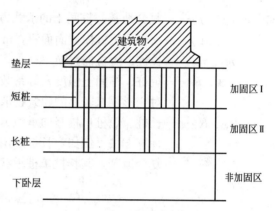

图2-17 长短桩复合地基工作区域

1）长桩作用机理

在长短桩复合地基中，长桩的作用主要是将荷载通过桩身向地基深处传递，减小压缩土层的变形，同时对柔性短桩起到护桩的作用，并与短桩一起承担荷载抑制地基周围土体的隆起。在加固区Ⅰ深度范围内，桩体间将有明显的"遮挡"作用，桩间土和桩体共同承担荷载并一起沉降；在加固区Ⅱ的长桩，由于土体和长桩不同时沉降，其桩端对桩端土层产生一定的刺入量。

2）短桩作用机理

根据地基土的物理力学性质不同，设置短桩的目的主要有以下两方面。

（1）当基础以下存在较厚的软弱土层时，采用短桩对该区域土层进行加固，可提高基底软弱土层的承载力，满足承载力设计要求，而不能满足沉降变形要求。在这种情况下，需设置一定数量的长桩代替短桩，以减小压缩土层的变形。

（2）若基底以下存在上、下两层较为理想的桩端持力层时，此时可以考虑将部分桩的桩端落在上层持力层，另一部分桩的桩端落在下层持力层，充分发挥上、下两层桩端持力层的特性，利用短桩提高复合地基的承载力，通过长桩减少变形，在满足设计要求的同时减少地基处理的工作量。

另外，在设计时，通常在桩顶铺设一定厚度的褥垫层，协调长桩、短桩和桩间土的变形，保证长桩、短桩和桩间土直接承担上部结构荷载。

2. 长短桩复合地基的承载力、沉降计算

长短桩复合地基设计计算理论目前仍处于研究阶段，国内外提出了很多种长短桩复合地基承载力与沉降计算方法，下面分别介绍两种常用的长短桩复合地基承载力、沉降计算方法。

1) 长短桩复合地基承载力计算

(1) 面积加权法。

首先计算长桩的单桩承载力、短桩的单桩承载力和桩间土的承载力，然后按照一定的原则叠加形成复合地基承载力。复合地基承载力计算公式为

$$f_{spk} = m_1 \frac{R_{a1}}{A_{p1}} + \beta_1 m_2 \frac{R_{a2}}{A_{p2}} + \beta_2 (1 - m_1 - m_2) f_{sk} \tag{2-51}$$

式中，f_{spk}、f_{sk}——复合地基、桩间土的承载力特征值，kPa；

A_{p1}、A_{p2}——长桩、短桩横截面面积，m^2；

m_1、m_2——长桩、短桩的置换率；

β_1、β_2——短桩、桩间土强度发挥系数，对一般工程取 0.9~1.0，对重要工程或对变形要求较高的建筑物取 0.75~1.0；

R_{a1}、R_{a2}——长桩、短桩单桩竖向承载力特征值，kN，可根据桩的类型采用相应的计算方法。例如，长桩采用 CFG 桩，短桩采用水泥土搅拌桩的长短桩复合地基，其长桩单桩承载力特征值 R_{a1}，可按下式估算：

$$R_{a1} = u_p \sum_{i=1}^{n} q_{si} l_i + q_p A_{p1} \tag{2-52}$$

式中，l_i、u_p——桩在不同土层中的长度、桩周长，m；

q_{si}、q_p——不同土层桩周土的摩阻力特征值、桩端土地基承载力特征值，kPa。

短桩单桩竖向承载力特征值，可由单桩荷载试验确定或由式(2-44)、式(2-45)计算的小值确定。

式(2-51)表示长短桩复合地基遭到破坏时，长桩先达到极限承载力，此时短桩和桩间土承载力尚未得到充分发挥。β_1、β_2的取值可通过试验资料的反分析和工程实践经验进行估计。应用式(2-51)可通过调整长桩桩数(m_1 值)、短桩桩数(m_2 值)、桩长来进行优化设计。

(2) 分布叠加法。

首先计算短桩复合地基承载力，然后视短桩复合地基为长桩复合地基的"桩间土"，计算长短桩复合地基的承载力。

① 短桩复合地基承载力特征值可按下式估算：

$$f_{spk2} = \frac{1}{A_2} [\alpha_2 \beta_2 f_{ak} (A_2 - A_{p2}) + R_{a2}] \tag{2-53}$$

式中，f_{spk2}——短桩复合地基承载力特征值，kPa；

f_{ak}——基底天然地基承载力特征值，kPa；

A_2——每根短桩分担的面积，m^2；

α_2——桩间土强度提高系数，与土性和成桩工艺、桩径、桩间距有关。

② 长短桩复合地基承载力特征值按下式计算：

$$f_{spk1} = \frac{1}{A_1} [\alpha_1 \beta_1 f_{spk2} (A_1 - A_{p1}) + R_{a1}] \tag{2-54}$$

式中，f_{spk1}——长短桩复合地基承载力特征值，kPa；

A_1——每根长桩分担的面积，m^2；

α_1——短桩复合地基强度提高系数，与土性和成桩工艺、桩径、桩间距等因素有关。

2）长短桩复合地基沉降计算

（1）复合模量法。

沉降计算剖面如图 2-18 所示。沿竖直方向的计算沉降区域分为三部分，即长短桩区域 H_1、长桩区域 H_2、下卧层区域 H_3。

长短桩复合地基的沉降由三部分组成，即长短桩加固区域的沉降量 s_1、长桩加固区域的沉降量 s_2、下卧层区域的沉降量 s_3，长短桩复合地基沉降可按下式计算：

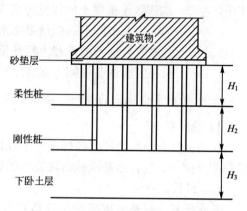

图 2-18 长短桩复合地基剖面示意图

$$s_c = s_1 + s_2 + s_3$$

$$= \psi\left[\sum_{i=1}^{n_1} \frac{p_0}{E_{spi1}}(Z_i\bar{\alpha}_i - Z_{i-1}\bar{\alpha}_{i-1}) + \sum_{i=n_1+1}^{n_2} \frac{p_0}{E_{spi2}}(Z_i\bar{\alpha}_i - Z_{i-1}\bar{\alpha}_{i-1}) + \sum_{i=n_2+1}^{n_3} \frac{p_0}{E_{si}}(Z_i\bar{\alpha}_i - Z_{i-1}\bar{\alpha}_{i-1})\right]$$

$$(2-55)$$

$$E_{spi1} = m_1 E_{p1} + m_2 E_{p2} + (1-m_1-m_2)E_{si} \qquad (2-56)$$

$$E_{spi2} = m_1 E_{p1} + (1-m_1)E_{si} \qquad (2-57)$$

式中，s_c——计算沉降量，m；

ψ——沉降计算修正系数，根据地区沉降观测资料及经验确定，也可按《建筑地基基础设计规范》（GB 50007—2011）取值；

p_0——基础底面处的附加应力，kPa；

Z_i、Z_{i-1}——基础底面至第 i 层土、第 $i-1$ 层土底面的距离，m；

$\bar{\alpha}_i$、$\bar{\alpha}_{i-1}$——基础底面计算点至第 i 层、$i-1$ 层土底面范围内平均附加应力系数；

n_1、n_2、n_3——H_1、H_2、H_3 区域内的土层数；

E_{si}——下卧层土的模量值，MPa；

E_{spi1}、E_{spi2}——加固区域 H_1、区域 H_2 第 i 层土的复合模量；

E_{p1}、E_{p2}、E_{si}——长桩、短桩、第 i 层天然土的压缩模量，MPa；

m_1、m_2——长桩、短桩的面积置换率。

（2）增大系数法。

沉降计算采用《建筑地基基础设计规范》（GB 50007—2011）推荐方法计算时，采用的复合土层分层除与天然地基相同外，短桩桩端、长桩桩端位置也作为复合土层的分界边界，从而将加固区分为Ⅰ、Ⅱ两部分（图 2-17）。加固区Ⅰ、Ⅱ内复合土层的模量分别等于其天然地基模量的 ξ_1、ξ_2 倍，复合地基最终变形量可按下式计算：

$$s_c = s_1 + s_2 + s_3$$

$$= \psi\left[\sum_{i=1}^{n_1} \frac{p_0}{\xi_1 E_{si}}(Z_i\bar{\alpha}_i - Z_{i-1}\bar{\alpha}_{i-1}) + \sum_{i=n_1+1}^{n_2} \frac{p_0}{\xi_2 E_{si}}(Z_i\bar{\alpha}_i - Z_{i-1}\bar{\alpha}_{i-1}) + \sum_{i=n_2+1}^{n_3} \frac{p_0}{E_{si}}(Z_i\bar{\alpha}_i - Z_{i-1}\bar{\alpha}_{i-1})\right]$$

$$(2-58)$$

$$f_{spk3} = m_1 \frac{R_{a1}}{A_{p1}} + \beta_3(1-m_1)f_{sk} \qquad (2-59)$$

式中，ξ_1——加固区 I 桩间土的模量提高系数，$\xi_1 = f_{spk1}/f_{ak}$；

$\quad\quad\xi_2$——加固区 II 桩间土的模量提高系数，$\xi_2 = f_{spk3}/f_{ak}$；

$\quad f_{spk3}$——长桩复合地基的承载力特征值；

$\quad\quad\beta_3$——长桩复合地基桩间土强度发挥系数。

3. 长短桩复合地基的设计、施工要点

1）设计要点

长短桩复合地基设计主要确定 6 个设计参数：桩长、桩径、桩间距、桩体强度、褥垫层厚度及材料、复合地基承载力特征值的修正值。

（1）桩长。

长短桩复合地基要求桩端均应落在好的持力层上，它是复合地基设计的一个重要原则。因此，桩长是长短桩复合地基设计首要确定的参数，它取决于建筑物对承载力和变形的要求、土质条件和设备能力等因素。设计时根据勘察报告分析各土层、确定桩端持力土层和桩长，并按式(2-44)、式(2-45)、式(2-52)分别计算短桩、长桩的单桩承载力。

（2）桩径。

桩径取决于所采用的成桩设备，一般设计桩径为 $350 \sim 600\mathrm{mm}$，长、短桩的桩径可不相同。

（3）桩间距和桩的布置。

长短桩之间的桩间距一般取 $3 \sim 5$ 倍的桩径，桩间距的大小取决于设计要求的复合地基承载力和变形、土性与施工机具。一般设计要求的承载力大时，桩间距取小值，但必须考虑施工时相邻桩之间的影响，就施工而言希望采用大桩距、大桩长，因此桩距的大小应综合考虑。

设计时可先设定长短桩的桩间距，通过反复试算承载力和变形综合确定。一般情况下长短桩宜采用等间距布置。

（4）桩体强度。

原则上，桩体配比按桩体强度控制，最低强度等级按 3 倍的桩顶应力 σ_p 确定，即 $f_{cu} \geqslant 3\sigma_p$，$f_{cu}$ 为桩身试块标准养护 28d 立方体抗压强度平均值。桩顶应力按下式计算：

$$\sigma_p = \frac{R_a}{A_p} \tag{2-60}$$

式中，R_a——单桩竖向承载力特征值，可用单桩载荷试验求得。

（5）褥垫层厚度及材料。

褥垫层厚度一般取 $10 \sim 30\mathrm{cm}$ 为宜，当桩间距过大时，褥垫层厚度可适当加大。褥垫层材料可用粗中砂、碎石、级配砂石等。

（6）复合地基承载力特征值的修正。

由于复合地基的基础一般都有较大的埋深，而复合地基荷载试验一般是在设计基底标高处进行的，因此对复合地基的承载力特征值进行深度和宽度修正后，才能得到承载力特征值。地基承载力特征值进行修正时，基础宽度的地基承载力修正系数取 0，基础埋深的地基承载力修正系数应取 1.0，则经深度修正后长短桩复合地基承载力特征值 $f_{a,sp}$。

$$f_{a,sp} = f_{spk} + \gamma_m(d-1.5) \tag{2-61}$$

式中，$f_{a,sp}$——经深度修正后的复合地基承载力特征值，kPa；

γ_m——基底以上土的加权平均重度，kN/m^3，地下水位以下取浮重度；

d——基础埋深，m。

2）施工要点

（1）施工设备和施工工艺。复合地基施工前需考虑采用何种设备和工艺进行施工，选用的设备穿透土层的能力和最大施工桩长能否满足要求，施工时对桩间土产生的影响是否会造成相邻桩出现质量问题，选用的设备当地是否具有等。

（2）场地的周围环境。场地的周围环境情况是确定施工工艺的一个重要因素。当场地离居民区较近，或场地周围有精密仪器的车间和试验室以及对振动比较敏感的管线时，不宜选择振动沉管施工工艺，宜选择无振动低噪声的长螺旋钻施工工艺；若场地位于空旷地区，且地基土主要为松散的粉细砂或填土，宜选择振动沉管施工工艺。

（3）建筑物结构布置和荷载传递。建筑物结构布置及荷载传递是复合地基必须考虑的问题。例如，建筑物是单体还是群体建筑；体型是简单还是复杂；结构布置是均匀还是存在偏心荷载；主体建筑物周围是否有地下车库之类的大空间结构；建筑物传到基础的荷载扩散到基底的范围及均匀性等均是在施工时需考虑的情况。

4. 长短桩复合地基的检测

1）单桩检测

对于多元复合地基中的单桩桩身质量检测，可依照各类桩的检测法分别进行。刚性桩可采用低应变动力检测法检测桩身完整性；深层水泥土搅拌桩可采用轻便动力触探或抽芯检测；石灰桩可采用静力触探或轻便动力触探检测桩身强度和成桩质量；碎石桩可采用重型动力触探检测成桩质量。

2）复合地基承载力检测

（1）规范方法。对于一般的复合地基加固效果检测，采用复合地基载荷试验。载荷试验中的压板形状可采用方形或矩形，其尺寸根据实际桩数承担的处理面积确定，长短桩复合地基承载力特征值的确定方法见《建筑地基处理技术规范》附录 A。

（2）平行四边形压板法。建议对于工程中采用矩形或方形压板难以准确合理地检测多元复合地基承载力时，在多元复合地基载荷试验中可采用如图 2-19 所示的平行四边形压板法。

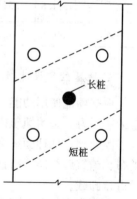

图 2-19　长短桩复合
地基载荷试验

2.4 工程应用实例

2.4.1　深港西部通道软基处理工程

1. 工程概况

深港西部通道由跨海大桥和一线口岸组成。一线口岸位于深圳市南山区后海东角头港以东，主要规划为建筑用地、道路、停车场用地等，是西部通道跨海大桥的着陆带。拟建口岸场地为浅海区或蚝田，原始地面标高低于平均海平面水位，场地遍布 7.0～19.0m 厚的淤泥和淤泥质土，力学性质差，因此必须进行筑堤围海、场区填土及地基处理才能进行后续的建设工程。本项目地基处理的范围为西部通道海堤（爆破排淤形成）所围成的场区，填海面积为 144.34 万 m^2。

2. 土质资料

场区分布地层为淤泥、黏土、含黏性土砂层以及第四系残积层和燕山期花岗岩。海床表面为新近沉积的淤泥，深灰至灰黑色，流塑状，具腐臭味，有机质含量 4.2%～7.25%，具有高含水量、高隙比、高压缩性、低强度、欠固结等特性，未经加固处理不宜作为任何建（构）筑物地基。淤泥下部是硬土层，主要为黏性土，局部是砂土，性质良好，可作为地基处理的下限。淤泥层主要物理力学性质指标如表 2-13 所示。

表 2-13　淤泥层主要物理力学性质指标

指标名称 统计项目	含水量 (w)/%	天然 密度/ (g/cm^3)	孔隙比	液限 (w_L) /%	塑限 (w_P) /%	塑性 指数 (I_P)	液性 指数 (I_L)	压缩 系数 (a_{1-2}) /MPa^{-1}	压缩 模量 (E_s) /MPa	压缩 指数 (C_c)	渗透系数 /$(10^{-7}$ cm/s)
统计数	91	87	87	91	91	91	85	87	88	57	13
范围值	58.8～ 127.8	1.39～ 1.62	1.60～ 3.23	29.5～ 58.5	18.0～ 36.0	11.0～ 25.0	2.00～ 4.92	1.45～ 3.78	0.90～ 2.30	0.50～ 1.20	1.00～ 7.57
平均值	90.9	1.48	2.46	49.1	30.4	18.8	3.37	2.25	1.60	0.76	3.23

3. 地基处理设计

根据场地使用功能，考虑场区面积较大、填筑方量大、工期短，为了缓解场区内的交通运输压力，采用填筑内隔堤进行分区，分区后场区淤泥主要采用塑料排水板堆载预压进行加固处理，处理面积为 133.33 万 m^2。先抽干围海海堤的海水，然后在淤泥表面铺设土工布、铺筑砂垫层、打设塑料排水板，最后进行分级堆载预压，待满足地基处理技术要求后进行卸载。

堆载预压法地基处理设计要点如下。

（1）排水、晾晒。隔堤施工完成后，整个场区形成大小不等的水塘，将塘内海水抽排出场外。

（2）铺设砂垫层。表层淤泥特别软弱，经计算需铺设一层 1～2m 厚的砂垫层，铺设砂垫层之前，在淤泥层顶面需设一层具有一定强度和抗拉力的经编复合土工布，保证施工安全。砂垫层采用中粗砂，含泥量不大于 5%，用轻型碾压机具压实，其干密度不小于 16.5kN/m^3。

（3）固结排水系统。塑料排水板按等边三角形布置，间距有 1.0m、0.9m 两种。选用断面尺寸为 100mm×4mm、抗拉强度高、沟槽表面平滑、抗老化能力在两年以上、并具有耐酸碱腐蚀性的塑料排水板。

盲沟按纵（横）向间隔 50m 设置，横断面为上宽 80cm、下宽 60cm、高 80cm 的梯形。应在平整砂垫层后挖盲沟，填充料为 2～4cm 级配碎石，外包无纺透水性土工布。

集水井设置在纵横盲沟的交汇处，集水井直径为 100cm。砂垫层中集水井采用外裹土工布的钢筋笼，集水井上部全部选用直径为 1000mm 的水泥管，随着填石(砂)层的逐级堆载，集水井也逐级上升，直到预压层顶面以上 1m。

(4) 堆载材料类型及要求。以砂土作为填料时，砂的质量要求含泥量应小于 10% 的中粗砂，碾压后干密度不小于 16.5kN/m³；以开山石作为填料时，其质量要求块石直径不大于 50cm，控制干密度不小于 20 kN/m³。

(5) 固结度计算。根据分单元统计，场区淤泥的平均厚度为 8~18m，预压荷载为砂垫层与填石(砂)对应的换算荷载，为 180~220kPa，平均为 200kPa；预压荷载分 7 级施加，每级约为 30kPa，相当于 1.5m 厚的填石。采用改进的高木俊介法，即由式(2-2)、表 2-1 计算任意时刻地基的平均固结度。

(6) 沉降计算。淤泥为欠固结土，地基的主固结沉降 s_c 采用单向压缩分层总和法和应力历史法两种方法计算。首先采用式(2-15)、式(2-16)分别计算主固结沉降，再根据式(2-12)计算地基的最终沉降量。利用三点法，根据实测沉降与时间关系曲线推算沉降计算经验系数(ξ=1.1~1.7)。两种方法计算的 I、II 区总沉降和实测沉降结果的对比如表 2-14 所示。

表 2-14 沉降计算结果与实测结果对比统计表

分区	淤泥厚度/m	填土厚度/m	实测沉降量/mm	式(2-15)计算沉降量/mm	式(2-16)计算沉降量/mm
I-A	7.2	8.8	2056	1229	2087
I-B	10.0	9.4	2506	2042	2563
I-C、II-C	9.2	7.8	1870	1527	2248
II-A	9.4	9.3	2541	1696	2328
II-B	7.6	10.1	2484	1549	2125
总平均值	8.7	9.1	2291	1609	2270

4. 地基处理施工

场区填筑及地基处理主要施工方法如下。

(1) 土工布铺设。土工布应呈鳞状铺设，即后一块土工布应在前一块土工布之上，铺设方向垂直于隔堤，填砂方向同铺设方向。加大相邻土工布之间的搭接宽度和场区边缘预留长度，防止土工布暴晒或老化。

(2) 砂垫层施工。分 7 层进行铺筑，第一层厚度应控制在 20cm，其他层厚为 30cm。第一层砂垫层铺设采用人工手推车辅助搭板施工，搭板材料为 18mm 的胶合板，道宽 92cm，纵向每 5m 铺设一道。填筑砂垫层时，由海堤边缘逐渐向中央摊铺，并防止施工机具损坏土工布。

(3) 盲沟和集水井。按照设计要求沿海(隔)堤边线每隔 50m 设纵横向排水盲沟，盲沟与盲沟交汇处设集水井，砂垫层施工完成后按盲沟设计断面挖砂垫层，断面两侧用模板加固，以防砂体塌落。盲沟填充料为 3~5cm 的级配粗砾(碎石)，外包无纺土工布。

安装集水井前，用碎石垫平集水井底部以使集水井稳定。井底部滤水部分的填料应严格按设计要求,一般为1m。填筑过程中,集水井管应随填筑相应接高,管顶高出填筑面不小于50cm,直至预压层顶面上1m,安装应保持垂直,并注明井号。

(4) 塑料排水板施工。铺设砂垫层后按等边三角形布置塑料排水板,其间距有0.9m和1.1m。打设塑料排水板的导管采用矩形导管,桩尖与导管分离,桩尖的主要作用是防止打设塑料板时淤泥进入管内,并对塑料带起锚固作用,避免拔出。

插板时,插板机就位后,通过振动锤驱动套管对准孔位下沉,排水板从套管内穿过与端头锚将排水板插到设计深度,拔起套管后,锚靴连同排水板一起留在土中,然后剪断排水板,即完成一个排水孔的操作。

(5) 底基层及堆载预压土石方填筑。在排水体系施工完成后,即开始进行堆载,首先在砂垫层之上铺设1m厚的风化砾石土垫层,然后进行分级堆载,堆载材料为砂、土、混合开山石。

5. 处理效果检测与评价

为验证软基处理效果,在预压前后进行了十字板剪切试验和室内物理力学性质试验。测定处理前后淤泥的物理力学性质指标的结果表明:淤泥经堆载预压排水固结法加固处理后,平均含水量由原来的91%变为52%,减少了39%,接近液限;平均孔隙比由原来的2.46变为1.49,减少了0.97;十字板剪切强度提高6倍以上。淤泥的物理力学性质得到了极大的改善,地基处理效果显著。

2.4.2 某市停机坪扩建工程软土地基强夯置换法处理

1. 工程概况

为了满足国内外航空运输发展的需要,某市政府决定扩建停机坪。拟建场地位于滨海地区,占地面积约为29万 m²。由于该场地下普遍分布厚度为4~5m、含水量高达80%的淤泥层,其上又堆积了一层黏性土夹大块石的人工杂填土层,不能满足停机坪道面结构对地基的要求,需进行加固处理。

2. 土质资料

场地自上而下土层分布情况如下:①为人工填土层,平均厚度为2.5m,在初勘中,浅钻的遇石概率为50%,最大块径超过2m;②为淤泥层,遍布于人工填土层之下,有机质含量在3%左右,属高含水量、高压缩性、低渗透性和低强度的软土;③为杂色黏性土层,是复合地基良好的持力层。各层土的主要物理力学指标如表2-15所示。

表2-15 土层主要物理力学性质指标

土层编号	土层名称	厚度/m	天然重度/(kN/m³)	含水量/%	孔隙比	塑性指数	压缩系数/MPa⁻¹	地基允许承载力/kPa	渗透系数/(10⁻⁸cm/s)
①	人工填土	1.6~3.4	17.9~19.4	20~35	0.58~1.13	10.1~24.4	—	70~90	
②	淤泥	4.0~5.0	15.2	81.6	2.24	28.2	2.1	30	2
③	黏性土	10	20.0	20				140	

3. 设计与施工分析

根据该工程场地地质情况并结合技术、经济、工期等各方面因素，对提出的封闭式拦淤堤换填、堆载预压排水固结法、深层搅拌法、强夯置换法共 4 个地基处理方案进行综合比较，拟建停机坪软土地基采用强夯置换法进行处理。停机坪道面结构对处理后地基的技术要求如下。

（1）道面下地基允许承载力达到 140kPa，道肩下地基允许承载力达到 100kPa。

（2）使用荷载下的剩余沉降量小于 5cm。

（3）差异沉降量应小于 1/1000。

（4）道面下地基回弹模量达到 80MPa，干重度不小于 21kN/m³。

为了确定设计参数和施工参数，在拟建场地选取一块试验区，进行夯击击数、夯击能量、夯点间距和地面隆起量等多项试验，并实地开挖对块石墩墩径进行测量及对石料填入量进行估算，对以后的设计和施工起重要的指导作用。通过试验确定强夯置换法以下的设计、施工参数。

1）设计参数

块石墩墩径为 1.4m，墩长约为 7m。墩点按正方形布置，道面下间距为 3.0m，道肩下间距为 4.0m，共设置 27580 个墩。

平整场地后，满铺厚 1.5m 的级配块石作为成墩的材料，相当于给每个块石墩提供 13.5m³ 的块石。块石墩施工完成后，再铺设厚度为 0.5m 的块石垫层。强夯块石墩及块石垫层所用石料最大粒径 D 不得超过 600mm，且符合如下级配：300mm＜D＜600mm 的块石含量大于 50%，D＜50mm 的块石含量小于 15%，含泥量小于 5%。

根据现场试验，单墩承载力取 600kN；墩间土在设置块石墩后受到挤密和排水作用，其允许承载力提高，道面下取 90kPa，道肩下由于墩距较大，挤密效果较差，取 70kPa。

复合地基承载力验算：

道面下：
$$f_{spk}=(600+90×7.46)/9=141.3(kPa)>140kPa$$

道肩下：
$$f_{spk}=(600+70×14.46)/16=100.8(kPa)>100kPa$$

为了使上部荷载均匀地扩散到下部复合地基，并调整不均匀沉降，在块石垫层顶部再铺设一层厚度为 0.6m 的风化石渣垫层。石渣最大颗粒粒径不得超过 150mm，大于 50mm 的颗粒含量不得小于 40%，小于 20mm 的颗粒含量不得大于 35%，黏粒含量不得超过 5%。

2）施工参数

强夯块石墩采用起重量为 500kN 的履带吊车作为夯击机械，最大起吊高度为 20m；夯锤选用直径为 1.0m、高度为 2.5m 的钢锤，锤重 150kN，最大单击夯击能量为 3000kN·m。在夯击过程中，用反铲挖掘机填补石料。

单墩夯击结束标准：①累计夯沉量大于 12.5m，且夯击能量在 3000 kN·m 的前提下，最后两击的夯沉量小于 50cm；②累计夯沉量大于 16.0m，且夯击击数不小于 21 击（最后 3 击的夯击能量为 3000kN·m）。以上二条标准只要满足一条即可结束单墩夯击。

块石垫层用直径 2m 的夯锤以 1000kN·m 的夯击能量、间距 2m 要求满夯两遍，再次整平，最后用 40t 振动碾压机碾压 8 遍。

风化石渣垫层厚 60cm，分两层铺填，分别用 40t 振动压路机反复碾压 6 遍，压实后，干重度不低于 $21kN/m^3$，表面回弹模量不低于 80MPa。

3）施工方法

（1）施工程序。

① 挖土清基并平整场地，回填厚 1.5m 的块石；

② 强夯块石墩施工；

③ 平整场地，铺设厚 0.5m 的块石垫层；

④ 满夯及碾压块石垫层；

⑤ 铺设及碾压厚 0.6m 的风化石渣垫层。

（2）补料。

当夯坑深度等于锤高时，应暂停夯击，待补料后继续夯实。补料应取墩位附近已铺填好的块石，填料时如遇大块石应填在夯坑中间，周围辅以较小的块石以使级配良好。夯坑中填料应尽量密实，避免架空，严禁将泥填入夯坑。

（3）夯击顺序。

强夯块石墩在软土中施工时会产生较大的超静孔隙水压力，造成软土的隆起和挤出，跳夯较连夯更有利于超静孔隙水压力的消散。试验结果表明，跳夯比连夯的地面隆起小，因此施工采用跳夯方式。

（4）定点复位。

定点复位是保证每次夯击在同一点的关键，要力求准确。放线布置桩位时，须有可靠的墩位标志。每次填料后，必须利用不受施工影响的标志恢复墩位，保证每次夯击中心与墩位的偏差不大于 5cm，使夯击能量有效地用于墩体夯沉"着底"。

（5）夯沉量测量。

每次补料前须进行夯沉量测量，如发现夯沉量较小应每击一测，以决定是否结束施工。测量须用水准仪、塔尺，不得以目测代替。

4. 质量检测

1）块石墩墩长的检测

（1）斜钻。由于潜孔钻机和工程地质钻机难以在块石墩上成孔，不能直观地检验墩长，故改为斜孔钻入的方法，即将钻机的钻杆与铅直方向成一定角度，从墩间土钻入至墩底，再根据钻杆中心到墩心的距离和钻杆入土长度及角度即可计算得出墩长。

（2）地质雷达。为了适应大面积施工，需要快速准确地检测块石墩"着底"情况，选用地质雷达检测墩长。为了消除机场雷达对测量的干扰，每个测点用 128 次测量结果叠加作为该点的实测值。发射接收天线距离为 0.6m。用地质雷达共检测了 5578 个墩，抽检率为 20%，其中 5498 个墩达到设计要求，合格率为 98.6%。不合格的墩补夯直至合格。

2）复合地基承载力的检验

为了大面积检测的需要和保证检测质量，地基承载力采用了动、静两种方法进行检测。

（1）复合地基静载荷试验。静载荷试验承载板是 3m×3m 的混凝土板，总荷载 1890kN。试验按照《建筑地基处理技术规范》(JGJ 79—2012)中附录一"复合地基载荷试验要点"进行。静载荷试验共进行 8 组，复合地基承载力都大于 140kPa，相应的沉降量为 6.09～18.32mm。

（2）瑞雷波复合地基承载力检测。该方法是利用作用于半无限空间表面的点震源产生一定频率的瑞雷波在地基中的传播速度反映一个波长深度内土层的平均物理力学特性，对复合地基承载力进行综合评价。瑞雷波检测复合地基承载力共进行了 580 块（每块 10m×10m），抽检率为 20%，其中 579 块复合地基承载力大于 140kPa，合格率为 99.8%。

（3）复合地基承载力动、静检测比较。对工程中的 8 个静载荷试验点同时进行了瑞雷波检测。二者相比较，瑞雷波提供的复合地基承载力值比静载荷试验值小，主要原因是瑞雷波检测采取了较高的安全系数。尽管如此，动检测结果达到了设计承载力的要求，瑞雷波检测复合地基承载力是可行的。

2.4.3 水泥土搅拌桩在柳州市佳圆大厦地基处理中的应用

1. 工程概况

柳州市某房地产开发公司拟建一幢 16 层的佳圆大厦，占地 32m×19m，接近矩形框架结构，设计一层地下室，原设计采用人工挖孔桩基坑支护结构与基础形式。支护桩施工完毕、基坑开挖完成后，进行工程桩试开挖。工程桩试桩时发现地下岩溶发育、地下水水量很大，无法进行人工挖孔桩的正常施工。

经过反复论证，决定采用筏板基础形式，但必须对场地内约 5m 厚的软弱土层进行地基加固处理，处理后地基承载力特征值要求达到 220kPa。经过重新勘察，并按照"技术可靠、经济合理、施工便利"的原则进行地基处理方案的对比分析与论证，最后采用水泥土搅拌桩进行地基处理。

2. 场地工程地质条件

场地自上而下土层分布情况如下：①为杂填土为褐色，结构松散，主要由碎石、碎砖及少许黏土组成，平均层厚 2.0m；②为淤泥为灰褐、褐色，呈流塑软塑状，含少量有机质，平均层厚 1.0m；③为淤泥质土为灰褐色，结构松散至稍密，含少许有机质，平均层厚 1.0m；④为可塑状粉质黏土为褐黄色，可塑状，结构紧密，土质均匀，具砂感，揭露层厚大于 10m。各土层的相关技术参数如表 2-16 所示。

表 2-16 土层的相关技术参数

土层编号	土层名称	平均厚度/m	地基承载力特征值(f_{ak})/kPa	桩周土侧阻力(q_s)/kPa
①	杂填土	2.0	60	8
②	淤泥	1.0	60	6
③	淤泥质土	1.0	90	10
④	粉质黏土	>10	220	18

3. 水泥土搅拌桩设计

1）固化剂及掺入比

通过配合比试验，使用 32.5MPa 普通硅酸盐水泥（水泥掺入比为 15%、水灰比

0.75），标准养护 28d 的水泥土强度 $f_{cu(28d)}=3.1MPa$。根据施工经验，水泥土现场强度折减系数取 0.5，则水泥土的现场强度为 1.55MPa。

2）设计计算参数

水泥土搅拌桩桩长 $l=5m$，即进入第④层土层 1m，桩径为 500mm，按正方形布置，桩周周长 $u_p=1.57m$，截面积 $A_p=0.196m^2$；采用水泥土搅拌桩处理后，复合地基承载力特征值要求达到 $f_{spk}=220kPa$，其中桩间土承载力特征值取 $f_{sk}=60kPa$；桩端天然地基土的承载力折减系数 $\alpha=0.5$，桩间土承载力折减系数 $\beta=0.75$，桩身强度折减系数 $\eta=0.33$，桩端地基土承载力特征值 $q_p=220kPa$。

3）单桩承载力计算

水泥土搅拌桩单桩承载力特征值 R_a 按式（2-44）计算，即：

$$R_a = u_p \sum_{i=1}^{n} q_{si} l_i + \alpha q_p A_p$$
$$= 1.57 \times (8 \times 2 + 6 \times 1 + 10 \times 1 + 18 \times 1) + 0.5 \times 0.196 \times 220$$
$$= 100.06(kN)$$

取 $R_a = 100kN$。

4）置换率及桩数

根据上部结构对地基要求达到的承载力 f_{spk} 和单桩承载力特征值 R_a，可按式（2-47）计算所需的置换率，即：

$$m = \frac{f_{spk} - \beta f_{sk}}{\dfrac{R_a}{A_p} - \beta f_{sk}}$$
$$= \frac{220 - 0.75 \times 60}{\dfrac{100}{0.196} - 0.75 \times 60}$$
$$= 0.376$$

设搅拌桩桩间距为 s，按正方形布置时，$m = 0.196/s^2 = 0.376$，则 $s=0.722m$，桩间距 $s=0.7m$，正方形布置搅拌桩时，桩数为 1140 根。

5）桩身强度

由式（2-45）确定水泥搅拌桩桩身强度 f_{cu}，即：

$$R_a = \eta f_{cu} A_p$$

$$f_{cu} = \frac{R_a}{\eta A_p} = \frac{100}{0.33 \times 0.196} = 1.55(MPa)$$

f_{cu} 为标准养护条件下 90d 龄期的立方体抗压强度平均值，换算为 28d 龄期的立方体抗压强度平均值：$f_{cu(28d)} = 0.7 \times 1.55 = 1.09(MPa)$，取 1.1MPa。而水泥土的现场强度为 1.55MPa，大于 1.1MPa，满足设计要求。由于不存在软弱下卧层，下卧层强度不需验算。

4. 施工工艺及质量控制

1）施工工艺

（1）施工工艺流程。

平整清理场地→测放轴线、测定桩位→桩机就位、配置水泥浆→第一次喷浆搅拌下沉至设计桩端标高处→第一次喷浆提升搅拌至地面→第二次喷浆下沉搅拌至设计桩端标高处→第二次喷浆提升搅拌至地面→结束一根桩的施工、移机至下一根桩位。

（2）施工工艺要求。

① 平整清理场地。将场地上部多余土方开挖外运，清除场地内的石块、旧基础等障碍物，清理生活垃圾，平整施工场地。

② 测放轴线及桩位。本工程置换率较高，桩间距小，要求现场轴线及桩位测放要准确，桩位测放误差不大于 20mm。

③ 桩机就位。开钻前，一定要对准桩位标志下钻，对中误差小于 50mm。调整桩机时，桩机的主动钻杆要保证垂直，要求垂直度误差小于 1.5％。

④ 搅拌成桩。必须按方案要求的下沉和提升速度进行施工成桩，每次上升或下沉的速度必须均匀。

2）施工质量控制

（1）施工准备。

① 清理施工现场的地下、地面、空中的障碍物，以利于安全施工。

② 依据设计图样，做好现场平面布置，安排好打桩施工流水。

③ 复核基础轴线，测量放线定出每个桩位并钉上竹签作为标记，偏差小于 20mm。

④ 考虑到桩长要进入较硬土层 1.0m，在桩机上增加一台卷扬机以便施加反压。

（2）搅拌成桩。

① 注意起吊设备的平整度和导向架对地面的垂直度，要求桩机左右两条轨道的高差不大于 10cm，以保证桩的垂直偏差不超过桩长的 1.5％。

② 水泥掺入量的控制。水泥掺入比为 15％，每根桩的水泥用量为 300kg，结合下沉和提升的速度调整好送浆泵的送浆速率，保证水泥掺入比达到设计要求。

③ 在钻塔上悬挂吊锤以监测搅拌桩的垂直度。

④ 钻塔上做好标尺标记，以方便桩长的监测计量。结合地质报告，根据搅拌桩机电流及下沉速度的变化进行综合判断，以确保搅拌桩进入第④层土层 1.0m。

5. 质量检测

在施工过程中及施工完成后，采用了数种质量检测检验方法，分述如下。

（1）现场开挖。

在施工前期，按 0.5％的比例抽取数根桩进行开挖检查，开挖深度达到淤泥土层，对桩身进行直观观测。

（2）轻便触探试验。

共计完成 15 组轻便触探试验，3d 龄期内的触探击数（N_{10}）为 20～40 击/30cm，确定桩身强度为 300～500kPa。

（3）水泥土强度试验。

随机抽取 1％的水泥土搅拌桩，利用手持工程钻机，在桩顶处进行钻芯取样，共钻取 12 组芯样，送到试验室切割成试块进行抗压试验，得到桩身的实际抗压强度，28d 水泥土强度在 1.10～3.6MPa 之间，满足设计要求。

（4）复合地基载荷试验。

按照规范的规定确定试验点位置，完成了 3 点"双桩复合地基"载荷试验，结果表明，处理后复合地基承载力特征值的平均值为 255kPa，满足设计要求。

2.4.4 杭州软土地基上商住楼长短桩复合地基处理

1. 工程概况

该工程为位于杭州软土地基之上的塔形商住楼，两侧塔楼高12层，中间为两层连接附房，平面布置如图2-20所示。上部为框架结构，商场与住宅之间设置转换层结构，基础为筏板。

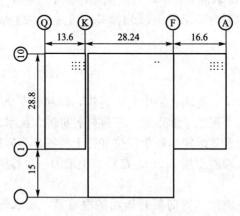

图 2-20 塔楼平面布置(单位：m)

2. 土质资料

典型工程地质物理力学指标如表2-17所示。

表 2-17 典型工程地质物理力学指标

土层编号	土层名称	平均厚度/m	含水量/%	天然重度/(kN/m³)	压缩模量/MPa	地基承载力标准值/kPa	摩擦力标准值/kPa
①	杂填塘泥	2					
②	粉质黏土	1.5	30.4	19.2	4.43	120	16
③-1	淤泥质黏土	4.2	42.1	18.4	2.48	70	8
③-2	淤泥粉质黏土	5.1	37.1	18.6	3.11	70	8
③-3	淤泥粉质黏土	11.5	42.5	17.8	2.65	70	10
③-4	淤泥粉质黏土	11	38.3	18	2.79	80	12
③-5	贝壳土	2.2	44.8		2.81	80	15
⑥-2	黏土(圆砾)	3			20	90(300)	18(50)
⑦	强、中风化岩石						50

注：中风化石端承载力标准值为3000kPa。

3. 长短桩复合地基承载力计算

该工程中经过优化设计，长桩选取钢筋混凝土桩，桩长为40m，桩端落在岩层上；短桩选取水泥土搅拌桩，桩长为 9m。整个左侧塔楼基础桩位平面布置如图 2-21 所示，左塔楼基础平面尺寸为 30.84m×14.7m，桩距均为 2618mm×3400mm，共布置钢筋混凝土桩 44 根，水泥土搅拌桩 60 根，采用 $\phi600$ 水泥土搅拌短桩与 $\phi500$ 钢筋混凝土长桩，且长短桩间作。长桩、短桩的置换率分别为 0.0191、0.037。

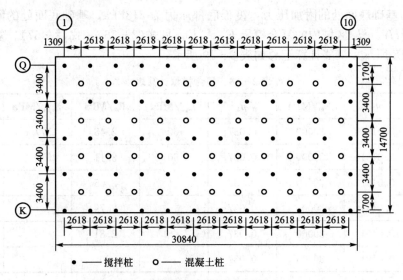

图 2-21 左侧塔桩位平面布置(单位：mm)

长桩单桩承载力特征值 R_{a1}，可由载荷试验确定或由式(2-52)计算，即：

$$R_{a1} = u_p \sum_{i=1}^n q_{si} l_i + q_p A_{p1}$$
$$= 0.5 \times (8 \times 4.2 + 8 \times 5.1 + 10 \times 11.5 + 11 \times 12 + 2.2 \times 15 + 3 \times 44 + 50 \times 3) + 0.25^2 \times 3000$$
$$= 1241.9 (\text{kN})$$

短桩单桩承载力特征值 R_{a2}，按下式计算：

$$R_{a2} = u_p \sum_{i=1}^n q_{si} l_i = 8 \times (0.6\pi) \times 4.2 + 8 \times (0.6\pi) \times 4.8$$
$$= 135 (\text{kN})$$

长短桩复合地基的承载力为

$$f_{spk} = m_1 \frac{R_{a1}}{A_{p1}} + \beta_1 m_2 \frac{R_{a2}}{A_{p2}} + \beta_2 (1 - m_1 - m_2) f_{sk}$$
$$= 0.0191 \times 1587.8/(0.25^2 \pi) + 0.8 \times [0.037 \times 135/(0.3^2 \pi)] + 0.8 \times 0.9439 \times 70$$
$$= 185.3 (\text{kPa})$$

实际基础底面压力为 180kPa，小于复合地基的承载力 185.3kPa，故设计的承载力满足要求。

4. 长短桩复合地基沉降计算

(1) 计算简图。沉降计算选取如图 2-21 所示的平面布置，剖面情况如图 2-18 所示。沿竖直方向的计算沉降区域分为三部分：长短(刚性和柔性)桩区域 H_1、长(刚性)桩区域 H_2、下卧层区域 H_3。由于长桩底为强风化、中风化岩层，故下卧层区域 H_3 的压缩量可忽略不计。这样，沉降计算公式就不包括长桩以下土层的沉降计算。

（2）沉降计算。采用式（2-55）计算，即：

$$s_c = \psi \left[\sum_{i=1}^{n_1} \frac{p_0}{E_{spi1}} (Z_i \bar{\alpha}_i - Z_{i-1} \bar{\alpha}_{i-1}) + \sum_{i=n_1+1}^{n_2} \frac{p_0}{E_{spi2}} (Z_i \bar{\alpha}_i - Z_{i-1} \bar{\alpha}_{i-1}) \right]$$

式中，p_0 为基础底面处的附加压力，筏板底部压力为 213kPa，基础底面处的附加压力为 163.6kPa。H_1、H_2 区域内的复合模量 E_{spi1}、E_{spi2} 见式（2-56）、式（2-57）。复合模量计算如表 2-18 所示，沉降计算汇总如表 2-19 所示。

表 2-18　复合模量计算表

土层编号	m_1	E_{p1}/MPa	m_2	E_{p2}/MPa	E_{si}/MPa	E_{spi1}/MPa	E_{spi2}/MPa
③-1	0.0191	30000	0.037	60	2.48	577.6	
③-2	0.0191	30000	0.037	60	3.11	578.2	
③-3	0.0191	30000	0.037		2.65		575.6
③-4	0.0191	30000	0.037		2.79		575.7
③-5	0.0191	30000	0.037		2.81		575.8
⑥-2	0.0191	30000	0.037		20		592.6

表 2-19　沉降计算汇总

土层编号	Z_i/m	L/B	Z_i/B	$4\bar{\alpha}_i$	$4Z_i\bar{\alpha}_i$/m	$4Z_i\bar{\alpha}_i - 4Z_{i-1}\bar{\alpha}_{i-1}$	E_{spi}/MPa	P_0/kPa	Δs_i/mm	$\sum \Delta s_i$/mm
	0	2.098	0	1	0			163.6	0	
垫层	0.15	2.098	0.02	0.9999	0.1499	0.1499	35	163.6	0.7	0.7
③-1	4.2	2.098	0.57	0.9824	4.126	3.9761	577.6	163.6	1.126	1.826
③-2	9.3	2.098	1.265	0.8995	8.365	4.239	578.2	163.6	1.199	3.025
③-3	20.8	2.098	2.829	0.6679	13.89	5.525	575.6	163.6	1.57	4.595
③-4	31.8	2.098	4.326	0.5169	16.43	2.54	575.7	163.6	0.721	5.316
③-5	34	2.098	4.625	0.4940	16.796	0.366	575.8	163.6	0.104	5.42
⑥-2	37	2.098	5.034	0.4676	17.3	0.504	592.6	163.6	0.139	5.559

本 章 小 结

本章主要介绍了软土的成因、工程性质及地基处理方法，包括排水固结法、置换法、灌入固化物法、加筋法等几种常用软土地基处理方法的加固机理、设计与计算、施工工艺方法与效果检测，并列举了典型的工程应用实例。

本章的重点是软土的地基处理方法。

习　题

一、思考题

1. 简述我国软土的主要分布区域。

2. 堆载预压法和真空预压法加固软土地基的机理有何不同？

3. 排水固结法处理软土地基最终沉降量由哪几部分组成？如何考虑地基土的应力历史计算地基的固结沉降？

4. 简述强夯置换法的适用范围与加固机理。

5. 砂石桩桩顶铺设一层褥垫层，褥垫层的主要作用是什么？

6. 简述石灰桩处理软弱地基的加固机理。

7. 简述高压喷射注浆法加固软弱地基的机理。

8. 简述水泥搅拌法加固软土的机理。

9. 何谓长短桩复合地基？其适用条件有哪些？

10. 简述长短桩复合地基的作用机理。

11. 目前常用的长短桩复合地基承载力和沉降计算方法有哪些？

二、单选题

1. 下列地基处理方法的加固机理不属于置换法的范畴的是（　　）。

A. 石灰桩法　　　　B. 强夯法　　　　C. 强夯置换法　　　D. 砂石桩法

2. 塑料排水带或袋装砂井的井径比 n 一般按（　　）选用。

A. 10～15　　　　B. 15～22.5　　　　C. 25～30　　　　D. 30～35

3. 真空预压区边缘应大于建筑物基础轮廓线，每边增加量不得小于（　　）。

A. 2.0m　　　　B. 2.5m　　　　C. 3.0m　　　　D. 4m

4. 砂石桩处理饱和软土地基的作用机理不包括下面（　　）项。

A. 挤密作用　　　　　　　　　　B. 置换作用

C. 排水作用　　　　　　　　　　D. 加快地基的固结与超静孔压的消散作用

5. 砂石桩成桩后要静置一段时间，使强度恢复。对于饱和黏性土地基静置时间不宜少于（　　），砂土、粉土和杂填土地基不宜少于（　　）。

A. 14d，7d　　　　　　　　　　B. 28d，7d

C. 28d，14d　　　　　　　　　　D. 14d，28d

三、多选题

1. 软土地基存在以下问题都必须进行处理（　　）。

A. 软土地基因抗剪强度不足，难以支承上部结构的自重及外荷载而产生局部或整体剪切破坏

B. 软土地基在上部结构自重及外荷载作用下产生过大的变形，影响结构物的正常使用

C. 地基的渗漏量或水力比降超过允许值时，发生潜蚀和管涌现象

D. 在地震作用下，引起软土地基失稳和震陷等危害

2. 加载预压法中，竖井深度是根据建筑物对地基变形和稳定性的要求及工期等因素确定的，对此阐述正确的是（   ）。

A. 对以沉降控制的工程，如受压层厚度不是很大，可打穿受压层以减小预压荷载或缩短预压时间

B. 对以沉降控制的工程，当受压层厚度很大，深度较大处土层的压缩量占总沉降的比例较小，竖井也不一定打穿整个受压层

C. 对于沉降要求很高的建筑物，如不允许建筑物使用期内产生主固结沉降，竖井应尽可能打穿受压土层

D. 对于沉降要求很高的建筑物，如不允许建筑物使用期内产生主固结沉降，竖井必须打穿整个受压土层

3. 排水固结法处理软土地基时，除应预先查明土层分布外，尚应通过室内试验确定的设计参数有（   ）。

A. 土层的给水度及持水性

B. 土层的先期固结压力，孔隙比与固结压力的关系

C. 水平固结系数，竖向固结系数

D. 土的抗剪强度指标

4. 采用排水固结法加固软土地基时，以下（   ）试验方法适宜该地基土的加固效果评价。

A. 动力触探　　　　　　　　　B. 原位十字板剪切试验

C. 标准贯入　　　　　　　　　D. 载荷板试验

5. 采用排水固结法加固淤泥地基时，在其他条件不变的情况下，下面（   ）选项措施有利于缩短预压工期。

A. 减少砂井间距　　　　　　　B. 加厚排水砂垫层

C. 加大预压荷载　　　　　　　D. 增大砂井直径

6. 下列（   ）是堆载预压法处理软土地基施工监测的必选项目。

A. 孔隙水压力　　　　　　　　B. 地面沉降

C. 深层分层沉降　　　　　　　D. 土体水平位移

7. 真空度监测包括（   ）。

A. 膜内真空度　　　　　　　　B. 滤管内真空度

C. 土体中真空度　　　　　　　D. 竖向排水体内真空度

8. 采用不同材料的垫层对软弱土进行换填处理时，主要作用机理包括（   ）。

A. 提高地基的承载力，避免地基产生剪切破坏

B. 减少下卧层土的沉降量

C. 加速软弱土层的排水固结，避免地基土产生塑性破坏

D. 消除地基土的胀缩作用

9. 对于粉质黏土、灰土、粉煤灰和砂石垫层，可采用以下（   ）检验垫层是否达到设计要求的密实度。

A. 环刀法　　　　　　　　　　B. 载荷试验

C. 轻型动力触探试验　　　　　D. 重型动力触探试验

10. 强夯置换施工完成后应进行必要的抽样检测，常见的检测项目主要包括(   )。

A. 强夯置换碎(块)石墩体形和深度检测

B. 强夯置换碎(块)石墩的承载力检测

C. 强夯置换复合地基的承载力检测

D. 强夯置换复合地基的变形模量检测

第**3**章
湿陷性黄土地基处理

本章主要讲述湿陷性黄土的地基处理方法。通过本章的学习，应达到以下目标：

(1) 掌握黄土的鉴定方法；

(2) 掌握黄土的基本工程地质性质；

(3) 重点掌握黄土的湿陷性评价方法；

(4) 重点掌握湿陷性黄土地基处理方法；

(5) 了解湿陷性黄土地基上结构物的设计原则和施工措施。

知识要点	能力要求	相关知识
湿陷性黄土的特性及工程性质	(1) 掌握黄土的湿陷性 (2) 了解我国黄土的工程性质 (3) 掌握黄土高原上黄土的基本特征 (4) 掌握黄土的湿陷机理	(1) 黄土的湿陷性 (2) 黄土的基本物理力学性质 (3) 黄土的基本分类 (4) 黄土高原上黄土的基本特征
湿陷性黄土地基的评价	(1) 掌握黄土的湿陷性评价 (2) 掌握湿陷性黄土地基的承载力的确定 (3) 掌握湿陷性黄土地基的变形计算	(1) 黄土的湿陷性评价 (2) 湿陷系数 (3) 湿陷起始压力 (4) 黄土湿陷性的判定 (5) 湿陷性黄土场地湿陷类型的划分 (6) 湿陷性黄土地基湿陷等级的确定 (7) 黄土地基的承载力的确定 (8) 黄土地基的变形计算 (9) 湿陷性黄土地基处理技术
湿陷性黄土地基的处理方法	掌握以下地基处理方法的加固原理、设计计算、施工要点等： (1) 垫层法 (2) 土桩或灰土桩 (3) 强夯法和重锤夯实法 (4) 钻孔夯扩桩挤密法 (5) 预浸水法 (6) 化学加固法 (7) 桩基础法	(1) 垫层厚度的确定 (2) 垫层底面附加压力值的计算 (3) 垫层应力扩散角 (4) 垫层宽度的确定 (5) 灰土之间的相互作用 (6) 灰土桩的设计 (7) 强夯法的加固原理 (8) 夯击能 (9) 有效加固深度 (10) 钻孔夯扩桩挤密法的施工 (11) 化学加固法的种类 (12) 桩基础法的施工

（续）

知识要点	能力要求	相关知识
湿陷性黄土地基处理效果检测与评价	（1）掌握湿陷性黄土地基处理效果检测方法 （2）掌握湿陷性黄土地基处理效果评价	（1）处理效果检测方法的类别 （2）灌砂法 （3）复合地基的载荷试验 （4）标准贯入试验 （5）湿陷性黄土地基上结构物的设计原则 （6）湿陷性黄土地基上结构物的施工措施

基本概念

黄土、湿陷性、换填法、灰土桩、强夯法、化学加固法、钻孔夯扩桩挤密法、灌砂法、标准贯入试验、载荷试验。

引例

我国地域辽阔，存在很多具有特殊性的特殊土，在我国的西北地区，广泛分布着一种特殊土，其特殊的湿陷性造成大量的工程问题，如大孔隙、边坡自持性好、沉降变化很大且不易控制，从而引起了大家的重视。为此，技术人员研究了这类黄土的分布范围、湿陷性分类、评价指标、评价方法、处理方法等。当在这类地基上进行工程建设时，应注意其特殊性，采取必要的措施，防止发生工程事故。

3.1 湿陷性黄土的特性、工程性质及评价

3.1.1 湿陷性黄土的特性

黄土是一种产生于第四纪历史时期的、颗粒组成以粉粒为主的黄色或褐黄色沉积物，往往具有肉眼可见的大孔隙。一般认为未经次生扰动、不具有层理性的黄土为原生黄土，原生黄土经过搬运重新堆积形成具有层理或砾石加层的黄土，称为次生黄土（其地貌特征见图3-1）。

图3-1 黄土原地貌

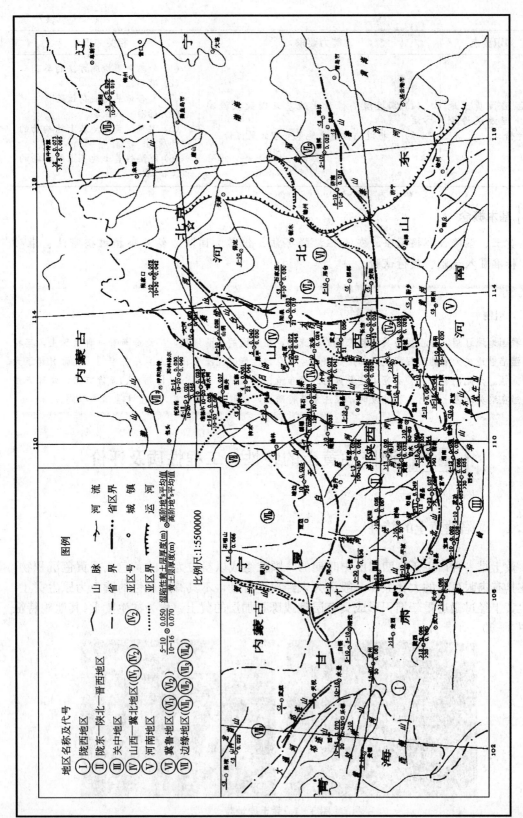

图 3-2 中国湿陷性黄土工程地质分区略图

黄土在天然含水量时往往具有较高的强度和较小的压缩性，但遇水浸湿后，有的即使在自重作用下也会发生剧烈而大量的变形，强度也随之迅速降低；而有的却并不发生湿陷。在一定压力下受水浸湿，土结构迅速破坏，并产生显著附加下沉的黄土称为湿陷性黄土，包括晚更新世(Q_3)的马兰黄土和全新世(Q_4)的次生黄土。这类黄土土质均匀或较均匀，结构疏松，大孔隙发育，一般都具有较强烈的湿陷性。在一定压力下受水浸湿，土结构并无破坏，并不产生显著附加下沉的黄土称为非湿陷性黄土，包括中更新世(Q_2)的离石黄土和全新世(Q_4)的午城黄土，这类黄土土质密实，颗粒均匀，无大孔隙或略见大孔隙，一般不具有湿陷性。

湿陷性黄土又分为自重湿陷性黄土和非自重湿陷性黄土。在上覆土自重压力作用下受水浸湿，发生显著下沉的湿陷性黄土称为自重湿陷性黄土；在上覆土自重压力作用下受水浸湿，不发生显著下沉的湿陷性黄土称为非自重湿陷性黄土。

黄土在我国分布非常广泛，基本位于北纬$30°\sim48°$之间，总面积约64万km^2，其中湿陷性黄土主要分布在山西、陕西、甘肃大部分地区，河南西部和宁夏、青海、河北部分地区，此外，新疆、内蒙古、山东、辽宁以及黑龙江的部分地区也有分布。

在我国，湿陷性黄土的分布占黄土地区总面积的60%以上，约为40万km^2，而且又多出现在地表浅层，如晚更新世(Q_3)及全新世(Q_4)新黄土或新堆积黄土是湿陷性黄土的主要土层，主要分布在黄河中游山西、陕西、甘肃大部分地区以及河南西部，其次是宁夏、青海、河北的一部分地区，新疆、山东、辽宁等地局部也有发现，如图 3-2 所示。

3.1.2 湿陷性黄土的工程性质

黄土的主要成因是风积，也就是地质界普遍认为的"风成黄土"。从微观结构上看，黄土主要由粉土颗粒组成，颗粒粒径多在 $0.005\sim0.05mm$ 之间，颗粒形状多呈棱角状。黄土的主要矿物成分是石英、长石、伊利石等，主要化学成分是 SiO_2、Al_2O_3、Fe_2O_3、CaO 等。

1. 黄土的一般物理力学性质

在兰州地区取了 200 余份土样进行室内土工实验，对试验结果进行了分析与统计，如表 3-1 所示。

表 3-1 土的物理力学性质指标

项目	一般值	最大值	最小值
天然含水量(w)/%	$5.67\sim9.68$	17.39	3.62
天然重度(γ)/(kN/m³)	$13.0\sim14.9$	16.4	12.5
比重(G_s)	$2.68\sim2.69$	2.70	2.68
饱和度(S_r)/%	$15\sim37$	51	9
孔隙度(n)/%	$46\sim53$	57	45
天然孔隙比(e)	$0.836\sim1.179$	1.197	0.830
液限(w_L)	$25.09\sim29.64$	30.49	23.61

（续）

项目	一般值	最大值	最小值
塑限(w_P)	18.71～23.57	24.82	16.89
塑性指数(I_P)	4.05～7.78	8.87	2.95
液性指数(I_L)	<0	—	—
凝聚力(C)/kPa	18～36	61	8
内摩擦角(φ)/°	17°41′～25°55′	27°43′	16°41′
压缩系数(a)/MPa^{-1}	0.106～0.476	0.879	0.046
压缩模量(E_s)/MPa	4.24～34.86	41.62	2.31
承载力(f_k)/kPa	111.3～135.2	178.3	106

2. 黄土的湿陷性

黄土的湿陷性（Collapsible）就是在一定压力下浸水，使土的结构迅速破坏，并发生显著沉陷，引起地基土失稳，对工程建设的危害性巨大。

1）我国黄土高原上的黄土的分布特征

（1）黄土地层中的孔隙度在垂向上呈波动变化的规律，峰值对应于黄土层，低值对应于红色古土壤层。决定这种波动规律的直接原因是土体颗粒成分及微结构，形成这种波动的主要因素是土层发育过程中的气候波动变化。

（2）黄土湿陷系数和抗剪强度在垂向上也呈波动变化规律，湿陷系数大和抗剪强度小的土层通常风化成壤弱的土层，湿陷系数小和抗剪强度大的土层常风化成壤强的土层。不同土层中不稳定孔隙的含量差异是引起湿陷系数呈波动变化的原因，产生这种变化的因素主要是成壤作用的强弱差异。

（3）黄土湿陷性是在干旱和半干旱地区弱的成壤过程中产生的，具湿陷性的黄土是成壤弱的几种土壤的共同特征，成壤强的黄土不具湿陷性或湿陷性很弱。

（4）不同地区、不同等级湿陷性的黄土分布深度不同。同等级湿陷性的黄土分布深度在干旱区比湿润区大。在甘肃干旱区，强湿陷黄土分布深度可达12m，中等湿陷黄土分布深度可达17m，弱湿陷黄土分布深度可达20m以上。

2）黄土的湿陷机理

图 3-3 黄土的多孔隙结构

黄土产生湿陷的内在原因主要有两个方面：黄土的结构特征和物质成分。

（1）结构特征。季节性的短期雨水把松散干燥的粉粒黏聚起来，而长期的干旱使土中水分不断蒸发，于是，少量的水分连同溶于其中的盐类都集中在粗粉粒的接触点处。可溶盐逐渐浓缩沉淀而成为胶结物。随着含水量的减少，土粒彼此靠近，颗粒间的分子引力以及结合水和毛细水的联结力也逐渐加大。这些因素都增强了土粒之间抵抗滑移的能力，阻止了土体的自重压密，于是形成了以粗粉粒为主体骨架的多孔隙结构（图 3-3）。

黄土受水浸湿时，结合水膜增厚楔入颗粒之间。于是，结合水联结消失，盐类溶于水中，骨架强度随之降低，土体在上覆土层的自重应力或在附加应力与自重应力综合作用下，其结构迅速破坏，土粒滑向大孔，粒间孔隙减少。这就是黄土湿陷现象的内在过程。

(2) 物质成分。黄土中胶结物的多寡和成分，以及颗粒的组成和分布，对于黄土的结构特点和湿陷性的强弱有着重要的影响。胶结物含量大，可把骨架颗粒包围起来，则结构致密。黏粒含量多，并且均匀分布在骨架之间也起了胶结物的作用。这些情况都会使湿陷性降低并使力学性质得到改善。反之，粒径大于0.05mm的颗粒增多，胶结物多呈薄膜状分布，骨架颗粒多数彼此直接接触，则结构疏松、强度降低而湿陷性增强。此外，黄土中的盐类，如以较难溶解的碳酸钙为主而具有胶结作用时，湿陷性减弱，但石膏及易溶盐的含量变大时，湿陷性增强。

此外，黄土的湿陷性还与孔隙比、含水量以及所受压力的大小有关。天然孔隙比愈大，或天然含水量愈小则湿陷性愈强。在天然孔隙比和含水量不变的情况下，随着压力的增大，黄土的湿陷量增加，但当压力超过某一数值后，再增加压力，湿陷量反而减少。

3. 黄土地层的划分

按照黄土的形成年代，可将黄土分为新黄土和老黄土，如表3-2所示。

表3-2 黄土地层的划分

时代		地层的划分	说明
全新世(Q_4)黄土	新黄土	黄土状土	一般具湿陷性
晚更新世(Q_3)黄土		马兰黄土	
中更新世(Q_2)黄土	老黄土	离石黄土	上部部分土层具湿陷性
早更新世(Q_1)黄土		午城黄土	不具湿陷性

注：全新世(Q_4)黄土包括湿陷性(Q_4^1)黄土和新近堆积(Q_4^2)黄土。

3.1.3 湿陷性黄土地基的评价

1. 黄土湿陷变形的特征指标

1) 湿陷系数 δ_s

湿陷系数(Coefficient of Collapsibility)是单位厚度的环刀试样，在一定压力下，下沉稳定后(图3-4)，试样浸水饱和所产生的附加下沉，它通过室内侧限浸水试验确定，并按下式计算：

$$\delta_s = \frac{h_p - h_p'}{h_0} \qquad (3-1)$$

式中，h_p——保持天然湿度和结构的试样，加至一定压力时下沉稳定后的高度，mm；

h_p'——上述加压稳定后的试样，在浸水(饱和)作用下，附加下沉稳定后的高度，mm；

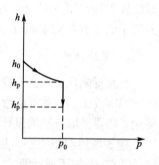

图3-4 在压力 p 下浸水的压缩曲线

h_0——试样的原始高度，mm。

一般建筑基底下 10m 内的附加压力与土的自重压力之和接近 200kPa，10m 以下附加压力很小，忽略不计，主要是上覆土层的自重压力。因此《湿陷性黄土地区建筑规范》(GB 50025—2004)规定：测定湿陷系数 δ_s 的试验压力，应从基础底面(如基底标高不确定时，自地面下 1.5m)算起，基底下 10m 以内的土层用 200kPa；10m 以下至非湿陷性黄土层顶面，应用其上覆土的饱和自重压力(当大于 300kPa 压力时，仍应用 300kPa)；另外当基底压力大于 300kPa 时，宜用实际压力。

湿陷系数的大小反映了黄土的湿陷敏感程度，湿陷系数越大，表示土受水浸湿后的湿陷性越强烈；否则反之。

如浸水压力等于上覆土的饱和自重压力，则按式求得的湿陷系数为自重湿陷系数 δ_{zs}。

2) 湿陷起始压力 p_{sh}

湿陷系数只表示黄土在某一特定压力下的湿陷性大小，有时需要了解其开始出现湿陷的最小压力，即当黄土受到的压力低于这个值时，即使浸水饱和，也不会发生湿陷。

湿陷起始压力(Initial Collapse Pressure)可以通过室内压缩试验或现场静载荷试验确定，无论是室内还是现场试验，都有单线法和双线法。

单线法静载荷实验室在同一场地相邻地段和相同标高，在天然湿度的土层上设 3 个或 3 个以上静载荷试验，分级加压，分别加至规定压力，下沉稳定后，向试坑内浸水至饱和，附加下沉稳定后，试验终止；双线法静载荷试验室在同一场地相邻地段和相同标高，设两个静载荷试验。其中一个设在天然湿度的土层上分级加压，加至规定压力，下沉稳定后，试验终止；另一个设在浸水饱和土层上分级加压，加至规定压力，附加下沉稳定后，试验终止。

一般认为，单线法试验结果较符合实际，但单线法的试验工作量较大，双线法试验相对简单。已有的研究资料表明，只要对试样及试验过程控制得当，两种方法得到的湿陷起始压力试验结果基本一致。

自重湿陷性黄土场地的湿陷起始压力值小，无使用意义，一般不需要确定。

3) 黄土湿陷性的判定

当 $\delta_s \leqslant 0.015$ 时，应定为非湿陷性黄土；当 $\delta_s \geqslant 0.015$ 时，应定为湿陷性黄土。

多年来的试验研究资料和工程实践表明，湿陷系数 $\delta_s \leqslant 0.03$ 的湿陷性黄土，湿陷起始压力值较大，地基受水浸湿时，湿陷性轻微；$0.03 < \delta_s \leqslant 0.07$ 的湿陷性黄土，湿陷性中等或较强烈，湿陷起始压力值小的具有自重湿陷性；$\delta_s > 0.07$ 的湿陷性黄土，湿陷起始压力值小的具有自重湿陷性，地基受水浸湿时，湿陷性强烈。

2. 湿陷性黄土场地湿陷类型的划分

自重湿陷性黄土在不受任何外加荷载的情况下，浸水后也会迅速发生强烈的湿陷，产生的湿陷事故比非自重湿陷性黄土场地多，为保证自重湿陷性黄土场地上建筑物的安全和正常使用，需要采取特别的设计和施工措施。因此，必须区分湿陷性黄土场地的湿陷类型。

建筑场地湿陷类型，应按自重湿陷量的实测值 Δ'_{zs} 或计算值 Δ_{zs} 判定，其中自重湿陷量的计算值 Δ_{zs} 按下式计算：

$$\Delta_{zs} = \beta_0 \sum_{i=1}^{n} \delta_{zsi} h_i \tag{3-2}$$

式中，δ_{zsi}——第 i 层土的自重湿陷系数；

$\quad\quad\beta_0$——因土质地区而异的修正系数，陇西地区取 1.50，陇东—陕北—晋西地区取 1.20，关中地区取 0.90，其他地区取 0.50；

$\quad\quad h_i$——第 i 层土的厚度，mm；

$\quad\quad n$——计算厚度内土层数目，总计算厚度应自天然地面（当挖、填方的厚度和面积较大时，应自设计地面）算起，至其下非湿陷性黄土层的顶面止，其中自重湿陷系数 δ_{zs} 值小于 0.015 的土层不累计。

当自重湿陷量的实测值 Δ'_{zs} 或计算值 Δ_{zs} 小于或等于 70mm 时，应定为非自重湿陷性黄土场地；当自重湿陷量的实测值 Δ'_{zs} 或计算值 Δ_{zs} 大于 70mm 时，应定为自重湿陷性黄土场地；当自重湿陷量的实测值和计算值出现矛盾时，应按自重湿陷量的实测值判定。

3. 湿陷性黄土地基湿陷等级的确定

湿陷性黄土地基的湿陷等级，应根据基底下各土层累计总湿陷量和自重湿陷量计算值的大小因素按表 3-3 确定。

表 3-3　湿陷性黄土地基的湿陷等级

自重湿陷量 总湿陷量	非自重湿陷性场地	自重湿陷性场地	
	$\Delta_{zs} \leqslant 70$	$70 < \Delta_{zs} \leqslant 350$	$\Delta_{zs} > 350$
$\Delta_s \leqslant 300$	Ⅰ（轻微）	Ⅱ（中等）	—
$300 < \Delta_s \leqslant 700$	Ⅱ（中等）	Ⅱ（中等）或Ⅲ（严重）	Ⅲ（严重）
$\Delta_s > 700$	Ⅱ（中等）	Ⅲ（严重）	Ⅳ（很严重）

注：当湿陷量的计算值 $\Delta_s > 600$mm、自重湿陷量的计算值 $\Delta_{zs} > 300$mm 时，可判为Ⅲ级，其他情况可判为Ⅱ级。

总湿陷量 Δ_s 可按下式计算：

$$\Delta_s = \sum_{i=1}^{n} \beta \delta_{si} h_i \qquad\qquad (3-3)$$

式中，δ_{si}——第 i 层土的湿陷系数；

$\quad\quad h_i$——第 i 层土的厚度，mm；

$\quad\quad \beta$——考虑基底下地基土的受水浸湿可能性和侧向挤出等因素的修正系数，在缺乏实测资料时，可按下列规定取值：基底下 0～5m 深度内取 $\beta=1.5$；基底下 5～10m 深度内取 $\beta=1.0$；基底下 10m 以下至非湿陷性黄土层顶面，在自重湿陷性黄土场地，可取工程所在地区的 β_0 值。

湿陷量的计算值 Δ_s 的计算深度，应自基础底面（如基底标高不确定时，自地面下 1.50m）算起；在非自重湿陷性黄土场地，累计至基底下 10m（或地基压缩层）深度止；在自重湿陷性黄土场地，累计至非湿陷性黄土层的顶面止。其中湿陷系数 δ_s（10m 以下为 δ_{zs}）小于 0.015 的土层不累计。

4. 黄土地基的承载力

目前，黄土地区地基承载力的评价方法多种多样，地基承载力的特征值可根据静载荷试验或其他原位测试、理论公式计算，并结合工程实践经验等方法综合确定，也可根据上部结构和地基土的具体情况，或根据当地经验或按塑限含水量确定。采取不同的测试方法、取值标准所得到的承载力有所差异。在众多的原位测试方法中，载荷试验是最直接和最可靠的测试方法，建筑部门在重要建筑物地基勘察时多采用这种方法，旁压试验、静力触探、动力触探和标准贯入等其他原位测试也各有其优缺点。

1）载荷试验

现场载荷试验是在工程现场通过千斤顶逐级对置于地基上的载荷板施加荷载，观测并记录沉降随时间发展以及稳定时的沉降量，将各级荷载与相应的稳定沉降量绘制成 $p\text{-}s$ 曲线得到地基土载荷试验的结果。

载荷试验（图 3-5）是最直接、最可靠的确定地基承载力和变形模量等参数的试验方法，得出的结果比较真实可靠，能比较准确直观地反映地基土受力状况和沉降变形特征，也是其他原位测试方法测得地基土力学参数并建立经验关系的主要依据。但它只能反映深度为承压板直径 1.5~2.0 倍范围内地基土强度、变形的综合性状，而且该方法费时、费力，不可能大规模使用。对于不能用小试样试验的各种填土、含碎石的土等，最适宜于用载荷试验确定压力与沉降的关系。

2）旁压试验

旁压试验（图 3-6）确定黄土的承载力，主要是针对浅层承载力进行测试的，在进行地基处理后的承载力评价时，旁压试验可以作为一种主要的评价方法。在测定处理后的承载力时，发现地基处理效果沿深度是递减的，因此测试结果比载荷试验结果小，但更能体现地基处理后一定深度范围内的承载力值。

图 3-5　载荷试验现场

图 3-6　旁压试验仪

3）动力触探和标准贯入、静力触探试验

动力触探试验是利用一定的锤击动能，将一定规格的探头打入土中，依据打入土中时的阻力大小判别土层的变化，对土层进行力学分层，并确定土层的物理力学性质，对地基进行工程地质评价。该试验方法的优点是设备简单，操作方便，工效较高，适应性广，并具有连续贯入的特性。对难以取样的砂土、粉土、碎石类土等以及静力触探难以贯入的土层，动力触探是十分有效的勘探测试手段。而缺点在于不能直接对土进行采样鉴别描述，试验误差较大，再现性差。

标准贯入试验是用规定的锤重和落距把标准贯入器带有刃口的对开管打入土中，记录贯入一定深度所需锤击数的原位测试方法(图3-7)。标准贯入试验的优点在于设备简单,操作方便,土层的适应性广,除砂土外对硬黏土及软岩也适用,而且贯入器能带上扰动土样,可直接对土层进行鉴别描述,但不能反映土层剖面的连续变化及进行准确的工程地质分层。

静力触探试验(图3-8)是用标准静力将一个内部装有传感器的探头匀速压入土中,传感器将这种大小不同的阻力转换为电信号输入记录仪记录下来,再根据贯入阻力与土的工程性质之间的相关关系确定地基承载力。该方法是一种用于第四纪土的经验性半定量测试手段,自动化程度高,具有很好的再现性,可反映土层剖面的连续变化,操作快捷。它的应用不是靠理论分析其力学机理去求得解析解,而是靠具体经验积累建立起来的回归关系,这种试验主要适用于软土、一般黏性土、粉土、砂土和含少量碎石的土。

图3-7 标准贯入试验现场　　　　　　　图3-8 车载型静力触探仪

静力触探和标准贯入试验等其他原位测试结果也都可以作为黄土承载力的确定方法。但由于这些测试方法所确定的参数只能定性地反映地基承载力的变化情况,只可作为地基处理后承载力评价的辅助测试方法。

4) 理论计算

自从1857年朗肯(Rankine)提出结合地基极限承载力的计算公式后,各国学者对地基承载力的理论计算做了进一步的探索,提出了多种破坏模式与结构模型对应的计算公式。但各种地基极限承载力计算公式都是基于普朗特尔极限承载力公式的修正与改进,它们可以用普遍的形式表示为

$$f_u = qN_1 + cN_2 + 12\gamma BN_3 \tag{3-4}$$

式中,N_1、N_2、N_3——承载力系数,都是内摩擦角φ的函数;

$\quad\quad\quad B$——基础宽度,m;

$\quad\quad\quad q$——荷载,kN/m^2;

$\quad\quad\quad \gamma$——土的容重,kN/m^3;

$\quad\quad\quad c$——黏聚力系数,kPa。

各种公式的差别仅在于承载力系数和各种修正系数的不同。例如,魏锡克极限承载力公式:

$$f_u = qN_1\xi_1 + cN_2\xi_2 + 12\gamma BN_3\xi_3 \tag{3-5}$$

式中,ξ_1、ξ_2、ξ_3——压缩性影响系数,考虑整体破坏模式时均取1.0,不进行压缩性修正。

现有的理论计算地基承载力的方法的基本思路是一致的,即以式(3-5)为基础,以某种基本假定为前提,尚未纳入土体的非线性特性,仅局限于理想刚塑性材料的情况,同一

方法可以求得不同的承载力系数。

要使得建筑规范地基承载力特征值符合公路地基强度变形要求，必须对建筑地基承载力特征值进行修正。

修正时应首先进行基底宽度修正和相对容许变形修正，在此基础上针对公路建筑不同性质基础进行刚柔修正。经过这三方面修正后的地基承载力特征值才能作为指导公路设计的地基承载力特征值。

《湿陷性黄土地区建筑规范》（GBJ 50025—2004）中规定，当基础宽度大于 3m 或埋置深度大于 1.5m 时，地基承载力应按式（3-6）修正：

$$f_a = f_{ak} + \eta_b \gamma(b-3) + \eta_d \gamma_m (d-1.50) \tag{3-6}$$

式中，f_a——修正后的地基承载力特征值，kPa；

d——基础埋置深度，m；

f_{ak}——相应于 $b=3m$ 和 $d=1.50m$ 的地基承载力特征值，kPa；

η_b、η_d——分别为基础宽度和基础埋置深度的地基承载力修正系数，可按基础地下土的类别由表 3-4 查得；

γ——基础底面以下土的容重，kN/m^3，地下水位以下取有效容重；

γ_m——基础底面以上土的加权平均容重，kN/m^3，地下水位以下取有效容重；

b——基础底面宽度，m，当基础宽度小于 3m 或大于 6m 时，可按 3m 或 6m 计算；

d——基础埋置深度，m，一般可自室外地面标高算起（当为填方时，可自填土地面标高算起，但填方在上部结构施工完成时，应自天然地面标高算起；对于地下室，如采用箱型基础或筏形基础时，基础埋置深度可自室外地面标高算起；在其他情况下，应自室内地面标高算起）。

表 3-4　基础宽度和埋置深度的地基承载力修正系数

土的类别	有关物理指标	承载力修正系数	
		η_b	η_d
晚更新世(Q_3)、全新世 (Q_4^1)湿陷性黄土	$w \leqslant 24\%$	0.20	1.25
	$w > 24\%$	0	1.10
新近堆积(Q_4^2)黄土		0	1.00
饱和黄土[①②]	e 及 I_L 都小于 0.85	0.20	1.25
	e 或 I_L 大于 0.85	0	1.10
	e 及 I_L 都不小于 1.00	0	1.00

① 只适用于 $I_P > 10$ 的饱和黄土。

② 饱和度 $S_r \geqslant 80\%$ 的晚更新世(Q_3)、全新世(Q_4^1)黄土。

公路路基基底宽度一般都大于 6m，并且没有埋深。因此，根据式（3-6）路基基底宽度修正后的黄土地基承载力特征值可按下式计算：

$$f = f_{ak} + 0.6\gamma_0 \tag{3-7}$$

式中，f——宽度修正后的地基承载力特征值。kPa；

f_{ak}——地基承载力特征值，kPa；

γ_0——地基土的容重，kN/m^3。

根据统计，黄土重度 γ_0 的范围大致为 13.2～19.8kN/m³，则宽度修正增加值 $0.6\gamma_0$ 在 7.92～11.88kPa 的范围之内，这里取均值 10kPa。故可知公路路基基底宽度修正相当于在原地基承载力特征值 f_{ak} 上加 10kPa。

综合考虑沉降变形、刚柔修正，公路地基承载力特征值应按下式修正：

$$f_a = 0.79k(f_{ak}+10) \tag{3-8}$$

式中，k——相对变形修正系数，高速、一级公路为 1.05，二级公路为 1.21；

f_{ak}——地基承载力特征值，kPa。

5. 黄土地基的变形计算

有关研究表明，湿陷性黄土是一种非饱和欠压密土，具有大孔和垂直节理，在天然湿度下其压缩性较低，强度较高，但与水浸湿时，土的强度显著降低，在附加压力和自重压力作用下引起湿陷变形，是一种下沉量大、下沉速度快的失稳性变形，对建筑物危害较大。因此，湿陷变形的计算和预估是湿陷性黄土地基设计的核心问题。

1）以室内压缩湿陷试验获取湿陷系数，计算黄土地基的湿陷变形

压缩模量计算地基沉降存在着几倍的误差，室内压缩湿陷试验，环刀高度只有20mm，以如此小的土样作浸水湿陷试验，由试验结果计算湿陷系数，以试验得出的土样应变值作为土层的应变值计算土层的湿陷变形，所存在的问题比以压缩模量计算地基沉降所存在的问题更加严重。其根本原因在于浸水饱和黄土土样的受力性状与实际浸水饱和黄土地基土层的受力性状相差甚远。浸水饱和黄土土样的湿陷系数很难反映浸水饱和黄土地基土层非常复杂的弹塑性变形特性。

2）依据土的本构模型计算黄土地基湿陷变形

应用土的本构模型进行土的力学分析，得到工程界普遍认可的极少，严格地说尚没有。因为实际工程土的应力-应变关系是很复杂的。就以地基沉降计算的剑桥模型来说，它是一种尚待发展的理论方法。对于黄土湿陷变形的计算，沈珠江等先提出把吸力引入弹塑性理论的模拟，后又提出双弹簧模型、砌块体模型等。最近几年，又论述了二元介质模型及其在黄土湿陷变形计算中的应用。以该模型计算黄土湿陷变形需要考虑十几个参数，这些参数要由压缩试验和三轴试验等试验获得，依照前述，这些室内小土块试验所得参数很难反映空间三维弹塑性持力层的变形特性。以该模型计算陕西省东雷抽黄二期工程一个典型的黄土土层，板底压力为 200kPa 时，沉降量为 61.8mm，增湿变形为 205.7mm，误差很大。

3）弦线模量法计算湿陷性黄土地基湿陷变形

有关的研究表明，黄土的湿陷变形特征与其物理性质指标存在着密切关系。黄土的孔隙比越大，湿陷变形越大；含水量越大，湿陷变形越大；液限越小，湿陷变形越大。我国湿陷性黄土地区的几个主要城市和试验场地的主要物理性质指标如表 3-5 所示。

表 3-5 几个主要城市和试验场地黄土的主要物理性质指标

场地		黄土层厚度/m	湿陷性黄土层厚度/m	孔隙比	含水量/%	液限/%
兰州	低阶地	4～25	3～16	7～12	6～25	21～30
	高阶地	15～100	8～35	0.8～1.3	3～20	21～30

（续）

场地		黄土层厚度/m	温陷性黄土层厚度/m	孔隙比	含水量/%	液限/%
西安	低阶地	5～20	4～10	0.94～1.13	14～28	22～32
	高阶地	50～100	6～23	0.95～1.21	11～21	27～32
西安机瓦厂烟囱场地		—	1.03	21.6	28	—
陕西蒲城试验地		>60	7～39	0.57～1.17	8～19	27～32
宁夏固原试验地		0～25	0～12	0.79～1.13	6～11	21～29

可见，黄土的孔隙比为 0.7～1.3，含水量为 3%～28%，液限为 21%～32%。

黄土的物理性质指标体现在地基土层的荷载-沉降曲线中，荷载-沉降曲线综合地、全面地反映了地基土层的弹塑性变形特性。荷载-沉降曲线是确定持力层极限荷载和极限变形的基本依据，是各国现行规范确定地基承载力的基本依据，也是检验各种地基变形和地基承载力的可靠性标准。

以载荷试验的荷载-沉降曲线为基本资料，依据沉降曲线上某一个压力点的附加压力增量和沉降增量，按照地基沉降计算的弹性力学公式，反算出这一压力点上的变形模量即弦线模量，以此确定持力层的弦线模量与基底附加压力的关系，即：

$$E_{cj} = (1 - \nu^2) \omega B \frac{\Delta P_j}{\Delta s_j} \tag{3-9}$$

式中，E_{cj}——弦线模量；

ΔP_j——附加压力增量；

Δs_j——沉降曲线上某一个压力点的附加压力增量对应的沉降增量；

ν——土的波松比，一般采用 0.35；

ω——沉降影响系数，一般压板为正方形，采用 0.88；

B——压板边长，m。

由式(3-9)可见，弦线模量与附加压力增量和沉降增量的比值、土层的波松比、基础尺寸、沉降影响系数等因素有关。

在取值时，附加压力增量一般取 25kPa，若极限荷载为 250kPa，则每个沉降曲线可得到 10 个弦线模量值；若分析不同持力层的 50 条沉降曲线，可得到持力层不同附加压力的 500 个弦线模量值；由式(3-9)可以得到 E_{cj} 与 P_j 的关系，随着基底压力 P_j 的由小变大，弦线模量 E_{cj} 由大变小。弦线模量 E_{cj} 体现了持力层的弹塑性变形特征，这是弦线模量的基本值。

荷载-沉降曲线上某一个压力点的斜率就是地基持力层的变形刚度，即：

$$\frac{\Delta P_j}{\Delta s_j} = \frac{E_{cj}}{(1 + \nu^2) \omega B} \tag{3-10}$$

式中符号意义同前。

可见，附加压力越大，土层的变形刚度越小，持力层接近破坏时，塑性变形特征越加明显。

研究某一持力层的某一个压力点的沉降增量，该沉降增量是持力层的各分层土变形的总和。显然，各分层土变形的大小与该分层土的附加压力和变形模量有关。而变形模量除与附加压力有关外，还与分层土的孔隙比和含水量有关。附加压力越大，变形模量越小。附加压力沿土层深度由大变小，变形模量由小变大，同时，孔隙比越大，变形模量越小，含水量越大，变形模量也越小。

依据我国上海软土、西北黄土和规范修编过程中几千份有关试验资料，分析研究了土的微结构研究现状、土的液限和各项指标之间的关系和土性的地区性差异问题；分析研究了软土、黄土等土的微结构(黏粒含量等)、物理指标(孔隙比、含水量、液限等)和力学指标(变形模量、沉降量、湿陷量等)之间的关系；发现并明确了孔隙比、含水量和液限对地基土层变形模量和地基土层沉降量、湿陷量的影响；发现并解决了湿陷性黄土的变形特性的地区性差异问题；发现并确定了黄土的液限对湿陷变形的定量影响。

对于湿陷性黄土地基的湿陷变形计算，考虑液限对湿陷变形的定量影响，以液限值予以修正。即

$$\Delta s_{ji} = \left(\frac{P_{ji2}}{E_{cji2}} - \frac{P_{ji1}}{E_{cji1}} \right) \left(\frac{\omega_{LB}}{\omega_L} \right)^2 h_i \tag{3-11}$$

式中，Δs_{ji}——湿陷性黄土地基的湿陷变形，mm；

$\quad\quad \omega_{LB}$——弦线模量值表中相应的液限值；

$\quad\quad \omega_L$——土的液限值；

其他符号意义同前。

3.2 湿陷性黄土地基的处理方法

当地基的湿陷变形、压缩变形或承载力不能满足设计要求时，应针对不同土质条件和建筑物的类别，因地制宜，采取以地基处理为主的综合措施，防止地基湿陷对建筑物产生危害。

地基处理的目的在于改善土的性质和结构，减少土的渗水性、压缩性，控制其湿陷性的发生，部分或全部消除它的湿陷性。在明确地基湿陷性黄土层的厚度、湿陷性类型、等级等后，应结合建筑物的工程性质、施工条件和材料来源等，采取必要的措施，对地基进行处理，满足建筑物在安全、使用方面的要求。

湿陷性黄土场地如果发生湿陷沉降，对上部结构的正常使用必然产生不良影响，不均匀沉降过大，甚至会影响到结构的安全性。因此，《湿陷性黄土地区建筑规范》(GB 50025—2004)中将湿陷性黄土地区的建(构)筑物根据其重要性分为甲、乙、丙、丁四类，考虑到安全性、经济性和科学合理，对不同类别的建(构)筑物提出不同的地基处理要求及相应的建筑措施和防水措施要求，规定当地基的湿陷变形、压缩变形或承载力不能满足设计要求时，应针对不同的土质条件和建筑物的类别，在地基压缩层内或湿陷性黄土层内采取处理措施，甲类建筑应消除地基的全部湿陷量或采用桩基础穿透全部湿陷性黄土层，或将基础设置在非湿陷性土层上；乙、丙类建筑应消除地基的部分湿陷量；丁类建筑地基可不做处理。

桥梁工程中，对较高的墩、台和超静定结构，应采用刚性扩大基础、桩基础或沉井等形式，并将基础底面设置到非湿陷性土层中；对一般结构的大中型桥梁，重要的道路人工

构造物，如属Ⅱ级非自重湿陷性地基或各级自重湿陷性黄土地基，也应将基础置于非湿陷性黄土层或对全部湿陷性黄土层进行处理并加强结构措施；如属Ⅰ级非自重湿陷性黄土，也应对全部湿陷性黄土层进行处理或加强结构措施。小桥涵及其附属工程和一般道路人工构造物视地基湿陷程度，可对全部湿陷性土层进行处理，也可消除地基的部分湿陷性或仅采取结构措施。

按处理厚度可分为全部湿陷性黄土层处理和部分湿陷性黄土层处理，前者对于非自重湿陷性黄土地基，应自基底处理至非湿陷性土层顶面(或压缩层下限)，或者以土层的湿陷起始压力来控制处理厚度；对于自重湿陷性黄土地基是指全部湿陷性黄土层的厚度。后者指处理基础底面以下适当深度的土层，因为该部分土层的湿陷量一般占总湿陷量的大部分。这样处理后，虽发生少部分湿陷也不致影响建筑物的安全和使用。处理厚度视建筑物类别，土的湿陷等级、厚度，基底压力大小而定，一般对非自重湿陷性黄土为1～3m，自重湿陷性黄土地基为2～5m。

归纳起来，黄土的地基处理的基本思路不外乎以下几种：全部消除基础以下黄土层湿陷性，这对于湿陷性黄土土层厚度在15m以内时容易达到，其常用方法有垫层法(处理深度1～3m)、强夯法(处理深度3～12m)、挤密法(处理深度5～15m)等；部分消除基础以下黄土层湿陷性，根据建(构)筑物的重要性及分类，限定最小处理厚度，严格控制剩余湿陷量；基础穿透湿陷性黄土层，传力于非湿陷性土层或可靠的持力层，常用方法就是桩基。这种方法被广泛应用于比较重要的建(构)筑物的基础；充分做好建(构)筑物基础的防水、排水措施，使基础下湿陷性黄土地基无法浸水，以达到避免地基湿陷的目的。

选择地基处理方法，应根据建筑物的类别和湿陷性黄土的特性，并考虑施工设备、施工进度、材料来源和当地环境等因素，经技术经济综合分析比较后确定。湿陷性黄土地基常用的处理方法，可从表3-6中选择其中一种或多种相结合的最佳处理方法。

表3-6 湿陷性黄土地基常用的处理方法

名称	适用范围	可处理的湿陷性黄土层厚度/m
垫层法	地下水位以上，局部或整片处理	1～3
强夯	地下水位以上，$S_r \leq 60\%$的湿陷性黄土，局部或整片处理	3～12
挤密	地下水位以上，$S_r \leq 65\%$的湿陷性黄土	5～15
预浸水	自重湿陷性黄土场地，地基湿陷等级为Ⅲ级或Ⅳ级，可消除地面下6m以下湿陷性黄土的全部湿陷性	6m以上尚应采用垫层法或其他方法处理
其他方法	经试验研究或工程实践证明行之有效	

小范围湿陷性黄土或非自重湿陷性黄土，可用换填垫层、强夯、桩基等方法处理。

在选择处理湿陷性黄土的方法、确定施工方案时，应考虑技术上的可行性、工程造价、工期等方面的因素。例如，以非自重湿陷性黄土地基处理面积为10000m²(非自重湿陷性黄土厚度为6m)为例，四种方法的工程造价比较如表3-7所示。

表 3-7 四种方法的工程造价比较

方法	计算过程	总价估算
强夯法	采用夯能为 1600kg，按照 23 元/m² 报价计算	22 万元
挤密灰土桩法	按照 1.5m×1.5m 布设桩点，桩径 400mm，灰土桩总长为 10000÷(1.5m×1.5m)×6＝26666.67m，灰土桩按照每延米 25.5 元计算	68 万元
换填处理法	按照换填 2m 的天然级配砂砾进行计算，换填总量为 2000m³，每立方米报价为 38.5 元(在级配砂砾资源比较丰富的地方)	77 万元
CFG 桩法	按照 1.5m×1.5m 布设桩点，桩径为 400mm，CFG 总长为 10000÷(1.5m×1.5m)×6＝26666.67m，CFG 桩法按照每延米 45 元计算	120 万元

综上所述，CFG 桩法＞换填处理法＞挤密灰土桩法＞强夯法，显然强夯法为四种非自重湿陷性黄土处理工法中最为经济的一种施工方法。从施工时间来看，CFG 桩的时间最长，挤密灰土桩法时间次之，强夯法和换填法的时间最短，仅为 CFG 桩的 1/5。

3.2.1 垫层法

垫层法是先将基础下的湿陷性黄土一部分或全部挖除，然后用素土或灰土分层夯实做成垫层，以便消除地基的部分或全部湿陷量，并可减小地基的压缩变形，提高地基承载力。它可分为局部垫层和整片垫层。当仅要求消除基底下 1～3m 湿陷性黄土的湿陷量时，宜采用局部或整片土垫层进行处理；当同时要求提高垫层土的承载力或增强水稳性时，宜采用局部或整片灰土垫层进行处理。

1. 垫层法的类型

1) 素土垫层法

素土垫层法是将基坑挖出的原土经洒水湿润后，采用夯实机械分层回填至设计高度的一种方法。它与压实机械做的功、土的含水率、铺土厚度及压实遍数存在密切关系。压实机械做的功与填土的密实度并不成正比，当土质含水量一定时，起初土的密实度随压实机械所做的功的增大而增加；当土的密实度达到极限时，反而随着功的增加破坏了土的整体稳定性，形成剪切破坏。在大面积的素土夯填施工中时常遇到，运输土料的重型机械容易对已夯筑完毕的土体表面形成过度碾压，造成剪切破坏，同时对含水率过高的地区形成"橡皮泥"现象，从而出现渗漏。这些都将是影响夯填质量的主要因素。

2) 灰土垫层法

灰土垫层法是采用消石灰与土的 2:8 或 3:7 的体积比配合而成，经过筛分拌和，再分层回填、分层夯实的一种方法。要保证夯实的质量必须要严格控制好灰土的拌制比例和土料的含水率，这对夯填质量起主要的作用。在实际施工过程中，不可能用仪器对每一层土样进行含水率测定，只能通过"握手成团，落地开花"的直观测定法来测定，但这种方法对于湿陷性黄土测定范围过于偏大，经过实验测定为 14%～19%，存在测定偏差，且土质湿润不够均匀，往往有表层土吸水饱和、下层土干燥的现象，给施工带来很大的难度。当处理厚度超过 3m 时，挖填土方量大，施工期长，施工质量也不易保证，严重影响工程质量和工程进度。所以垫层法同样存在着施工局限。

2. 垫层的设计

垫层的设计主要包括垫层的厚度、宽度、夯实后的压实系数和承载力设计值的确定等方面。

垫层设计的原则是既要满足建筑物对地基变形及稳定的要求，又要符合经济合理的要求。同时，还要考虑以下几方面的问题。

(1) 局部土垫层的处理宽度超出基础底边的宽度较小，地基处理后，地面水及管道漏水仍可能从垫层侧向渗入下部未处理的湿陷性土层而引起湿陷，因此，设置局部土垫层不考虑起防水、隔水作用和地基受水浸湿可能性大及有防渗要求的建筑物，不得采用局部土垫层处理地基。

(2) 整片土垫层的平面处理范围，每边超出建筑物外墙基础外缘的宽度，不应小于垫层的厚度，即不应小于 2m。

(3) 在地下水位不可能上升的自重湿陷性黄土场地，当未消除地基的全部湿陷量时，对地基受水浸湿可能性大或有严格防水要求的建筑物，采用整片土垫层处理地基较为适宜。但地下水位有可能上升的自重湿陷性黄土场地，应考虑水位上升后，对下部未处理的湿陷性土层引起湿陷的可能性。

1) 垫层厚度 z 的确定

垫层厚度一般是根据垫层底面处软弱土层的承载力而确定的。如图 3-9 所示，h 为基础埋深。垫层厚度 z 的确定依据是垫层底部软弱土层的承载力。作用于垫层底面处土的自重应力与附加应力之和应不大于下卧层的允许承载力，即

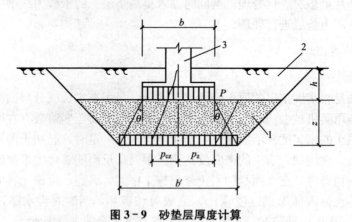

图 3-9 砂垫层厚度计算

$$p_z + p_{cz} \leqslant f_{az} \tag{3-12}$$

式中，p_z——相应于荷载标准组合时，垫层底面处附加应力值，kPa；

p_{cz}——垫层底面处土的自重应力，kPa；

f_{az}——垫层底面处经深度修正后软弱土层的地基承载力特征值，kPa。

垫层底面处的附加压力值可分别按下式计算：

条形基础：

$$p_z = \frac{b(p_k - p_c)}{b + 2z\tan\theta} \qquad (3-13)$$

矩形基础：

$$p_z = \frac{bl(p_k - p_c)}{(b + 2z\tan\theta)(l + 2z\tan\theta)} \qquad (3-14)$$

式中，b——矩形基础或条形基础底面的宽度，m；

$\quad l$——矩形基础底面的长度，m；

$\quad p_k$——相应于荷载效应标准组合时，基础底面压力处的平均应力，kPa；

$\quad p_c$——基础底面处土的自重应力，kPa；

$\quad z$——基础底面下垫层的厚度，如图 3-9 所示，m；

$\quad \theta$——垫层的压力扩散角，(°)，宜通过试验确定，当无试验资料时，可按表 3-8 采用。

表 3-8　垫层压力扩散角 θ(°)

换填材料 z/b	中砂、粗砂、砾砂、圆砾、角砾、卵石、碎石	粉质黏性土、粉煤灰	灰土
0.25	20	6	28
≥0.50	30	23	

注：1. 当 $z/b < 0.25$ 时，除灰土仍取 $\theta = 28°$ 外，其余材料均 $\theta = 0°$，必要时，宜由试验确定。
　　2. 当 $0.25 < z/b < 0.50$ 时，θ 值可由内插求得。

2）垫层宽度的确定

垫层宽度确定的主要依据是基础底面应力扩散的要求，其次也要考虑垫层侧面土的允许承载力，以防止垫层向两侧挤入软弱土层，导致沉降增大，甚至失稳。常用经验的扩散角法来确定，则扩散层的宽度可按基础的底宽 b 向外扩出 $2z\tan\theta$，即 $b + 2z\tan\theta$。

3）换填垫层处理的地基承载力

换填垫层处理的地基承载力宜通过试验、尤其是通过现场原位试验确定。只是对于按现行的国家标准《建筑地基基础设计规范》（GB 50007—2011)划分安全等级为三级的建筑物及一般不太重要的、小型、轻型或对沉降要求不高的工程，在无试验资料或经验时，当施工达到本规范要求的压实标准后，可以参考表 3-9 所示的承载力特征值取用。

表 3-9　各种垫层的承载力特征值

施工方法	换填材料类别	压实系数(λ_c)	承载力特征值/kPa
碾压或振密	黏性土和粉土($8 < I_P < 14$)	0.94~0.97	130~180
	灰土	0.93~0.95	200~250
重锤夯实	土或灰土	0.93~0.95	150~200

注：1. 压实系数小的垫层，承载力标准值取低值，反之取高值。
　　2. 重锤夯实土的承载力标准值取低值，灰土取高值。

压实系数 λ_c 可按下式计算：

$$\lambda_c = \frac{\rho_d}{\rho_{dmax}} \qquad (3-15)$$

式中，λ_c——压实系数；

ρ_d——土（或灰土）垫层的控制（或）设计干密度，g/cm^3；

ρ_{dmax}——轻型标准击实试验测得土（或灰土）的干密度，g/cm^3。

3. 垫层法的施工

将基底以下湿陷性土层全部挖除或挖到预计深度，然后用灰土（3:7）或素土（就地挖出的黏性土）分层夯实回填，垫层厚度及尺寸计算方法同砂砾垫层，压力扩散角 θ 对灰土用 30°，对素土用 22°。垫层厚度一般为 1.0~3.0m。它施工简易，效果显著，是一种常用的地基浅层湿陷性处理或部分处理的方法。

垫层施工应根据不同的换填材料选择施工机械。粉质黏土、灰土宜采用平碾、振动碾或羊足碾，中小型工程也可采用蛙式夯、柴油夯。砂石等宜用振动碾。粉煤灰宜采用平碾、振动碾、平板振动器、蛙式夯。矿渣宜采用平板振动器或平碾，也可采用振动碾。

1）垫层压实方法

（1）机械碾压法。

机械碾压法采用各种压实机械来压实地基土。此法常用于基坑底面积宽大、开挖土方量较大的工程。垫层碾压时，要求获得填土最大干密度。其关键在于施工时控制每层的铺设厚度和最优含水量，其最大干密度和最优含水量宜采用击实试验确定。所有施工参数（如施工机械、铺填厚度、碾压遍数、与填筑含水量等）都必须由现场试验确定。在施工现场相应的压实功能下，由于现场条件终究与室内试验不同，因而对现场应以压实系数与施工含水量进行控制。

（2）重锤夯实法。

重锤夯实法用起重机将夯锤提升到某一高度，然后自由落锤，不断重复夯击以加固地基。重锤夯实法一般适用于地下水位距地表 0.8m 以上稍湿的黏性土、砂土、湿陷性黄土、杂填土和分层填土。重锤夯实法的主要设备为起重机械、夯锤、钢丝绳和吊钩等。当直接用钢丝绳悬吊夯锤时，吊车的起重能力一般应大于锤重的三倍。采用脱钩夯锤时，起重能力应大于夯锤重的 1.5 倍。夯锤宜采用圆台形，锤重宜大于 2t，锤底面单位静压力宜为 15~20kPa。夯锤落距宜大于 4m。

（3）平板振动法。

平板振动法是使用振动压实机来处理无黏性土或黏粒含量少、透水性较好的松散杂填土地基的一种方法。振动压实的效果与填土成分、振动时间等因素有关，一般振动时间越长，效果越好，但振动时间超过某一值后，振动引起的下沉基本稳定，再继续振动就不能起到进一步压实的作用。为此，需要施工前进行试振，得出稳定下沉量和时间的关系。对主要由炉渣、碎砖、瓦块组成的建筑垃圾，振动时间在 1min 以上；对含炉灰等细粒填土，振动时间为 3~5min，有效振实深度为 1.2~1.5m。振实范围应从基础边缘放出 0.6m 左右，先振基槽两边，后振中间，其振动的标准是以振动机原地振实不再继续下沉为合格，并辅以轻便触探试验检验其均匀性及影响深度。

2）垫层的压实标准

垫层施工中，压实系数 λ_c 是评价其承载力的重要参考指标，各种垫层的压实标准及承载力参考值如表 3-10 所示。

表 3 - 10　各种垫层材料的压实标准

施工方法	换填材料类别	压实系数(λ_c)
碾压、振密或夯实	中砂、粗砂、砾砂、圆砾、石屑	0.94～0.97
	粉质黏土	
	灰土	0.95
	粉煤灰	0.90～0.95

注：1. 压实系数 λ_c 为土的控制干密度 ρ_d 与最大干密度 ρ_{dmax} 的比值；土的最大干密度宜采用击实试验确定，碎石或卵石的最大干密度可取 20～22kN/m³。

2. 当采用轻型击实试验时，压实系数宜取高值，采用重型击实试验时，压实系数可取低值。

3）垫层材料选择

（1）粉质黏土。土料中有机质含量不得超过 5％，也不得含有冻土或膨胀土。当含有碎石时，其粒径不宜大于 50mm。用于湿陷性黄土或膨胀土地基的粉质黏性土垫层，土料中不得夹有砖、瓦和石块。

（2）灰土。体积配合比宜为 2∶8 或 3∶7。土料宜用粉质黏性土，不宜使用块状黏性土和砂质粉土，不得含有松软杂质，并应过筛，其颗粒不得大于 15mm。石灰宜用新鲜的消石灰，其颗粒不得大于 5mm。

（3）素土。素土土料中有机质含量不得超过 5％，也不得含有冻土或膨胀土，不得夹有砖、瓦和石块等渗水材料，碎石粒径不得大于 50mm。

（4）粉煤灰。可用于道路、堆场和小型建筑、构筑物等的换填垫层。粉煤灰垫层上宜覆土 0.3～0.5m。粉煤灰垫层中采用掺加剂时，应通过试验确定其性能及适用条件。作为建筑物垫层的粉煤灰应符合有关放射性安全标准的要求。粉煤灰垫层中的金属构件、管网宜采取适当防腐措施。大量填筑粉煤灰时应考虑对地下水和土壤的环境影响。

（5）干渣。干渣垫层材料可根据工程的具体条件选用分级干渣、混合干渣或原状干渣。小面积垫层一般用 8～40mm 与 40～60mm 的分级干渣，或 40～60mm 的混合干渣；大面积铺垫时，可采用混合干渣或原状干渣，原状干渣最大粒径不大于 200mm 或不大于碾压分层虚铺厚度的 2/3。

3.2.2　土桩或灰土桩

挤密桩法又称深层捣实法，适用于处理地下水位以上的湿陷性黄土地基。施工时，先按设计方案在基础平面位置布置桩孔并成孔，然后将备好的素土(粉质黏土或粉土)或灰土在最优含水量下分层填入桩孔内，并分层夯(捣)实至设计标高止。通过成孔或桩体夯实过程中的横向挤压作用，使桩间土得以挤密，从而形成复合地基。值得注意的是，不得用粗颗粒的砂、石或其他透水性材料填入桩孔内。

该方法与其他地基处理方法比较，有如下主要特征。

（1）灰土、素土等挤密桩法是横向挤密，但可同样达到所要求加密处理后的最大干密度的指标。

（2）与土垫层相比，无需开挖回填，因而节约了开挖和回填土方的工作量，比换填法缩短约一半工期。

（3）由于不受开挖和回填的限制，一般处理深度可达 12~20m。

（4）由于填入桩孔的材料均属就地取材，因而比其他处理湿陷性黄土和人工填土的方法造价低，取得很好的效益。

灰土挤密桩和土桩地基一般适用于地下水位以上含水量 14%~22% 的湿陷性黄土和人工黄土，处理深度可达 5~15m。灰土挤密桩是利用锤击打入或振动沉管的方法在土中形成桩孔，然后在桩孔中分层填入素土或灰土等填充料，在成孔和夯实填料的过程中，原来处于桩孔部位的土全部被挤入周围土体。通过这一挤密过程（图 3 - 10），彻底改变土层的湿陷性质并提高其承载力，地基承载力可达到 200kPa（素土）或 250kPa（灰土）。

图 3 - 10　土桩和灰土桩

1. 作用机理

其主要作用机理可分为两部分。

1）机械打桩成孔横向加密土层，改善土体物理力学性能

在土中挤压成孔时，桩孔内原有土被强制侧向挤出，使桩周一定范围内土层受到挤压、扰动和重塑，使桩周土孔隙比减小，土中气体溢出，从而增加土体密实程度，降低土体压缩性，提高土体承载能力。土体挤密范围是从桩孔边向四周减弱，孔壁边土干密度可接近或超过最大干密度，也就是说压实系数可以接近或超过 1.0。其挤密影响半径通常为 $1.5d$~$2d$（d 为挤密桩直径），渐次向外，干密度逐渐减小，直至土的天然干密度。试验证明沉管对土体挤密效果可以相互叠加，桩距愈小，挤密效果愈显著。

土的天然含水量和干密度对挤密效果影响较大，当含水量接近最优含水量时，土呈塑性状态，挤密效果最佳。当含水量偏低，土呈坚硬状态时，有效挤密区变小。当含水量过高时，由于挤压引起超孔隙水压力，土体难以挤密，且孔壁附近土的强度因受扰动而降低，拔管时容易出现缩颈等情况。

土的天然干密度越大，有效挤密区越大；反之，则有效挤密区较小，挤密效果较差。土质均匀则有效挤密区大，土质不均匀，则有效挤密区小。

土体的天然孔隙比对挤密效果有较大影响，当 $e=0.90$~1.20 时，挤密效果好，当 $e<0.80$ 时，一般情况下土的湿陷性已消除，没有必要采用挤密地基，故应持慎重态度。

2）灰土桩与桩间挤密土合成复合地基

上部荷载通过它传递时，由于它们能互相适应变形，因此能有效而均匀地扩散应力，地基应力扩散得很快，在加固深度以下附加应力已大为衰减，无需坚实的下卧层。

一般来说，挤密桩可以按等边三角形布置，这样可以达到均匀的挤密效果。每根桩都对其周围一定范围内的土体有一定的挤密作用，即使桩与桩之间有一小部分尚未被挤密的土体，因为其周围有着稳定的、不会发生湿陷的边界，故这一部分也不会发生湿陷变形。桩与其周围被挤密后的土体共同形成了复合地基，一起承受上部荷载。可以说，在挤密桩长度范围内土体的湿陷性已完全被消除，处理后的地基与上部结构浑然一体，即使桩底以下的土体有沉降变形，也是微小的和均匀的，不致对上部结构形成威胁。桩的间距的大小直接影响到挤密效果的好坏，也与工程建设的经济性密切相关。

3) 灰土性质作用

灰土桩是用石灰和土按一定体积比例(2：8或3：7)拌和，并在桩孔内夯实加密后形成的桩。这种材料在化学性能上具有气硬性和水硬性，由于石灰内带正电荷钙离子与带负电荷黏土颗粒相互吸附，形成胶体凝聚，并随灰土龄期增长，土体固化作用提高，使土体逐渐增加强度。在力学性能上，它可达到挤密地基效果，提高地基承载力，消除湿陷性，使沉降均匀和沉降量减小。

2. 土桩或灰土桩的设计要点

土桩挤密地基由桩间挤密土和分层填夯的素土桩组成，土桩面积占地基面积的10%～23%。土桩桩体和桩间土均为被机械均匀挤密的同类土料，因此，土桩挤密地基可视为厚度较大的素土垫层，即"以土治土"的范例。

在灰土桩挤密地基中，由于灰土桩的变形模量远大于桩间土的变形模量，因此只占地基面积约20%的灰土桩可以承担总荷载的1/2，而占地基总面积80%的桩间上仅承担其余的1/2，这样就大大降低了基础底面以下一定深度内土中的应力，消除了持力层内产生大量压缩变形和湿陷变形的不利因素。同时，由于灰土桩对桩间土能起到侧向约束作用，可限制土的侧向移动，而桩间土只产生竖向压密，使压力与沉降始终呈线性关系。

除了上述土桩和灰土桩外，还有单独采用石灰加固软弱地基的石灰桩。石灰桩的成孔也是采用钢套管法成孔，然后在孔内灌入新鲜生石灰块，或在石灰块中掺入适量的水硬性掺和料粉煤灰和火山灰，一般的经验配合比为8：2或7：3，在拔管的同时进行振捣或捣密。利用生石灰吸取桩周土体中水分进行水化反应，生石灰的吸水、膨胀、发热以及离子交换作用，使桩周土体的含水量降低、孔隙比减小，使土体挤密和桩柱体硬化。柱和桩间共同承受荷载，成为一种复合地基。

土桩或灰土桩挤密法一般采用等边三角形布置或梅花形布置(图3-11)，设计参数包括桩孔直径、桩孔间距、布桩范围、桩长及桩孔填料选择。下面分别简述之。

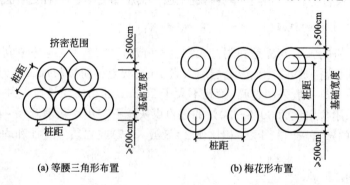

(a) 等腰三角形布置　　　　(b) 梅花形布置

图3-11　灰土桩的布置

桩孔直径的确定要综合考虑成孔机械、工艺和场地土质情况，可取 250~600mm 为宜，一般为 300~450mm。桩孔间距设计从消除湿陷性和提高承载力两方面考虑。为消除湿陷性，挤密后桩间土平均压实系数不应小于 0.93，桩间距可由加固前后土体体积变化计算。为提高承载力，可从复合地基承载力公式与置换率之间的关系确定桩间距。桩孔间距一般为 2.0~2.5 倍的桩径。

土桩和灰土桩的处理范围应大于基础底面宽度，以保证地基稳定性。对于非自重湿陷性黄土、素填土、杂填土等，处理范围每边超出基底边缘的宽度不小于 0.25 倍的基础短边宽度，并不小于 0.5m。对自重湿陷性黄土地基，处理范围每边超出基底边缘的宽度不小于 0.75 倍的基础短边宽度，并不小于 1.0m。

这样可使基底下处理土层不致产生不良侧向变形。

当采用整片处理时，超出建筑物外墙基础底面外缘的宽度，每边不宜小于处理土层厚度的 1/2，并不应小于 2m。

桩长综合考虑经济性和施工机具的可能性一般宜为 5~15m。当以消除地基湿陷性为主要目的时，桩长由湿陷性土层需处理深度确定，应满足《湿陷性黄土地区建筑规范》(GB 50025—2004)的要求。

以消除土体湿陷性为主要目的时，可采用素土；以提高承载力为主要目的或既要消除湿陷性又要提高承载力时，可采用灰土。桩体的质量宜用平均压实系数控制，分层回填、分层夯实时，应不小于 0.96。为了找平桩顶和桩间土标高与调整桩土应力，桩顶标高以上应设置 300~500mm 厚的灰土垫层，其压实系数不应小于 0.95。

灰土挤密桩和素土挤密桩复合地基承载力特征值，初步设计时可按当地经验确定，但是灰土挤密桩复合地基承载力特征值不宜大于处理前的 2.0 倍，且不大于 250kPa；素土挤密桩复合地基承载力特征值不宜大于处理前的 1.4 倍，且不大于 180kPa。

灰土挤密桩和素土挤密桩复合地基的变形计算应按照《建筑地基基础设计规范》(GB 50007—2011)规定计算，复合土层的压缩模量可由载荷试验的变形模量替代或根据当地经验确定。在挤密灰土桩的地基中，由于灰土桩的变形模量(40~200MPa)大于桩间土的变形模量(灰土的变形模量相当于素土的 2~10 倍)。

土或灰土挤密桩复合地基的变形包括桩和桩间土及其下卧未处理土层的变形。前者通过挤密后，桩间土的物理力学性质明显改善，即土的干密度增大、压缩性降低、承载力提高、湿陷性消除，故桩和桩间土(复合土层)的变形可不计算，但应计算下卧未处理土层的变形，若下卧未处理土层为中、低压缩性非湿陷性土层，其压缩变形、湿陷变形也可不计算。

3. 土桩和灰土桩的施工

土桩和灰土桩的施工方法是利用打入钢套管(或振动沉管)在地基中成孔，通过挤压作用使地基上得到加密，然后在孔内分层填入素土(或灰土、粉煤灰加石灰)后夯实而成土桩或灰土桩。回填土料一般采用过筛(筛孔不大于 20mm)的粉质黏性土，并不得含有有机质物质；粉煤灰采用含水量为 30%~50% 的湿粉煤灰；石灰用块灰消解 3~4d 形成的粗粒粒径不大于 5mm 的熟石灰。灰土(体积比例 2∶8 或 3∶7)或二灰土应拌和均匀至颜色一致后及时回填夯实。

1) 材料要求

土料可采用就地挖出的黏性土及塑性指数 I_P 大于 4 的粉土，不得含有有机杂质或用耕植土；土料应过筛，其颗粒不应大于 15mm。石灰应用Ⅲ级以上新鲜的块灰，使用前 1～2d 消解并过筛，其颗粒不应大于 5mm，不得夹有未熟化的生石灰块粒及其他杂质，也不得含有过多的水分。

2) 操作工艺

桩施工一般采取先将基坑挖好，预留 0.5～0.7m 厚土层，冲击成孔，宜为 1.2～1.5m，然后在坑内施工土桩。桩的成孔方法可根据现场机具条件选用沉管（振动、锤击）法、长爆扩法、冲击法等。

沉管法是用振动或锤击沉桩机将与桩孔同直径钢管打入土中拔管成孔（图 3－12）。桩管顶设桩帽，下端做成锥形（约成 60°），桩尖可上下活动。本法简单易行，孔壁光滑平整，挤密效果良好，但处理深度受桩架限制，一般不超过 8m。

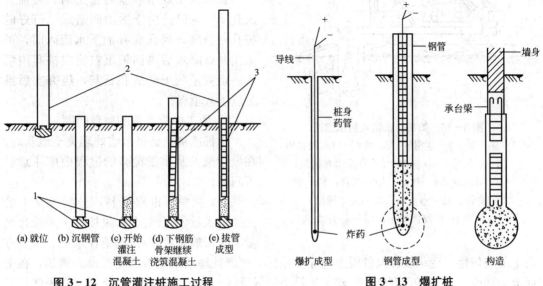

图 3－12　沉管灌注桩施工过程
1—桩尖；2—钢管；3—钢筋

图 3－13　爆扩桩

(a) 就位　(b) 沉钢管　(c) 开始灌注混凝土　(d) 下钢筋骨架继续浇筑混凝土　(e) 拔管成型

爆扩法（图 3－13）系用钢钎打入土中形成 25～40mm 孔或洛阳铲（图 3－14），打成60～80mm 孔，然后在孔中装入条形炸药卷和2～3个雷管，爆扩成 $15d～18d$ 的孔（其中 d 为桩孔或炸药卷直径）。本法成孔简单，但孔径不易控制。

冲击法是使用简易冲击孔机将 0.6～3.2t 重锥形锤头（图 3－15）提升 0.5～20m 高后，落下反复冲击成孔，直径可达 500～600mm，深度可达 15m 以上，适于处理湿陷性较大深度的土层。

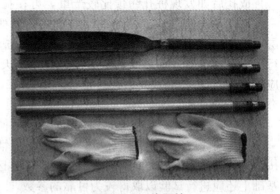

图 3－14　洛阳铲

桩施工顺序应先外排后里排，同排内应间隔1～2孔进行；对大型工程可采取分段施工，以免因振动挤压造成相邻孔缩孔成坍孔。成孔后应夯实孔底，夯实次数不少于 8 击，并立即夯填灰土。

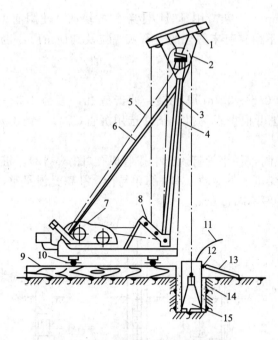

图 3-15 简易冲击钻孔机示意图

1—副滑轮；2—主滑轮；3—主杆；4—前拉索；
5—后拉索；6—斜撑；7—双滚筒卷扬机；
8—导向轮；9—垫木；10—钢管；11—供
浆管；12—溢流口；13—泥浆渡槽；
14—护筒回填土；15—钻头

桩孔应分层回填夯实，每次回填厚度为 $250\sim400$mm。采用电动卷扬机或提升式夯实机，夯实时一般落锤高度不小于 2m，每层夯实不少于 10 锤。施打时，逐层以量斗向孔内下料，逐层夯实，当采用偏心轮夹杆式连续夯实机时，将灰土用铁锹随夯击不断下料，每下两锹夯两击，均匀地向桩孔下料、夯实。桩顶应高出设计标高不小于 5mm，挖土时将高出部分铲除。

若孔底出现饱和软弱土层时，可加大成孔间距，以防由于振动而造成已打好的桩孔内挤塞；当孔底有地下水流入时，可采用井点降水后再回填填料或向桩孔内填入一定数量的干砖渣和石灰，经夯实后再分层填入填料。

3）施工中应注意的质量问题

土桩或灰土桩挤密法处理黄土地基时，在设计施工及质量检验的过程中应注意以下问题。

（1）应根据勘察资料，分析地基土的天然含水量（土层的含水量接近于最佳含水量时挤密效果最好）范围值在水平、垂直方向上的均匀性、变化规律及各层土的性质差异，预测处理效果能否满足要求。例如，在平面上、剖面上是否有含水量变化较大或较小的异常区；多元结构地层各层土之间密度差异的大小；通桩的可能性等。这些问题都有可能导致处理失败。

成孔后如发现桩孔缩颈比较严重，可在孔内填入干散砂土、生石灰块或砖渣，稍停一段时间后再将桩管沉入土中，重新成孔。如含水量过小，应预先浸湿加固范围的土层，使之达到或接近最佳含水量。必须遵守成孔挤密的顺序，应先外圈后里圈并间隔进行。对已成的孔，应防止受水浸湿且必须当天回填夯实。施工时应保持桩位正确，桩深应符合设计要求。为避免夯打造成缩颈堵塞，应打一孔，填一孔，或隔几个桩位跳打夯实。

（2）桩孔尽量按等边三角形布置，这样可使桩间土得到均匀压密。

（3）进行桩心距计算和必要的试验。一般情况下，对于有经验的地区和小型工程，可按公式计算确定布桩方案；对于缺乏经验的地区和大、中型工程（或重要工程），在计算的基础上还应进行试验以取得较为可靠的参数。

（4）自然界的地质条件千变万化，地基处理效果与许多因素有关，故在设计时还应注意几方面的问题：注意不要用含水量平均值套用规程、规范；注意采用大面积（整片）处理和按基础大小（局部）处理的区别，往往大面积施工产生的问题会多一些。例如，桩距偏小可能在施工后期出现缩颈（当含水量偏大时）或成孔困难、塌孔、地表隆起（当含水量偏小时)等。而按条形基础施工时，条件可适当放宽。

采用素土桩挤密地基的适用条件：处理湿陷性黄土厚度 5～15m；挤密处理场地土层含水率为 12%～25%。

(5) 桩身回填夯击不密实，桩身疏松、断裂。成孔深度应符合设计规定，桩孔填料前，应先夯击孔底 3～4 锤。根据当地试验测定的密实度要求，随填随夯，对持力层范围内(约 5～10 倍桩径的深度范围)的夯实质量应严格控制。若锤击数不够，可适当增加击数。

夯锤重不宜小于 100kg，采用的锤型应有利于将边缘土夯实(如梨形锤和枣核形锤等)，不宜采用平头夯锤。

(6) 在采用素土桩挤密地基施工中的注意事项：消除场地范围内地上、地下障碍物，对洞穴进行灌土以避免场地预浸水时产生较大的沉陷；严格按设计定位顺序图进行施工；若场地土层含水率偏低时，应根据场地不同含水率划分小区，计算出各小区人工预浸水所需水量，采用深层浸水孔和表层水畦相结合，经 14d 后取样测定含水率，尽可能接近最优含水率。

(7) 桩孔质量检查是要检查桩孔位置、直径、深度和垂直度是否在容许偏差以内，并记录在案。桩身夯填质量检验采取随机抽样方法，一般工程检查数量不应少于总桩数的 1%，重要工程不应少于总桩数的 1.5%；对于湿陷性黄土地基，检查数量不应少于总桩数的 2%，且每台班不少于 1 孔。常用检查方法有环刀取样、轻便触探、开剖取样等方法。桩间土挤密效果的检查可采取探井取样、静力触探和标准贯入试验等方法。

承载力检验应采用复合地基载荷试验，检查数量不应少于桩总数的 0.5%，且每项单体工程不少于 3 点。

3.2.3 强夯法和重锤夯实法

重锤表层夯实适用于处理饱和度不大于 60% 的湿陷性黄土地基。一般采用 15～40kN 的重锤，落高 2.5～4.5m，在最佳含水量情况下，可消除在 1.0～1.8m 深度内土层的湿陷性。强夯法根据国内使用记录，锤重 100～200kN，自由落下高度 10～20m 锤击两遍，可消除 4～6m 范围内土层的湿陷性。

在夯实层的范围内，土的物理力学性质获得显著改善，平均干密度明显增大，压缩性降低，湿陷性消除，透水性减弱，承载力提高。非自重湿陷性黄土地基，其湿陷起始压力较大，当用重锤处理部分湿陷性黄土层后，可减少甚至消除黄土地基的湿陷变形。因此在非自重湿陷性黄土场地采用重锤夯实的优越性较明显。

1. 强夯法的加固机理

强夯法加固地基机理，一般认为是将一定质量的重锤以一定落距给予地基以冲击和振动(图 3-16)，从而达到增大压实度，改善土的振动液化条件，消除湿陷性黄土的湿陷性等目的。强夯加固过程是瞬时对地基土体施加一个巨大的冲击能量，使土体发生一系列的物理变化，如土体结构的破坏或排水固结、压密以及触变恢复等过程。其作用结果是使一定范围内的地基强度提高、孔隙挤密。

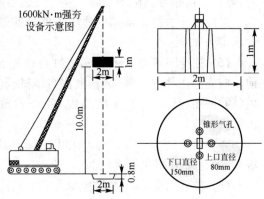

图 3-16　强夯法加固黄土地基

强夯法加固地基有以下两种加固机理：动力密实和动力固结，它取决于地基土的类别和强夯施工工艺。

1) 动力密实

采用强夯法加固多孔隙、粗颗粒、非饱和土是基于动力密实的机理，即用冲击型动力荷载，在土中形成很大的冲击波(主要是纵波和横波)，土体因受到很大的冲击力，此力远远超过了土体的强度。在此冲击力的作用下，土体被破坏，土颗粒相互靠拢，排出孔隙中的气体、颗粒重新排列，土在动荷载作用下被挤密压实，强度提高，压缩性降低。非饱和土的夯实过程，就是土中的空气被挤出的过程，其夯实变形主要是由于土颗粒的相对位移引起。在冲击动能作用下，地面会立即产生沉陷，一般夯击一遍后，其夯坑深度可达 0.6～1.0m，夯坑底部形成一层超压密硬壳层，承载力可比夯前提高 2～3 倍。非饱和土在中等夯击能量为 1000～2000kN·m 的作用下，主要产生冲切变形，在加固深度范围内气相体积大大减小，最大可减小 60%。

2) 动力固结理论

用强夯法处理细颗粒饱和土时，巨大的冲击能量在土中产生很大的应力波，破坏了土体原有的结构，使土体局部发生液化并产生许多裂隙，增加了排水通道，使孔隙水顺利逸出，待超孔隙水压力消散后，土体固结。由于软土的触变性，强度得到提高。动力固结理论可概述如下。

(1) 饱和土的压缩性。由于土中有机物的分解，黄土中大多数都含有以微气泡形式出现的气体，其含气量在 1%～4% 的范围内，进行强夯时，气体体积压缩，孔隙水压力增大，随后气体有所膨胀，孔隙水排出的同时，孔隙水压力就减少。这样每夯击一遍，液相气体和气相气体都有所减少。根据试验，每夯击一遍，气体体积可减少 40%。

(2) 局部产生液化。在重复夯击作用下，施加在土体的夯击能量，使气体逐渐受到压缩。因此，黄土的沉降量与夯击能成正比。当气体按体积百分比接近零时，土体便变成不可压缩的。相应于孔隙水压力上升到覆盖压力相等的能量级，土体即产生液化。孔隙水压力与液化压力之比称为液化度，而液化压力即为覆盖压力。当液化度为 100% 时，即为土体产生液化的临界状态，而该能量级称为"饱和能"。此时，吸附水变成自由水，土的强度下降到最小值。一旦达到"饱和能"而继续施加能量时，除了使土起重塑的破坏作用外，能量纯属浪费。

（3）渗透性变化。在很大夯击能作用下，黄土中出现冲击波和动应力。当所出现的超孔隙水压力大于颗粒间的侧向压力时，土颗粒间出现裂隙，形成排水通道。此时，黄土的渗透系数骤增，孔隙水得以顺利排出。在有规则网格布置夯点的现场，通过积聚的夯击能量，在夯坑四周会形成有规则的垂直裂缝，夯坑附近出现涌水现象。当孔隙水压力消散到小于颗粒间的侧向压力时，裂隙即自行闭合，土中水的运动重新恢复常态。

（4）触变恢复。在重复夯击作用下，黄土的强度逐渐减低，当土体出现液化或接近液化时，土的强度达到最低值。此时黄土中产生很多裂隙，而土中吸附水部分变成自由水，随着孔隙水压力的消散，土的抗剪强度和变形模量都有了大幅度的增长。这时自由水重新被土颗粒所吸附而变成了吸附水，这也是具有触变性的土的特性。

2. 强夯法的设计

单点强夯是通过反复巨大的冲击能及伴随产生的压缩波、剪切波和瑞雷波等对地基发挥综合作用，使土体受到瞬间加荷，加荷的拉压交替使用，使土颗粒间的原有接触形式迅速改变，产生位移，完成土体压缩-加密的过程。加固后土体的内聚力虽受到破坏或扰动有所降低，但原始内聚力随土体密度增大而得以大幅提高；夯锤底下形成夯实核，呈近似的抛物线形，夯实核的最大厚度与夯锤半径相近，土体成千层饼状，其干密度大于 1.85g/cm^3。

目前强夯法的设计主要是通过工程经验初步选定设计参数，再通过现场试验的验证和必要修改，最终确定出适合现场的设计参数。强夯法的设计主要参数包括夯击能、有效加固深度、夯击次数、夯点间距、布置以及夯击遍数和间隙时间等。

1) 夯击能

单击夯击能为夯锤重 Mg 与落距 h 的乘积。单击夯击能一般应根据加固土层的厚度、地基状况和土质成分由下式确定：

$$E=Mgh \tag{3-16}$$

式中，E——单击夯击能，kJ；

$\quad M$——锤的质量，t；

$\quad g$——重力加速度，$g=9.8\text{m/s}^2$；

$\quad h$——落距，m。

夯击能过大则会引起地基土的破坏和强度降低，所以夯击能要控制在容许的范围内。一般可取 $1000\sim4000\text{kN}\cdot\text{m/m}^2$，夯锤底面宜为圆形，锤底的静压力宜为 $25\sim60\text{kPa}$。

2) 有效加固深度

有效加固深度既是选择地基处理方法的重要依据，又是反映处理效果的重要参数，有效加固深度按下式进行计算：

$$H=mE=m\sqrt{Mgh} \tag{3-17}$$

式中，H——有效加固深度，m；

$\quad m$——经验系数，与地基土的性质和厚度有关，对湿陷性黄土取 $0.35\sim0.4$；

$\quad$其他符号意义同前。

实际上影响有效加固深度的因素很多，除了锤重、落距、地基土的性质，不同土层的厚度和埋藏顺序以外，地下水位以及其他强夯的设计参数等都与有效加固深度有着密切的关系。因此，强夯的有效加固深度应根据现场试夯或当地经验确定。在缺少经验和试验资料时，可按表 3-11 预估。

表 3-11　强夯有效加固深度
单位：m

土的名称 单击夯击能/(kN·m)	全新世(Q₄)黄土、晚更新世(Q₃)黄土	中更新世(Q₂)黄土
1000～2000	3～5	—
2000～3000	5～6	—
3000～4000	6～7	—
4000～5000	7～8	—
5000～6000	8～9	7～8
7000～8500	9～12	8～10

注：1. 在同一栏内，单击夯击能小的取小值，单击夯击能大的取大值。
　　2. 消除湿陷性黄土层的有效深度，从起夯面算起。

3）夯击点布置及间距

（1）夯击点布置。夯击点应根据建筑物的结构类型进行布置，夯击点位置可根据基底平面形状，采用等边三角形、等腰三角形或正方形布置。针对基础面积较大的建筑物，可按等边三角形或正方形布置夯击点；对办公楼和住宅建筑等，可根据承重墙位置布置夯点。对砂性土或填石地基和土夹石填石地基，可用连夯法布点。

由于基础的应力扩散作用，强夯处理范围应大于建筑物基础范围，具体放大范围可根据建筑结构类型和重要性等因素考虑确定。对于一般建筑物，每边超出基础外缘的宽度宜为基底下设计处理深度的 1/2～2/3，并不宜小于 3m。

（2）夯击点间距。夯击点间距的确定，一般根据地基土的性质和要求处理的深度而定。对于细颗粒土，为便于超静孔隙水压力的消散，夯点间距不宜过小。当要求处理深度较大时，第一遍的夯点间距不宜过小，以免夯击时在浅层形成密实层而影响夯击能往深层传递。此外，若各夯点之间的距离太小，在夯击时上部土体易向侧向已夯成的夯坑中挤出，从而造成坑壁坍塌，夯锤歪斜或倾倒，而影响夯实效果。

我国目前工程上常用的夯击点间距是 3～9m，第一遍夯击点间距可取夯锤直径的 2.5～3.5 倍，第二遍夯击点位于第一遍夯击点之间。以后各遍夯击点间距可适当减小。对处理深度较深或单击夯击能较大的工程，第一遍夯击点间距宜适当增大。

实践证明，间隔夯击比连夯好。间夯对深层加固有利，原因是间夯便于能量在土中被吸收，有利于夯击能向深层传递，孔隙水容易向低压区排出，可先固结一部分地基土。夯第二遍时，可使充满孔隙水的另一部分土体得到能量，克服土颗粒对水吸附力，将土体孔隙水挤出而得到加固，提高了强度。连夯则全面产生超孔隙水压力，而没有低压区，孔隙水处于相对平衡，反而使水不容易排出。夯击点过密，相邻夯点的加固效果将在浅层处叠加形成硬层，影响波的传播和造成能量损失。又因浅层受面波的运动做功而松动，为了使地基表层受到加固，必须满夯一遍。

4）夯击次数和遍数

（1）夯击次数是强夯设计中的一个重要参数，对于不同地基土来说夯击次数也不同。夯击次数应通过现场试夯确定，常以夯坑的压缩量最大、夯坑周围隆起量最小为确定的原则。可从现场试夯得到的夯击次数和夯沉量关系曲线确定。但最后两击的平均夯沉量不应大于40mm。同时夯坑周围地面不发生过大的隆起。因为隆起量太大，说明夯击效率降低，则夯击次数要适当减少。此外，还要考虑施工方便，不能因夯坑过深而发生起锤困难的情况。

（2）夯击遍数应根据地基土的性质确定。一般来说，由粗颗粒土组成的渗透性强的地基，夯击遍数可少些。反之，由细颗粒土组成的渗透性弱的地基，夯击遍数要求多些。根据我国工程实践，对于大多数工程夯击遍数为两遍，最后再以低能量满夯两遍，一般均能取得较好的夯击效果。对于渗透性弱的细颗粒土地基，必要时夯击遍数可适当增加。必须指出，由于表层土是基础的主要持力层，如处理不好，将会增加建筑物的沉降和不均匀沉降。因此，必须重视满夯的夯实效果，除了采用两遍满夯外，还可采用轻锤或低落距锤多次夯击，锤印搭接等措施。

在工程实践中，常采用高大能量、大间距加固深层，此时应根据需要对同一批夯点分遍夯击，然后，再逐步分批夯击另一批夯点。

一般认为，当夯击期间的沉降量达到计算最终沉降量的80%～90%时夯击完毕，或根据设计要求以夯到预定标高来控制夯击遍数。

5）两边夯击间歇时间

两边夯击之间应有一定的间歇时间，以利于强夯时土中超静孔隙水压力消散。所以间歇时间取决于超静孔隙水压力消散的时间。土中超静孔隙水压力的消散速率与土的类别、夯点间距等因素有关。对砂性土其渗透系数大，一般在数分钟或2～3h即可消散完。但对渗透性差的黏性土地基，一般需要数周才能消散完。夯击点间距对孔压消散速率也有很大的影响，夯击点间距小，孔压消散就慢，反之，夯击点间距大，孔压消散就很快。所以间隔时间应以孔隙水压力消散时间的长短而定。另外，孔隙水压力的消散还与周围排水条件有关。可根据地基水的渗透性确定间歇时间，对于渗透性较差的黏性土地基的间隔时间，一般不少于3～4周，一般渗透性较好的黏性土为1～2周，对渗透性好的地基可连续夯击。

6）被处理黄土的含水率

采用强夯法处理湿陷性黄土地基，土堤天然含水率宜低于塑限含水率1%～3%；在拟夯实的土层内，当土的天然含水率低于10%时，宜对其增湿至最优含水率；当土的天然含水率高于3%时，宜采用晾干或其他措施适当降低其含水率。

3. 强夯法的施工

正式施工前，先在现场进行夯击试验，以确定为达到预期处理效果（一定深度内湿陷性的消除情况）所必需的夯点、锤击数、夯沉量等，以指导施工、保证质量。

强夯在施工前，应查明场地范围内的地下构筑物和地下管线的位置及标高，并采取必要的措施，以免强夯施工造成损坏。当强夯施工所产生的振动，对邻近建筑物或设备产生有害影响时，应采取隔振或防振措施。

强夯施工可按下列步骤进行。

（1）清理并平整施工场地。

（2）标出第一遍夯点位置，并测量场地高程。

（3）起重机就位，夯锤置于夯点位置。

（4）测量夯前锤顶高程。

（5）将夯锤起吊到预定高度，开启脱钩装置，待夯锤脱钩自由下落后，放下吊钩，测量锤顶高程，若发现因坑底倾斜而造成夯锤歪斜时，应及时将坑底整平。

（6）重复步骤（5），按设计规定的夯击次数及控制标准，完成一个夯点的夯击。

（7）换夯点，重复步骤（3）至步骤（6），完成第一遍全部夯击点的夯击。

（8）用推土机将夯坑填平，并测量场地高程。

（9）在规定的间隔时间后，按上述步骤逐次完成全部夯击遍数，最后用低能量满夯，将场地表层松土夯实，并测量夯后场地高程。

施工过程中应有专人负责下列监测工作。

（1）开夯前应检查夯锤质量和落距，以确保单击夯击能量符合设计要求。

（2）在每一遍夯击前，应对夯击点放线进行复核，夯完后检查夯坑位置，发现偏差或漏夯应及时纠正。

（3）按设计要求检查每个夯击点的夯击次数和每击的夯沉量。对强夯置换尚应检查置换深度。

当强夯施工产生的振动对邻近建（构）筑物或设备产生有害影响时应设置监测点，并采取隔振或防振措施。

强夯施工结束后，应间隔一定时间对地基加固效果进行检验。对于湿陷性黄土地基间隔时间可取 2～4 周，强夯置换地基的间隔时间可取 30d。地基承载力应采用原位测试和室内土工试验。对于简单场地上的一般建（构）筑物，每个建筑地基的载荷试验检验点不应少于 3 点；对于复杂场地或重要建筑地基应增加检验点数。强夯置换地基载荷试验检验数量不应少于墩点数的 1%，且不少于 3 点，同时尚应对置换墩着底情况进行检验，检验方法可采用动力触探法，检验数量同载荷试验要求。

3.2.4　钻孔夯扩桩挤密法

1. 钻孔夯扩桩挤密法的设计原则

钻孔夯扩桩挤密法处理湿陷性黄土地基的设计主要应遵从下列几项原则。

（1）了解工程场地岩土工程勘察资料，明确场地湿陷类型、地基湿陷等级、地基土的含水量及干密度等物理指标及分布特征、地基土承载能力及变形指标等的变化，以充分掌握待处理场地地基土的工程性质及影响工程建设的主要岩土工程问题。

（2）掌握拟建建筑物的功能要求及上部结构与基础设计的相关资料，明确地基处理的主要目的和要求。

（3）当以消除地基土的湿陷性为主要目的且对地基承载力要求不高时，可选用素土作为桩体填料；当以消除地基土湿陷性并要求较高地基承载力为主要目的时，宜选用灰土作为桩体填料。

（4）充分考虑影响钻孔夯扩挤密桩复合地基处理效果的各方面因素。应重点关注地基土及填料的含水量、桩的布置及桩间距、成桩直径及桩间土挤密系数等。

（5）对重要建筑或缺乏经验的地区，应在设计前进行现场复合地基试验，以确定其适用性及相关设计、施工技术参数。

2. 钻孔夯扩桩挤密法的设计与计算

1）桩的布置

桩的布置包括桩的平面排列及范围、桩的处理深度等内容。

桩的平面排列主要取决于对地基土挤密效果的要求，通常为等边三角形布置（图3-17），可使桩周围土挤密均匀且效果较好，也可采用正方形布置（图3-18）。

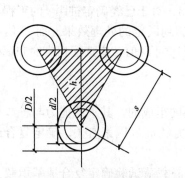

图 3-17 等边三角形布桩

s—桩间距；h—排距；d—取
土钻孔直径；D—成桩直径

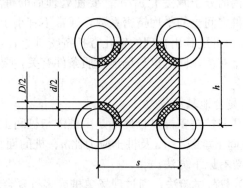

图 3-18 正方形布桩

桩的平面布置范围也就是地基处理的平面范围，应大于建筑物基础的平面面积，每边基础边缘的宽度取决于场地湿陷类型及处理范围（整片或局部）。

桩的处理深度主要取决于工程等级及要求、地基土湿陷性强度及分布情况等。具体要求应满足相关技术规范的规定。

2）桩间距计算

当按等边三角形布桩时，桩间距即三角形边长 s，排距即三角形高 h，取土钻孔直径为 d，经填料夯实成桩直径为 D，相邻三根桩组成了基本的挤密单元（图3-17）。根据单位厚度挤密单元面积内挤密前后土的质量不变原理，得三角形布桩的桩间距的计算公式：

$$s = \beta \sqrt{\frac{\bar{\rho}_{d1} - \bar{\rho}_d / k^2}{\bar{\rho}_{d1} - \bar{\rho}_d}} D \qquad (3-18)$$

式中，s——桩间距，m；

　　　d——钻孔直径，m；

　　　D——桩体直径，m；

　　　$\bar{\rho}_d$——桩间土挤密前的平均干密度，g/cm³；

　　　$\bar{\rho}_{d1}$——桩间土挤密后的平均干密度，g/cm³；

　　　k——扩径系数，$k = \dfrac{D}{d}$；

　　　β——布桩系数，对等边三角形布桩 $\beta = 0.952$；如为正方形布桩，可推导出 $\beta = 0.886$。

引入平均挤密系数：

$$\bar{\eta}_c = \frac{\bar{\rho}_{d1}}{\rho_{dmax}} \qquad (3-19)$$

式中，ρ_{dmax}——击实试验确定的桩间土最大干密度，g/cm^3。

式（3-18）则变成：

$$s = \beta \sqrt{\frac{\bar{\eta}_c \rho_{dmax} - \bar{\rho}_d / k^2}{\bar{\eta}_c \rho_{dmax} - \bar{\rho}_d}} D \qquad (3-20)$$

从式（3-20）可以看出：达到同样挤密效果，三角形布桩比正方形布桩所需的桩体直径要小；在同等情况下，钻孔夯扩挤密桩的桩距要小于同样成桩直径 D 的挤土挤密桩，式中根号内的分子减去了 $\bar{\rho}_d / k^2$；要使处理后的桩间土达到消除湿陷性的目的，就要控制挤密后三桩之间土的平均挤密系数，通常不宜小于 0.93；对于已经确定桩距 s 的工程，则由式（3-20）可反算出合理的钻孔夯扩挤密桩直径，以达到既定的处理效果。而 D 值不仅与夯击能量有关，同时也与场地土质条件有关，要保证达到 D 值，应选配相应的夯填机具和施工工艺。

3）复合地基承载力

钻孔夯扩挤密桩复合地基是由桩体与桩间土体共同组成的，其承载能力与桩体承载力 f_{pk}、桩间土承载力 f_{sk} 及桩土应力比 n、桩的面积置换率 m 等因素有关。确定复合地基承载力主要有以下方法。

（1）载荷试验法。通过现场单桩或多桩复合地基静载荷试验确定复合地基承载力特征值是最直接也是最可靠的方法。由于复合地基自身的特点，载荷试验曲线缓变形，根据复合地基载荷试验结果，比较 p-s 曲线的比例界限点所对应的压力和相对沉降量 s/d（其中 d 为压板直径），建议钻孔夯扩挤密素土桩 s/d 取 0.008，钻孔夯扩挤密灰土桩 s/d 取 0.006。

（2）经验计算法。对于有工程经验的地区或初步设计阶段，可以采用经验计算法确定复合地基承载力特征值，公式如下：

$$f_{spk} = m f_{pk} + (1-m) f_{sk} \qquad (3-21)$$

或

$$f_{spk} = [1 + m(n-1)] f_{sk} \qquad (3-22)$$

式中，f_{spk}——钻孔夯扩挤密桩复合地基承载力特征值，kPa；

$\quad f_{pk}$——桩体承载力特征值，kPa；

$\quad f_{sk}$——处理后桩间土承载力特征值，kPa；

$\quad m$——桩土面积置换率；

$\quad D$——桩身平均直径，m；

$\quad D_e$——1 根桩分担的处理地基面积的等效圆直径，等边三角形布桩 $D_e=1.05s$，正方形布桩 $D_e=1.13s$；

$\quad n$——桩土应力比。

式（3-21）中，f_{pk}、f_{sk} 如有经验值可直接采用，或通过相对简单的单桩载荷试验、桩间土载荷试验取得；式（3-22）中，n 值通过现场试验研究，对素土桩复合地基可取 2.5，对灰土桩复合地基可取 3.8。

4）变形验算

复合地基的压缩模量可按下式计算：

$$E_{sp} = [1 + m(n-1)] E_s \qquad (3-23)$$

式中，E_{sp}——复合地基压缩模量，MPa；

E_s——桩间土压缩模量，MPa；

m——桩土面积置换率；

n——桩土应力比。

3. 钻孔夯扩桩挤密法的施工

确保定位准确、设备运行正常。保证桩机稳定，就位准确，桩位允许偏差：轴线不大于 150mm，垂直轴线不大于 70mm。校正护筒，确保护筒垂直偏差不大于 1%，桩孔的垂直度偏差不大于 1%。成孔深度是桩端设计深度，保证下道工序形成的复合载体在被加固土层中形成。控制垂直落距，准确将护筒沉至设计标高。

应充分利用场地内的废弃房渣、弃方碎石类土等；填料量以锤底出护筒底 400～600mm 为依据；防止夯扩效应可能导致的土体剪切滑裂面的形成，从而使地面隆起；防止邻桩身上浮造成断桩或桩身与夯扩体脱离的事故。

承载体形成密实状态后，在不填料的情况下，夯锤在设计高度（一般落距 6m）做自由落体运动，严禁带刹车。实测三击贯入度，每级贯入度比前击小或相等，且三击贯入度累计值满足设计要求。

严格干硬性混凝土配合比与钢筋混凝土配合比相同，分次夯填，每次 0.5m³，夯至干硬性混凝土出护筒 2～5m。

配筋率应符合（规程）要求，钢筋笼绑扎符合要求；保证钢筋笼垂直，距孔壁四周距离相同且主筋混凝土保护层厚度不应小于 40mm，测量钢筋笼顶标高，保证钢筋笼沉至设计标高。允许偏差为 ±50mm。

混凝土应满足设计强度要求，且不得低于 C20，连续浇至桩顶标高，并适当超浇 300～500mm。充盈系数大于等于 1.0m。

提拔护筒的速度控制在 0.8m/min 左右，匀速提升，同时观察钢筋笼不得移位。

振动泵应快速插至桩底，振捣混凝土并慢慢提拔至桩顶，振动时间不宜小于 2min，坍落度控制在 140～160mm。

3.2.5 预浸水法

预浸水法是在修建建筑物前预先对湿陷性黄土场地大面积浸水，使土体在饱和自重压力作用下，发生湿陷产生压密，以消除全部黄土层的自重湿陷性和深部土层的外荷湿陷性。预浸水法适宜处理自重湿陷性黄土层厚度大于 10m、自重湿陷量大于 500mm 的场地，可消除地面 6m 以下的土层湿陷性。预浸水法最早用于水工建筑处理地基。1958 年，美国用于处理 Medicine Creek 土坝地基，避免土坝在施工和使用期间产生较大的不均匀沉降。1963 年，罗马尼亚用于处理大型水池的地基处理。20 世纪 60 年代，苏联将预浸水与重锤、土桩等配合使用，应用到住宅和工业建筑中，后来又提出采用预浸水法和爆炸综合作用的方法，减少用水量、缩短浸水时间、加快湿陷进程。

自 1960 年以来，我国开展了预浸水处理工业厂房黄土地基的试验研究。1968 年，甘肃省有色冶金公司建筑研究所与设计、施工单位配合，通过现场试验，将预浸水与土垫层配合使用，处理了兰州连城铝厂大厚度自重湿陷性黄土地基。该厂采用预浸水处理的 14 项工程，经多年来的使用，效果良好。

上部土层(一般为距地表以下 4～5m 内)仍具有外荷湿陷性,需要做预浸水处理的浸水坑的边长不得小于湿陷性土层的厚度。地基预浸水结束后,在基础施工前应进行补充勘查工作,重新评定地基的湿陷性,并采用垫层法或强夯法等处理上部湿陷性土层。该方法具有施工条件简单、处理效果好的优点。

大厚度严重自重湿陷性黄土场地,9m 深度以上实测湿陷量大于现行《湿陷性黄土地区建筑规范》(GB 50025—2004)计算的湿陷量,采用该规范计算湿陷量偏于不安全。

1. 预浸水法的设计与效果分析

人工预浸水所需水量计算公式:

$$Q = K \frac{w_{op} - w}{100} V \rho_{d_0} \tag{3-24}$$

式中,ρ_{d_0}——浸水范围内土的天然干重度加权平均值,kN/m³;

K——损耗系数(一般取值为 1.10～1.15);

w——浸水范围内土的天然含水率加权平均值,%;

w_{op}——土的最优含水率,%;

V——浸水范围内体积,m³。

由于浸水时场地周围地表下沉开裂,并容易造成"跑水"穿洞,影响建筑物的安全,所以空旷的新建地区较为适用。预浸水法用水量大,工期长。处理 1m² 面积至少需用水5t 以上。在一般情况下,一个场地从浸水起至下沉稳定以及土的含水量降低到一定要求时所需的时间,至少需要一年左右。

因此,预浸水法只能在具备充足水源,又有较长施工准备时间的条件下才能采用。

浸水之后,各土层干密度最大增幅可达 0.2g/cm³,浸水可以基本消除 10m 范围内黄土的湿陷性,但是该范围内土层的压缩性会明显增加,短期地基承载能力会下降,尚需要采用垫层法或其他方法处理地基。

浸水后的黄土地基在铺设垫层之后,有助于附加应力的扩散;随着垫层厚度的增加,不但可以提高地基承载能力,而且可以使地基的沉降得到有效控制。

外扩短桩穿越上部浸水土层后,桩长是影响外扩桩承载能力的主要因素之一。外扩桩支撑在 4m 以下的土层上时,群桩竖向极限承载力常大于单桩竖向极限承载力,承台对浸水地基承载能力的影响比较小,在桩的承载力设计中可以不考虑承台作用。

2. 预浸水法的施工

浸水可连续长时间浸泡,也可泡、排循环进行。如果采用泡、排循环法,以两个循环为宜。

浸水预沉法处理地基的施工应符合下列要求。

(1)浸水坑底开挖高程,应根据试验分析确定;浸水坑应大于基础四周各边 5m 以上,浸水坑的边长不得小于需处理的湿陷性黄土层的厚度。当浸水坑的面积较大时,可分段进行浸水。

(2)浸水坑边缘至已有建筑物的距离不宜少于 50m,并应防止由于浸水影响附近建筑物和场地边坡的稳定性(浸水中期试坑周围的地表形态如图 3-19 所示)。

(3)浸水时间以全部自重湿陷黄土层湿陷性变形稳定为准,其稳定标准为最后 5d 的日平均湿陷量应小于 1mm。

图 3-19　浸水中期试坑周围的地表形态

(4) 浸水坑内的水头高度不宜小于 300mm。

在浸水坑中部及其他部位，应对称设置观测自重湿陷的深标点，设置深度及数量宜按照湿陷性黄土层顶面深度及分层数确定，在浸水坑的底部，由中心向坑边以放射状方向（至少 3 个）设置观测实现的浅标点，在浸水坑外沿浅标点方向 10～20m 范围内设置地面观测标点，观测精度为±0.10mm。除此以外，还应观测耗水量、浸湿范围和地面裂缝。

地基浸水结束，泵站基础施工前应进行勘探工作，重新评定地基的湿陷性。若尚不满足设计要求，应采用垫层法或夯实法补做浅层处理。

当需浸水土层深度不超过 6m 时，宜采用表层水畦泡水方式（水畦中明水深度可为 0.3～1.0m）；当需浸水土层深度大于 6m 时，宜采用表层水畦泡水和深层浸水孔相结合方式。深层浸水孔间距可为 2m 左右，用洛阳铲打孔，孔径可为 80mm，孔深可为需浸水土层深度的 3/4，孔内应填入砂砾、碎石或小卵石。

3.2.6　化学加固法

在我国，湿陷性黄土地区地基处理应用较多并取得实践经验的化学加固方法有硅化加固法和碱液加固法。

1. 硅化加固法

将硅酸钠溶液通过压力灌注或自渗进入黄土孔隙中，溶液中的胶凝物一方面充填了土中的孔隙，另一方对土颗粒起到胶结作用，同时还能起到一定的止水作用，从而消除或减轻黄土的湿陷。

硅化加固湿陷性黄土的物理化学过程，一方面浓度不大的、黏滞度很小的硅酸钠溶液顺利地渗入黄土的孔隙中；另一方面溶液与土互相凝结，土起着凝结剂的作用。

单液硅化系由浓度 10%～15% 的硅酸钠溶液加入 2.5% 的氯化钠组成。溶液进入土中后，由于溶液中的钠离子与土中水溶液盐类中的钙离子（主要为 $CaSO_4$）产生互换的化学反应，即在土颗粒表面形成硅酸凝胶薄膜，从而增强土粒间的联结，填塞粒间孔隙，使土具有抗水性、稳定性，减少土的渗水性，消除湿陷，同时提高地基的承载能力。地基经过加固后，浸水后的附加下沉量极其微小，湿陷性已完全消除，其地基压缩变形量很小，与天然地基相比，其变形模量，以及地基承载力大大提高。

加固湿陷性黄土的溶液用量，可按下式计算：

$$X = \pi r^2 h \bar{n} d_n \alpha \tag{3-25}$$

式中，X——硅酸钠溶液的用量，t；

　　　r——溶液扩散半径，m；

　　　h——自基础底面算起的加固土深度，m；

$\bar{n}$——地基加固前土的平均孔隙率,%;

d_n——压力灌浆或溶液自渗时硅酸钠溶液的相对密度;

α——溶液填充孔隙的系数,可取 0.60~0.80。

采用单液硅化法加固黄土地基,灌注孔的布置应符合下列要求。

(1) 灌注孔间距应符合:压力灌浆宜为 0.80~1.20m,溶液自渗宜为 0.40~0.60m。

(2) 加固拟建的设备基础和建筑物地基,应在基础下面按正三角形满堂布置,超出基础外缘的宽度每边不应小于1m。

(3) 加固已有建筑物和设备基础的地基,应沿基础侧向布置,且每侧不宜少于2排。

2. 碱液加固法

当土中可溶性和交换性的钙、镁离子含量较高(大于 10mg. eq/100g 干土)时,可采用氢氧化钠(NaOH)溶液注入黄土中加固地基,或用氢氧化钠和氯化钙两种溶液轮番注入土中加固地基,这就是碱液加固法。

利用氢氧化钠溶液加固湿陷性黄土地基在我国始于 20 世纪 60 年代,其加固原则:氢氧化钠溶液注入黄土后,首先与土中可溶性和交换性碱土金属阳离子发生置换反应,反应结果使土颗粒表面生成碱土金属氢氧化物。碱液加固的适用范围,即自重湿陷性黄土地基能否采用碱液加固,取决于其对湿陷的敏感性和土中可交换离子含量。自重湿陷敏感性强的地基不宜采用碱液加固,当土中可溶性和交换性的钙、镁离子含量较高时,可只采用碱液加固;否则,需用碱液和 $CaCl_2$ 两种溶液进行加固。经技术经济比较,也可采用碱液与生石灰桩的混合加固方法。但对下列情况不宜采用碱液加固:①对于地下水位或饱和度大于 80% 的黄土地基;②已渗入沥青、油脂和其他石油化合物的黄土地基。

土中呈游离状态的 SiO_2 和 Al_2O_3,以及土的微细颗粒(铝硅酸盐类)与 NaOH 作用后产生溶液状态的钠硅酸盐和钠铝酸盐。在氢氧化钠溶液作用下,土粒(铝硅酸盐)表面会逐渐发生膨胀和软化,相邻土粒在这一过程中更紧密地相互接触,并发生表面的相互溶合。但仅有 NaOH 作用,土粒之间的这种溶合胶结(钠铝硅酸盐类胶结)是非水稳性的,只有在土颗粒周围存在 $Ca(OH)_2$ 的条件下,才能使这种胶结物转化为强度高且具有水硬性的钙铝硅酸盐的混合物。依靠这些混合物的生成,使土粒相互牢固地胶结在一起,强度大大提高,并且有充分的水稳性。上述反应是在固-溶相间进行,常温下反应速率较慢,而提高温度则能大大加快反应的进行。

当土中可溶性和交换性钙、镁离子含量较高时,灌入 NaOH 溶液即可得到满意的加固效果,如土中的这类离子含量较少,为了取得有效的加固效果,可以采用双液法,即在灌完 NaOH 溶液后,再灌入 NaCl 溶液。自重湿陷性黄土地基能否采用碱液加固,取决于其对湿陷的敏感性。自重湿陷敏感性强的地基不宜采用碱液加固。对自重湿陷不敏感的黄土地基,经过试验认可并拟采用碱液加固时,应采用卸荷或其他措施以减少灌液时可能引起的较大附加下沉。

碱液可用固体烧碱或者液体烧碱配置,加固 $1m^3$ 黄土需要氢氧化钠量约为干土质量的 3%,即 35~45kg。碱液的浓度一般为 100g/L,并宜将碱液加热至 80~100℃,再注入黄土中,采用双液加固黄土时,氯化钙的浓度一般为 50~80g/L。

3. 高分子材料加固法

黄土加固有使用高分子材料的例子,如尿醛树脂、苯二酚-甲醛树脂等,但高分子聚合物的价格较高，且常有毒性，以往在黄土加固实践中应用确实不多。随着化学工业的发展，新型的水溶型高分子固化剂引起了人们的广泛关注。研究显示，用高分子化合物加固土是有前途的，进行固化处理的效果显著。高分子材料固化黄土最大的优点是固化材料用量较无机材料少，固化后的黄土强度高，且具抗水性，还能有效消除饱和黄土的液化势，唯一不足的是目前成本偏高。

1）SH 材料

SH 是以低成本制备技术自行研发的新型高分子环境工程材料，主要由化工废料制成。常温下为透明无色的水溶液，固含量为 5％～6％，密度为 1.09g/cm³。其黏度低，凝胶时间易控制，无毒性，亲水性强，在水中可无限稀释形成溶液，在常温下固化，具有良好的物理力学性质与广阔的使用条件。SH 为液体固化剂，使用非常方便，施工时，可保持其他施工工艺不变，只需将其按需要用清水稀释至一定浓度后均匀洒于翻松的黄土基层表面碾压，碾压固化两周后即可进行下一道工序施工。

2）固化黄土的强度

通过对 SH 固化黄土室内试验，已认识到：SH 固化黄土用量少（SH 液占黄土质量的 10％～20％，但固含量很低），但在自然条件下养护后强度高，SH 固化黄土试块（干密度 1.6g/cm³）的抗压强度为 2.6～5.0MPa，较素黄土增加 13.5％～120.1％。随着固化材料用量的增大，强度增大，在试验剂量范围内固化强度随 SH 的掺量呈非线性增长。

3）水稳性和抗冻性

SH 固化黄土试样长期浸水后外观没有明显变化，只轻微软化，但不崩解。通过对浸水状况下试样的微结构形貌照片的观察，证实了 SH 对黄土颗粒形成了稳固的丝网状联结，黄土颗粒产生了憎水性，浸水后丝状结构依然存在，说明 SH 固化反应具有不可逆性；固化黄土试块在（−20±1）～（+20±1）℃的温度下进行抗冻融试验，结果是强度损失率为 15.7％，质量损失率近于 0，可以抵抗 25 次冻融循环。

综合室内试验结果分析可见，SH 固化黄土具有良好的固化效果，可以大大提高固化黄土的强度，在固土过程中增强了固化黄土的水稳性和抗冻融耐久性，SH 为一新型的有发展前途的黄土固化材料。

3.2.7　桩基础法

在湿陷性黄土地区，采用桩基础将桩穿透湿陷性黄土层；在非自重湿陷性黄土地区，桩底端应支承在压缩性较低的非湿陷性土层中。对自重湿陷性黄土场地，桩底端应支承在可靠的持力层中。经 40 多年的工程实践证明，如桩穿透湿陷性土层，支承于可靠的持力层上，则地基受水浸湿后完全能保证建筑物的安全，反之会导致湿陷事故。

桩基础既不是天然地基，也不是人工地基，属于基础范畴，是将上部荷载传递给桩侧和桩底端以下的土（或岩）层，采用挖、钻孔等非挤土方法而成的桩。在成孔过程中将土排出孔外，桩孔周围土的性质并无改善。但设置在湿陷性黄土场地上的桩基础，桩周土受水浸湿后，桩侧阻力大幅度减小，甚至消失。当桩周土产生自重湿陷时，桩侧的正摩阻力迅速转化为负摩阻力。因此，在湿陷性黄土场地上，不允许采用摩擦型桩，设计桩基础除桩身强度必须满足要求外，还应根据场地工程地质条件，采用穿透湿陷性黄土层的端承型桩（包括端承桩和摩擦端承桩），其桩底端以下的受力层在非自重湿陷性黄土场地，必须是压缩性较低的非湿陷性土(岩)层；在自重湿陷性黄土场地，必须是可靠的持力层。这样，当桩周的土受水浸湿，桩侧的正摩阻力一旦转化为负摩阻力时，便可由端承型桩的下部非湿陷性土(岩)层所承受，并可满足设计要求，以保证建筑物的安全与正常使用。

湿陷性黄土地区桩基础一般采用打入桩、静压桩、钻孔或人工挖孔灌注桩以及沉管灌注桩等，近年来使用较多的为钻孔(或人工挖孔)灌注桩、静压桩以及沉管灌注桩。

根据桩基础在湿陷性黄土地区的应用经验资料分析，各类桩基础的适用范围总结如下。

(1) 锤击预制桩。

该桩的特点是，不受气候条件限制，可随时施工，工艺简单，承载力大。采用该技术的工程在工期、投资、承载力方面都达到了预期的效果。

(2) 人工挖孔灌注桩。

该桩型具有承载力大、施工简单、没有大的噪声和振动、造价低、可穿过各种土层将桩端置于要求的持力层且便于检查等优点。

(3) 扩孔桩。

以普通直径钻孔扩底灌注桩的静载荷试验结果显示，与相同桩身直径的桩相比，前者极限荷载为后者的1.7～4.0倍。扩底桩与普通桩相比具有承载力高、桩径小、承台面积小等显著优点，在国内外得到广泛应用。扩孔的成形工艺除钻扩外还有夯扩、压扩、注扩、挤扩等多种类型。

(4) 钻孔灌注桩。

其特点：承载力较大，设备简单，受地形条件约束小，桩径范围大(0.5～2.0m)，可入土较深，能解决因建筑物所需承载力大而布桩较密的问题。该桩型已被大量使用在桥梁、建筑中，适用于多种土质，无振动、无挤土、噪声小，适宜于在城市建筑物密集地区使用等。能穿越各种复杂地层和形成较大的单桩承载力，适应各种地质条件和不同规模建筑物在桥梁、房屋、水工建筑物等工程中得到广泛应用，已成为一种重要的桩型。

(5) 振动沉管灌注桩。

振动沉管灌注桩具有施工方便、施工周期短、工艺简单等优点。振动沉管灌注桩可以穿越湿陷性黄土、黏性土、粉土、淤泥及人工杂填土等各种土层，但是不宜用于受力层上的黄土层中夹杂有橡皮土、密实砂土、碎石土的地区。因其施工工艺有隐蔽性，施工质量不易控制，极易造成缩颈、夹泥、倾斜等。当地基中存在承压水，或有厚度较大、含水量和灵敏度高的软土层时更应谨慎使用。

1. 人工挖孔混凝土灌注桩基础

灌注桩是直接在设计的桩位开孔，然后在孔内放钢筋笼和浇灌混凝土而成。这种基础通常用于黄土层厚度为15m左右，且下部土层没出现地下水或较厚砂层时，方可顺利成孔。

其优点是在缺少机械设备的情况下，用手工操作就可完成，简便易行也经济。但这种桩承载力较低，而且在挖深10m以上时，桩孔内尚需注意通风，以保证施工时的人身安全。另外设计时，必须将桩底伸入到卵石土层，以便得到较高的承载力。

主要施工机具：成孔设备、振捣设备、钢筋加工和吊装设备。

主要施工工艺：定位放线；在桩位上形成桩孔；制作并吊放钢筋骨架；浇注混凝土并振捣养护。

技术保证项目：灌注桩用的原材料和混凝土强度、成孔深度、浇注后的桩顶标高及浮浆的处理等必须符合设计或规范要求。

灌注桩的特点如下。

(1) 与预制桩相比，灌注桩能适应持力层顶面起伏不平的变化，制成长度不同的桩，无需截桩或接桩。

(2) 注桩的桩径大，可在桩底部扩孔，增大桩底与持力层的接触面，提高单桩承载力。

(3) 与预制桩相比可节约钢材、模板。

(4) 便于施工，施工速度快。

(5) 由于无振动、无噪声，适合在城市中心和居民区施工。

(6) 操作要求较严，由于是隐蔽工程，质量不易控制。

(7) 易发生塌孔、钢筋笼变形、保护层厚度不够等质量问题。

(8) 技术间隔时间长，不能立即承受荷载。

2. 预制钢筋混凝土桩基础

预制桩是指在工厂或施工现场将桩预制好，用机械锤击或其他方法将桩送入设计位置。这种基础适于黄土层厚度在15m以内，且下部设有桩，不易穿透的较厚砂土层。桩基础设计厚度一般都超过湿陷性黄土层，落在坚硬、承载力较高的持力层上，即使黄土地基浸水下沉，对基础影响也较小。这种基础施工时尤其不受地下水位高低的影响，地基也不需再做特殊处理，但施工时需大型运输车辆和打桩机械。尽管如此，终因其优越性显著，桩基础在高层建筑以及较重要工程中广泛采用。

主要施工机具：桩锤、桩架、移动装置。

主要施工工艺：桩位定位→桩架移动和定位→吊桩和定桩→打桩、截桩和接桩。

技术保证项目：预制桩的质量、打桩的标高或贯入度、桩的节点处理等必须符合设计或规范要求。

预制桩的特点：①承载力高，耐久性好，制作质量易保证；②便于工厂化生产、机械化施工；③需要有专门的制作场地和堆放场地，钢筋用量较大；④桩长不易控制，常遇截桩、接桩、送桩，给施工造成困难；⑤施工过程技术要求高；⑥易发生桩身偏斜、断裂及桩头损坏等质量事故；⑦采用打入法施工时，施工噪声大。

3.3 湿陷性黄土地基处理效果检测与评价

湿陷性黄土地基的处理方法很多，前面都有所叙述，但处理效果如何，需要检验。一般来说，可采用钻孔取原状样、环刀取样、开挖验桩(图3-20)、动力触探(图3-21)、静力触探、载荷试验等方法检验，也可同时采用多种方法检验地基处理、消除湿陷性的效果。

图 3-20　开挖验桩　　　　　　　　　图 3-21　动力触探

3.3.1　换填法的质量检验

对粉质黏土、灰土、粉煤灰和砂石垫层的施工质量检验可用环刀法、贯入仪、静力触探、轻型动力触探或标准贯入试验检验；对砂石、矿渣垫层可用重型动力触探检验。并均应通过现场试验以设计压实系数所对应的贯入度为标准检验垫层的施工质量。压实系数也可采用环刀法、灌砂法(图3-22)、灌水法(图3-23)或其他方法检验。

图 3-22　灌砂法　　　　　　　　　图 3-23　灌水法

垫层的施工质量检验必须分层进行。应在每层的压实系数符合设计要求后铺填上层土。采用环刀法检验垫层的施工质量时，取样点应位于每层厚度的2/3深度处。检验点数量，对条形基础，每10m每层1处；整片土(或灰土)垫层的面积每100~500m²，每层3处；独立基础下是土(或灰土)垫层，每层3处；取样点的位置宜在各层中间及离边缘150~300mm。采用贯入仪或动力触探检验垫层的施工质量时，每分层检验点的间距应小于4m。

竣工验收采用载荷试验检验垫层承载力时，每个单体工程不宜少于3点；对于大型工程，则应按单体工程的数量或工程的面积确定检验点数。

3.3.2　灰土挤密桩的质量检验

当采用灰土挤密桩处理黄土湿陷性后，需要检验灰土挤密桩或素土挤密桩处理地基的质量。对一般工程，主要应检查施工记录、检测全部处理深度内桩体和桩间土的干密度，并将其分别换算为平均压实系数和平均挤密系数。对重要工程，除检测上述内容外，还应测定全部处理深度内桩间土的压缩性和湿陷性。

1. 施工技术要求

在施工过程中为了保证灰土挤密桩的质量，桩孔应尽快回填夯实，并应符合下列施工要求。

(1) 回填灰土混合料中的石灰应使用生石灰消解(俗称闷透)3～4d 以后，过筛粒径不大于 5mm 的熟石灰粉，石灰质量不应低于Ⅲ级，活性 $CaO+MgO$ 含量(按干重计)不应小于 50%。灰土混合料中的土料，应尽量选用就地挖取的纯黄土或一般黏性土，土料应过筛，粒径不应大于 20mm，不得含有冻土块和有机质含量大于 8% 的表层土等。

(2) 回填灰土的配合比，应符合设计要求，宜为 2∶8 或 3∶7(灰∶土)。灰土应拌和均匀，颜色一致，拌和后应及时入孔，不得隔日使用。

(3) 可用偏心轮夹杆式夯实机或成孔设备夯填。夯实机械必须就位准确、保持平稳、夯锤对中校孔、能自由落入孔底。填料应按设计规定数量均匀填进，不得盲目乱填，严禁用送料车直接倒料入孔。

桩孔夯填高度宜超出基底设计标高 0.2～0.3m，其上可用其他土料轻夯至地面。

2. 灰土挤密桩效果检验

灰土挤密桩效果检验应包括以下内容。

(1) 挤密效果检验：应通过现场试验性成孔后开剖取样，测试桩周围土的干密度和压实系数进行检验(挤密前后对比)。桩间土平均压实系数 D_r 不得小于 0.93。

(2) 消除湿陷性效果检验：可通过试验测定桩间土和桩孔内夯实的灰土的湿陷系数 δ_s 进行检验，若 $\delta_s < 0.015$，则认为土的湿陷性已经消除。除上述方法外，也可通过现场浸水载荷试验进行检验。

抽样检验的数量，对一般工程不应少于桩总数的 1%；对重要工程不应少于桩总数的 1.5%。

3. 灰土挤密桩效果检验方法

夯实质量的检验方法有下列几种。

(1) 触探检验法。先通过试验夯填，求得"检定锤击数"，施工检验时以实际锤击数不小于检定锤击数为合格。

触探试验要求试验前将触探架安装平稳，使触探保持垂直地进行。垂直度的最大偏差不得超过 2%。触探杆应保持平直，联结牢固。贯入时，应使穿心锤自由落下，落锤高度为 (0.76 ± 0.02)m。地面上的触探杆的高度不宜过高，以免倾斜与摆动太大。锤击速率宜为每分钟 15～30 击。打入过程应尽可能连续，所有超过 5min 的间断都应在记录中注明。及时记录每贯入 0.10m 所需的锤击数。其方法是记录每一阵击的贯入度，然后再换算为每贯入 0.1m 所需的锤击数。最初贯入的 1m 内可不记读数。每贯入 0.1m 所需锤击数连续三次超过 50 击时，即停止试验。

(2) 环刀取样检验法。先用洛阳铲在桩孔中心挖孔或通过开剖桩身，从基底算起沿深度方向每隔 1.0～1.5m 用带长把的小环刀分层取出原状夯实土样，测定其干密度。

这两种检验法，灰土桩应在桩孔夯实后 48h 内进行，二灰土桩应在 36h 内进行，否则将由于灰土或二灰土的胶凝强度的影响而无法进行检验。

（3）载荷试验法。对重要的大型工程应进行现场载荷试验和浸水载荷试验，直接测试承载力和湿陷情况。

对一般工程，主要应检查桩和桩间土的干密度和承载力；对重要或大型工程，除应检测上述内容外，尚应进行载荷试验或其他原位测试。也可在地基处理的全部深度内取样测定桩间土的压缩性和湿陷性。

复合地基载荷试验法测得的数据可靠，但试验时间较长。复合地基载荷试验承压板可用圆形和方形。面积为一根桩承担的处理面积，多桩复合地基载荷试验的承压板可用方形或矩形，其尺寸按实际桩数所承担的处理面积确定，桩的中心应与承压板中心保持一致，并与载荷试验点重合。承压板底面标高应与桩顶设计标高相适应。承压板底面下宜铺设粗砂或中砂垫层，垫层厚度取 50～150mm，桩身强度高时宜取大值。试验标高处的试坑长度和宽度，应不小于承压板尺寸的 3 倍。详见静载荷试验（图 3 - 24）。

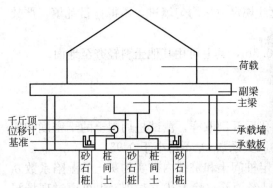

图 3 - 24　复合桩基静载荷试验示意图

试验要求如下。

加载等级可分为 8～12 级。最大加载压力不应小于设计要求压力值的 2 倍。每加一级荷载前后，均应各读记承压板沉降量一次，以后每半小时读记一次。当一小时内沉降量小于 0.1mm 时，即可加下一级荷载。

当出现下列现象之一时可终止试验：

（1）沉降急剧增大，土被挤出或承压板周围出现明显的隆起；

（2）承压板的累计沉降量已大于其宽度或直径的 10%；

（3）当达不到极限荷载，而最大加载压力已大于设计要求压力值的 2 倍。

初步设计时也可按下式估算：

$$f_{sp,k} = m\frac{R_a}{A_p} + \beta(1-m)f_{sk} \qquad (3-26)$$

$$m = \frac{A_p}{A} \qquad (3-27)$$

式中，$f_{sp,k}$——复合地基承载力特征值，kPa；

　　　m——复合地基面积置换率；

　　　R_a——桩体竖向承载力特征值，kN；

A_{p}——桩体截面面积，m^2；

β——桩间土承载力折减系数；

f_{sk}——桩间土承载力特征值，kPa；

A——根桩对应的加固面积，m^2。

3.3.3 强夯法的质量检验

检查强夯施工过程中的各项测试数据和施工记录，不符合设计要求时应补夯或采取其他有效措施。强夯置换施工中可采用超重型或重型圆锥动力触探检查置换墩着底情况。

强夯处理后的地基竣工验收承载力检验，在施工结束后间隔一定时间方能进行，对于黄土地基可取 14～28d。强夯置换地基间隔时间可取 28d。

强夯处理后的地基质量检验方法，宜根据土性选用静载荷试验、标准贯入试样等原位测试和室内土工试验。对于一般的工程应采用两种或两种以上的方法进行检验，对于重要的工程应增加检验项目。强夯置换后的地基竣工验收时，承载力检验除应采用单墩载荷试验检验外，尚应采用动力触探等有效手段查明置换墩着底情况及承载力与密度随深度的变化，对饱和粉土地基允许采用单墩复合地基载荷试验代替单墩载荷试验。

质量检验的数量，应根据场地复杂程度和建筑物的重要性确定，对于简单场地上的一般建筑物，每个建筑地基的载荷试验检验点不应少于 3 点；对于复杂场地或重要建筑地基应增加检验点数。强夯置换地基载荷试验检验和置换墩着底情况检验数量均不应少于墩点数的 1%，且不应少于 3 点。

3.4 湿陷性黄土地基上结构物的设计原则和施工措施

3.4.1 防水措施

防水措施是防止或减少建筑物地基受水浸湿而引起湿陷的重要措施，消除了黄土发生湿陷的外在条件。基本防水措施包括：建筑物布置、场地排水、屋面排水、地面防水、散水、排水沟、管道敷设、管道材料和接口等方面，采取措施防止雨水或生产、生活用水的渗漏。对于要求有严格防水措施的建筑物，应在检漏防水措施的基础上，提高防水地面、排水沟、检漏管沟和检漏井等设施的材料标准，如增设可靠的防水层、采用钢筋混凝土排水沟等。

在黄土地区，各类建筑与新建水渠之间的距离，在非自重湿陷性黄土场地不得小于12m；在自重湿陷性黄土场地不得小于湿陷性黄土层厚度的 3 倍，并不应小于 25m。

建筑场地平整后的坡度，在建筑物周围 6rn 内不宜小于 0.02，当为不透水地面时，可适当减小；在建筑物周围 6m 外不宜小于 0.005；当采用雨水明沟或路面排水时，其纵向坡度不应小于 0.005。

3.4.2 结构措施

在进行结构设计时，应增强建筑物对因湿陷引起不均匀沉降的抵抗能力，或使结构适应地基的变形而不致遭受严重破坏，能保持其整体稳定性和正常使用。主要的结构措施包括选择适宜上部结构和基础形式、加强建筑物的刚度、预留适应的沉降空间等方面。结构措施的目的是减少结构物的不均匀沉降，或使结构物适应地基的变形，因此，在工程设计中尽可能采用简支梁等对不均匀沉降不敏感的结构；加大基础刚度使受力较均匀；对长度较大、形体复杂的结构物，采用沉降缝将其分为若干独立单元等。

在上述措施中，地基处理是主要的工程措施。防水措施、结构措施的采用，应根据地基处理的程度不同而有所差别。在实际工作中，对地基做了处理，消除了全部地基土的湿陷性，就不必再考虑其他措施，若地基处理只消除地基主要部分湿陷量，为了避免湿陷对建筑物危害，还应辅以防水和结构措施。

3.5 工程应用实例

3.5.1 工程概况

某住宅楼建于 1992 年，高 17.00m，6 层，东西长 66.8m，南北宽 12.80m，5 个单元，砖混结构，毛石基础，基础埋深−2.80m。在使用期间，发现房屋部分墙体出现裂缝，随后裂缝继续发展。经现场勘测，确定为地下水管开裂发生漏水，地基受水浸泡发生不均匀沉降，导致局部墙体开裂。

3.5.2 地质概况

地基土分布情况如下。

①层杂填土，杂色至黄褐色，主要由粉土组成，含碎砖及煤渣，松散，层厚 1.4～1.8m。

②层新近沉积黄土状粉质黏土，褐黄色，可塑至软塑，土质不均，具有垂直节理和大孔隙，含姜石，层厚 1.8～5.3m。

③层新近沉积黄土状粉土，黄褐色，土质不均，湿，稍密，含姜石，强度低，韧性低，层厚 1.60～2.70m。

④层粉质黏土，褐红至赤褐色，土质均匀，含姜石及铁锰结核，可塑，层厚 6.7～9.8m。

以下为⑤层残积土和⑥层全风化岩。

基础下主要持力层为②层土，局部持力层为③层土。在水平方向上，持力层及下卧层局部接近 10%，为不均匀地基。

3.5.3 地基加固方案

为提高湿陷地基的力学强度和抗变形能力，根据地质勘察资料和地基沉陷情况，确定采用注浆法加固地基。

(1) 注浆技术参数：本次注浆以 P.S 32.5 级水泥为固化剂，浆液配比结合水泥进行现场试配，水灰比确定为 0.6～0.7；为提高浆液的结石率，掺入 2% 的水玻璃；为改善浆液的流动性，掺入2‰的泵送剂，UEA膨胀剂掺量为水泥用量的10%。经计算，注浆压力控制在0.3～1.5MPa，注浆深度为6.00m。

（2）注浆加固主要材料：P.S 32.5级水泥、水玻璃、UEA膨胀剂、泵送剂。

（3）注浆顺序，先外围后中心，间歇对称注浆。

（4）沉降观测：注浆前设置沉降观测点12个，注浆过程中控制注浆速度并随时进行观测，注浆期间每日进行沉降观测1次，注浆完成后每2日观测1次，一旦出现沉降过大或不均匀沉降，应立即停止注浆并进行相应处理。

（5）施工控制：注浆速率大时，应减少注浆压力或间隙灌注；压力小且注浆速率大时，减小水灰比，加大水玻璃掺量；施工时，注意观察地面变化情况，注意地面管道周围及地下井口的变化情况，对钻孔冒浆、串浆者处理后再注，发现地面起鼓或开裂以及管道周围、地下井口冒浆时停注。

3.5.4 施工工艺

工艺流程：布孔→钻孔→埋设注浆管→封孔→浆液试配→注浆→封管。

（1）布孔：定位放线，注浆布孔并编号。根据结构实体尺寸，可适当调整孔位，以避开障碍物。

（2）钻孔：室内地面应先将硬化地面用水钻钻透。钻孔直径为45～60mm，深度为8～8.5m，成孔后，对成孔深度进行核验。

（3）埋设注浆管：在注浆管底部2m范围内打花眼，以便浆液向四周扩散。注浆管下端宜脱开孔底0.3～0.6m，避免注浆管端头被泥土堵塞。

（4）封孔：钻孔封口深度为2～2.5m，安装时在上部封口处用70～100mm宽的编织袋封圈，封圈不到位时可用钢筋捅入预定位置，注浆管露出地面150mm左右，然后钻孔内倒入拌好的水泥水玻璃浆封口，养护48h后即可灌注。

（5）浆液试配：每罐加入200kg水泥，按比例掺入外加剂，搅拌时间1.5～2.5min。浆液搅拌均匀后，通过滤网进入储浆池，用筛子捞出浆液内的杂物。

（6）注浆：将吸浆管放入储浆池，各管路连接好后，开动注浆泵，缓缓加压，增大进浆量，注意压力变化。在注浆过程中，应设立专人不断搅动储浆池中的浆液，密切注意压力表、吸浆量及孔口周围情况的变化，一旦出现堵管现象，应立即停止注浆，清洗、疏通注浆管后再注。

（7）封管：注浆结束后，拆开孔中管与地面移动注浆管接口，并迅速用木塞将管口堵塞，减少回浆量。解开导浆管时，注浆管内浆液带压喷出，应小心避免射到人的面部。

3.5.5 质量检验

本工程注浆除完成原方案226个孔外，为进一步提高注浆效果，特在该楼外围新增注浆孔38个，注浆孔总数达到264个，总注浆量为209300kg，平均793kg/孔。根据沉降观测记录，施工期间该楼沉降观测点最大沉降量为4.59mm，未出现地基沉降过大和不均匀沉降的现象。

为检验地基加固效果和地基注浆后的承载力情况，该注浆地基采用标准贯入试验进行检测。从－2.5m 开始，每隔 1.0m 做一次标准贯入试验。

检测结果：根据标准贯入试验击数统计结果，按照《河北省建筑地基承载力技术规程（试行）》的［DB13(J)/T 48—2005］规定，确定注浆后地基承载力为 200kPa。可见，加固后的地基承载力明显提高。

本 章 小 结

本章主要讲述湿陷性黄土的地基处理方法，从黄土的工程地质性质入手，讲解了室内试验和现场测试手段，正确评价黄土的特殊性质，并进行分类、评价，最后介绍了每种特殊土的地基处理方法。

本章的重点是黄土的地基评价和处理方法。

习　　题

一、思考题

1. 何谓湿陷性黄土？黄土主要的工程地质性质是什么？
2. 黄土湿陷性的机理是什么？
3. 如何确定地基的湿陷等级？
4. 如何判别黄土地基的湿陷程度？
5. 湿陷起始压力在工程上有何实用意义？
6. 湿陷性黄土的地基处理技术有哪些？
7. 用垫层法处理黄土地基应选用什么土？垫层厚度如何确定？
8. 土桩和灰土桩处理湿陷性黄土的设计要点是什么？施工中如何控制质量？
9. 强夯法的加固机理是什么？
10. 化学加固法处理黄土地基一般可分为几种类型？其适用范围是什么？
11. 如何检验湿陷性黄土的地基处理效果？
12. 在黄土地基上设计结构物的设计原则是什么？具体有什么结构措施？

二、单选题

1. 桩和灰土桩挤密法适用于处理以下(　　)地基土。
A. 地下水位以上，深度 5～15m 的湿陷性黄土
B. 地下水位以上，含水量大于 30% 的素填土
C. 地下水位以下，深度小于 8m 的人工填土
D. 地下水位以上，饱和度大于 68% 的杂填土
2. 按规范要求设计的土桩或灰土桩能够消除湿陷性的直接原因是(　　)。
A. 减小了地基土的含水量　　　　B. 减小了地基的沉降量
C. 减小了地基土的湿陷性系数　　D. 减小了地基土的孔隙比
3. 在换填法中，当仅要求消除基底下处理土层的湿陷性时，宜采用(　　)。

A. 素土垫层   B. 灰土垫层   C. 砂石垫层   D. 碎石垫层

4. 土桩和灰土桩挤密法适用于处理(　　)地基土。

A. 地下水位以上,深度 5～15m 的湿陷性黄土

B. 地下水位以下,含水量大于 25% 的素土

C. 地下水位以上,深度小于 15m 的人工填土

D. 地下水位以下,饱和度大于 0.65 的杂填土

5. 素土和灰土垫层土料的施工含水量宜控制在(　　)范围内。

A. 最优含水率以下   B. 降低地下水位

C. 形成横向排水体   D. 形成竖向排水体

6. 为消除黄土地基的湿陷性,地基处理的方法比较适宜用(　　)。

A. 堆载预压法   B. 开挖置换法、强夯法

C. 化学灌浆法、强夯法   D. 树根桩、垫层法

7. 用碱液加固非自重湿陷性黄土地基,加固深度可选(　　)范围。

A. 基础宽度的 10～15 倍   B. 基础宽度的 8～10 倍

C. 基础宽度的 2.5～8 倍   D. 基础宽度的 1.5～2.0 倍

8. 为消除湿陷性黄土地基的湿陷性,宜选用的地基处理方法为(　　)。

A. 夯实水泥土桩法   B. 砂石桩法   C. 振冲法   D. 素土挤密桩法

9. 某场地湿陷性黄土厚度 7～8m,平均厚度干密度 $\rho_d=1.15\text{g/cm}^3$。要求消除黄土的湿陷性,地基经治理后,桩间土最大干密度达 1.60g/cm^3。现决定采用挤密灰土桩处理地基,灰土桩桩径为 0.4m,等边三角形布桩,桩间土平均挤密系数 $\bar{\eta}_c$ 取 0.93。根据《建筑地基处理技术规范》(JGJ 79—2012)的要求,该场地灰土桩距最接近(　　)。

     A. 0.76m   B. 0.78m   C. 0.80m   D. 1.0m

10. 某场地湿陷性黄土厚度为 8m。需加固面积为 200m^2,平均干密度 $\rho_d=1.15\text{g/cm}^3$,平均含水率 $w=10\%$,该地基的最优含水率为 18%,现决定采用挤密灰土桩处理地基,根据《建筑地基处理技术规范》(JGJ 79—2012)的要求,需在施工前对该场地进行增湿,损耗系数 k 取 1.10,增湿土的加水量最接近(　　)。

     A. 162m^3 B. 1619m^3 C. 16192m^3 D. 161920m^3

11. 灰土挤密桩法和素土挤密桩法的挤密影响直径为桩径的(　　)倍。

     A. 1.5～2.0   B. 2.0～3.0   C. 3.0～4.0   D. 4.0～6.0

三、多选题

1. 在下列特殊土地基中,适用于强夯法处理的有(　　)。

A. 杂填土和素填土   B. 非饱和的粉土和黏性土

C. 湿陷性黄土   D. 淤泥质土

2. 对于湿陷性黄土地基,可能适用的处理方法有(　　)。

A. 深层搅拌法   B. 灰土桩法   C. 排水固结法   D. 振冲置换法

3. 为消除黄土地基的湿陷性,较适宜采用的地基处理方法为(　　)。

A. 砂石桩法   B. 加载预压法   C. 强夯法   D. 换填法

4. 在选择确定地基处理方案以前应综合考虑(　　)。

A. 气象条件因素   B. 人文政治因素   C. 地质条件因素   D. 结构物因素

5. 下列适合于换填法的垫层材料是(　　　)。

A. 红黏土　　　　　B. 砂石　　　　　　C. 杂填土　　　　　D. 工业废渣

6. 单液硅化法加固湿陷性黄土地基的灌注工艺有(　　　)。

A. 降水灌注　　　　B. 溶液自渗　　　　C. 成孔灌注　　　　D. 压力灌注

7. 处理湿陷性黄土可采用换填法,夯实质量的检验方法有(　　　)。

A. 轻便触探检验法　B. 环刀取样检验法　C. 载荷试验法　　　D. 直剪试验法

8. 下列(　　　)地基土适合采用灰土挤密桩法处理。

A. 地下水位以上的黄土、素填土和杂填土

B. 湿陷性黄土、素填土和杂填土

C. 以消除地基土的湿陷性为目的的地下水位以上的黄土

D. 以提高地基土承载力或增强其水稳性为主要目的的地下水位以上的黄土

E. 地基土的含水率小于 24% 的湿陷性黄土

9. 灰土挤密桩法的加固机理是(　　　)。

A. 挤密作用　　　　B. 灰土性质作用　　C. 置换作用

D. 排水作用　　　　E. 减载作用　　　　F. 桩体作用

第 **4** 章
膨胀土地基处理

教学目标

本章主要讲述膨胀土的地基处理方法。通过本章的学习，应达到以下目标：
(1) 掌握膨胀土的判定方法和基本的物理力学指标；
(2) 重点掌握膨胀土膨胀性的评价方法；
(3) 掌握膨胀土变形量的计算；
(4) 掌握膨胀土的地基承载力的确定方法；
(5) 重点掌握膨胀土地基处理的方法；
(6) 了解膨胀土地基处理效果的检验与评价的方法；
(7) 掌握膨胀土路基的设计原则；
(8) 掌握膨胀土地基上构筑物设计的建筑措施和结构措施。

教学要求

知识要点	能力要求	相关知识
膨胀土的特性及工程性质	(1) 了解膨胀土的主要工程性质 (2) 掌握膨胀土的主要特征 (3) 膨胀土基本的物理力学指标	(1) 膨胀土物理力学指标 (2) 膨胀土的主要工程性质 (3) 膨胀土的主要特征
膨胀土地基的评价	(1) 掌握膨胀土的判别与分类 (2) 掌握膨胀土的野外特征 (3) 掌握膨胀土的工程特性指标 (4) 掌握工程地质分类 (5) 掌握膨胀土地基变形量计算 (6) 掌握膨胀土地基评价方法 (7) 掌握膨胀土地基承载力	(1) 膨胀土的野外鉴定方法 (2) 标准吸湿含水率 (3) 自由膨胀率 (4) 膨胀率 (5) 膨胀力 (6) 收缩系数 (7) 线缩率 (8) 胀缩总率 (9) 膨胀土地基的膨胀变形量 (10) 膨胀土地基的收缩变形量
膨胀土地基的处理方法	掌握以下膨胀土地基处理技术的加固原理和施工方法： (1) 换填法 (2) 改良土性法 (3) 预湿法 (4) 桩基础法 (5) 湿度控制法 (6) 土工格网加固法	(1) 膨胀土地基处理方法 (2) 影响膨胀土膨胀量的因素 (3) 石灰处理膨胀土的机理 (4) 水泥处理膨胀土的施工 (5) NCS 固化剂处理膨胀土的施工 (6) 生物技术改良膨胀土的机理 (7) 湿度控制法的施工 (8) 灰土桩挤密法的原理 (9) 土工格网加固法的原理

(续)

知识要点	能力要求	相关知识
膨胀土地基处理效果检测与评价	(1) 掌握压实度控制的方法 (2) 掌握灰剂量检测的方法	(1) 膨胀土路基处理的施工方法 (2) 压实度的控制方法 (3) 灰剂量的检测
膨胀土地基上结构物的设计原则和施工措施	(1) 掌握膨胀土工程的破坏形式 (2) 膨胀土路基处理的设计原则 (3) 石灰改良膨胀土的施工措施 (4) 膨胀土地基上结构物设计的建筑措施 (5) 膨胀土地基上结构物设计的结构措施	(1) 膨胀土边坡的破坏形式 (2) 路基设计的一般参数 (3) 基床处理设计 (4) 路堤边坡设计 (5) 路堑边坡设计

 基本概念

膨胀土、涨缩性、自由膨胀率、膨胀率、膨胀力、收缩系数、线缩率、胀缩总率、膨胀地基土的膨胀变形量、膨胀地基土的收缩变形量、膨胀土地基的承载力、灰土相互作用。

 引例

我国地域辽阔，存在很多具有特殊性的特殊土，其中膨胀土是一种危害性极大的土。膨胀土的最大特点就是遇水膨胀、失水收缩，所以膨胀土一直是困扰工程建设的重大工程问题。膨胀土是指黏粒成分主要由强水性矿物质组成，并且具有显著胀缩性的黏性土。膨胀土遇水膨胀、失水收缩的变形特性及其边坡浸水强度衰减的特性在膨胀土地区的工程建设中导致极大的破坏作用，并且构成的破坏是不易修复的。因此，对膨胀土地基分析与处理措施进行分析探讨具有较强的理论与现实意义。通过对胀缩性的研究和评价，针对不同地基采取不同的地基处理方法及必要的措施，可有效防止发生工程事故。

膨胀土是一种结构性不稳定的高塑性黏土，也是典型的非饱和土，它在世界范围内分布极广。土的试验指标中黏粒含量大于30%，塑限不大于13%，液限不小于38%，胀缩总率不小于5%，达到以上临界值时的土可判定为膨胀土。随着我国经济建设步伐的加快，兴起了基础设施建设的新高潮，很多铁路、公路、航空港、水利工程、城镇化以及跨流域调水工程等在膨胀土地区修建和营运，膨胀土地基研究已成为目前岩土工程的重要研究方向之一。

4.1 膨胀土特性、工程性质及评价

4.1.1 膨胀土特性

膨胀土是颗粒高度分散、成分以黏土为主、对环境的湿热变化敏感的高塑性土。它的黏粒成分主要有亲水性矿物(伊利石、蒙脱石)组成，并具有显著的吸水膨胀和失水收缩的变形特性，工程界常称为灾害性土(图4-1)。

图 4-1 野外膨胀土的特征

据现有的资料,广西、云南、湖北、安徽、四川、河南、山东等 20 多个省、自治区、市均有膨胀土。国外也一样,如美国,50 个州中有膨胀土的占 40 个州,此外在印度、澳大利亚、南美洲、非洲和中东广大地区,也都有不同程度的分布。目前膨胀土的工程问题,已成为世界性的研究课题。

膨胀土之所以称为灾害性土,是因为膨胀土地基使大量的轻型房屋发生开裂、倾斜,公路路基发生破坏(图 4-2),堤岸、路堑产生滑坡;在我国,据不完全统计,在膨胀土地区修建的各类工业与民用建筑物,因地基土胀缩变形而导致损坏或破坏的有 1000 万 m^2;我国过去修建的公路一般等级较低,膨胀土引起的工程问题不太突出,所以尚未引起广泛关注。然而,近年来在膨胀土地区新建的高等级公路,也出现了严重的病害,已引起了公路交通部门的重视。

图 4-2 膨胀土的胀缩性引起的房屋、道路开裂

4.1.2 膨胀土的工程性质

1. 膨胀土基本的物理力学指标

据野外观察,膨胀土一般为褐黄色黏土,裂隙发育,裂隙多呈闭合状,当其随卸荷及松动而张裂,在坡角被开挖时,常沿裂隙面整体坐落呈"岩堆状"。黏土层外观坚硬,但遇水极易软化,"干时一把刀,湿时一团糟"是对其性质的最好写照。其边坡的稳定性明显地受土体的裂隙面或青灰色夹层控制。

我国膨胀土物理力学指标的主要特征如下。

(1) 膨胀土的颗粒组成中黏粒（<$2\mu m$）含量大于 30%，有的甚至高达 70%。

(2) 黏土矿物成分中，膨胀土的矿物成分以伊利石和蒙脱石为主，原生矿物以石英为主，其次是长石、云母等。

(3) 膨胀土的塑性指数大都大于 17，多数位于 22～35 之间，膨胀土属液限大于 40% 的高塑性土。

(4) 土体湿度增高时，体积膨胀并形成膨胀压力；土体干燥失水时，体积收缩并形成收缩裂缝；膨胀、收缩变形可随环境变化往复发生，导致土的强度衰减。

(5) 膨胀土属固结性黏土。

我国有关地区膨胀土物理力学性质指标如表 4-1 所示。

表 4-1 膨胀土的物理力学性质指标

地区	天然含水量 (w)/%	重度 (γ)/(kN/m^3)	孔隙比 (e)	塑性指数 (I_P)/%	液性指数 (I_L)	黏粒含量 (<$2\mu m$)/%	自由膨胀率 (F_S)/%	膨胀率 (e_P)/%	膨胀力 (p_P)/kPa
云南鸡街	24	20.2	0.68	25	<0	48	79		103
广西宁明	27.4	19.3	0.79	28.9	0.07	53	68	5.01	175
广西田阳	21.5	20.2	0.64	23.9	0.09	45			98
云南蒙自	39.4	17.8	1.15	34	0.03	42	81		50
云南文山	37.3	17.7	1.13	27	0.29	45	52	9.55	62
云南建水	32.5	18.3	0.99	29	0.06	50	52		40
河北邯郸	23.0	20.0	0.67	26.7	0.05	31	80		56
河南平顶山	20.8	20.3	0.61	26.4	<0	30	62	3.01	137
湖北襄樊	22.4	20.0	0.65	24.3	<0	32	112		30
山东临沂	34.8	18.2	1.05	29.2	0.33		61		7
广西南宁	35.0	18.6	0.98	33.2	0.15	61	56	2.6	34
安徽合肥工大	23.4	20.1	0.68	23.2	0.09	30	64		59
江苏六合马集	22.1	20.6	0.62	19.8	0.05		56		85
江苏南京卫岗	21.7	20.4	0.63	21.2	0.07	24.5			
四川成都川师	21.8	20.2	0.64	22.2	0.05	40	61	2.19	33
成都龙潭寺	23.3	19.9	0.61	20.9	0.01	38	90		39
湖北枝江	22.0	20.1	0.66	20.5	0.03	31	51		94
湖北荆门	17.9	20.7	0.56	24.2	0.02	30	64		56
湖北郧县	20.6	20.1	0.63	22.3	<0		53	4.43	26
陕西安康	20.4	20.2	0.62	20.3	0	25.8	57	2.07	37
陕西汉中	22.2	20.1	0.68	21.3	0.10	24.3	58	1.66	27
山东泰安	22.3	19.6	0.71	20.2	0.12		65	0.09	14
广西金光农场	40	17.8	1.15	14	0.02	63	30	0.65	10
桂林奇峰镇	37	18.2	1.13	13	<0		24		47

（续）

地区	天然含水量 (w)/%	重度 (γ)/ (kN/m^3)	孔隙比 (e)	塑性指数 (I_P)/%	液性指数 (I_L)	黏粒含量 $(<2\mu m)$/%	自由膨胀率 (F_S)/%	膨胀率 (e_P)/%	膨胀力 (p_P)/kPa
贵州贵阳	52.7	16.8	1.57	4.6	0.13	54.5	33.3	0.76	14.7
广西武宜	36	18.3	0.99	26	<0		25		
广西来宾县	29	18.5	0.89	30	0.04	30	44	0.42	9
广西贵县	32	19.2	0.91	25	<0	67	50		43
广西武鸣	27	18.5	0.90	15	<0	42	46		190

2. 膨胀土主要工程性质

1）膨胀土的多裂隙性

多裂隙性是膨胀土的典型特征，多裂隙构成的裂隙结构体及软弱结构面产生了复杂的物理力学效应，大大降低了膨胀土的强度，导致膨胀土的工程地质性质恶化。长期以来，膨胀土裂隙一直是人们的研究重点，但由于膨胀土裂隙演化的不确定性和随机性，其研究进展缓慢，定量化程度低。

膨胀土中普遍发育的各种形态裂隙，按其成因可分为两类，即原生裂隙和次生裂隙。而次生裂隙又可分为风化裂隙、减荷裂隙、斜坡裂隙和滑坡裂隙等。原生裂隙具有隐蔽特征，多为闭合状的显微裂隙，需要借助光学显微镜或电子显微镜观察；次生裂隙则具有张开状特征，多为宏观裂隙，肉眼下即可辨认。次生裂隙一般又多由原生裂隙发育发展而成，所以，次生裂隙常具有继承性质。

膨胀土中的垂直裂隙，通常是由于构造应力与土的胀缩效应产生的张力应变形成，水平裂隙大多由沉积间断与胀缩效应所形成的水平应力差而产生。裂隙面上的黏土矿物颗粒具有高度定向性，常见的有镜面擦痕，显蜡状光泽。裂隙面上大多有灰白色黏土，薄膜成条带状，富水软化，使土的裂隙结构具有比较复杂的物理化学和力学特性，严重影响和制约着膨胀土的工程特性。

膨胀土的风化作用强烈，胀缩作用频繁，加剧了膨胀土裂隙的变形和发展，使土中原生裂隙逐渐显露张开，并不断加宽加深。由于地质作用的不均匀性，膨胀土裂隙经常产生分岔现象。

膨胀土裂隙的存在，破坏了膨胀土的均一性和连续性，导致膨胀土的抗剪强度产生各向异性特征，且易在浅层或局部形成应力集中分布区，产生一定深度的强度软弱带。膨胀土中各种特定形态的裂隙，是在一定的成土过程和风化作用下形成的，产生裂隙的原因主要是由于膨胀土的胀缩特性（即吸水膨胀、失水干缩）往复周期变化，导致膨胀土土体结构松散，形成许多不规则的裂隙。裂隙的发育又为膨胀土表层的进一步风化创造条件，同时，裂隙又成为雨水进入土体的通道，含水量的波动变化引起反复胀缩，从而又导致裂隙的扩展。另外，膨胀土的裂隙发育程度，除受膨胀土的物质组成和成土条件控制外，还与开挖土体的时间和气候条件密切相关，卸荷（或开挖）土体中的应力状态发生变化也产生裂隙，或促进裂隙的张开和发展。

2）膨胀土的胀缩性

从土质学观点来看，膨胀土由于具有亲水性，只要与水相互作用，都具有增大其体积的能力，土体湿度也随之增加。膨胀土吸水体积增大而产生膨胀，可使建筑在土基上的道路或其他建筑物产生隆起等变形破坏。如果土体在吸水膨胀时受到外部约束的限制，阻止其膨胀，则在土中产生一种内应力，即为膨胀力或称膨胀压力。与土体吸水膨胀相反，倘若土体失水，其体积随之减小而产生收缩，并伴随土中出现裂隙。膨胀土体收缩同样可造成其土基的下沉及道路的开裂等变形破坏。

膨胀土的黏土矿物成分中含有较多的蒙脱石、伊利石和多水高岭石，这类矿物具有较强的、与水结合的能力，吸水膨胀、失水收缩，并具膨胀-收缩-再膨胀的往复胀缩特性，特别是蒙脱石含量直接决定其膨胀性能的大小，因此，黏土矿物的组成、含量及排列结构是膨胀土产生膨胀的首要物质基础。极性分子或电解质液体的渗入是膨胀土产生膨胀的外部作用条件。膨胀土的胀缩机理问题亦是黏土矿物与极性水组成的两相介质体系内部所发生的物理-化学-力学作用问题。

蒙脱石是 2∶1 型层状铝硅酸盐，其四面体中的硅可被铝随机置换，八面体中的铝可被同价或低价离子如 Ca^{2+}、Na^+、Mg^{2+} 等类质同象置换，这种类质同象置换过程使蒙脱石晶层面有过剩的负电荷，在层间产生一静电场，因此蒙脱石层间可吸附 Ca^{2+}、Na^+、Mg^{2+} 等阳离子和水（H_3O^+）、氨（NH_4^+）等极性分子。正是蒙脱石这种特有的吸附功能使得膨润土具有很强的膨胀能力（图 4-3）。

膨润土一般分为钠基和钙基膨润土，在工程中多使用钠基膨润土。其颗粒的单位晶层中存在极弱的键，钠离子本身半径小，离子价低，水很容易进入单位晶层间，引起晶格膨胀，颗粒的体积膨胀为原来颗粒体积的 10～40 倍，吸水后形成一道不透水的防渗层。若再经过一段较长时间，则膨润土颗粒会变成膏脂状，渗透系数可以降到 $1 \times 10^{-7} m/s$ 以下，几乎不透水。膨润土自身吸水结构发生变化的过程参见图 4-4。

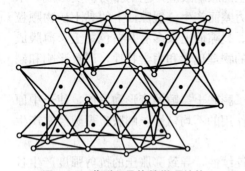

(a) 分散结构　　　　(b) 絮凝结构　　　　(c) 胶结结构

图 4-3　蒙脱石晶体的微观结构　　　图 4-4　膨润土水化后与土体作用形成不透水层的过程

膨胀岩土的膨胀性能与其矿物成分、结构联结类型及强度、密实度等密切相关。除了矿物成分因素外，这些矿物成分在空间上的联结状态也影响其胀缩性质。经对大量不同地点的膨胀土扫描电镜分析得知，面-面连接的叠聚体是膨胀土的一种普遍的结构形式，这种结构比团粒结构具有更大的吸水膨胀和失水收缩的能力。

胶结联结有抑制膨胀的作用，胶结强度越高，越不利于膨胀的发生和发展。结构的疏密程度也影响膨胀量的大小。在力的作用下产生的扩容膨胀效应则扩容改变了膨胀岩土的结构联结和密实程度，从而使膨胀量发生变化。扩容膨胀效应随力学作用程度不同而各异。当力学作用未使膨胀岩土的胶结联结发生大的改变时，扩容后的膨胀效应不明显，膨胀以物化作用为主；当力学作用破坏了部分原始胶结联结时，膨胀抑制力有所减弱，膨胀势得以充分发挥，从而促进物化作用膨胀进一步发展。

胀缩性必要的外界因素是水对膨胀土的作用，或者更确切地说，水分的迁移是控制土胀、缩特性的关键外在因素。因为只有土中存在着可能产生水分迁移的梯度和进行水分迁移的途径，才有可能引起土的膨胀或收缩。

3）膨胀土的抗剪强度特性

抗剪强度特性既是土体抗剪切破坏能力的表征，同时也是验算路基边坡稳定性能的重要参数。其取值受膨胀土胀缩等级、含水量、上覆压力、填筑条件等的影响，其中含水量是主要影响因素。其变化规律是：土体胀缩等级高，φ 值降低时 c 值变化不大；土体含水量变小，抗剪强度增大；上覆压力增大，c、φ 的值均增大；填筑土体干容重越大，抗剪强度越高，土体含水量越大，抗剪强度越低。但击实土在膨胀后，c、ϕ 的最大值却出现在最佳含水量击实到最大干重的时候。

4）膨胀土的风化特性

膨胀土路基长期暴露在大气环境中，受环境水分变化的影响，极易在表层部分碎裂泥化，形成表面松散层，强度降低。大气环境对膨胀土的风化作用随土层深度的增加而减弱，可通过分析土体内的含水量变化来取得风化深度的近似值。国内有关资料认为，在降雨量和蒸发量差别不大的地区，大气风化作用深度一般为 1m 左右，但对于长期干旱地区则可达 3m 以上，因而风化深度对研究膨胀土路基边坡的稳定性具有重要意义。

5）膨胀土的崩解性

膨胀土浸水后其体积膨胀，在无侧限条件下则发生吸水湿化。不同类型的膨胀土的崩解性是不一致的。

6）超固结性

超固结的膨胀土在成土过程中形成了先期固压力，表现为天然孔隙比较小，干密度大，初始结构强度较高，但风化后强度衰弱很快。

4.1.3　膨胀土地基的评价

1. 野外特征

我国的膨胀土大多形成于第四纪晚更新世（Q_3）及以前，少有全新世（Q_4），多为残积土，以灰白、灰绿和灰黄等颜色为主。自然条件下多呈坚硬、硬塑状态，结构致密，土内裂缝发育，方向不规则，常有光滑的断口和擦痕，钙质结核和铁锰结核呈零星分布。

《膨胀土地区建筑技术规范》（GB 50112—2013）中规定，凡具有下列工程地质特征的场地，且自由膨胀率 $\delta_{ef} \geqslant 40\%$ 的土应判定为膨胀土。

（1）裂隙发育，常有光滑面和擦痕，有的裂隙中充填着灰白、灰绿色黏土。在自然条件下呈坚硬或硬塑状态。

（2）多出露于二级或二级以上阶地、山前和盆地边缘丘陵地带，地形平缓，无明显自然陡坎；旱季常常出现地裂，长可达数十米至近百米，深数米，雨季闭合。

（3）常见浅层塑性滑坡、地裂，新开挖坑（槽）壁易发生坍塌等。

（4）建筑物裂缝随气候变化而张开和闭合。

按场地的地形地貌条件，可将膨胀土建筑场地分为两类：①平坦场地，即地形坡度小于5°；地形坡度大于5°、小于14°且距坡肩水平距离大于10m的坡顶地带。②坡地场地，即地形坡度大于或等于5°；地形坡度小于5°，但同一座建筑物范围内局部地形高差大于1m。

2. 膨胀土的工程特性指标

1) 标准吸湿含水率

从理论上，可以用如下公式计算标准吸湿含水率：

$$w_a = dAC\rho_a\beta \tag{4-1}$$

式中，w_a——标准吸湿含水率，%；

$\quad d$——吸附单分子水层厚度(A)，m；

$\quad A$——具有晶层结构的矿物蒙脱石的理论比表面积，m^2/g；

$\quad C$——具有晶层结构的黏土矿物的含量，%；

$\quad \rho_a$——吸附水的密度，m^3；

$\quad \beta$——修正系数。

2) 自由膨胀率 δ_{ef}

将人工制备的磨细烘干土样，经无颈漏斗注入量杯，量其体积，然后倒入盛水的量筒中(图4-5)，经充分吸水膨胀稳定后，再测其体积。增加的体积与原体积的比值 δ_{ef} 称为自由膨胀率。

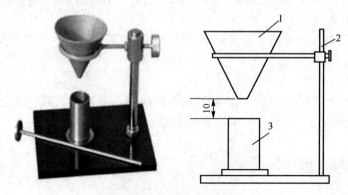

图4-5 自由膨胀率测定仪

1—漏斗；2—支架；3—量土杯

$$\delta_{ef} = \frac{V_w - V_o}{V_o} \times 100\% \tag{4-2}$$

式中，δ_{ef}——膨胀土的自由膨胀率；

$\quad V_w$——土样在水中膨胀稳定后的体积，mL；

$\quad V_o$——土样原有体积，mL。

自由膨胀率与矿物成分有关，通常情况下，土中黏粒含量大于30%，且主要黏土矿物为蒙脱石时，δ_{ef} 在80%以上；为伊利石和少量蒙脱石时，δ_{ef} 为50%~80%；为高岭石时，δ_{ef} 小于40%。当 δ_{ef} 小于40%，一般应视为非膨胀土。

根据《膨胀土地区建筑技术规范》(GB 50112—2013)，按自由膨胀率大小划分膨胀土的膨胀潜势，如表4-2所示。

表 4-2 膨胀土的膨胀潜势分类

自由膨胀率 δ_{ef}/%	膨胀潜势	自由膨胀率 δ_{ef}/%	膨胀潜势
$40 \leqslant \delta_{ef} < 65$	弱	$\delta_{ef} \geqslant 90$	强
$65 \leqslant \delta_{ef} < 90$	中等		

3）膨胀率 δ_{ep}

膨胀率表示原状土在侧限压缩仪中，在一定压力下，浸水膨胀稳定后，土样增加的高度与原高度之比，表示为：

$$\delta_{ep} = \frac{h_w - h_0}{h_0} \times 100\% \tag{4-3}$$

式中，h_w——土样在一定压力下浸水膨胀稳定后的高度，mm；

h_0——土样的原始高度，mm。

土的初始含水量越低，在相同的压力下，其膨胀率就越高；当土的初始含水量相同时，压力越大，膨胀率越低。根据最大膨胀率对土的分类如表 4-3 所示。

表 4-3 按最大膨胀性指标分类

指标	弱膨胀土	中膨胀土	强膨胀土	极强膨胀土
最大线缩率(δ'_{sv})/%	2~5	5~8	8~11	>11
最大体缩率(δ'_v)/%	8~16	16~23	23~30	>30
最大膨胀率(δ'_{ep})/%	2~4	4~7	7~10	>10

注：最大线缩率与最大体缩率是天然状态的土样膨胀后的收缩率与体缩率，最大膨胀率是天然状态土样在一定条件下风干后的膨胀率。

4）膨胀力 P_e

以各级压力下的膨胀率 δ_{ep} 为纵坐标，压力 p 为横坐标，将试验结果绘制成 p-δ_{ep} 关系曲线，该曲线与横坐标的交点 P_e 称为试样的膨胀力。膨胀力表示原状土样在体积不变时，由于浸水膨胀产生的最大内应力。

膨胀力与土的初始密度有密切关系，初始密度越大，膨胀力就越大。当外力小于膨胀力时，土样浸水后就会出现膨胀；当外力大于膨胀力时，土样会压缩。

5）收缩系数 λ_s

利用收缩曲线直线收缩段可求得收缩系数 λ_s，其定义为：原状土样在直线收缩阶段内，含水量每减少 1% 时所对应的线缩率的改变值，即：

$$\lambda_s = \frac{\Delta \delta_s}{\Delta w} \tag{4-4}$$

式中，$\Delta \delta_s$——收缩过程中与两点含水量之差对应的竖向线缩率之差，%（所谓线缩率 δ_{sL} 是指竖向收缩量与试样的原有高度之比）；

Δw——收缩过程中直线变化阶段两点含水量之差，%。

6）线缩率 δ_{sr}

膨胀土失水收缩，其收缩性可用线缩率与收缩系数表示。

线缩率 δ_{sr} 是指土的竖向收缩变形与原状土样高度之比，表示为：

$$\delta_{sr} = \frac{h_0 - h_i}{h_0} \times 100\% \tag{4-5}$$

式中，h_0——土样的原始高度，mm；

h_i——某含水量 w_i 时的土样高度，mm。

7）胀缩总率

关于胀缩总率的计算公式如下：

$$\delta_{es} = \delta_{ep} + \lambda_s(w - w_{min}) \tag{4-6}$$

式中，δ_{es}——线胀缩总率；

δ_{ep}——土在 50kPa 荷载的膨胀率，%；

w——土的天然含水量，%；

w_{min}——建筑场地土的最小含水量，%，即旱季含水量平均值；

λ_s——土的收缩系数，$\lambda_s = \Delta\delta_s/\Delta w$；

$\Delta\delta_s$——收缩过程中与两点含水量对应的竖向线缩率之差，%；

Δw——收缩过程中直线变化阶段两点含水量之差，%。

膨胀土按自由膨胀率与胀缩总率的分类如表 4-4 所示。

表 4-4 按自由膨胀率与胀缩总率的分类　　　　　　　　单位：%

类别	无荷载下体胀缩总率	无荷载下线胀缩总率	线膨胀率	缩限含水量状态下的体缩率	自由膨胀率
强膨胀土	>18	>8	>4	>23	>80
中膨胀土	12~18	6~8	2~4	16~23	50~80
弱膨胀土	8~12	4~6	0.7~2	8~16	30~50

3. 工程地质分类

目前，国内外膨胀土分类的方法很多，不同的研究者提出了不同的标准，所选择的指标和标准也不一，其中具有代表性的分类方法分述如下。

我国膨胀土工程地质分类如表 4-5 所示。

表 4-5 膨胀土的工程性质类型

类型	岩性	孔隙比 (e)	液限 (w_L)	膨胀率 (δ_{ep})/%	膨胀力 (P_e)/kPa	线缩率 (δ_{sr})/%	分布地区
I（湖相）	1. 黏土、黏土岩：灰白、灰绿色为主，灰黄、褐色次之	0.54~0.84	40~59	40~90	70~310	0.7~5.8	平顶山、邯郸、宁明、个旧、襄樊、曲靖、昭通
	2. 黏土：灰色及灰黄色	0.92~1.29	58~80	56~100	30~150	4.1~13.2	
	3. 粉质黏土：泥质粉细砂、泥灰岩，灰黄色	0.59~0.89	31~48	35~50	20~134	0.2~6.0	郧县、荆门、枝江、安康、汉中、临沂、成都、合肥、南宁
II（河相）	1. 黏土：褐黄、灰褐色	0.58~0.89	38~54	40~77	53~204	1.8~8.2	
	2. 粉质黏土：褐黄、灰白色	0.53~0.81	30~40	35~53	40~100	1.0~3.6	

(续)

类型	岩性	孔隙比 (e)	液限 (w_L)	膨胀率 (δ_{ep})/%	膨胀力 (P_e)/kPa	线缩率 (δ_{sr})/%	分布地区
Ⅲ(滨海相)	1. 黏土：灰白、灰黄色，层理发育，有垂向裂隙、含砂	0.65~1.30	42~56	40~52	10~67	1.6~4.8	广东的湛江、海口
	2. 粉质黏土：灰色、灰白色	0.62~1.41	32~39	22~34	0~22	2.4~6.4	
Ⅳ(残积相) 碳酸岩石地区	1. 下部黏土：褐黄、棕黄色	0.87~1.35	51~86	30~75	14~100	1.2~7.3	广西的贵县、柳州、来宾
	2. 上部黏土：棕红、褐色等色	0.82~1.34	47~72	25~49	13~60	1.1~3.8	云南的昆明、砚山
老第三系地区	1. 黏土：黏土岩、页岩、泥岩：灰、棕红、褐色	0.50~0.75	35~49	42~66	25~40	1.1~5.0	云南的开远，广东的广州，宁夏的中宁盐池，新疆的哈密
	2. 粉质黏土：泥质砂岩及砂质页岩等	0.42~0.74	24~37	35~43	13~180	0.6~2.3	
火山灰地区	黏土：褐红夹黄，灰黑色	0.81~1.00	51~58	81~126	—	2.0~4.0	海南的儋县

按塑性图也能对膨胀土进行初步的判别与分类。塑性图系由卡萨格兰首先提出，后来李生林教授做了深入的研究，它是以塑性指数为纵轴，以液限为横轴的直角坐标，如图 4-6 所示。因此，运用塑性图联合使用塑性指数与液限来判别膨胀土，不仅能反映直接影响胀缩性能的物质组成成分，而且能在一定程度上反映控制形成胀缩性能的浓差渗透吸附结合水的发育程度。

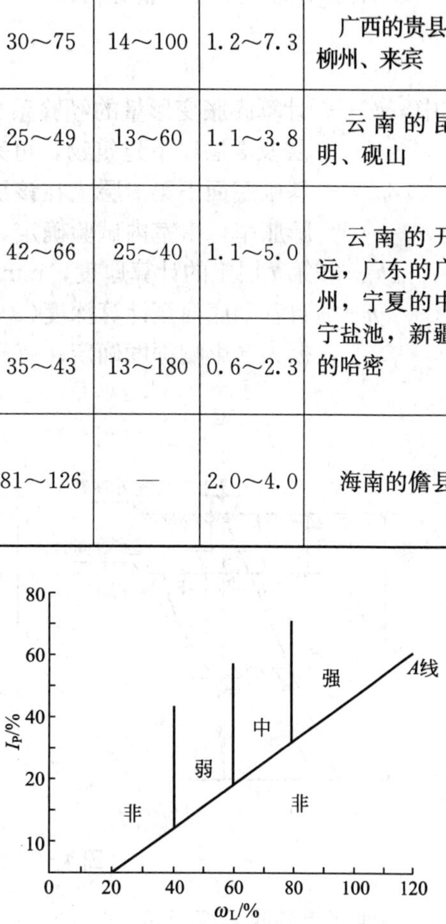

图 4-6 按塑性图的分类

4. 膨胀土地基变形量计算

膨胀土地基的变形量一般符合以下规定：①膨胀土地基的计算变形量应小于或等于建筑物的地基容许变形值。②膨胀土地基变形量的取值应符合下列规定：膨胀变形量应取基础某点的最大膨胀上升量；收缩变形量应取基础某点的最大收缩下沉量；胀缩变形量应取基础某点的最大膨胀上升量与最大收缩下沉量之和；变形差应取相邻两基础的变形量之差；局部倾斜应取砖混承重结构沿纵墙 6~10m 内基础两点的变形量之差与其距离的比值。

在不同条件下可表现为 3 种不同的变形形态，即上升型变形、下降型变形和升降型变形。因此，膨胀土地基变形量计算应根据实际情况，可按下列 3 种情况分别计算：①当离地表 1m 处地基土的天然含水量等于或接近最小值时，或地面有覆盖且无蒸发可能时，以及建筑物在使用期间经常受水浸湿的地基，可按膨胀变形量计算；②当离地表 1m 处地基土的天然含水量大于 1.2 倍塑限含水量时，或直接受高温作用的地基，可按收缩变形量计算；③其他情况下可按胀缩变形量计算。

地基变形量的计算方法仍采用分层总和法。下面分别将上述 3 种变形量计算方法介绍如下。

1）地基土的膨胀变形量 s_e

$$s_e = \psi_e \sum_{i=1}^{n} \delta_{epi} h_i \qquad (4-7)$$

式中，ψ_e——计算膨胀变形量的经验系数，宜根据当地经验确定，若无可依据经验时，3 层及 3 层以下建筑物，可采用 0.6；

δ_{epi}——基础底面下第 i 层土在该层土的平均自重应力与平均附加应力之和作用下的膨胀率，由室内试验确定，%；

h_i——第 i 层土的计算厚度，mm；

n——自基础底面至计算深度（z_n）内所划分的土层数 [图 4-7(a)]，计算深度应根据大气影响深度确定；有浸水可能时，可按浸水影响深度确定。

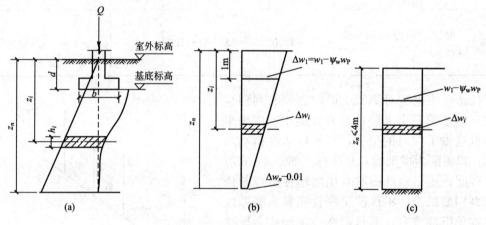

图 4-7 地基土变形计算示意图

2）地基土的收缩变形量 s_s

$$s_s = \psi_s \sum_{i=1}^{n} \lambda_{si} \Delta w_i h_i \qquad (4-8)$$

式中，s_s——地基土的收缩变形量，mm；

ψ_s——计算收缩变形量的经验系数，宜根据当地经验确定。若无可依据经验时，3 层及 3 层以下建筑物，可采用 0.8；

λ_{si}——第 i 层土的收缩系数，应由室内试验确定；

Δw_i——地基土收缩过程中，第 i 层土可能发生的含水量变化的平均值（以小数表示）；

n——自基础底面至计算深度（z_n）内所划分的土层数 [图 4-7(b)]。

计算深度可取大气影响深度，当有热源影响时，应按热源影响深度确定。在计算深度时，各土层的含水量变化值 Δw_i（图 4-7）应按下式计算：

$$\Delta w_i = \Delta w_1 - (\Delta w_1 - 0.01)\frac{z_{i-1}}{z_{n-1}} \tag{4-9}$$

$$\Delta w_1 = w_1 - w_w w_P \tag{4-10}$$

式中，w_1、w_P——地表下 1m 处土的天然含水量和塑限含水量（以小数表示）；

ψ_w——土的湿度系数，应根据当地 10 年以上的土的含水率变化及有关气象资料统计求出；

z_i——第 i 层土的深度，m；

z_n——计算深度，可取大气影响深度，m，大气影响深度应由各气候地区土的深层变形观测或含水率观测及低温观测资料确定，无此资料时可按表4-6确定。

表 4-6　大气影响深度　　　　　　　单位：m

土的湿度系数 ψ_w	大气影响深度 d_a	土的温度系数 ψ_w	大气影响深度 d_a
0.6	5.0	0.8	3.5
0.7	4.0	0.9	3.0

如没有土的湿度系数资料时，可按下式计算：

$$\psi_w = 1.152 - 0.72\alpha - 0.00107c \tag{4-11}$$

式中，ψ_w——膨胀土的湿度系数，在自然气候影响下，地表下 1m 处土层含水量可能达到的最小值和塑限值之比；

α——当地 9 月至次年 2 月的蒸发力之和与全年蒸发力之比；

c——全年中干燥度大于 1.00 的月份的蒸发力与降水量差值之总和，mm（干燥度为蒸发力与降水量之比值）。

3）地基土的胀缩变形量 s

$$s = \psi\sum_{i=1}^{n}(\delta_{epi} + \lambda_{si}\Delta w_i)h_i \tag{4-12}$$

式中，ψ——计算胀缩变形量的经验系数，可取 0.7。

5. 膨胀土地基承载力

膨胀土地基的承载力同一般地基土的承载力的区别：一是膨胀土在自然环境或人为因素等影响下，将产生显著的胀缩变形；二是膨胀土的强度具有显著的衰减性，地基承载力实际上是随若干因素而变动的。其中，地基膨胀土的湿度状态的变化将明显地影响土的压缩性和承载力的改变。

膨胀土基本承载力有以下特点：各个地区及不同成因类型膨胀土的基本承载力是不同的，而且差异性比较显著；与膨胀土强度衰减关系最密切的含水量因素，同样明显地影响着地基承载力的变化。其规律是：对同一地区的同类膨胀土而言，膨胀土的含水量愈低，地基承载力愈大；相反，膨胀土的含水量愈高，则地基承载力愈小；不同地区膨胀土的基本承载力与含水量的变化关系，在不同地区无论是变化数值或变化范围都不一样。

膨胀土地基上基础底面设计压力宜大于土的膨胀力，但不得超过地基承载力，膨胀土地基承载力可用下列方法确定。

1）载荷试验法

对荷载较大或没有建筑经验的地区，宜采用浸水载荷试验方法确定地基的承载力。

2）计算法

采用饱和三轴不排水快剪试验确定土的抗剪强度，再根据国家现行的建筑地基基础设计规范或岩土工程勘察规范的有关规定计算地基的承载力。

3）经验法

对已有建筑经验地区可根据成功的建筑经验或地区的承载力经验值确定地基的承载力。

我国《膨胀土地区建筑技术规范》（GB 50112—2013）规定：对于一般工程，可参考表 4-7 确定地基的承载力。

表 4-7　地基的承载力

含水比/α_w	孔隙比/e		
	0.6	**0.9**	**1.1**
<0.5	350	280	200
0.5～0.6	300	220	170
0.6～0.7	250	200	150

注：1. 含水比为天然含水量与液限的比值：$\alpha_w = w/w_L$。
　　2. 此表适用于基坑开挖的土的天然含水量等于或小于勘察时土的天然含水量。
　　3. 使用此表时应结合建筑物的容许变形值考虑。

综上所述，在确定膨胀土地基承载力时，应综合考虑以上诸多规律及其影响因素，通过现场膨胀土的原位测试资料，结合桥、涵地基的工作环境综合确定。在一般条件不具备的情况下，也可参考现有研究成果，初步选择合适的基本承载力，再进行必要的修正。

6. 膨胀土地基的胀缩等级评价

《膨胀土地区建筑技术规范》（GB 50112—2013）规定，以 50kPa 压力下测定的土的膨胀率计算地基分级变形量，作为划分胀缩等级的标准，表 4-8 给出了膨胀土地基的胀缩等级。

表 4-8　膨胀土地基的胀缩等级

地基分级变形量 s_e/mm	级　别	破坏程度
$15 \leqslant s_e < 35$	Ⅰ	轻微
$35 \leqslant s_e < 70$	Ⅱ	中等
$s_e \geqslant 70$	Ⅲ	严重

注：地基分级变形量 s_e 应按式（4-7）计算，式中膨胀率采用的应力应为 50kPa。

4.2　膨胀土地基的处理方法

膨胀土地基处理可采用换土、砂石垫层、土性改良等方法，亦可采用桩基或墩基。确定处理方法时应根据土的胀缩等级、地方材料及施工工艺等，进行综合技术经济比较。

软弱膨胀土地基处理的一般原则：膨胀土地基的处理应根据当地的气候条件、地基的胀缩等级、场地的工程地质及水文地质情况和建筑物结构类型等进行。结合建筑经验和施工条件，因地制宜地采取治理措施。如果能够采用换填非膨胀土或化学等方法，从根本上改变地基土的性质，则是根治的最好方法。如果用桩基或深埋的办法，使基础落到含水量较稳定的土层，就能大大减少对建筑物的危害；对于上部荷重较轻的小型建（构）筑物，亦可浅埋基础但必须避免扰动下部膨胀土。由此可知，软弱膨胀土地基的处理应根据场地土胀缩性能、水文地质条件，考虑具体建筑物适应变形的能力，采取相应的处理措施。同时加强结构的整体变形能力，切断基底下外界的渗水条件，以保证地基的稳定性。

对于膨胀土地基的处理必须根据地基膨胀等级以及建筑物的结构类型，因地制宜地采取相应的处理措施，尽量做到技术先进、经济合理，保证建筑物的安全和正常使用。按照建筑物结构类型对地基不均匀胀缩变形的适应能力和使用要求，可将膨胀土地基上的建筑分为以下几类。

（1）对地基不均匀胀缩变形适应性较强的建筑物，如木结构、钢结构和钢筋混凝土排架结构及高耸构筑物。其中排架结构和木结构容许较大的不均匀变形，同时，独立柱基基底压力较大，从现有厂房和民用建筑来看，围护墙宜采用填充墙，并砌在基础梁上，基础梁底与地面之间预留 100～150mm 的缝隙或回填松软材料，以便预留地基土的膨胀空隙。高耸构筑物如烟囱、水塔和筒仓等，占地面积小、刚度大、基底压力大、基础埋深比较深，基础持力层基本不受大气影响，可不需做特殊处理。

（2）对地基不均匀变形具有一定适应性的建筑物，如混凝土框架结构及 4 层以上的砌体结构，基底压力较大，应采取加强整体性的措施。

（3）对地基不均匀胀缩变形适应力较差的建筑物，如层数较少的砌体承重结构等，基底压力小，容易产生较大的不均匀沉降，必须通过地基处理以减轻膨胀土变形对建筑物的破坏，并将加强建筑物的整体性作为辅助措施。

基于对膨胀土工程性质的研究和大量工程实践经验的总结，国内外膨胀土地基加固技术也在逐步发展，主要有以下方法：换土法、预湿法、包盖法、化学处理法。

换土是膨胀土地基处理方法中最简单而且有效的方法，就是挖除膨胀土，换填非膨胀土或砂砾土填筑地基。预湿法就是用水浸泡地基土以达到膨胀土的湿度平衡，减少工后膨胀。包盖法是为控制由于膨胀土含水量变化而引起的胀缩变形，尽量减少地基含水量受外界大气的影响而在施工中采取一定的措施，如利用土工布或黏土将膨胀土地基进行包封，避免膨胀土与外界大气直接接触，以减少膨胀土内部的湿度迁移，达到减少膨胀的目的。化学处理法就是利用石灰、水泥或其他固化材料通过与膨胀土的物理化学作用进行膨胀土的改性处理，以达到降低膨胀土膨胀潜势、提高强度和水稳性的目的。目前工程中应用较为普遍且有效的方法是掺加石灰对膨胀土进行改性处理。

4.2.1 换填法

换填法是指将地基范围内的膨胀土清除，用稳定性好的土、石回填并压实或夯实。一般采用开挖换填天然砂砾，即在一定范围内，把影响地基稳定性的膨胀土用挖掘机挖除，用天然砂砾进行换置，开挖换填深度在 2m 以内，采用分层填筑、分层压实、分层检测压实度的方法施工。换填法处理可消除胀缩性、提高地基的承载力，提高抗变形和稳定能力。在换填过程中，对于换填的天然沙砾中石头的粒径、含量和级配也应充分考虑，最好做试验检测，避免无法压实而引起沉降。

浅层处理和深层处理很难明确划分界限，一般可认为地基浅层处理的范围大致在地面以下 5m 深度以内。浅层人工地基的采用不仅取决于建筑物荷载的大小，而且在更大程度上与地基土的物理力学性质有关。地基浅层处理与深层处理相比，一般使用比较简便的工艺技术和施工设备，耗费较少量的材料。

按换填材料的不同，将垫层分为砂垫层、砂卵石垫层、碎石垫层、灰土或素土垫层、煤渣垫层、矿渣垫层以及用其他性能稳定、无侵蚀性的材料做的垫层等。

1. 垫层的作用

(1) 消除膨胀土的胀缩作用。在膨胀土地基上采用换土垫层法时，一般可选用砂、碎石、块石、煤渣或灰土等作为垫层，但是垫层的厚度应根据变形计算确定，一般不小于 300mm，且垫层的宽度应大于基础的宽度，而基础两侧宜用与垫层相同的材料回填。

(2) 提高地基承载力。浅基础的地基承载力与基础下土层的抗剪强度有关。如果以抗剪强度较高的砂或其他填筑材料代替较软弱的土，可提高地基的承载力，避免地基破坏。

(3) 减少沉降量。一般地基浅层部分的沉降量在总沉降量中所占的比例是比较大的。以条形基础为例，在相当于基础宽度的深度范围内的沉降量约占总沉降量的 50% 左右。加以密实砂或其他填筑材料代替上部软弱土层，就可以减少这部分的沉降量。由于砂垫层或其他垫层对应力的扩散作用，使作用在下卧层土上的压力减小，这样也会相应减小下卧层土的沉降量。

(4) 加速软弱土层的排水固结。建筑物的不透水基础直接与软弱土层相接触时，在荷载的作用下，软弱土地基中的水被迫绕基础两侧排出，因而使基底下的软弱土不易固结，形成较大的孔隙水压力，还可能导致由于地基强度降低而产生塑性破坏的危险。砂垫层和砂石垫层等垫层材料透水性大，软弱土层受压后，垫层可作为良好的排水面，使基础下面的孔隙水压力迅速消散，加速垫层下软弱土层的固结和提高其强度，避免地基土塑性破坏。

(5) 防止冻胀性。因为粗颗粒的垫层材料孔隙大，不易产生毛细管现象，因此可以防止寒冷地区土中结冰所造成的冻胀。这时，砂垫层的底面应满足当地冻结深度的要求。

(6) 消除湿陷性黄土的湿陷作用，采用素土、灰土或二灰土垫层处理湿陷性黄土，可用于消除 1～3m 厚黄土层的湿陷性。

(7) 用于处理暗浜和暗沟的建筑场地。城市建筑场地，有时遇到暗浜和暗沟。此类地基具有土质松软、均匀性差、有机质含量较高等特点，其承载力一般都满足不了建筑物的要求。一般处理的方法有基础加深、短柱支承和换土垫层。而换土垫层适用于需要处理范围较大、处理深度不大、土质较差，无法直接作为基础持力层的情况。

当地基软弱土层较薄，而且上部荷载不大时，也可直接以人工或机械方法(填料或石填料)进行表层压、夯、振动等密实处理，同样可取得换填加固地基的效果。

2. 土的压实作用

土的压实：是指土体在压实能量作用下，土颗粒克服粒间阻力，产生位移，使土中孔隙减小，密度增加。土的压实性：是指土在压实能量作用下能被压密的特性。影响土压实性的因素很多，主要有含水量、击实功及土的级配等。

1) 土的压实与含水量的关系

在低含水量时，水被土颗粒吸附在土粒表面，土粒因无毛细管作用互相联结很弱，土粒在受到夯击等冲击作用下容易分散而难于获得较高的密实度。

在高含水量时，土中多余的水分在夯击时很难快速排出而在土孔隙中形成水团，削弱了土粒间的联结，使土粒润滑而变得易于移动，夯击或碾压时容易出现类似弹性变形的"橡皮土"现象(软弹现象)，失去夯击效果。

所以，含水量太高或太低都得不到好的压实效果。要使土的压实效果最好，其含水量一定要适当。

土的干密度是反映土的密实度的重要指标。将同一种土，配制成若干份不同含水量的试样，用同样的压实能量分别对每一份试样进行击实后 [图 4 - 8(a)]，测定各试样击实后的含水量和干密度，从而绘制含水量与干密度关系曲线，称为压实曲线 [图 4 - 8(b)]。

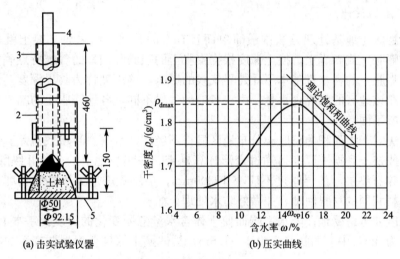

(a) 击实试验仪器 (b) 压实曲线

图 4 - 8 压实试验

1—击实筒；2—护筒；3—导筒；4—锤；5—底座

压实曲线表明，存在一个含水量，可使填土的干密度达到最大值，产生最好的击实效果。将这种在一定夯击能量下填土最易压实并获得最大密实度的含水量称为土的最优含水量，用 w_{op} 表示。在最优含水量下得到的干密度称为填土的最大干密度，用 ρ_{dmax} 表示。

2) 击实功

击实功是用击数来反应的，如用同一种土料，在同一含水量下分别用不同击数进行击实试验，就能得到一组随击数不同的含水量与干密度关系曲线，从而得出如下结论。

对于同一种土，最优含水量和最大干密度随击实功而变化；击实功愈大，得到的最优含水量愈小，相应的最大干密度愈高。但干密度增大不与击实功增大成正比，故企图单增大击实功以提高干密度是不经济的。有时还会引起填土面出现所谓的"光面"。

含水量超过最优含水量以后，击实功的影响随含水量的增加而逐渐减小；击实曲线和饱和曲线(土在饱和状态 $S_r = 100\%$ 时含水量与干密度的关系曲线)不相交，且击实曲线永远在饱和曲线的下方。

这是因为在任何含水量下，土都不会被击实到完全饱和状态，亦即击实后的土内总留存一定量的封闭气体，故土是非饱和的。相应于最大干密度的饱和度在80％左右。

3）土的级配

级配良好的土易于压实，压实性较好，这是因为不均匀土内较粗土粒形成的孔隙有足够的细土粒去充填，因而能获得较高的干密度。均匀级配的土压实性较差，因为均匀土内较粗的土粒形成的孔隙很少用细土粒去充填。

以上所揭示的土的压实特性均是由室内击实试验得到的。但实际工程中垫层填土、路堤施工填筑的情况与室内击实试验的条件是有差别的。室内击实试验是用锤击的方法使土体密度增加。实际上，击实试验使土样在有侧限的击实筒内进行，不可能发生侧向位移，力作用在有侧限的土体上，则夯实会均匀，且能在最优含水量状态下获得最大干密度。而现场施工的土料，土块大小不一，含水量和铺填厚度又很难控制均匀，实际压实土的均匀性会较差。因此，施工现场所能达到的干密度一般都低于击实试验所获得的最大干密度。因此，对现场土的压实，应以压实系数与施工含水量来进行控制。

3. 换填法的设计

换土是膨胀土地基处理方法中最简单而且有效的方法，顾名思义换土就是挖除膨胀土，换填非膨胀土或砂砾土。换土深度根据膨胀土的强弱和当地的气候特点确定。在一定深度以下，膨胀土的含水量基本不受外界气候的影响，该深度称为临界深度，该含水量称为该膨胀土在该地区的临界含水量。由于各地的气候不同，各地膨胀土的临界深度和临界含水量也有所不同。

这种办法对于大面积的膨胀土分布地区显得不经济，且生态环境效益差。换土可采用非膨胀性土或灰土，换土厚度可通过变形计算确定。平坦场地上的Ⅰ、Ⅱ级膨胀土地基，宜采用砂、碎石垫层。垫层厚度不应小于300mm。垫层宽度应大于基底宽度，两侧宜采用与垫层材料相同的材料回填，并做好防水处理。

换土深度要考虑受地面降水影响而使土体含水量急剧变化的深度，基本上在1～2m，即强膨胀土为2m，中、弱膨胀土为1～1.5m，具体换土深度要根据调查后的临界深度来确定。

在砂石垫层施工前，作为持力层的膨胀土层应避免人为扰动。级配填料在掺加总重4.5％的水后，以搅拌机搅拌均匀，并以0.3～0.5m的厚度分层铺垫。然后采用120kN的振动碾压机振碾，碾压时采取分条叠合搭接，每次重叠1/2的碾轮，纵横交错，重叠振压各4遍。

垫层碾压结束后，对垫层进行了现场检验，经测定，砂石垫层的压实系数$\lambda_c > 0.95$，满足规范要求，可以做地基。

4. 换填法的施工

垫层法与换土法的施工过程基本相同，主要应用于较薄的膨胀土层及主要胀缩变形层不厚的情况，但对膨胀土层较厚的地基可采用部分挖除，铺设砂垫层、碎石垫层以抑制膨胀土的升降变形引起的危害，其作用主要是减小地基胀缩变形和调节膨胀土地基沉降量，具有补偿功能。此外，砂土层还可防止地下水毛细作用上升，使地基不受膨胀作用的影响。

压实控制法的实质是用机械方法将膨胀土压实到所需要的状态，充分利用膨胀土的强度与胀缩特性随含水量、干密度及荷载应力水平的变化规律，尽量增大击实膨胀土的强度指标。国内外在确定膨胀土的压实标准时，综合考虑到膨胀土的初始强度、长期强度以及强度衰减、胀缩变形、施工工艺等因素的变化特征，认为只有选择控制合理的含水量和干密度指标，击实膨胀土才可能兼顾较高的强度和低的胀缩性。最新的研究成果表明，采用压实含水量较最佳含水量稍大而略低于塑限、干密度较最大干密度略低的控制原则，只要压实度控制得好，弱膨胀土既可获得较高的压实度与初期强度，又具有较低的胀缩性以及较好的抗渗透性和较低的压缩性。因此，压实含水量与碾压或夯实的科学控制是压实控制法处理弱膨胀土的关键。

理论上，膨胀土压实应考虑的因素有压实后的干重度、含水量、压实的方法、附加荷载。在实际施工中，考虑到目前的压实设备基本能满足压实功的要求；采用压实法的工程，荷载一般都不大，因此附加荷载也不大；故后两个因素可以忽略，主要考虑前两个因素。

这里需要纠正的一个问题是：在压实法处理膨胀土时，并不是压实到最大容重时处理效果最好。这是因为膨胀土具有湿胀干缩的性质，且这种性质具有反复性。压实到最大容重后湿水，必然带来更大的膨胀。在施工中，一般是在含水量略高于自然含水量的情况下进行压实，压实在一个相对低容重的标准。压实法需要在现场做试验，建立含水量、干容重、膨胀潜势之间的关系，以指导施工。压实法的优点在于施工速度快、造价低。

压实法处理时应特别注意控制含水量，如果含水量过大，会导致水分向下层缺水的土层中转移，导致膨胀。

4.2.2　改良土性法

改良土性法在膨胀土中掺石灰、水泥、粉煤灰、氯化钙和磷酸等，通过土与掺加剂之间的化学反应，改变土体的膨胀性，提高其强度，达到稳定的目的。

围绕膨胀土的改良问题，国内外学者做了大量研究工作。Thompson 首先提出并研究了在膨胀土中掺入石灰的改良方法；华中理工大学罗逸等研究的 H24 膨胀土稳定剂，通过离子交换吸附作用降低膨胀土的膨胀性和压缩性，提高了土的抗剪强度；广西交通科学研究院研制了改良膨胀土的 DMH 喷洒液，此外还有在土中掺入水泥、粉煤灰、氯化钠、氯化钙和地膜网聚合物(Terravest 801)等膨胀土改良方法。

国内外大量试验表明：掺石灰的效果最好，由于石灰是一种较廉价的建筑材料，用于改良膨胀土较掺其他材料经济，故这种办法较常用，也是《公路路基设计规范》(JTG D 30—2004)所提倡的方法。但因膨胀土天然含水量常较大，土中黏粒含量多，易结块，要将大土块打碎后再与石灰搅匀，施工中大面积采用有一定难度。此外，掺拌石灰施工时易扬尘(尤其掺生石灰)，造成一定环境污染。但总而言之不失为一种较好且较成熟的方法。

1. 影响膨胀土膨胀量的因素

(1) 黏土矿物成分。黏土矿物成分决定膨胀土膨胀的类型和膨胀量的大小，在膨胀性黏土矿物中，蒙脱石的膨胀量最大，伊利石次之，蒙脱石与伊利石的混层矿物最低。

(2) 有效交换阳离子总量及离子类型。指能被某种离子交换出来的交换阳离子总量，有效交换阳离子总量越高，膨胀土的膨胀量越大，交换阳离子中高价离子所占比例越大，膨胀土的膨胀量越低。

（3）孔隙溶液中的离子浓度越高，土的渗透膨胀就越低。

（4）基本结构单元类型。基本结构单元若是活动性的叠聚体黏土层，则该基本结构单元内晶格膨胀就大，若是固定性基本结构的外包颗粒，则有一定厚度的包膜可以限制黏土矿物的膨胀。

（5）基本结构单元的排列方式，决定膨胀土能否产生宏观膨胀及膨胀的各向异性。具有面-面叠聚排列的黏土层，在吸水时可产生巨大的宏观膨胀，且具明显的各向异性，而边-面连接的絮状结构则显示不出宏观膨胀。

（6）基本结构单元间的连接。若是同相连接，或是游离氧化物和难溶盐胶结连接的，在吸水膨胀时，产生的膨胀力不能破坏基本结构单元间的连接，因而不能产生宏观膨胀。若是接触连接，在吸水时，这种连接很容易破坏，土体便可产生膨胀。

2. 石灰处理膨胀土

当膨胀土中掺入石灰后，其主要物理与化学反应包括离子交换、$Ca(OH)_2$ 结晶、碳酸化和火山灰反应。$Ca(OH)_2$ 离解后的 Ca^{2+} 与黏土胶体颗粒反离子层上的 K^+、Na^+ 阳性离子交换后，使得胶体吸附层减弱，胶体颗粒发生聚结，这是早期石灰土强度形成的主要原因。$Ca(OH)_2$ 与水作用形成的含水晶体把土粒胶结成整体，从而提高石灰土的水稳性。而形成 $CaCO_3$ 过程的碳酸化反应及形成硅酸钙与铝酸钙过程的火山灰反应是石灰土强度和稳定性提高的决定性因素。灰土混合料的初期表现为塑性降低、最优含水量增大、最大干密度减小等；后期变化表现为晶体结构的形成，从而石灰土的强度和稳定性得以提高。

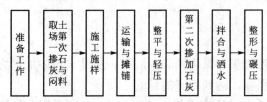

图 4-9　石灰改良膨胀土的工艺流程图

对膨胀土地基拌和石灰改良有两种方法，一种是大型固定式的改良土预拌站，即厂拌式；另一种是先在取土场初拌或者运到地基上用装载车初拌，再用路拌机作进一步的拌和，即路拌式。实际施工过程中，采用第二种方式进行拌和。施工大致与石灰稳定土相同，工艺流程如图 4-9 所示。

通过现场试验研究，证明掺加石灰与闷料能减少膨胀土中的成团土和块状土，使膨胀土易于崩解，能有效地降低膨胀土的塑性。考虑到石灰有效成分在膨胀土中的衰减效应，在第二次掺灰前，通过钙镁测定法（EDTA 滴定法）测量石灰的有效含量，确定第二次掺灰用量，而不是简单地根据规范增加 $0.5\% \sim 1\%$ 的石灰用量。具体施工过程中，采用下列施工工艺（图 4-10），能保证良好的工程质量，取得较好的经济效益。

图 4-10　改良土性法的施工

（1）准备工作：通过测定膨胀土的液限、塑限、塑性指数、膨胀力、胀缩总率等试验指标评定膨胀土的等级（对强膨胀土不采用）并确定石灰的掺量。采用Ⅲ级以上的石灰并对进场的石灰提前 7d 予以完全消解备用。

（2）在取土场进行第一次掺石灰（含量宜控制在 2%～3%）并进行闷料，以充分崩解团状与块状膨胀土，保证 50mm 以下粒径土含量满足规范要求。闷料时间控制在 3～7d，时间过长，会导致石灰有效成分 CaO 与 MgO 损失过大。

（3）在准备好的下承层上布设方格网（直线段按 20m 间距，曲线段按 10～15m 间距），计算每方格网内的混合料用量，折算为每车的混合料运输量。

（4）将混合料用自卸汽车运到地基上，以方格内计算用量按车数进行卸置，并用平地机进行平整。

（5）为保证石灰摊铺均匀，在进行二次掺灰前可用压路机对平整过的混合料碾压 1～2 遍。

（6）利用 EDTA 滴定法检测石灰土中的石灰剂量，确定第二次的石灰掺量。在地基上标出方格网，根据计算用量将石灰卸置于方格内，用平地机刮平。

（7）利用路拌机对石灰土拌和 1～2 遍，保证混合料中无素土夹层，50mm 以上土块含量小于 15%。检测石灰土的含水量，如没达到最佳含水量，则用洒水车进行洒水。考虑施工时水分的蒸发损失与有利于石灰与膨胀土反应消除其膨胀性的需要，含水量控制宜大于最优含水量的 1%～2%。

（8）对拌和均匀的石灰土进行碾压，可先静压一遍，再用平地机进行平整。在高程控制时要考虑松铺系数。

再用压路机对平整过后的石灰土进行碾压，达到表面无轮迹与要求的密实度为止。

该法控制膨胀土在低于容重和高含水量下压实，可以有效地减少膨胀，但高含水量的膨胀黏土压实很困难，而土体在低于容重下压实其强度较小，同样不能满足工程要求。

工程上可采用压力灌浆的办法将石灰浆液灌注入膨胀土的裂隙中，起加固作用。

3. 水泥处理膨胀土的施工

水泥的水化物包括硅酸钙水化物、铝酸钙水化物和水硬性石灰。在水泥水化过程中，产生的石灰与膨胀土混合，降低了土的膨胀性；同时，水泥与土混合生成我们熟悉的水泥土，增强了土的强度。因此，使用水泥来改良膨胀土得到了越来越广泛的应用。

从微观结构来看，膨胀土颗粒是粒径小于 $2\ \mu m$ 的无机质，主要结构体系为 Si-Al-Si，是由云母状薄片堆垒而形成的单个颗粒。这些薄片层的上下表面带负电，因而膨胀土的构成单位是互相排斥的。膨胀土在水化时，水分子沿着 Si-Al-Si 结构单位的硅层表面被吸附，使得相邻的结构单位层之间的距离加大。钠基膨胀土单位结构层间能吸附大量的水，层间距离大，膨胀率高，钠离子连接各层薄片。膨胀土水化后，形成不透水的可塑性胶体，同时挤占与之接触的土颗粒之间的孔隙，形成致密的不透水的防水层，从而达到防水的目的。膨胀土泥浆和土体相互作用后形成的混合结构参见图 4-11。

水泥土与石灰土的不同之处在于，前者

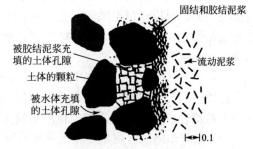

图 4-11　膨润土泥浆与土体
作用形成混合土体的结构

的早期效应比后者明显，且水泥可产生更大的凝聚作用，引起的凝聚反应使黏土层之间的胶结力增大，从而使土处于更加稳定的状态，其强度和耐久性比石灰土提高幅度更大。但就膨胀而言，石灰是更好的稳定掺合剂，水泥用于加固膨胀土的掺入量一般为4％～6％。

但应注意：采用水泥做改良剂比采用石灰的造价高；水泥均匀地掺入颗粒很细的土中的难度比石灰大。

4. NCS 固化剂处理膨胀土的施工

NCS 固化剂(New Type of Composite Stabilizer for Cohesive Soil)是一种新型复合黏性土固化材料的简称，由石灰、水泥等合成添加剂改性而成。NCS 加入填料中除具有石灰、水泥对土的改性作用外，还进一步使土粒和 NCS 发生一系列物理化学反应，使膨胀土颗粒间紧密，彼此聚集成土团，形成团粒化和砂质化结构，增强了土的可压实性。同时，膨胀土颗料在 NCS 水化反应中生成新的水化硅酸钙和水化铝酸钙，加强了土体的强度和稳定性。所以，NCS 固化剂在改善水泥特性方面具有重要作用。

施工实践表明，NCS 固化剂具有较强的吸水性和显著提高土体强度的作用，固化土具有较好的水稳定性和冻融稳定性，在天然含水量较高的地区，采用 6％～10％的 NCS 固化剂处理膨胀土，其收缩性小于石灰土，与采用石灰土处理土基及用石灰土作为底基层相比，提高了地基、路面的整体强度，且在工程的管理、运输使用和配制混合料等方面都比常用的消石灰或生石灰方法简便，可以明显提高工程质量和加快施工进度，并易于控制密实度及均匀性，对施工操作人员与周围环境污染影响甚微，值得推广应用。

1) 改善膨胀土的作用原理

NCS 固化剂掺入土经搅拌和后，在初期主要表现为土的结团，塑性降低，最优含水量增大和最大密实度降低等，后期变化主要表现为结晶结构的形成。NCS 固化剂主要有离子交换作用、碳酸化作用、胶凝作用等。

(1) 离子交换作用。NCS 固化剂含有 Ca^{2+} 和 $(OH)^-$，而土的胶体颗粒含有 Na^+、K^+ 等金属离子，加水两者拌和后，根据质量作用定律，Ca^{2+} 就能当量地置换土粒表面所吸附的一价金属离子，通过离子交换土粒被 Ca^{2+} 所覆盖，缩小了土粒直径，并使土粒凝聚而增强了黏结力。根据试验，土粒吸附 Ca^{2+} 的结合水膜厚度比土粒吸附金属 Na^+、K^+ 的薄，受外来水分的影响要小，因此提高了水稳定性。

(2) 碳酸化作用。碳酸化作用就是 NCS 固化剂中的 Ca^{2+} 和二氧化碳起化学反应生成碳酸钙。在一定湿度条件下，表面改善土吸收空气中的二氧化碳而被碳酸化，而在改善土内部或底部，可以通过空隙吸收空气中的二氧化碳而被碳酸化。这一作用是 $Ca(OH)_2$ 的自身结晶作用，需要较长时间才能完成，而且也是改善土后期强度的一个重要因素，可表达为

$$Ca(OH)_2 + nH_2O \rule{1.5cm}{0.4pt} Ca(OH)_2 \cdot nH_2O$$

此式表明，由于石灰吸收水分，由胶体状逐步转变为晶体，这种晶体能够相互结合，并与土粒结合成为共晶体，把土粒胶结成为整体。

(3) 胶凝作用。石灰是一种气硬性胶凝物质，水泥是一种水硬性胶凝物质，而土中含有活性的 SiO_2、Al_2O_3，在水的作用下，与 NCS 固化剂中的金属离子反应而生成铝酸钙、硅酸钙等。这些物质是水泥、熟石灰的主要成分，也是 NCS 固化剂的主要成分。所以，

掺入 NCS 固化剂的改善土经过一系列反应后，在土粒形成的团粒外围形成一层稳定保护膜，具有很强的黏结力。其胶凝作用更强，把土粒胶结成为整体。

2）施工工艺

NCS 固化剂检测、进料：对 NCS 进料取样试验，检测有效钙镁含量，对不符合要求的 NCS 固化剂不能进场，然后根据进度要求，本着满足施工，节约且不失效的原则进料。素土参数汇总：不同取土场或取土场土质发生变化时，应将素土的最佳含水量、最大干密度等主要参数进行分类、汇总、整理备案。工程用土按《公路土工试验规程》（JTG E40—2007)进行试验。试验段施工，根据素土和 NCS 固化剂的参数确定改善土的最优含水量、最大干密度、层厚，取 200m 长地基进行试验，以确定最经济、最合理的施工方案及最合适的碾压遍数、松铺厚度、含水量、机具配置，以指导使用大面积的 NCS 固化剂来改善土填筑地基施工。

在合格的地基下承层上恢复中桩和边桩：边桩放至比设计宽 200mm 之外，直线段间距为 20m，曲线段间距为 15m，桩用直径为 16mm 的钢筋制作，桩顶高出松铺素土面 30mm 左右。摊铺素土，素土采用自卸汽车运输，推土机整平。摊铺素土应注意每侧加宽 200mm，然后用中线检测素土的松铺厚度。根据试验段得出的结论，膨胀土松铺厚度一般采用 200mm，整平的素土面上用石灰画 2m×2m 的网格。按配合比在网格内洒 NCS 固化剂，NCS 固化剂剂量按试验确定的 3‰洒。实际施工中，在 2m×2m 网格内洒一袋(即 50kg)，要洒均匀，而且要严格控制用量：用量过大，密实度达不到要求；用量过小，则强度达不到要求。同时，要检测松铺厚度，以保证压实厚度。NCS 与土的厚度均采取宁高勿低的原则摊铺，稍高时采用平地机刮平，易于达到规范要求。

拌和混合料采用稳定拌和机进行拌和，应注意拌和机破土 250mm 左右，以利于上下层黏结。拌和过程中应派专人检查拌和深度，严禁留有素土在碾压时翻浆、起包，拌和一般需要 3～4 遍。混合料拌和均匀后，应迅速组织推土机、平地机整平。测量人员在现场进行跟踪测量，及时指挥司机精确整平，一般每整幅路基宽测 5 个点，直到标高、横坡等达到规范要求为止。如果含水量过大或过小，则采取翻晒或洒水的方法进行处理。

根据试验结果，可用 12～15t 光轮压路机(图 4-12)、25t 振动压路机(图 4-13)相结合的方法，遵循"直线段先两侧后中间，曲线段先两侧后外侧，先轻后重，先静压后振压，最后静压"的原则，碾压 6～8 遍，前后两轮重叠 200～300mm，路肩多压 1～2 遍。碾压完毕，按规范要求对改善土进行密实度、高程、横坡、弯沉、平整度、宽度等项目进行检测，确保达到技术规范要求。

图 4-12 光轮压路机

图 4-13 振动压路机

对检测中高程超限的个别点或地段，用平地机刮平。由于混合料采用"宁高勿低"的原则，故不存在补土现象。平地机刮平后，用光轮压路机再静压两遍。对于局部起包地段，采用局部翻挖，并将周围合格部分挖成台阶，洒水浸润，再用相同含量的改善土回填压实至符合要求。

各项指标检测合格后，应立即对其进行养护，封闭交通，严禁车辆通行及调头；洒水养护7d，使石灰改善土表面保持湿润，但不宜过湿；必要时，采用砂土覆盖。

5. 生物技术改良膨胀土

工程中常用的各种改良方法实质上是利用掺入物与膨胀土间的物理化学作用来实现的，但或多或少地存在以下三个弱点：一是施工过程繁琐，改良效果不易控制，改良方法本身尚待完善；二是对场地生态环境可能产生不良影响，甚至是破坏作用；三是处理费用较高，从而在应用上有一定的局限，目前在处理改良膨胀土方面新兴了一种生物技术，现进行简单介绍。

生物技术又称生物工程，是以生命科学为基础，利用生物有机体或其组成部分以及工程技术原理，发展新产品或新工艺的一种综合性科学技术体系。生物技术的特点：以生物为对象，不依赖地球上的有限资源，而着眼于再生资源的利用；在常温常压下生产，过程简单，可连续化操作，并可节约能源，减少环境污染；开辟了生产高纯度、优质、安全可靠的生物制品的新途径；可解决常规技术和传统方法不能解决的问题，并可定向地按人们的需要创造新物种、新品种和其他有经济价值的生命类型。随着社会的发展和科学技术的进步，生物技术已突破了在食品、医药等方面的传统应用，正逐步扩大到石油、采矿、化工以及环境保护领域。当今人类所面临的诸如环境污染、资源短缺、生态破坏、健康受害等许多重要问题，都有可能从生物技术的开发研究中得到解决。

1) 膨胀土胀缩机理

膨胀土吸水膨胀、失水收缩的现象是膨胀土最本质的特性之一。目前有关解释膨胀土膨胀与收缩原因的理论较多：膨胀土膨胀的矿物学理论、膨胀土膨胀的物理化学理论、膨胀土胀缩的物理力学理论(包括有效应力理论、毛细管理论和弹性理论等)。在上述理论中，应用较普遍的是晶格扩张理论和双电层理论。

晶格扩张理论认为，膨胀土晶格构造中存在膨胀晶格构造(图4-14)，水易渗入晶层之间形成水膜夹层，从而引起晶格扩张，使得土体体积增大。黏土矿物学研究表明，在黏土矿物的原子晶格构造中有一种晶层构造形式是由弱键连接晶片的晶格构造，晶层与晶层之间的结合彼此很不牢固。在水-土体系相互作用时，由于黏土矿物化学成分内部的同晶置换或断键破损等而使黏粒表面带负电荷，并被吸附离子所平衡，极性水分子在电场作用下很容易渗入晶层成为水化阳离子，

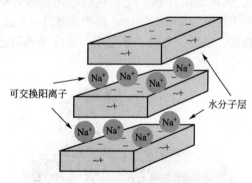

可交换阳离子

水分子层

图4-14 黏土矿物中的膨胀晶格构造

并形成水膜增厚，引起晶格扩张导致岩土膨胀，这种晶格构造称为膨胀晶格构造。凡具有膨胀晶格构造的矿物都具有膨胀性。如蒙脱石的晶格构造是由两层 Si-O 四面体夹一层 Al

－O八面体组成的三层结构相叠置的晶格构造，均以氧为公共原子相连接的弱键结合，具有膨胀晶格构造和晶格内部离子交换的特性，使黏粒表面带有负电荷。因此，其晶层可吸入大量极性水分子，使晶层间距加大而产生体积膨胀。运用晶格扩张理论，对于认识膨胀土的胀缩变形，特别是解释含不同黏土矿物成分的膨胀土在不同起始温度下的胀缩程度有一定意义。但是，晶格扩张膨胀理论仅仅局限于晶层间吸附结合水膜的楔入作用，而没有考虑黏土颗粒及聚集体吸附结合水的作用。事实上，黏土膨胀不仅发生在晶格构造内部晶层之间，同时也发生在颗粒与颗粒之间以及聚集体与聚集体之间。这说明黏土晶格扩张膨胀理论并不能完全解释膨胀土产生胀缩变形的原因。

双电层理论认为：黏土矿物颗粒由于晶格置换产生电荷，在颗粒周围形成静电场，在静电引力作用下颗粒表面吸附带有相反电荷的离子(即交换性阳离子)，这些离子以水化离子形式存在。带有负电荷的黏土矿物颗粒吸附水化阳离子，形成扩散形式的离子分布，从而组成所谓的双电层(水化膜)。双电层内的离子对水分子具有吸附能力(图4-15)。被吸附的水分子在电场力作用下按一定取向排列，在黏土矿物颗粒的周围形成表面结合水(水化膜)。

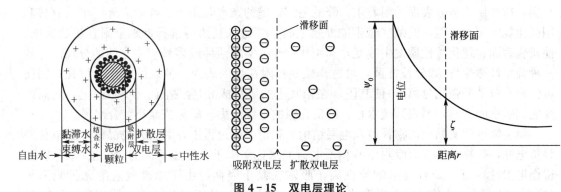

图4-15 双电层理论

由于结合膜增厚"楔开"土颗粒，从而使固体颗粒之间的距离增大，导致土体膨胀。当介质条件改变时，土中的结合水膜将变薄或消失，此时"楔力"解除，粒间距离缩小，使土体体积缩小，即产生了收缩变形。黏土中含有大量的黏土颗粒，含水量的增减将引起水化膜扩散层厚度的增大或减小，这种水化膜厚度变化的必然结果是膨胀土体积的胀缩。双电层理论是基于黏土颗粒表面双电层中的结合水膜厚度变化来解释黏土有胀缩现象的。但双电层所解释的膨胀机理还有不足，首先它解释的膨胀机理只是外因，其次按照双电层理论的说法，膨胀起因于土体吸水后水化膜的增厚，由于水化膜的存在和黏粒含量有关，似乎黏粒含量大的土必然会膨胀，但事实上许多黏粒含量大的黏土并不具有膨胀特性。

简而言之，膨胀土产生膨胀与收缩的原因很复杂，其胀缩特性首先是由其内部固有的因素决定的，同时受外部条件的制约。其中组成膨胀土的特殊物质成分和结构特征是产生胀缩变形最根本的原因(内因)，而水则是胀缩变形发生的主要诱发因素(外因)。如果只有土的存在而没有水的作用，则膨胀土固有的胀缩性就表现不出来。

2) 微生物改良膨胀土机理

表面活性剂的应用非常广泛，其中一种是作为助滤剂，其助滤机理在于降低滤液表面张力和使颗粒表面疏水化，后者作用更大。由于表面活性剂是双极性分子，当它吸附并覆盖在颗粒表面时，非极性基朝外。这样就会使颗粒表面疏水，既有助于降低孔隙的毛细压力,又可压缩、破坏固体表面水化膜。这样一方面可减少固体表面的附着水,另一方面又起着减小毛细管壁的阻滞力和扩大毛细管直径的作用,有利于疏通滤液流动的通道,这种作用对于细粒级物料更为重要。但就压缩、破坏固体表面水化膜而言,仅使固体表面个别、局部地疏水,对强化物料脱水没有明显效果。要大幅度降低滤饼水分,须使颗粒表面大面积疏水化。从某种程度而言,表面活性助滤剂在物料表面上吸附使物料表面疏水面积越大,则其强化物料脱水、降低滤饼水分的作用越明显。

研究表明,生物表面活性剂和一般的化学表面活性剂一样,都拥有亲水和疏水基团,是微生物生长在水不溶的有机物中并以营养物而产生的代谢产物。生物表面活性剂附着在黏土矿物的表面上可以降低液面张力和使黏土矿物表面疏水化,二者对降低矿物的毛细压力均有贡献,除此之外,更重要的是使颗粒表面疏水、破坏矿物表面水化膜或使之变薄。若结合水膜薄,则粒间黏结力大,土的抗剪强度提高,胀缩性减小。同时水是膨胀土胀缩的主要原因,如果膨胀土吸水特性降低,则胀缩性将有所改变。这种生物表面活性剂必须具有以下特点或功能:能吸附于膨胀土的矿物成分(蒙脱石、伊利石)表面;可以降低气液界面张力,降低孔隙毛细压力;使颗粒表面"大面积疏水",减小或破坏颗粒表面的结合水膜,减少矿物成分表面的附着水,降低毛细管壁的亲水阻滞力。除此之外还可以直接利用微生物的疏水性能,使某些微生物外膜上的某些特殊基团可选择性地吸附在矿物表面,使矿物表面物理化学性质发生改变,利用此特性可实现两种或多种矿物之间的分离。寻找一种疏水性微生物(如分枝杆菌,可选择性地吸附在煤的表面,使煤的疏水性增强,因而可使煤与黄铁矿强化分离),使其附着在膨胀土的矿物成分(蒙脱石、伊利石)上,从而改变它们吸水的性质,增强其疏水性,降低孔隙的毛细压力,破坏或减小结合水膜。

微生物可改变黏土矿物颗粒双电层结构。黏土形成过程中,黏土矿物晶体产生电荷并显负电性,矿物晶体表面吸附带有相反电荷的水化阳离子,形成所谓的双电层(水化膜)。遵循电中性原理,如有等量的异性离子吸附在黏土表面,由于原已吸附的无机阳离子(Na^+、Mg^{2+}等)易被吸附力更强的正电性质点所取代,从而产生交换吸附现象。H24 具有的抑制膨胀作用就是基于上述原理,并能在黏粒表面形成一层牢固的斥水吸附膜,从而阻止土壤中易溶盐和胶结物的溶解,增强黏粒间的胶结作用。另外,已知掺石灰对膨胀土土粒表面结合水膜也有类似的影响,且离子交换能力愈大者,水化膜扩散层愈薄,膨胀土中掺入石灰使土中 Ca^{2+} 含量提高,因而土粒间的结合水膜变薄,胀缩性减小,强度提高。

微生物封堵孔隙和裂隙。细菌的新陈代谢活动,可以通过改变原始地质环境使矿物直接从介质中沉淀。矿物沉积和死亡的细菌将对土粒产生胶结或填塞粒间孔隙。例如,利用 Baoillas Pasteurll 细菌更能有益于碳酸钙沉淀,并且这种细菌成因的胶结在数小时内就能产生。利用微生物促进矿物沉积的特性可在粒间孔隙和土体裂隙中引起自然胶结和封堵。因此,寻找某种微生物,使其在膨胀土中大量繁殖,死亡后充填在黏土矿物的晶格构造中,或促进矿物颗粒间的胶结,从而减小不良土的压缩性、提高土体抗剪强度,是完全可能的。

4.2.3　预湿法

预湿膨胀的理论基础是在施工前使土加水变湿而膨胀,并在土中维持高含水量,则土将基本上保持体积不变,因而不会导致结构破坏。

预湿法包括在建筑场地上直接漫水或堵水浸泡。直接漫水是指围绕基槽外用土作为围堰并在其中蓄水，使基础和地坪范围内漫水。堵水浸泡是先预湿基槽，当基底土含水量稳定后，浇筑混凝土基础，利用基础作为堵水堤，使地坪区漫水。

在美国，预湿膨胀法存在很大争议。主要存在以下问题。

(1) 采用预湿膨胀法，施工期间土体膨胀；施工结束后，土壤仍有可能继续膨胀，导致膨胀量难以控制。

(2) 预湿膨胀法需要的浸泡时间通常为1~2个月，工期较长。

(3) 在建造公路和地坪时，预湿膨胀法可以起到重要的作用，但在膨胀土上建造房屋基础时，预湿膨胀法能否作为一种重要的施工技术是值得探讨的。

在我国，规范中明确要求应做好排水设施，防止施工用水流入基坑(槽)，实际上就是否定了预湿膨胀法。水利工程建设中经常采用膨胀土预湿法，用水浸泡地基土或覆盖非膨胀土，以达到膨胀土的湿度平衡。在施工前给土体浸水，使土体充分膨胀，并维持其高含水量，使土体体积保持不变，就不会因土体膨胀造成建筑地基破坏，但这种方法无法保证地基所要求的足够强度和刚度。

4.2.4　桩基础法

膨胀土层较厚时，应采用桩基，桩尖支承在非膨胀土层上，或支承在大气影响层以下的稳定层上。在验算桩身抗拉强度时应考虑桩身承受胀切力影响，钢筋应通长配置，最小配筋率应按受拉构件配置。桩身胀切力由浸水载荷试验确定，取膨胀值为零的压力即为胀切力。桩承台梁下应留有空隙，其值应大于土层浸水后的最大膨胀量，且不小于100mm。承台两侧应采取措施，防止空隙堵塞。

灰土桩挤密法是用沉管、冲击或爆炸等方法在地基上挤土，形成280~600mm的桩孔，然后向孔内夯填灰土，形成灰土桩。成孔时，桩孔部位的土被侧向挤出，从而使桩间土得到挤密。另外，对灰土桩而言，桩体材料石灰和土之间产生一系列物理和化学反应，凝结成一定强度的桩体。灰土桩挤密法主要用来加固处理弱膨胀土地基。

灰土桩在桩管入土时产生水平挤压位移，桩周形成硬壳。桩管拔出后，桩间土部分松弛回弹。在桩孔填料夯实后，对桩壁再次产生水平挤压，使回弹土体再次挤回到硬壳层内。加之灰土与挤密土接触面凹凸不平，且硬化后的灰土具有一定的抗剪强度和抗弯强度。灰土桩在沉管挤密成孔。分层夯实灰土成桩过程中，灰土置换了原孔位处的天然土，对提高地基承载力起了补强作用。

4.2.5　其他处理措施

1. 湿度控制法

湿度控制法是通过控制膨胀土含水量的变化，保持地基中的水分少受蒸发及降雨入渗的影响，从而抑制地基的胀缩变形。目前比较成功的保湿方法有预浸水法、暗沟保湿法、帐幕保湿法和全封闭法。

膨胀土具有吸水膨胀、失水收缩特性，因此，如果能够有效地隔绝场地中的水分转移，就能够解决膨胀土地基问题。水分的来源有两类：地面渗水和土体内部的转移水。控制地面渗水的方法很简单，设置足够的地面排水系统和正确的地下排水设施即能完成任务。但要隔绝土体内部各部分之间水分的转移则是很困难的。

国外曾采用水平的和垂直的水分截断层来阻止水分的转移，但效果并不好。

水平水分截断层常用的有两种。

1）薄膜式

从外墙根部起铺聚乙烯薄膜延伸至回填土范围外，在其上铺松散砾石。该法的缺点：容易被撕裂形成空洞渗水；即使薄膜下是干燥的土层，随着时间推移，土中水分转移，土层也会吸水湿润。因此，薄膜法只是延迟了水分的渗透时间。

在道路工程中常常采用外包式路堤法，即在堤心部位填膨胀土，用非膨胀土来包盖堤身。包盖土层厚不小于1m，并要把包盖土拍紧，将膨胀土封闭，其目的也是限制堤内膨胀土温度变化。但边坡处往往是施工碾压的薄弱部位。如果封闭土层与路堤土一道分层填筑压实，并达到同样的压实度，则处理效果会更好一些。但在实际施工中存在一定难度。

2）混凝土散水坡

在房屋周围设置混凝土散水坡已经证明是有效的，但应注意将散水坡与墙之间的缝隙有效封闭。此外，应经常检查和维护散水坡(图4-16)。

垂直水分截断层布置在房屋的周围用于切断可能进入房屋地基的水源，理论上讲比水平水分截断层有效。但实际上，即使垂直水分截断层设置深度超过季节性湿度变化的深度，水分仍可以绕过垂直水分截断层，从其下方渗入建筑物地基，垂直水分截断层同样只是减缓了水分转移的速度。垂直水分截断层可以采用聚乙烯薄膜，实际上，用不透水黏土作为房屋四周的回填土，夯实后效果更好。

工程中，综合采用垂直水分截断层和水平水分截断层，效果更好。但这只是"堵水"的思路，只能起到"治标"的效果。水易疏不宜堵，做好屋面排水系统和给排水管道系统，在建筑物周围设置合理的截水盲沟、排水沟等才是"治本"的措施和方法(图4-17)。

图4-16　建筑四周的散水

图4-17　建筑四周的盲沟

为控制由于膨胀土含水量变化而引起的胀缩变形，尽量减少地基含水量受外界大气的影响，需在施工中采取一定的措施。如利用土工布或黏土将膨胀土地基进行包封，避免膨胀土与外界大气直接接触，尽量减少膨胀土内部的湿度迁移。

2. 土工格网加固法

加筋法是指通过向膨胀土中加入土工布或土工格栅等土工合成材料(图4-18)，使土工合成材料和土体形成一个整体，相互约束，抑制膨胀力的发挥，从而有效降低土体的膨胀变形。或者向膨胀土中加入一定量的纤维，基体吸水膨胀时，纤维和基体的界面产生切应力，限制基体的进一步膨胀。即纤维和基体界面的摩擦力抵消了一部分膨胀内力，使土体不会完全通过膨胀变形的增大来释放膨胀内力。这种方法主要用于桥头段或地基边坡，可以有效地减小土体的膨胀性。

图 4 - 18　道路加筋法

土工格网加固法是受加筋土技术用于解决土体稳定加固地基边坡成功的实践所启示，近年来才开始采用的一种新方法。通过在膨胀土路堤施工中分层水平铺格网(图 4 - 19)，充分利用土工网与填土间的摩擦力和咬合力，增大土体抗剪强度，约束膨胀土的膨胀变形，达到稳定地基的目的。由于膨胀土路堤的风化作用深度一般在 2m 以内，所以土中加网长度只需在边坡表面一定范围内，施工方便。同时，土中加网后可采用较陡的边坡坡率，比正常路堤填筑节省用地，技术和经济效果均好，是一种值得采用和推广的方法。

图 4 - 19　水平铺设格网、格栅挡墙

采用桩基础时，其深度应到达胀缩活动区以下，且不小于设计地面下 5m。同时，对桩墩本身，宜采用非膨胀土作为隔层。

4.3 膨胀土路基施工及地基处理效果检测

膨胀土即裂隙黏土，是一种具有裂隙性、胀缩性和超固性的高塑性黏土。具有失水收缩开裂，吸水膨胀软化，强度可大幅度衰减的特征。

膨胀土地基施工必须充分考虑这些特性，掌握了膨胀土的特性后，应严格按设计要求和有关规范规定组织施工，就可以有效地防止边坡溜坍甚至垮塌等不利因素，促进施工生产有序、快速进行。

膨胀土地基施工应本着"短开挖、快施工、防浸泡"的原则进行施工，主要施工原理及注意事项：以尽量减少土体开挖后在空气中暴露的时间为前提，施工时应集中力量、连续快速施工。为避免土体风化，施工时可采取分段开挖、及时封闭的办法。施工安排时，膨胀土路堑开挖均应避免在雨季施工。

4.3.1 膨胀土路基施工检测

1. 压实度控制

施工中，目前碾压主要是利用平板压路机和三轮压路机配合碾压。通过前期试验段收集数据找到合理的机械搭配和碾压遍数。

2. 灰剂量检测

灰剂量检测方法的改进内容需考虑两个因素：二次掺灰工艺和 EDAT 标准溶液消耗量随时间衰减的问题。

按以下步骤测试灰土的石灰剂量。

(1) 在需要检测的点取样，收集取样点第二次掺灰时间，计算第二次掺灰时间到灰剂量检测时间间隔。

(2) 将试样粉碎，过 2mm 筛，用快速法测试试样的含水量，取 100g 干灰土样［湿土质量 $100(1+W)$g］作为 EDTA 滴定用试样。

(3) 按照《公路工程无机结合料稳定材料试验规程》(JTG E51—2009)中的水泥或石灰稳定土中水泥或石灰剂量的测定方法进行 EDTA 滴定。

(4) 由 100g 干灰土的 EDTA 标准溶液消耗量确定检测灰土样处于哪两个灰剂量标准样之间，按公式计算被检测灰土样的灰剂量。

$$P_{灰土} = (P_1 - P_2) \times V_{灰土} + (V_1 - V_2) \tag{4-13}$$

式中，$P_{灰土}$——待检测灰土的灰剂量；

    $V_{灰土}$——第二次掺灰后 t 天时，待检测灰土的 EDTA 消耗量；

    P_1——为 EDTA 消耗量高于待检测灰土 EDTA 消耗量的标准样的灰剂量；

    P_2——为 EDTA 消耗量低于待检测灰土 EDTA 消耗量的标准样的灰剂量；

    V_1——第二次掺灰后 t 天时，含灰量为 P_1 的标准样的 CDTA 消耗量；

    V_2——第二次掺灰后 t 天时，含灰量为 P_2 的标准样的 EDTA 消耗量。

4.3.2 膨胀土地基处理效果检测

膨胀土的地基处理的方法很多，针对每种处理方案都有多种检测方法。

1. 环刀法和贯入法

分层施工的质量和质量标准应使垫层达到设计要求的密实度。检验方法主要有环刀法和贯入法(可用钢叉或钢筋贯入代替)两种。

环刀法：用容积不小于 $200cm^3$ 的环刀压入垫层中的每层 2/3 的深度处取样，测定其干密度，干密度应不小于该砂石料在中密状态的干密度值（图 4-20）。

环刀取样

图 4-20　环刀法测定干密度

贯入测定法：先将砂垫层表面 30mm 左右厚的砂刮去，然后用贯入仪、钢叉或钢筋以贯入度的大小来定性地检验砂垫层质量，以不大于通过相关试验所确定的贯入度为合格。钢筋贯入法所用的钢筋为直径 20mm、长 1.25m 的平头钢筋，垂直距离砂垫层表面 700mm 时自由下落，测其贯入深度（图 4-21）。钢叉贯入法所用的钢叉（四齿，重 40N），于 500mm 高处自由落下，测其贯入深度。

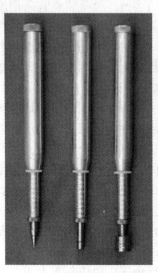

图 4-21　贯入测定法

2. 静载荷试验

载荷试验相当于在工程原位进行的缩尺原型试验，即模拟建筑物地基土的受荷条件，比较直观地反映地基土的变形特性。该法具有直观和可靠性高的特点，在原位测试中占有重要地位，往往成为其他方法的检验标准。载荷试验的局限性在于费用较高、周期较长和压板的尺寸效应。

目前国内采用的试验装置(图4-22),大体由承压板、加荷系统、反力系统、观测系统四部分组成,其各部分机能是:加荷系统控制并稳定加荷的大小,通过反力系统反作用于承压板,承压板将荷载均匀传递给地基土,地基土的变形由观测系统测定。

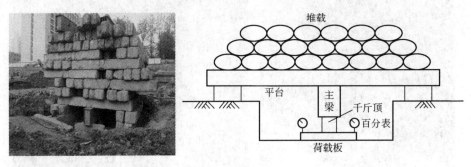

图4-22 载荷试验

对于采用土桩、灰土桩处理后的地基,可采用复合地基载荷试验检验其处理效果。如果用换填法处理膨胀土,可采用平板载荷试验测定其承载力和变形模量。

复合地基载荷试验的一般要求:一般情况下应加载至复合地基或桩体(竖向增强体)出现破坏或达到终止加载条件,也可按设计要求的最大加载量加载。最大加载量不应小于复合地基或单桩(竖向增强体)承载力设计值的2倍。承压板边缘(或试桩)与基准桩之间的距离,以及承压板(或试桩)与基准桩、压重平台支墩之间的距离均不得小于2m,基准梁应有足够的刚度,基准桩打入地面的深度不应小于1m。加荷装置宜采用压重平台装置,量测仪器应有遮挡设备,严禁日光直射基准梁。每个单体建筑在同一设计参数和施工条件下的测试数量不宜少于3组,并不小于总桩数的0.5%~1%;试验间歇时间不应少于28d;所有荷载传感器和位移传感器、加荷计量装置均应每年送国家法定计量单位进行率定,并出具合格证。

复合地基载荷试验用于测定承压板下应力主要影响范围内复合地基的承载力和变形参数。复合地基载荷试验应采用方形(矩形)或圆形的刚性承压板,其压板面积应按实际桩数所承担的处理面积确定,通常取一根桩或多根桩所承担的处理面积。

承压板底面高程应与基础底面设计高程相同。试验标高处的试坑长度和宽度,应不小于载荷板相应尺寸的3倍。基准梁支点应设在试坑之外。载荷板底面下宜铺设中、粗砂或砂石、碎石垫层,垫层厚度取50~150mm,桩身强度高时宜取大值。承压板安装前后都应保持试验土层的原状结构和天然湿度,应防止试验基坑开挖后受雨水浸泡或对压板下试验土层的扰动,必要时压板周围基土覆盖300mm的保护土层。

在正式加载前,单桩或多桩复合地基应进行预压,预压量不大于上覆土的自重。加荷等级分8~12级,最大加载压力不应小于设计要求压力值的2倍。加荷方法应采用慢速维持荷载法,每级压力在其维持过程中应保持数值的稳定。

每加一级压力前后,应读记承压板沉降量一次,以后每半小时读记一次,直至本级沉降稳定。稳定标准:当1h内的沉降量小于0.1mm时即可加下一级荷载。

复合地基承载力特征值的确定应符合下列规定。

(1)当荷载-沉降曲线上极限荷载能确定,且该值不小于对应比例界限压力值的2倍时,可取比例界限;当其值小于对应比例界限的2倍时,可取极限荷载值的一半。

（2）当荷载-沉降曲线是平滑曲线时，可按相对变形值(s/b)或(s/d)确定：对砂石桩、振冲桩复合地基或强夯置换墩地基等黏性土为主的地基，可取s/b或s/d等于 0.015 所对应的荷载（b 和 d 分别为承压板的宽度和直径，当其值大于 2m 时，按 2m 计算）；当以粉土或砂土为主的地基，可取s/b或s/d等于 0.010 所对应的荷载。对土挤密桩、石灰桩或柱锤冲扩桩复合地基，可取s/b或s/d等于 0.012 所对应的压力；对灰土挤密桩复合地基，可取s/b或s/d等于 0.008 所对应的荷载。对水泥土搅拌桩或旋喷桩复合地基，可取s/b或s/d等于 0.006 所对应的荷载。

相对变形值s/b或s/d中，s 为载荷试验承压板的沉降量；b 和 d 分别为承压板的宽度（边长）和直径。对矩形压板，d 为与压板面积相等的等效影响圆直径。

试验点数量不应少于 3 点。当满足极差不超过平均值 30% 时，可取其测点平均值为建筑场地复合地基承载力特征值。当极差超过平均值的 30% 时，且测点承载力特征值大于或基本大于设计要求值，可舍去极差超过平均值 30% 的高值后，取平均值为建筑场地复合地基承载力特征值。当个别测点检测值偏低、过大且极差已超过平均值 30% 时，应针对场地的工程地质条件、施工因素及检测时的气象因素等，找出该测点检测值偏低或过大的原因，并提出处理意见。

3. 静力触探试验

静力触探试验是把一定规格的圆锥形探头借助机械匀速压入土中，并测定探头阻力等的一种测试方法（图 4-23），根据现场静力触探试验的比贯入阻力曲线资料，确定垫层的承载力及其密实状态。

 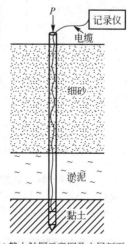 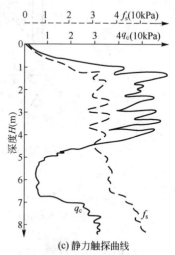

| (a) 现场静力触探试验 | (b) 静力触探示意图及土层剖面 | (c) 静力触探曲线 |

图 4-23 静力触探示意图及其曲线

静力触探仪一般由三部分构成，即：①触探头，也即阻力传感器；②量测记录仪表；③贯入系统，包括触探主机与反力装置，共同负责将探头压入土中。目前广泛应用的静力触探车集上述三部分为一整体，具有贯入深度大（贯入力一般大于 100kN）、效率高和劳动强度低的优点。但它仅适用于交通便利、地形较平坦及可开进汽车的勘测场地使用。

用静力触探法求地基承载力的突出优点是快速、简便、有效，静力触探法求地基承载力一般依据的是经验公式，这里不再赘述。

4. 圆锥动力触探试验或标准贯入试验

圆锥动力触探试验习惯上称为动力触探试验（Dynamic Penetration Test，DPT）或简称动探，它是利用一定的锤击动能，将一定规格的圆锥形探头打入土中，根据每打入土中一定深度的锤击数（或贯入能量）来判定土的物理力学特性和相关参数的一种原位测试方法。

标准贯入试验习惯上简称为标贯。它和动力触探在仪器上的差别仅在于探头形式不同，标贯的探头是一个空心贯入器，试验过程中还可以取土。

动力触探使用的设备如图4-24所示，包括动力设备和贯入系统两大部分。动力设备的作用是提供动力源，为便于野外施工，多采用柴油发动机；对于轻型动力触探，也有采用人力提升方式的。贯入部分是动力触探的核心，由穿心锤、探杆和探头组成。

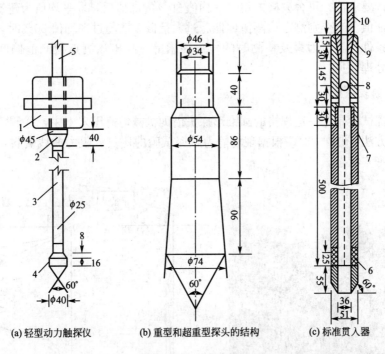

(a) 轻型动力触探仪　　(b) 重型和超重型探头的结构　　(c) 标准贯入器

图4-24　动力触探

1—穿心锤；2—钢砧与锤垫；3—触探杆；4—圆锤探头；5—导向杆；
6—贯入器靴；7—贯入器身；8—排水孔；9—贯入器尾部；10—探杆接头

目前常用的机械式动力触探中的轻型动力触探仪的贯入系统包括了穿心锤、导向杆、锤垫、探杆和探头五个部分。

1) 轻型动力触探

(1) 先用轻便钻具钻至试验土层标高以上0.3m处，然后对所需试验土层连续进行触探。

(2) 试验时，穿心锤落距为(0.50±0.02)m，使其自由下落。记录每打入土层中0.30m时所需的锤击数（最初0.30m可以不记）。

(3) 若需描述土层情况，可将触探杆拔出，取下探头，换钻头进行取样。

(4) 如遇密实坚硬土层，当贯入0.30m所需锤击数超过100击或贯入0.15m超过50

击时，即可停止试验。如需对下卧土层进行试验，可用钻具穿透坚实土层后再贯入。

（5）试验一般用于贯入深度小于 4m 的土层。必要时，也可在贯入 4m 后，用钻具将孔掏清，再继续贯入 2m。

2）重型动力触探

（1）试验前将触探架安装平稳，使触探保持垂直地进行。垂直度的最大偏差不得超过 2‰。触探杆应保持平直，联结牢固。

（2）贯入时，应使穿心锤自由落下，落锤高度为 (0.76 ± 0.02)m。地面上的触探杆的高度不宜过高，以免倾斜与摆动太大。

（3）锤击速率宜为每分钟 15～30 击。打入过程应尽可能连续，所有超过 5min 的间断都应在记录中予以注明。

（4）及时记录每贯入 0.10m 所需的锤击数。其方法可在触探杆上每 0.1m 划出标记，然后直接（或用仪器）记录锤击数；也可以记录每一阵击的贯入度，然后再换算为每贯入 0.1m 所需的锤击数。最初贯入的 1m 内可不记读数。

（5）每贯入 0.1m 所需锤击数连续三次超过 50 击时，即停止试验。如需对下部土层继续进行试验，可改用超重型动力触探。

3）超重型动力触探

贯入时穿心锤自由下落，落距为 (1.00 ± 0.02)m。贯入深度一般不宜超过 20m，超过此深度限值时，需考虑触探杆侧壁摩阻的影响。

以上三种动力触探可以测得贯入锤击数，换算出垫层或处理后的膨胀土的承载力及其密实状态。

5. 现场取样做物理力学性质试验

膨胀土地基处理完后，可现场取样做物理力学试验，测得处理后的密实度，估算垫层的承载力及压缩模量。

上述试验、检测项目，对于中小型工程不需全部采用，对于大型或重点工程项目应进行全面的检查验收。

其检验数量每单位工程不应少于 3 点；1000m² 以上工程，每 100m² 至少应有 1 点；3000² 以上的工程，每 300m² 至少应有 1 点。每一独立基础下至少应有 1 点，基槽每 10～20m 应有 1 点。

4.4 膨胀土地基上结构物的设计原则和施工措施

4.4.1 膨胀土工程的破坏形式

由于膨胀土的膨胀性、裂隙性和超固结性，膨胀土工程的破坏形式具有多发性、反复性和长期性、潜在性，膨胀土工程的破坏主要有如下几个方面。

1. 膨胀土边坡工程

膨胀土边坡的破坏主要与大气影响深度有关，一般都发生在大气影响深度范围以内，主要包括如下几种方式。

1）滑坡

膨胀土边坡的滑裂面主要受裂隙控制，滑坡多呈牵引式出现，呈叠瓦状，成群发生，滑体呈纵长形。有的滑坡从坡脚可一直牵引到边坡顶部，有很大的破坏性。与大气风化作用层深度、土的类型、土体结构密切相关。

2）溜塌

膨胀土边坡表层土体吸水过饱和，在重力与渗透压力的共同作用下，沿坡面向下产生流塑性溜塌现象。这是膨胀土边坡表层最普遍的一种病害，常发生在雨季。

3）坍滑

膨胀土边坡浅层土体在湿胀干缩与风化作用的共同影响下，土体强度衰减，丧失稳定，沿一定滑面整体滑移并有坍落现象。多发生在经历多次干湿循环的边坡，一般发生在在坡脚或软弱的夹层，若继续发展，则容易形成牵引式滑坡。

4）膨胀

膨胀土边坡开挖后，由于水平向应力的减小，以及干缩湿胀效应，使坡面局部土体产生水平向的膨胀变形。这种变形多为局部变形。在未进行防护的坡面，膨胀容易形成松散层，为边坡溜塌积聚条件。在已防护的边坡，膨胀则会使边坡防护层发生严重变形，导致边坡防护的失效。

2. 对建于其上的建筑物的破坏

地基膨胀土在含水率的变化、自重和不均匀的上覆荷载作用下而产生的不均匀膨胀或收缩变形，常使地基出现不均匀沉降，使建于其上的建筑物室内地板拱起开裂，甚至使建于其上的建筑物产生倾斜等，严重影响建筑物的使用功能，甚至发生工程事故。

3. 对路基的破坏

基床膨胀土浸水后，土体含水率明显升高，土体软化，在车辆的循环荷载作用下容易形成液化泥浆，并沿路面裂隙向上翻冒。由于基床的不均匀沉陷造成的基面不平，很容易使基面积水。并因膨胀土的弱透水性，积水不易排出而形成水囊，使基床膨胀土充分吸水膨胀、软化与崩解。在车辆的振动荷载作用下，膨胀土颗粒加剧分散，与水混合形成泥浆。同时车轮通过时的加压与车轮过后的减压，不断把液化泥浆吸入道床，使路基土泥浆化，并形成恶性循环，最终导致公路路基的破坏。

4.4.2　膨胀土地基处理的设计原则

膨胀土对工程的破坏性，主要是由于膨胀土吸水膨胀和失水收缩的特性以及吸水（浸水）软化后强度大大降低造成的，而其中的关键因素是土体中的水。因为土体中水分的变化决定着膨胀土的物理力学性质，所以在工程设计中应着重避免土体含水量的较大变化，确保工程的稳定性。

可按建筑场地的地形地貌条件分为下列两种情况：如果是位于平坦场地上的建筑物地基，按变形控制设计；如果是位于坡地场地上的建筑物地基，除按变形控制设计外，尚应验算地基的稳定性。

平坦场地上的建筑物地基设计，应根据建筑结构对地基不均匀变形的适应能力，采取相应的措施。木结构、钢和钢筋混凝土排架结构，以及建造在常年地下水位较高的低洼场地上的建筑物，可按一般地基设计。

对烟囱、窑、炉等高温构筑物应主要考虑干缩影响，并根据可能产生的变形危害程度，采取适当的隔热措施。对冷库等低温建筑物应采取措施，防止水分向基底土转移引起膨胀。

凡符合下列情况，应选择部分有代表性的建筑物，从施工开始就进行升降观测，竣工后移交使用单位继续观测：

(1) Ⅲ级膨胀土地基上的建筑物。

(2) 用水量较大的湿润车间。

(3) 坡地场地上的重要建筑物。

(4) 高压、易燃或易爆管道支架或有特殊要求的路面、轨道等。

其观测方法应按有关规定进行。对高层建筑物的地下室侧墙及高度大于 3m 的挡土墙，宜进行土压力观测。

1. 路基设计的一般参数

1) 路基的设计高度

在设计中，考虑到填挖的土源问题，一般都采用较低的路基设计标高，可是对这条路的设计，经过地质勘探和勘测，发现沿线有多处地段存在膨胀土。随着对膨胀土地质条件的逐步了解，对路线纵断面进行了修改，普遍提高本路段的路基设计标高，降低挖方边坡高度，减少了工程建设对土层的破坏，有效地维持了路基土层原有的水文地质条件。

2) 边坡边沟设计

挖方边坡比一般情况下放缓一级，采用 1∶1.5 坡率，并在坡脚设 2m 宽碎落台，以利于边坡稳定和养护工作。边沟尺寸为 0.8m×0.8m，边坡为 1∶1.5，在充分考虑边沟的排水情况下，适当增加一些涵洞以排除路基水流。

3) 防护加固

为防止地表水的冲刷、渗入及阻止土层内水分蒸发，维持路基土含水量的稳定，挖方边坡、碎落台、边沟、排水沟及土路肩均用 7.5# 浆砌片石封闭。

4) 路面工程需采取的措施

路面底基层应为至少 360mm 厚的水稳性好、抗冻性好的石灰土。基层采用板体性好、水稳性好且具有一定抗冻性的二灰碎石。沥青路面面层为密实级配中粒式沥青混凝土。中央分隔带底部应用 20mm 厚水泥砂浆封闭。

5) 构造物基础处理

分布在这一路段内的桥涵、通道等构造物，对其膨胀土基础均应做技术处理。采用一定厚度的石灰土垫层，对其侧面进行相应的防水处理，以减轻膨胀土对构造物基础的影响。

6) 附属建筑基础的选择

对较均匀的弱膨胀土地基，一般建筑可采用条基，基础埋深较大或条基基底压力较小时，宜采用墩基；承重砌体结构可采用拉结较好的实心砖墙，不得采用空斗墙、砌块墙或无砂混凝土砌体；不宜采用砖拱结构、无砂大孔混凝土和无筋中型砌块等对变形敏感的结构；Ⅱ级、Ⅲ级膨胀土地区，砂浆强度等级不宜低于 M2.5；房屋顶层和基础顶部宜设置圈梁（地基梁、承台梁可代替基础圈梁），多层房屋的其他各层可隔层设置，必要时，也可层层设置；Ⅲ级膨胀土地基上的建筑物如不采取以基础深埋为主的措施时，尚可适当设置构造柱；外廊式房屋应采用悬挑结构。

2. 基床处理设计

膨胀土路基基床病害分布广、多发性强、治理困难且费用高，还会影响行车，因此设计时对基床处理应以加强。基床病害主要有路基下沉、翻浆冒泥、基床鼓起、侧沟被推倒等，基床处理应根据当地材料来源而定，保证既经济又稳妥可靠。主要措施如下。

1）换填砂性土

一般路堤换填厚 1.0～1.2m，两侧设干砌片石路肩，路堑换填厚 0.6～0.8m，同时侧沟应加深至 0.8～1.0m，侧沟内侧沟帮加厚至 0.4m，换填底部沿侧沟沟帮每隔 1.0m 左右设一个泄水孔排除基床积水，对于强膨胀性土换填还应适当加深。

2）石灰（二灰）土改良

膨胀土中加入生石灰不仅能显著降低膨胀土的胀缩性，还可以提高膨胀土的强度，增强基床土的水稳定性。改良厚度一般为 0.5m，但随着铁路的提速及规范对基床深度的增加，改良厚度应增加至 0.6～0.8m，确保安全可靠。掺石灰量 6%～8%（生石灰与土的干重比）为最佳，在京九铁路及南昆铁路昆明枢纽引入等均获得成功，另外，石灰土中掺 9% 左右粉煤灰，改良土强度及水稳性均明显提高。

3）砂性土与带膜土工布

该措施处理深度为 0.4～0.5m，土工布底部设砂垫层厚 0.2m，顶部设砂垫层厚 0.2～0.3m，区间路基铺设土工布宽 4m，土工布应采用二布一膜型。因路堑基床采用换填处理需加深侧沟，工程量较大，最好采用带膜土工布处理。另外，对于降雨量较大地区，应尽量考虑采用带膜土工布处理。

4）设置纵、横向渗沟

路堑边坡地下水发育或降雨量很大地区，根据膨胀土特性，还应在基床或路堑坡脚考虑设置纵、横向渗沟以加强排水。

3. 路堤边坡设计

1）土工格栅

膨胀土路堤坍滑以浅层居多，路堤两侧边坡铺设土工格栅，每层垂直间距 0.4～0.5m，宽 2～2.5m，边坡植草防护，可以防止边坡溜坍及坍滑，并可有效地控制施工质量。在南昆铁路膨胀土边坡应用效果较好。

2）架护坡

边坡清理平顺后挖槽设置骨架内植草护坡，若边坡较高，宜设成排水槽骨架护坡，并将主骨架加深 0.1～0.3m，人字骨架（或拱骨架）加深 0.1～0.2m。骨架间距不宜过大。

3）支撑渗沟

一般用于边坡较高一侧，每隔 6～8m 设一条，宽度不小于 1.5m，深度不小于 2m，渗沟间可设骨架护坡，坡脚设片石垛或挡土墙，作为支撑渗沟基础。若路堤基底潮湿或明显有水渗出，则应在基底设纵横向引水渗沟，在边坡较低一侧坡脚设置纵向截水渗沟，深度应设至集中含水层下 0.5m。南昆铁路及广大铁路多处路堤边坡坍滑，用支撑渗沟处理均取得良好效果。

4．路堑边坡设计

1）坡脚挡护

路堑坡脚受地表水冲刷严重，为地下水富集区，也是应力集中区。边坡坡脚比其他部位更容易遭受破坏，从而引起边坡的整体破坏。另外膨胀土滑坡多具牵引式特点，层层牵引向上发展，会导致大规模滑坡，因此坡脚宜加强挡护。一般可设挡土墙加固，边坡较高或进行病害整治设计时，可设成桩板墙或桩间挡土墙。对中至强膨胀土或边坡较高地段，先加桩然后开挖边坡，可防止施工过程中形成滑坡，如南昆铁路永乐车站强膨胀土高边坡桩施工完成后再分层开挖边坡，桩前分层挂挡土板，效果较好。

挡土墙高度一般为 3～6m，墙趾应埋入当地大气急剧影响层之下，一般不小于 1.5m，泄水孔间距宜适当减小，墙背连续设置 0.3～0.6m 厚砂卵石反滤层，既起排水作用，也在膨胀土往复胀缩变形时起到对挡土墙的缓冲作用。

2）边坡防护

挡土墙顶或侧沟外侧宜留不小于 2m 宽平台，对平台以上边坡进行防护。主要防护措施有浆砌（全封闭）护坡及骨架内植草护坡。这两种防护类型均要求先将边坡刷至稳定坡度。而不同地区不同岩性膨胀土稳定坡率相差较大，且与膨胀性强弱、边坡高度及地下水发育情况等有关。南昆铁路那百段中至强膨胀岩稳定坡率为 1∶4～1∶6，有的甚至刷至 1∶8 才稳定。全封闭护坡底部应设 0.1～0.15m 厚砂垫层，并加密泄水孔，护坡顶部设 1.5～2.0m 宽浆砌片石封闭，防止地表水渗入护坡背部。南昆铁路部分浆砌护坡未按以上要求施工导致护坡开裂、变形。当边坡较高时，骨架内植草护坡应带排水槽，并根据不同膨胀土类型及边坡坡度将骨架加深 200～300mm。骨架间距不宜太大。

3）支撑渗沟

膨胀土边坡排水至关重要，设置支撑渗沟不仅可以排水，而且能增强边坡稳定性。边坡潮湿以及堑顶外为水田或水塘地段时，设置支撑渗沟效果明显。从南昆铁路、广大铁路等既有边坡看，设置支撑渗沟地段边坡稳定性较好，用其处理边坡坍滑也是成功的。支撑渗沟间距一般为 6～10m，渗沟间设骨架内植草护坡或全封闭护坡。

4）土钉墙

用其加固弱膨胀性泥、页岩及铝土岩是可行的，均有成功范例，但用其加固南昆铁路中至强膨胀岩则是失败的。究其原因，南昆铁路膨胀岩具有高膨胀性、碎裂性、低强度性。膨胀岩已被密集的结构面切割成碎块状，岩体含水量超过塑限，剪切强度和无侧限抗压强度很低，锚杆抗拔力较小，锚杆和土体不能形成整体。

5）加强堑顶排水

凡是堑顶外可能有水流向边坡地段的，无论水量大小，均应设置天沟。例如，南昆铁路 DⅡK211＋760～＋895 右侧膨胀土路堑边坡外，附近种猪场废水未完全排走，堑顶又未设天沟，地表水下渗导致边坡坍滑，后来在堑顶外设天沟，边坡中下部设抗滑桩加以整治，取得了较好的效果。

4.4.3 石灰改良膨胀土的施工措施

下面以石灰改良膨胀土为例介绍膨胀地基处理的施工方法。

石灰改良膨胀土场拌法施工工艺流程如图 4-25 所示。用场拌法改良膨胀土填料进行路基填筑可采用"三阶段、四区段、九流程"的施工工艺组织施工。

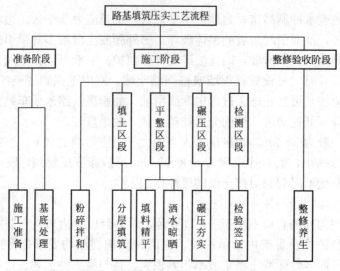

图 4-25　石灰改良膨胀土场拌法施工工艺流程图

1. 施工准备

在施工准备中，除了要做一些常规的准备外，还要做好石灰加工的准备工作。根据设计要求，如果是用生灰改良膨胀土，那么在临时工程规划中，就需考虑安装球磨机等相关石灰加工设备的场地，做好碎土设备、稳定土拌和站的规划建设，并做好相应环境保护工作。如果是用熟石灰改良膨胀土，应选择一避风近水的场所进行石灰的消解、过筛，并把消解残余物集中堆放，及时清除，做好相应的环境保护工作。

2. 基底处理

按照施工互不干扰的原则，划分作业区段，区段长度宜在 100～200m。然后清除基底表层植被等杂物，做好临时排水系统，并在施工的过程中，随时保持临时排水系统的畅通。再对基底进行平整和碾压，并利用轻型动力触探仪进行基底试验，经检验合格后，方可进行填土。

3. 粉碎拌和

液压碎土机在破碎膨胀土前应清除土中石块及树根等杂物，以免损坏液压碎土机。然后需检测膨胀土的含水量，当含水量合适时，即可进行粉碎。用装载机装料倒入碎土机仓斗内，人工配合疏通筛网进行粉碎作业，以免堵塞料斗。人工配合清理筛余物，并装入料仓内进行二次粉碎。用输送机把粉碎合格的膨胀土运至稳定土拌和设备的料仓内，用泵把石灰泵入粉料仓内，按照设计给定的施工含灰率，调试稳定土拌和设备，以满足设计要求为止。因为石灰扬尘易对拌和设备的润滑部件造成损坏，从而造成计量的不准，使含灰率有所改变，所以应定时在出料口检测含灰率，并做出适当调整。

4. 分层填筑

按横断面全宽纵向水平分层填筑压实方法填筑，填筑的松铺厚度由试验段确定。采用自卸车卸土，应根据车容量和松铺厚度计算堆土间距，以便平整时控制厚度的均匀。为保证边坡的压实质量，一般填筑时路基两侧宜各加宽 500mm 左右。

5. 填料精平

填料摊铺平整使用推土机进行初平，然后用压路机进行静压或弱振一遍，以暴露出潜在的不平整，再用平地机进行精平，确保作业面无局部凹凸。层面控制为水平面，无需做成 4% 的路拱。

6. 洒水晾晒

改良后膨胀土的填料，在碾压前应控制其含水量在由试验段压实工艺确定的施工允许含水量范围内。当填料含水量较低时，应及时采用洒水措施，洒水可采用取土场内洒水闷湿和路堤内洒水搅拌两种办法；当填料含水量过大时，可采用在路堤上翻开晾晒的办法。

7. 碾压夯实

当混合料处于最佳含水量以上一至两个百分点，即可进行碾压。压实顺序应按先两侧后中间，先慢后快，先轻压静压后重压的操作程序进行碾压，两轮迹搭接宽度一般不小于 400mm。两区段纵向搭接长度不小于 2m。

8. 检验签证

路基填土压实的质量检验应随分层填筑碾压施工分层检验。含灰率检测采用 EDTA 或钙离子直读仪法，压实度采用环刀法进行检测，地基系数采用 K30 承载板试验进行检测。

9. 整修养生

使路基成形，达到规范要求的，下层经检验质量合格后，若不能立即铺筑上层的或暴露于表层的改良土必须保湿养生，养生可采用洒水或用草袋覆盖的方法，养生期一般不少于 7d。

4.4.4　膨胀土地基上结构物设计的建筑措施

1. 场地选择

建筑物应尽量布置在胀缩性较少和土质较均匀的场地，为减少大气对膨胀土的胀缩影响，基础最少埋深不小于 1m。

同一建筑物尽量不要跨越不同的地貌单元、不同土层和不同的工程地质分区。建筑体形应力求简单，不要局部突出或拐弯过多。

2. 建筑措施

加强防水、排水措施，如设计宽散水等。经常检查给排水系统，防止漏水。室外排水畅通，避免积水。

宽散水（图 4-26）适用于地下水位较深、基础埋深较浅的情况。宽散水宽度一般为 2~3m 左右。其作法为：80~100mm 厚的 C15 混凝土面层、100~200mm 厚 1:3 石灰炉

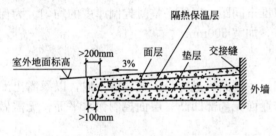

图 4-26 宽散水构造示意图

渣保温层及 100～200mm 厚2：8灰土垫层作为不透水层。散水沿纵向每隔 3m 留一道变形缝，变形缝和散水与外墙间隙内用柔性防水材料填严。变形缝应与雨水管的位置错开。宽散水可以减少地表水渗入地基土中和阻止地基土中水分的蒸发，从而减轻大气对基础持力层中含水量的影响。宽散水可与增加基础埋深同时使用。

3. 其他措施

三级膨胀土地基和使用要求特别严格的地面，可采用地面配筋或地面架空的措施。对使用要求不严格的地面，可采用预制块铺设。大面积地面应做分格变形缝。以上均为了防止地基土膨胀后，引起地面产生裂缝。

4.4.5　膨胀土地基上结构物设计的结构措施

1. 选择合适的基础类型

较均匀的弱膨胀土地基，可采用条形基础。基础埋深较大或条基基底压力较小时，宜采用墩基。用增加基底压力大于膨胀力的做法，消除膨胀变形。

增加基础自重。当基础底面压力等于或大于膨胀力时，可以阻止土膨胀，因此本地区宜建 3 层以上建筑以避免房屋开裂问题。

排架结构山墙和内隔墙应采用与柱基相同的基础形式，维护墙下应设置基础梁。

2. 适当增加基础埋深

这是防止房屋产生过大不均匀沉降变形的一项极为有利的措施，在美国、加拿大等国被普遍采用。

影响基础有效埋深的外界因素主要有 2 个：地表大气影响和地下水。由于地表 1m 内土中含水量受人为活动和大气影响最大，规范规定，膨胀土地基上建筑物基础埋深应大于等于 1.0m。这适用于场地平坦且地下水位较深的情况。如果常年地下水位较高，由于土壤中毛细管移动和水汽转移，可以使结构物下面的薄层膨胀土达到完全饱和，将基础埋置在地下稳定水位以上 3m 内即可。对于本地区的建筑，一般情况下基础可埋至地面 2.0m 以下的土层上，这样可部分或全部消除大气对膨胀土层的影响。实践证明，该种方法是长期有效的。

3. 选择合适的结构类型

采用对地基沉降不太敏感的结构，应加强上部结构刚度，如设置地梁、圈梁，在角端和内外墙壁交接处设置水平钢筋加强联结等。

圈梁应设置在外墙、内纵墙以及对整体刚度起重要作用的内横墙上，并在同一平面内闭合；圈梁的高度不小于 120mm，纵向钢筋可采用 4 根直径(12mm)，混凝土强度等级可为 C15；采用钢筋砖圈梁时，砂浆不应低于 M5 强度等级，其高度不应小于 400mm，水平通长钢筋不应少于 4 根(直径 8mm)，分上、下两层布置，水平间距可为 120mm。

承重砌体结构采用实心砖墙。不宜采用砖拱结构、无砂大孔混凝土和无筋中型砌块等。对变形敏感的结构，不得采用空斗墙、无砂混凝土砌体；Ⅱ级、Ⅲ级膨胀土地区，砂浆强度等级不宜低于 M2.5。

膨胀土地基上的砖混结构房屋门窗或其他洞孔，其宽度在Ⅱ、Ⅲ级膨胀土地基上分别大于 1.2m、1m 者，均应采用钢筋混凝土过梁，不得采用砖拱过梁，在底层窗台处宜设置通长水平钢筋。

膨胀土地基上的建筑物，预制钢筋混凝土梁支承在砖墙或砖柱上的长度，不得小于 240mm；预制钢筋混凝土板支承在砖墙上的长度，不得小于 100mm。

膨胀土地基上的钢和钢筋混凝土排架结构、山墙和内隔墙应采用与柱基相同的基础形式。围护墙宜采用填充墙或外包墙，并砌置在基础梁上。基础梁下宜预留 100mm 空隙，并做防水处理。有吊车时，吊车顶面与屋架下弦的净空不应小于 200mm。吊车梁应设计成简支梁，吊车梁与吊车轨道之间，应采用便于调整的连接方式。

4. 加强排水设计

膨胀土地基的排水设施的完善程度，对于膨胀土地区公路路基路面的稳定具有特殊的重要意义。如能做到防水保湿，则可消除膨胀土湿胀干缩的有害影响。

为此，在设计中应注意以下几点：精心设计排水设施，形成良好排水网系，以使危害路基路面稳定的底下水、地面水能顺畅排走，防止地面水冲蚀路基、积水浸泡路基和地下毛细水浸入路基；所有地面排水沟渠，特别是近路沟渠均应铺砌和加固，以防冲、防渗；边沟应较一般地区适当加宽、加深。路堑的边沟深度不得小于 800mm，外侧应设平台，以保护坡角免遭水浸，并防止边坡坍落物堵塞边沟(图 4-27)。

图 4-27 排水沟的设计

在膨胀土地区，建筑的给水进口管和排水出口管，宜敷设在钢筋混凝土套管或管沟中。地下管道及其附属构筑物(如管沟、检查井、检漏井等)的地基，宜设置厚 150mm 灰土垫层，管道宜敷设在砂垫层上。检漏井应设置在管沟末端和管沟沿线分段检查处，并应防止地面水流入。井内应设置深度不小于 300mm 的集水坑，并应使积水能及时发现和排除。

地下管道或管沟穿过建筑物的基础或墙时，应设有预留孔洞。洞与管沟或管道间的上下净空，均不应小于 100mm。管道与洞孔间的缝隙，应采用不透水的柔性材料填塞。

对高压、易燃、易爆管道及其支架基础的设计，应考虑地基土不均匀胀缩变形所造成的危害，并根据使用要求，采取适当措施。

4.5 工程应用实例

4.5.1 工程概况

云南个旧电解铝厂电解车间全长 313.0m，柱距 6.2m，跨度 24.0m，钢筋混凝土排架结构，屋架下弦标高 16.0m，轨顶标高 9.15m。车间内设有标高为 2.4m 钢筋混凝土操作平台，操作荷载 50kN/m²，两台电解铝多功能起重机及一台 20t 普通天车，多功能起重机最大轮压 P_{max} 为 410kN。砖烟囱高 250m，还有其他的单层附属建筑。

4.5.2 工程地质条件

云南个旧电解铝厂位于云南省个旧市大屯镇，地面绝对标高为 1293.6～1297.57m，地形平坦。在地貌上，场地属于盆地边缘平坦地貌。据地质勘察资料，本场地为膨胀性填土场地。各地层由上而下概述如下。

①1 层填土（Q^{ml}）：褐红色，稍湿，稍密至中密，主要由灰岩碎石、角砾及黏土等组成。层厚 0.5～1m。

①2 层耕植土（Q^{ml}）：褐红色，稍湿至湿，松散，含植物根系。层厚 0.4～0.5m。

②1 层黏土（Q^{al+pl}）：褐红色，可塑状态，局部硬塑或软塑，局部含砂岩圆砾，局部夹薄层圆砾、砾砂，成分主要为砂岩。层厚 0.5～2.10m。

②2 层卵石（Q^{al+pl}）：褐红色、褐灰色，稍湿至湿，稍密，砂及黏土充填。层厚 1.20～1.30m。

③1 层黏土（Q^{pl+1}）：黑灰色、灰色、灰黄色，可塑状态，局部软塑状态，局部含砂、砾石，次棱角状，顶部偶见动物残骸，夹细砂、中砂。层厚 3.2～8.4m。

③2 层中砂（Q^{pl+1}）：灰色、浅灰色、灰黄色，很湿，松散至稍密，分选性较差，含卵石、圆砾，次棱角状，含量 5%～10%，含黏粒。层厚 0.5～2.6m。

④1 层黏土（Q^{al+pl}）：黄绿色、浅黄色，可塑至硬塑状态，局部含少量碎石、角砾。层厚 0.6～4.80m。

④2 层中砂（Q^{al+pl}）：浅灰色、灰色、黄绿色，湿，稍密至中密，分选性一般，含圆砾、卵石，含量 3%～10%，含黏粒。层厚 0.6～2.9m。

④层黏土（Q^{al+pl}）：浅黄色、褐黄色、黄绿色，硬塑状态，局部可塑或硬塑状态，含碎石、圆砾，含量约 5%左右，局部夹粉质黏土。钻孔未揭穿，层顶埋深 6.00～13.40m。

本场地地下水稳定埋深 0～1.3m。

4.5.3 地基处理方案的选择

对于电解车间工程来说，框架内力分析结果，各柱脚内力为：竖向力 $N=3940$kN，弯矩 $M=2200$kN·m，水平力 $V=141$kN。

基础方案选择如下。

方案一：砂石垫层法。能够充分利用天然地基强度，减少基底附加应力和调整基础变形沉降，较深层处理经济，且施工机具简单，材料来源广，通常是一种优先考虑的地基处理方案。由于本场地地下水位高，且与电解区域内净化系统除尘烟道较近，烟道开挖较深，如采用本处理方法使得基槽开挖较宽、较深，不利于机械碾压；如果采用人工分层夯实，质量不易保证，往往压实系数达不到设计要求，施工工期较长，且该地区雨量丰富，工期拖延会给工程地基处理及基础的施工质量造成不利影响，砂石用量也较大。

方案二：沉管灌注桩。该桩单价低，施工快。但根据地质勘探报告，沉管灌注桩端阻力小，所需桩数多，因而对上部土层的破坏较为严重，且该桩的成桩质量人为因素很大，容易产生质量缺陷桩。

方案三：人工挖孔护壁灌注桩。该处理方案施工简单，机具设备少，进度快，成本低，也能有效地克服膨胀土对建筑物的危害。根据地质勘探报告，人工挖孔护壁灌注桩桩端阻力大，通过扩底等技术处理，可节约桩数量；根据当地人力情况，可大面积开挖施工，以加快施工进度。

经过技术及经济分析比较，本工程采用人工挖孔护壁灌注桩。由于桩的长度主要取决于地层的结构和上部结构传下来的荷载，加上机械器具的因素，本工程采用直径800mm人工挖孔护壁灌注桩，扩底直径为1.7m。

对于烟囱来说，根据当地处理膨胀土的经验，工程采用桩基较为稳妥。但根据现场具体情况，该烟囱位于电解区域内，周边建（构）筑物已基本完工，如采用桩基，施工周期要加长，且工程造价也要提高。如果将基础深埋，即把基础直接坐在第④层土上，虽然施工简单，但基础高度需加高3m，不仅增加了基础的造价，且对周边建（构）筑物也有一定影响，同时，对下部膨胀土层扰动过大。经过分析比较，决定采用换填级配良好的砂石垫层。

根据当地以往砂石垫层级配的配比经验，决定选用表4-9所示的质量比砂石级配，并进行了室内压缩试验。试验表明，该级配的砂石，室内压实下取得了较好的密实度。

表4-9 砂石级配

粒径/mm	颗粒组成/%			干重度 r/(kN/m³)	压缩系数 a_{1-2}/kPa^{-1}	压缩模量 E_{1-2}/kPa
	20~50	5~20	砂			
松散状态	45.0	30.0	25.0	19		
压缩状态	42.1	32.0	25.9	26.3	4×10^{-5}	33.4×10^4

根据《建筑地基基础设计规范》（GB 50007—2011）及《建筑地基处理技术规范》（JGJ 79—2012)的规定，经计算本工程垫层厚度取1.2m，宽度宽出基础边缘1.0m。

在砂石垫层施工前，作为持力层的膨胀土层应避免人为扰动。级配填料在掺加总重4.5%的水后，以搅拌机搅拌均匀，并以0.3~0.5m的厚度分层铺垫。然后采用120kN的振动碾压机振碾，碾压时采取分条叠合搭接，每次重叠1/2的碾轮，纵横交错，重叠振碾各四遍。

4.5.4 处理效果分析

为了验证人工挖孔扩底桩在本工程的适宜程度，在本场地做了两组挖孔桩的试桩。

分析以上两组 $P\text{-}s$ 曲线可得出单桩极限承载力为 3200kN，满足设计要求。由此可见，采用人工挖孔扩底桩对本工程是适宜的。

垫层碾压结束后，对垫层进行了现场检验，经测定，砂石垫层的压实系数 $\lambda_c > 0.95$，满足规范要求，可以作为本构筑物的地基。

对于场地内单层附属建筑，由于其上部结构荷载较小，设计采用了砂包基础的处理形式。

将基础置于砂层包围中，砂层可选用砂、碎石、灰土等材料，厚度宜采用基础宽度的 1～1.5 倍，宽度宜采用基础宽度的 1.8～2.5 倍。砂层不能采用水振，此类处理如与加大地圈梁、设油毡滑动层以及加宽散水坡等结合处理，则效果比较明显。同时由于砂包基础能释放地裂应力，在膨胀土发育地区，中等胀缩性土地基采用砂包基础、地基梁、梁下油毡滑动层以及加宽散水坡四者相结合的处理措施，能够取得良好效果。砂采用中砂或当地自然级配土加石，基础下处理厚度不小于 300mm，每边宽出基础宽度不小于 250mm。通过对已建成建筑物的沉降观测，平均沉降量为 50～70mm，相对倾斜仅为 0.01%～0.32%，完全满足功能使用要求。

本 章 小 结

本章主要讲述膨胀土的基本工程地质特性、评价方法和地基处理方法，具体讲述了每种评价指标的计算方法及用途，从工程地质性质入手，介绍了每种地基处理方法、加固原理、影响因素、设计计算、施工要点以及处理后的效果检验，最后讲述了膨胀土地基上结构物设计原则和必要的建筑措施和结构措施。

本章的重点是膨胀土的地基评价和处理方法。

习 题

一、思考题

1. 什么是膨胀土？其主要的工程地质性质是什么？
2. 膨胀土的野外鉴定有什么特征？
3. 膨胀土的工程特性指标有哪些？如何计算？
4. 膨胀土如何分类？
5. 简述膨胀土地基的变形特点。
6. 如何评价膨胀土的地基承载力？
7. 膨胀土地基有哪些处理技术？
8. 对于膨胀土地基处理后如何检验其处理效果？
9. 膨胀土地基上的设计应遵循什么原则？
10. 膨胀土地基上结构设计的建筑措施和结构措施有哪些？

二、单选题

1. 某场地具有膨胀土场地的工程地质特征，当土样的自由膨胀率为（　　），可以判断该土样为（　　）。

A. 小于 40%　　　　　　　　　　　B. 大于或等于 40%

C. 大于 60%　　　　　　　　　　　D. 大于 90%

2. 根据场地的地形地貌条件，膨胀土建筑场地分为（　　）。

A. 平坦场地和坡地场地　　　　　　B. 简单场地和复杂场地

C. 一级场地和二级场地　　　　　　D. 一般场地和中等复杂场地

3. 当膨胀土建筑场地的地形坡度大于 5°、小于 14°且距坡肩水平距离大于 10m 的坡顶地带属于（　　）场地。

A. 平坦　　　　　B. 坡地　　　　　C. 简单　　　　　D. 复杂

4. 膨胀土的膨胀潜势可按其自由膨胀率分为（　　）。

A. 弱、中、强三类　　　　　　　　B. 一般、中等、强烈三类

C. 弱、较弱、较强、强四类　　　　D. 一般、中等、复杂

5. 当膨胀土的自由膨胀率介于 90%～93% 时，其膨胀潜势为（　　）。

A. 弱　　　　　　B. 中　　　　　　C. 强　　　　　　D. 强烈

6. 膨胀土地基的胀缩等级是依据（　　）进行划分的。

A. 膨胀率　　　　B. 收缩率　　　　C. 膨胀力　　　　D. 地基分级变形量

7. 膨胀土地基的胀缩等级分为（　　）。

A. Ⅰ、Ⅱ、Ⅲ级　　　　　　　　　B. 弱、中、强

C. 一般、中等、上　　　　　　　　D. 上、中、下

8. 膨胀土地基的分级变形量为 50cm 时，其膨缩等级为（　　）。

A. Ⅰ　　　　　　B. Ⅱ　　　　　　C. Ⅲ　　　　　　D. Ⅳ

9. 膨胀土地基上基础底面压力设计值与土的膨胀力、地基承载力的关系为（　　）。

A. 宜大于土的膨胀力，但不得超过地基承载力

B. 宜小于土的膨胀力，且不得超过地基承载力

C. 宜大于土的膨胀力，且大于地基承载力

D. 宜小于土的膨胀力，且超过地基承载力

10. 当验算位于坡地场地上的建筑物的地基稳定性时，稳定安全系数可取（　　）。

A. 1.0　　　　　B. 1.05　　　　　C. 1.10　　　　　D. 1.20

11. 当对位于坡地场地上的建筑物地基进行设计时，应遵循的原则为（　　）。

A. 按变形控制设计

B. 应验算地基的稳定性

C. 除按变形控制设计外，尚应验算地基的稳定性

D. 根据具体情况确定

12. 对位于膨胀土地基上的烟囱、窑、炉等高温构筑物进行地基设计时，应主要考虑的问题是（　　）。

A. 干缩影响　　　B. 膨胀影响　　　C. 沉降影响　　　D. 滑坡影响

三、多选题

1. 下列适合于换填法的垫层材料是( )。

A. 红黏土　　　　　B. 砂石　　　　　　　C. 杂填土　　　　　D. 工业废渣

2. 膨胀土场地的工程地质特征包括( )。

A. 裂隙发育，常有光滑面和擦痕

B. 二级或二级以上阶地，地形平缓，无明显自然陡坎

C. 常见浅层塑性滑坡、地裂

D. 建筑物裂缝随气候变化而张开或闭合

3. 下列各项中符合膨胀土地基变形量的取值规定的是( )。

A. 膨胀变形量应取基础某点的最大膨胀上升量

B. 收缩变形量应取基础某点的最大收缩下沉量

C. 胀缩变形量应取基础某点的最大膨胀上升量与最小收缩下沉量之和

D. 变形差应取相邻两基础的变形量之比

4. 膨胀土地基的承载力确定方法包括( )。

A. 载荷试验法　　　B. 计算法　　　　　C. 经验法　　　　　D. 触探法

5. 根据《膨胀土地区建筑技术规范》(GB 50112—2013)规定，对于一般工程可用两项物理力学性质指标查表确定膨胀土地基的承载力，这两项指标是( )。

A. 孔隙比　　　　　B. 含水量　　　　　C. 含水比　　　　　D. 液性指数

6. 位于膨胀土地基上的建筑物，从施工开始就进行升降观测，竣工后移交使用单位继续观测的包括( )。

A. Ⅲ级膨胀土地基上的建筑物　　　　B. 用水量较大的湿润车间

C. 坡地场地上的重要建筑物　　　　　D. 平坦场地上的重要建筑物

第5章 冻土地基处理

教学目标

本章主要讲述冻土地基的地基处理方法，包括冻土特性与工程性质、地基处理方法、地基处理设计中问题等。通过本章学习，应达到以下目标：

(1) 了解冻土的分类及工程性质；

(2) 掌握常用地基处理方法的基本原理及适用范围；

(3) 了解各种方法的设计和施工要点；

(4) 能根据地基条件、地基处理方法的适用范围及选用原则，初步选择地基处理方法。

教学要求

知识要点	能力要求	相关知识
冻土特性及工程性质	(1) 了解冻土的概念 (2) 了解冻土的分布 (3) 掌握冻土的物理力学性质 (4) 熟悉冻土的工程分类方法 (5) 熟悉冻土的工程评价	(1) 冻土的分类 (2) 冻土的物理性质 (3) 冻土的力学性质 (4) 冻融机理 (5) 冻土的融化下沉与融化压缩 (6) 多年冻土地区设计原则
冻土地基处理方法	(1) 了解砂砾石换填法 (2) 掌握苯乙烯泡沫塑料保温板(EPS) (3) 掌握片石通风路基 (4) 掌握热桩(棒)设计要点 (5) 了解基土强夯原理	(1) 砂砾石换填法 (2) 聚苯乙烯泡沫塑料保温板(EPS) (3) 片石通风路基 (4) 热桩(棒) (5) 保温护道(坡) (6) 基土强夯
冻土地基处理与路基施工	(1) 掌握冻土地基的工程措施 (2) 具有冻土地基的处理能力	(1) 地基处理施工 (2) 路堤施工
冻土地基处理设计	(1) 掌握基础埋置深度确定方法 (2) 掌握地基承载力设计计算	(1) 基础埋置深度 (2) 地基承载力

 基本概念

多年冻土、季节性冻土、冻胀、保持冻结原则、容许融化原则、融沉变形。

引例

(1) 某建筑物采用筏板基础，板厚 0.8m，埋深 1.2m，接近当地冻深。竣工使用后，在地基冻胀力的作用下筏板基础未产生强度破坏，但不均匀沉降使上部结构产生裂缝。

(2) 青藏铁路是世界上海拔最高和线路最长的高原铁路，全长 1956km，其中格拉段长约 1142km，途经青海省的望昆，翻越唐古拉山进入西藏自治区，经安多、那曲、当雄，到达自治区首府拉萨市。沿线海拔 4000m 以上的路段有 960km，最高点唐古拉山口海拔为 5072m。其中多年冻土区长度为 632km，大片连续多年冻土区长度约 550km，岛状不连续多年冻土长度约 82km。高原冻土一直是青藏铁路修筑的最大"拦路虎"。

由以上例子我们可以看出，造成工程事故的原因是对冻土地基了解不够，没有很好地处理冻土地基。

5.1 冻土特性及工程性质

5.1.1 冻土特性

温度小于等于 0℃，并含有冰的土层，称为冻土。冻土常分布在高纬度和海拔较高的高原、高山地区。

冻土根据其冻结时间分为季节性冻土和多年冻土两种。

1. 季节性冻土

受季节影响，冬冻夏融，呈周期性冻结和融化的土称为季节性冻土或暂时冻土。季节性冻土在我国主要分布在东北、华北及西北的广大地区。自长江流域以北向东北、西北方向，随着纬度及地面高度的增加，冬季气温越来越低，冬季时间越来越长，因此季节性冻土厚度自南向北越来越大。石家庄以南季节性冻土厚度一般小于 0.5m，北京地区为 1m 左右，辽源、海拉尔一带则为 2~3m。因季节性冻土呈周期性的冻融，一般冻结的深度不大，故对地基稳定性和建筑物破坏只有一定的影响，且相对容易防治。

季节性冻土的主要工程地质问题是冻结时膨胀，融化时下沉。从工程性质上看，液态水转化为冰，膨胀率为 9%，冻土体积相应也增大，产生类似膨胀土的性质，夏季融化时由于含水量分布不均匀，局部土中含水量增大，土呈软塑或流塑状态，出现融沉，还可以使边坡土体开裂，路面下凹，出现翻浆冒泥。

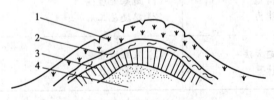

图 5-1 冰丘剖面示意图
1—塔头草层；2—泥炭层；3—黏性土层；4—含水层

在地下水埋藏较浅时，季节冻结区不断得到水的补充，地面明显冻胀隆起，形成的冰胀山丘，称为冰丘(图 5-1)。一般来说，土中粉粒或黏粒含量愈高，含水量愈大，冻胀性愈强。

2. 多年冻土

在年平均气温低于 0℃ 的地区，冬季长，夏季很短，冬季冻结的土层在夏季结束前还未全部融化，就又随气温降低开始冻结。在地面以下一定深度的土层常年处于冻结状态，这就是多年冻土。通常认为冻结状态持续多年(三年以上)或永久不融的土，称为多年冻土或永久冻土。多年冻土往往在地面以下一定深度存在着，其上接近地表的部分，因受季节性影响，也常发生冬冻夏融，这部分通常称为季节性冻结层。因此，多年冻土地区也常伴有季节性的冻融现象存在。

由于多年冻土的冻结时间长、厚度大，对地基稳定性和建筑物安全使用有较大影响且难于处理，所以冻土的危害及防治研究，主要针对多年冻土而言。

1) 多年冻土的特征

中国的多年冻土按地区分布不同分为两类：一类是高原型多年冻土，主要分布在青藏高原及西部高山地区，这类冻土主要受海拔高度控制；另一类是高纬度型多年冻土，主要分布于东北及大小兴安岭地区，自满洲里—牙石—黑河一线以北广大地区都有多年冻土分布。受纬度控制的多年冻土，其厚度由北向南逐渐变薄，从连续多年冻土区到岛状多年冻土区，最后尖灭到非多年冻土(季节冻土)区，其分布剖面如图5-2所示。

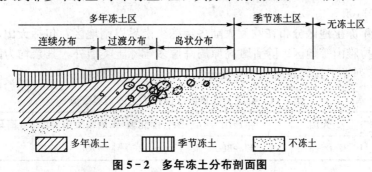

图 5-2　多年冻土分布剖面图

2) 多年冻土的上限和下限

多年冻土的上部界限称为多年冻土上限，简称上限；多年冻土的下部界限称为多年冻土下限，简称下限。上限和下限之间的距离为冻土厚度，如图5-3所示。俄罗斯多年冻土厚度可达300~500m，我国多年冻土厚度也可达100~200m。

在天然条件下多年冻土形成的上限，称为天然上限；经过人为活动后形成的新上限，称为人为上限，如路堤下的冻结核、房屋下的融化盘(图5-4、图5-5)。

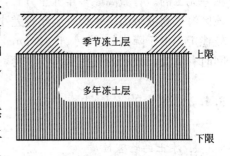

图 5-3　多年冻土的上限和下限

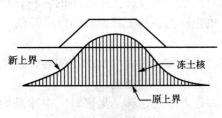

图 5-4　路堤下的冻结核

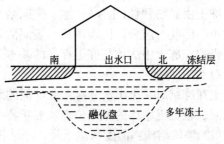

图 5-5　房屋下的融化盘

从地面到上限的距离，称为上限深度。上限深度是工程设计的重要数据。

3）我国多年冻土的分布

我国既有高纬度多年冻土地区，也有高海拔多年冻土地区。

高纬度多年冻土地区分布在欧亚大陆多年冻土南界以北地区，包括兴安岭和阿尔泰山两部分。

（1）兴安岭多年冻土区。

该区的南界为：在大兴安岭西坡约为年平均气温-1℃线，从大兴安岭东坡至小兴安岭西坡约为年平均气温0℃线，小兴安岭其余部分约为年平均气温1℃线。

由于地处多年冻土南界，年平均气温较高，再加上受季风气候影响，冬季虽然严寒，但暖季温度高、融化时间长，所以大部分地区多年冻土稳定性较差。由于降水较多（400～600mm），再加上暖季温度高，区内植物繁茂，沼泽普遍发育。

（2）阿尔泰山多年冻土区。

该区多年冻土具有明显的垂直分带现象。其下界即为多年冻土南界，从北至南下界海拔高度变化为1100～1800m。

高海拔多年冻土地区分布在欧亚大陆多年冻土南界以南地区，包括天山、祁连山、青藏高原、喜马拉雅山等地区。除青藏高原属高原多年冻土类型外，其余均为高山多年冻土类型。表5-1列举了我国高海拔多年冻土地区的一些下界概值。

表5-1　我国高海拔地区多年冻土的下界概值

地区	天山	祁连山	昆仑山北坡	唐古拉山南坡	喜马拉雅山北坡
下界概值/m	2700～3100	3500～3800	4200～4300	4700～4900	5000

青藏高原多年冻土区是我国最大的多年冻土区，这样大面积的高原冻土在世界上也是独一无二的。青藏高原多年冻土分布，既呈现垂直分带规律，也呈现水平分带规律。由于该区海拔高度较高，平均气温年较差小，冷季时间长，暖季时间短而气温低，故多年冻土较稳定。由于降水较少（小于400mm），风大而多，空气温度低，再加上暖季短而凉，夜间时有负温，故区内典型沼泽不发育，沼泽化湿地较多。

5.1.2　冻土的工程性质

1. 冻土的物理性质

1）组成特征

冻土由矿物颗粒（土粒）、冰、未冻结的水和气体四相组成。其中矿物颗粒是主体，它的大小、形状、成分、比表面积、表面活动性等对冻土性质及冻土中发生的各种作用都有重要影响。冻土中的冰是冻土存在的基本条件，也是冻土各种工程性质的形成基础。

2）结构特征

土在冻结时，土中水分有向温度低的地方移动的倾向，因而冻土的结构与一般土的结构不同。根据土中冰的分布位置、形状特征，可分为以下三种结构。

（1）整体结构：温度骤然下降，冻结很快，水分来不及迁移、集聚，土中冰晶均匀分布于原有孔隙中，冰与土成整体状态，如图5-6(a)所示。这种结构使冻土有较高的冻结强度，融化后土的原有结构未遭破坏，一般不发生融沉。故具有整体结构的冻土，其工程性质较好。

(2) 网状结构：一般发生在含水量较大的黏性土中。土在冻结过程中产生水分转移和集聚，在土中形成交错网状冰晶，使原有土体结构受到严重破坏，如图 5-6(b) 所示。这种结构的冻土不仅发生冻胀，更严重的是融化后含水量变大，呈软塑或流塑状态，发生强烈融沉，工程性质不良。

(3) 层状结构：土粒与冰透镜体和薄冰层相互间层，冰层厚度可为数毫米至数厘米，如图 5-6(c) 所示。土在冻结过程中发生大量水分转移，有充足水源补给，而且经过多次冻结-融沉-冻结后形成层状结构，原有的结构完全被冰层分割而破坏。这种结构的冻土冻胀性显著，融化时产生强烈融沉，工程性质不良。

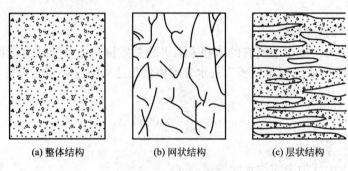

| (a) 整体结构 | (b) 网状结构 | (c) 层状结构 |

图 5-6　多年冻土结构类型

冻土的结构形式对其融沉性有很大的影响。一般来说，整体结构的冻土融沉性不大；层状结构和网状结构的冻土，在融化时都将产生很大的融沉。

3) 构造特征

多年冻土的构造是指多年冻土与其上的季节性冻土层间的接触关系，有以下两种构造类型。

(1) 衔接型构造：季节性冻土的最大冻结深度达到或超过多年冻土层上限，如图 5-7(a) 所示。此种构造的冻土属于稳定的或发展型多年冻土。

(2) 非衔接型构造：在季节性冻土所能达到的最大冻结深度与多年冻土层上限之间有一层不冻土 [或称融土层，如图 5-7(b) 所示]。这种构造的冻土多为退化型多年冻土。

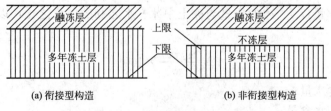

| (a) 衔接型构造 | (b) 非衔接型构造 |

图 5-7　多年冻土衔接示意图

4) 冻土中的水与冰

冻土在负温条件下，仍有一部分水不冻结，称为未冻水。未冻水的含量与土的粗细及负温的高低有关，并随温度的降低而减少，但在黏性土中不会全部冻结成冰(表 5-2)，故冻土的含冰量并不等于其融化时的含水量。

表 5-2 不同土类的未冻水含量

土类	未冻水含量(水与干土之比,%)					
	$-0.3\sim-0.22℃$	$-0.7\sim-0.5℃$	$-1.5\sim-1.0℃$	$-2.5\sim-2.0℃$	$-4.5\sim-4.0℃$	$-11.0\sim-10℃$
砂类土	0.2	0.2	0.2	0.2	0.0	0.0
亚砂土	6.5	5.0	4.5	4.3	4.0	3.5
亚黏土	12.0	10.0	7.8	7.4	7.0	6.5
黏土	17.5	15.0	13.0	12.0	11.0	9.3

冻土内未冻水的多少,影响土粒被冰胶结的程度,因而影响冻土的强度;同时也影响冻土的热物理性质。黏性土冻土,在温度接近于 0℃ 时,未冻水含量接近于塑限,故冻土呈塑性状态。

5)冻土的特殊物理指标

(1)总含水量 w。冻土中所有的冰和未冻水的总质量与土骨架质量之比,也就是冻土在 100~105℃ 温度下烘至恒重后所失去水分的质量与达到恒重后干土质量之比,用百分数表示,即:

$$w=\frac{m_\mathrm{w}}{m_\mathrm{d}}\times100\% \tag{5-1}$$

式中,w——冻土含水量;

m_w——冻土中冰加未冻结水的质量,g;

m_d——冻土烘干后干土的质量,g。

(2)体积含冰量($i_\text{体}$)。冻土中冰的体积和冻土体积之比,以百分数表示,即:

$$i_\text{体}=\frac{V_\text{体}}{V}\times100\% \tag{5-2}$$

式中,$V_\text{体}$——冻土中冰的体积,cm³;

V——冻土体积(包括冰),cm³。

(3)质量含冰量($i_\text{重}$)。冻土中冰的质量与冻土干土质量之比,以百分数表示,即:

$$i_\text{重}=\frac{g_\text{冰}}{g_\text{干土}}\times100\% \tag{5-3}$$

式中,$g_\text{冰}$——单位体积冻土中冰的质量;

$g_\text{干土}$——冻土的干密度。

(4)相对含冰量(i_o)。冰的质量与冻土中冰、水之和的质量之比,以小数或百分数表示,即:

$$i_\text{o}=\frac{w-w_\text{r}}{w}\times100\% \tag{5-4}$$

式中,w——总含水量;

w_r——未冻水含量。

(5)冰夹层含水量 w_b。

$$w_\text{b}=\frac{冰夹层的质量}{土骨架的质量}\times100\% \tag{5-5}$$

(6)未冻水含量 w_r。土中未冻结水的质量与冻土干土质量之比,以百分数表示,即:

$$w_\text{r}=(1-i_\text{o})w \tag{5-6}$$

（7）饱冰度 v。

$$v = \frac{冰的质量}{土的总质量} = \frac{i_o w}{1+w} \times 100\%$$ (5-7)

（8）冰夹层含冰量 B_b。

$$B_b = \frac{冰透晶体和冰夹层体积}{冻土总体积} \times 100\%$$ (5-8)

（9）冻胀量 V_p。即土在冰冻过程中的相对体积膨胀，以小数表示，按下式计算：

$$V_p = \frac{r_r - r_d}{r_r}$$ (5-9)

式中，r_r、r_d——分别为冻土融化后和融化前的干容重，kN/m³。

根据冻胀量的大小，可将冻土分为三类：

① $V_p < 0$，为不冻胀土；

② $0 \leqslant V_p \leqslant 0.22$，为弱冻胀土；

③ $V_p > 0.22$，为冻胀土。

2. 冻土的热物理性质

1）热容量

热容量是土的蓄热性能的指标，是进行热工计算不可缺少的参数之一。

（1）质量热容量（$C_质$）。

质量热容量亦称比热。其定义为：使单位质量的土温度升高 1℃ 所需要的热量。单位为 J/(kg·℃)。

土的比热具有按其组成物质（矿物颗粒、有机质、水溶液等）的质量加权平均的性质。冻土与融土的主要区别在于冻土中含有冰，而水的比热要比冰的比热大 1 倍。

（2）容积热容量（$C_容$）。

其定义为：使单位体积的土温度升高 1℃ 所需要的热量。单位为 J/(m³·℃)。

容积热容量与质量热容量的关系为：

$$C_容 = C_质 \cdot r$$ (5-10)

式中，r——土的容重，kN/m³。

2）导热系数（λ）

导热系数是表示土体热传导能力的指标。其定义为：在单位温度梯度条件下，单位时间内通过单位面积的热量。单位为 W/(m·℃)。

$$\lambda = \frac{Q}{\frac{\Delta t}{\Delta h} \cdot \Delta F \cdot t}$$ (5-11)

式中，Q——热量，J；

$\frac{\Delta t}{\Delta h}$——温度梯度，℃/m；

ΔF——面积，m²；

t——时间，s。

土的导热系数随其干容重的增大而增大；干容重相同时，土的导热系数随总含水量和含冰量的增加而增大（冰的导热系数比水大 4 倍）；干容重和含水量相同时，粗颗粒土的导热系数大于细颗粒土。

3）导温系数（α）。

导温系数是研究热传导过程常用的基本指标。其定义为：土中某一点在其相邻点温度变化的作用下，改变其自身温度的能力，单位为 m^2/s。导温系数等于单位体积土中进入相当于导热系数（λ）的热量后所升高的温度。

$$\alpha = \frac{\lambda}{C_容} \qquad\qquad (5-12)$$

3. 冻土的力学性质

1）抗压强度与抗剪强度

（1）抗压强度。

冻土强度主要决定于冻土温度，温度愈低，抗压强度愈高。加荷时间长短，对冻土强度影响也很大，加荷时间愈短，抗压强度愈高；反之，加荷时间愈长则抗压强度愈低。如瞬间加荷，抗压强度可高达 $30\sim40MPa$；若长期加荷，其抗压强度要减少到 $1/150\sim1/10$。

（2）抗剪强度。

在长期荷载下，冻土的抗剪强度低于瞬时荷载的强度。融化后土的黏聚力仅为冻结时的 $1/10$，由此可能造成事故。

2）冻结力

土中水冻结时，产生胶结力，将土与建筑物基础胶结在一起，这种胶结力称为冻结力，也称冻结强度。

冻结力只有在外荷载作用时才表现出来，且其作用方向总是与外荷载的总作用方向相反，类似于摩擦力。参看图 5-8，在冬季季节冻融层冻胀时（回冻期间），冻结力对建筑物基础起抗冻胀的锚固作用；在春季季节冻融层融化时，位于多年冻土中的基础侧面相应产生方向向上的冻结力，它又对建筑物基础起承载力的作用。

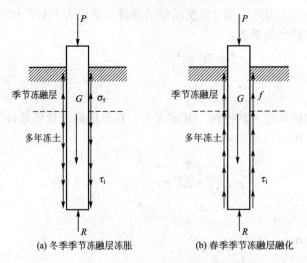

(a) 冬季季节冻融层冻胀   (b) 春季季节冻融层融化

图 5-8　冻结力的锚固作用和承载力作用图

P—荷载；G—基础自重；R—基底承载力；

σ_t—切向冻胀力；f—摩擦力；τ_i—冻结力

在0～10℃范围内，冻结力随土的温度降低而增大，如图5-9所示。

冻结力随土的含水量增加而增大，达到一个最大值，此时土孔隙被冰晶充满，胶结面积最大。超过最大值后，含水量继续增加，会使土粒与基础之间冰层加厚，冻结力变小，直至接近于纯冰的冻结力为止，如图5-10所示。

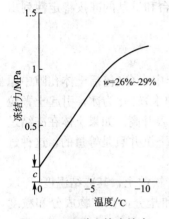

图5-9 亚黏土的冻结力
　　　　与温度关系

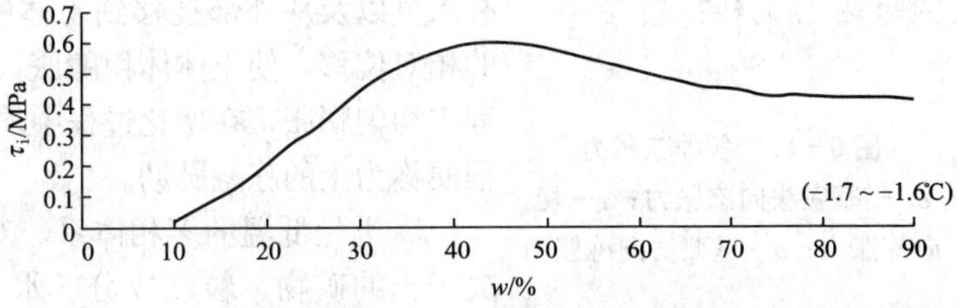

图5-10 亚黏土的冻结力与含水量的关系

冻结力的大小，除与土的温度和含水量有关外，还与基础材料表面的粗糙度有关。粗糙度越高，冻结力越大。

3）冻胀力

土中水冻结时，体积膨胀。若土粒之间尚有足够的孔隙供冰晶自由生长，则没有冻胀力的反映。一直到含水量大到某种程度后，土中水的冻结力造成土的冻胀。各种土的起始冻胀含水量如表5-3所示。

表5-3 各类土的起始冻胀含水量

土类	黏土、亚黏土		亚砂土		粉砂、细砂	中砂、粗砂、砾砂、砾石	
	一般的	粉质的	一般的	粉质的		一般的	粉质的
起始冻胀含水量/%	18～25	15～20	13～18	11～15	10～15	5～8	5～15

作用于建筑物上的冻胀力可分为以下三种（图5-11）。

（1）基底法向冻胀力（σ_+）。

基底法向冻胀力一般都很大，可达零点几至一点几兆帕，甚至更大，并非一般建筑物的自重所能克服。只能采取措施，避免其产生。

（2）基侧法向冻胀力（σ_-）。

当热流方向与基础侧面相交时产生，基侧法向冻胀力使建筑物外墙基础产生凹曲变形。

（3）切向冻胀力（τ）。

切向冻胀力也称冻切力或冻拔力，由冰的体积膨胀而产生，通过冻结力作用于基础侧面。冻切力目前有两种表示方法：一是基础的总冻切力除以有效冻胀区（季节最大冻深70%）以内基础侧面积，称为单位面积平均冻切力（kPa）；二是基础的总冻切力除以基础周边长度，称为相对冻切力（kN/m），基础周边长度是指有效冻胀区深度为一半的基础周边长。

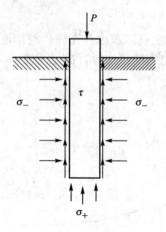

图 5 - 11　各种冻胀力

σ_+—基底法向冻胀力；τ—切向冻胀力；σ_-—基侧法向冻胀力

冻切力的取值方法有以下几种：①通过室内模拟试验方法取得；②通过现场原型试验取得；③利用有冻胀隆起的实际建筑物反算求得；④按有关规范查表求得，如《公路桥涵地基与基础设计规范》（JTG D63—2007），该规范中有"冻土地基冻胀力计算"，还对桥涵墩台和桩基的冻拔稳定性列出了相应的计算公式。

4. 冻融机理

冻胀就是土在冻结过程中，土中水分（包括土体孔隙中原有水分以及从外部迁移到土体中的水）转化为冰，引起土颗粒的相对位移，使土体体积膨胀，土表升高。如果土体在冻结过程中均匀膨胀，在融化过程中均匀下沉并且是等量的，这种过程便称为土的冻融脉动。

冻土是低温的多相体系，对于松散土，其冻结温度 T_f 取决于土的矿物、粒度成分、水分和盐分，在矿物成分和粒度成分相同时，有

$$T_f = -\alpha w^{-b_1 s b_2} \tag{5-13}$$

式中，　　s——含盐量；

　　　　　w——含水量；

a、b_1、b_2——经验系数，主要与土的粒度成分、矿物成分和构造等有关。

上式表明，在其他条件相同的情况下，冻结温度随含水量的增大而升高，随含盐量的增大而降低。由于冻土中存在水和冰，而且随着温度的变化，冰的含量和冰水之比也在发生变化。因此，冻土就是一种具有较强可变性的地质体，其各方面的性质也都随着温度的变化而变化。

当大量的水分从液相转入固相时，土便发生冻胀；当水从固相转变为液相时，土便发生融化下沉，在有外荷载作用下，还会发生融化压缩；当大量的水分转入盐类晶格成为结晶水时，就会引起土体的盐胀。

5. 冻土的融化下沉与融化压缩

在温度升高和冰融化时，土体往往在自重作用下产生一定的下沉，在土的自重和外荷作用下，水逐渐排出，使土进一步压缩下沉，称为融化压缩。在荷载作用下，这是结合在一起的两种作用，很难予以区分。

1）冻土融化前后孔隙比变化

冻土融化时的压缩曲线如图 5-12(a) 所示。当冻土融化时，虽然外部压力 P 不增加，但孔隙比 e 会在自重作用下迅速变化。当土层完全融透后，再增加外力 P，便可得到如普通未冻土一样的压缩曲线，如图 5-12(b) 所示。当 $P \approx 0$ 时，$\Delta e_{p\to 0} = A$，式中 A 称为融化下沉系数；当 P 增加时，$\Delta e_p = \alpha p$，式中 α 称为融化压缩系数。因此，可得冻土融化压缩过程中孔隙比的总变化为：

$$\Delta e = A + \alpha p \tag{5-14}$$

2）冻土地基的融陷变形 S

$$S = \frac{\Delta e}{1+e_1} h = \frac{A}{1+e_1} h + \frac{ap}{1+e_1} h = A_0 h + a_0 p h \tag{5-15}$$

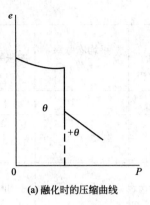
(a) 融化时的压缩曲线

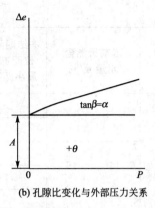
(b) 孔隙比变化与外部压力关系

图 5-12 冻土融化时孔隙比的变化

$$A_0 = \frac{A}{1+e_1}$$

$$\alpha_0 = \frac{\alpha}{1+e_1}$$

式中，e_1——冻土的原始孔隙比；

h——土层融前的厚度，m；

A_0——冻土的相对融陷量（融陷系数）；

α_0——冻土引用压缩系数，MPa^{-1}；

P——作用在冻土上的总压力，即土的自重和附加压力之和，kPa。

6. 冻土的工程性质及地基评价

1）季节性冻土的工程性质

（1）冻土作为建筑物地基，在冻结状态时，具有较高的强度和较低的压缩性或不具压缩性。但冻土融化后，承载力大为降低，压缩性急剧增高，使地基产生融陷；相反，在冻结过程中又产生冻胀，对地基极为不利。冻土的冻胀和融陷与土的颗粒大小及含水量有关，一般土颗粒越粗，含水量越小，土的冻胀和融陷越小；反之则越大。

（2）冻土按冻胀性分类：季节性冻土的冻胀性按不同土质、冻前天然含水量、冻结期间地下水位距冻结面的最小距离以及平均冻胀率来划分冻胀类别，如表 5-4 所示。

表 5-4 季节性冻土的冻胀性分类

土的名称	冻前天然含水量 $w/\%$	冻结期间地下水位距冻结面的最小距离 h_w/m	平均冻胀率 $\eta/\%$	冻胀等级	冻胀类别
碎（卵）石，砾、粗、中砂（粒径小于 0.075mm 颗粒含量大于 15%），细砂（粒径小于 0.075mm 颗粒含量大于 10%）	$w \leqslant 12$	>1.0	$\eta \leqslant 1$	I	不冻胀
		$\leqslant 1.0$	$1 < \eta \leqslant 3.5$	II	弱冻胀
	$12 < w \leqslant 18$	>1.0			
		$\leqslant 1.0$	$3.5 < \eta \leqslant 6$	III	冻胀
	$w > 18$	>0.5			
		$\leqslant 0.5$	$6 < \eta \leqslant 12$	IV	强冻胀

(续)

土的名称	冻前天然含水量 $w/\%$	冻结期间地下水位距冻结面的最小距离 h_w/m	平均冻胀率 $\eta/\%$	冻胀等级	冻胀类别
粉砂	$w\leqslant14$	>1.0	$\eta\leqslant1$	I	不冻胀
		$\leqslant1.0$	$1<\eta\leqslant3.5$	II	弱冻胀
	$14<w\leqslant19$	>1.0			
		$\leqslant1.0$	$3.5<\eta\leqslant6$	III	冻胀
	$19<w\leqslant23$	>1.0			
		$\leqslant1.0$	$6<\eta\leqslant12$	IV	强冻胀
	$w>23$	不考虑	$\eta>12$	V	特强冻胀
粉土	$w\leqslant19$	>1.5	$\eta\leqslant1$	I	不冻胀
		$\leqslant1.5$	$1<\eta\leqslant3.5$	II	弱冻胀
	$19<w\leqslant22$	>1.5			
		$\leqslant1.5$	$3.5<\eta\leqslant6$	III	冻胀
	$22<w\leqslant26$	>1.5			
		$\leqslant1.5$	$6<\eta\leqslant12$	IV	强冻胀
	$26<w\leqslant30$	>1.5			
		$\leqslant1.5$	$\eta\leqslant12$	V	特强冻胀
	$w>30$	不考虑			
黏性土	$w\leqslant w_P+2$	>2.0	$\eta\leqslant1$	I	不冻胀
		$\leqslant2.0$	$1<\eta\leqslant3.5$	II	弱冻胀
	$w_P+2<w\leqslant w_P+5$	>2.0			
		$\leqslant2.0$	$3.5<\eta\leqslant6$	III	冻胀
	$w_P+5<w\leqslant w_P+9$	>2.0			
		$\leqslant2.0$	$6<\eta\leqslant12$	IV	强冻胀
	$w_P+9<w\leqslant w_P+15$	>2.0			
		$\leqslant2.0$	$\eta>12$	V	特强冻胀
	$w>w_P+15$	不考虑			

注：1. w_P 为塑限含水量，%。w 为在冻土层内冻前天然含水量的平均值。
  2. 盐渍化冻土不在表列。
  3. 塑性指数大于 22 时，冻胀性降低一级。
  4. 粒径小于 0.005mm 的颗粒含量大于 60% 时，为不冻胀土。
  5. 碎石类土当充填物大于全部质量的 40% 时，其冻胀性按充填物的类别判断。
  6. 碎石土、砾砂、粗砂、中砂(粒径小于 0.075mm 颗粒含量不大于 15%)、细砂(粒径小于 0.075mm 颗粒含量不大于 10%)均按不冻胀考虑。

2) 多年冻土的工程性质

(1) 按融沉性分级和评价：多年冻土根据融化下沉系数 δ_0 的大小，可分为不融沉、弱融沉、融沉、强融沉和融陷五级，如表 5-5 所示。

表 5-5　多年冰冻土融沉性分级

土的名称	总含水量 w_0/%	融化下沉系数 δ_0	融沉等级	融沉类别	冻土类型
碎石土，砾、粗、中砂（粒径小于 0.075mm 颗粒含量不大于 15%）	$w_0 < 10$	$\delta_0 \leq 1$	Ⅰ	不融沉	少冰冻土
	$w_0 \geq 10$	$1 < \delta_0 \leq 3$	Ⅱ	弱融沉	多冰冻土
碎石土，砾、粗、中砂（粒径小于 0.075mm 颗粒含量大于 15%）	$w_0 < 12$	$\delta_0 \leq 1$	Ⅰ	不融沉	少冰冻土
	$12 < w_0 \leq 15$	$1 < \delta_0 \leq 3$	Ⅱ	弱融沉	多冰冻土
	$15 < w_0 \leq 25$	$3 < \delta_0 \leq 10$	Ⅲ	融沉	富冰冻土
	$w_0 \geq 25$	$10 < \delta_0 \leq 25$	Ⅳ	强融沉	饱冰冻土
粉砂、细砂	$w_0 < 14$	$\delta_0 \leq 1$	Ⅰ	不融沉	少冰冻土
	$14 < w_0 \leq 18$	$1 < \delta_0 \leq 3$	Ⅱ	弱融沉	多冰冻土
	$18 < w_0 \leq 28$	$3 < \delta_0 \leq 10$	Ⅲ	融沉	富冰冻土
	$w_0 \geq 28$	$10 < \delta_0 \leq 25$	Ⅳ	强融沉	饱冰冻土
粉土	$w_0 < 17$	$\delta_0 \leq 1$	Ⅰ	不融沉	少冰冻土
	$17 < w_0 \leq 21$	$1 < \delta_0 \leq 3$	Ⅱ	弱融沉	多冰冻土
	$21 < w_0 \leq 32$	$3 < \delta_0 \leq 10$	Ⅲ	融沉	富冰冻土
	$w_0 \geq 32$	$10 < \delta_0 \leq 25$	Ⅳ	强融沉	饱冰冻土
黏性土	$w_0 < w_P$	$\delta_0 \leq 1$	Ⅰ	不融沉	少冰冻土
	$w_P \leq w_0 < w_P + 4$	$1 < \delta_0 \leq 3$	Ⅱ	弱融沉	多冰冻土
	$w_P + 4 \leq w_0 < w_P + 15$	$3 < \delta_0 \leq 10$	Ⅲ	融沉	富冰冻土
	$w_P + 15 \leq w_0 < w_P + 35$	$10 < \delta_0 \leq 25$	Ⅳ	强融沉	饱冰冻土
含土冰层	$w_0 \geq w_P + 35$	$\delta_0 > 25$	Ⅴ	融陷	含土冰层

注：1. 总含水量 w_0 包括冰和未冻冰。
　　2. 本表不包括盐渍化冻土、冻结泥炭化土、腐殖土、高塑性黏土。

不融沉土（Ⅰ类土）为除基岩之外的最好的地基土，一般建筑物可不考虑冻融问题。

弱融沉土（Ⅱ类土）为多年冻土较良好的地基土。融化下沉量不大，一般当基底最大融深控制在 3.0m 之内时，建筑物均未遭受明显破坏。

融沉土（Ⅲ类土），作为建筑物地基时，一般基底融深不得大于 1.0m。因这类土不但有较大的融沉量和压缩量，而且冬天回冻时，应采取专门措施，如深基、保温、防止基底融化等。

强融沉土（Ⅳ类土），往往会造成建筑物的破坏。因此，原则上不允许地基土发生融化，宜采用保持冻土的原则设计或采用桩基等。

融陷土（Ⅴ类土），因含有大量的冰，所以不但不容许基底融化，还应考虑它的长期流变作用，需进行专门处理，如采用砂垫层等。

（2）场地的选择：对于重要的一、二级建筑物的场地，应尽量避开饱冰冻土、含土冰层地段和冰锥、冰丘、热融湖（塘）、厚层地下冰、融区与多年冻土区之间的过渡带。宜选择下列地段：

① 坚硬岩层、少冰冻土及多冰冻土的地段；

② 地下水位或冻土层上水位低的地段；

③ 地形平缓的高地。

5.2 多年冻土地区设计原则

5.2.1 选线原则

（1）路线通过山坡时，宜选择在平缓、干燥、向阳的地带。在积雪地区，路线应选择在积雪较轻的山坡上。这些地带的多年冻土通常埋藏较深，含冰较少，稳定性较好。

（2）沿大河河谷定线时，宜选择在阶地或大河融区。但是，应避免在融区附近的多年冻土边缘地带定线。当路线必须穿过冻土地段时，应选从冻土距离较短处通过。

（3）路线宜选择在土质良好的地带通过，并应尽量靠近取土地点，以及砂、石和保温材料产地。

（4）路线应尽可能避免通过不良地质地段。如必须通过，则在厚层地下冰和冻土沼泽地段，路线宜从较窄、较薄且埋藏较深处通过；在热融滑坍、冰丘、冰锥地段，路线宜在下方以路堤通过；在热融湖（塘）地段，路基高度要考虑最高水位、波浪侵袭高度及路堤修筑后的壅水高度等因素。

（5）路线纵断面应尽量采用填方，尽可能避免挖方、零断面或低填浅挖断面。当受条件限制时，也要尽量缩短零断面、半填半挖及低填浅挖路段的长度，以减少处理工程。在厚层地下冰地段，应避免以挖方通过。

5.2.2 设计原则

多年冻土地区的地基，应根据冻土的稳定状态和修筑结构物后地基地温、冻深等可能发生的变化，采取以下两种原则设计。

1. 保持冻结原则

即保持基底多年冻土在施工和运营过程中处于冻结状态，适用于多年冻土较厚、地温较低和冻土比较稳定的地基或地基土为融沉、强融沉时。采用本设计原则应考虑技术的可能性和经济的合理性。

采取该原则时，地基土应按多年冻土物理力学指标进行基础工程设计和施工。基础埋入人为上限以下的最小深度。对刚性扩大基础弱融沉土为 0.5m，融沉和强融沉土为 1.0m，桩基础为 4.0m。按保持冻结原则设计时只验算地基强度，不验算地基变形。

2. 容许融化原则

即容许基底下的多年冻土在施工和运营过程中融化。融化方式可有自然融化（按逐渐融化状态设计）和人工融化（按预先融化状态设计）。对厚度不大、地温较高的不稳定状态冻土及地基土为不融沉或弱融沉冻土时，宜采用自然融化原则。对较薄的、不稳定状态的融沉和强融沉冻土地基，在砌筑基础前宜采用人工融化冻土，然后挖除换填。

基础类型的选择应与冻土地基设计原则相协调。如采用保持冻结原则时，应首先考虑桩基，因桩基施工对冻土暴露面小，故有利于保持冻结。施工方法宜以钻孔灌注（或插入、打入）桩、挖孔灌注桩等为主，小桥涵基础埋置深度不大时也可仍用扩大基础。采用容许融化原则时，地基土用融化土的物理力学指标进行强度和沉降验算，上部结构形式以静定结构为宜，小桥涵可采用整体性较好的基础形式或采用箱形涵等。

根据我国多年冻土的特点，凡常年流水的较大河流沿岸，由于洪水的渗透和冲刷，多年冻土多退化呈不稳定状态，甚至没有冻土。在这些地带，地基设计一般不宜采用保持冻结原则。

填筑土地面横坡陡于 1：2.5 或天然上限以上土质松软的斜坡上的路堤，应验算路堤沿山坡表面及冻融交界带滑动的可能性。

过渡段路基设计应符合下列原则。

（1）高含冰量冻土不同地温的过渡地段，其中低温段应按相对高地温段要求设计。

（2）高含冰量冻土与少冰、多冰冻土过渡段，融区与多年冻土区过渡应分别按高含冰量冻土和多年冻土的要求设计。

（3）填挖过渡段，低填方地段应做基础换填，换填厚度经热工计算确定，换填基底应顺接。

多年冻土地区的路基填土高度，应满足防止翻浆和冻胀的最小填土高度要求。在保护多年冻土的路段，应同时满足上限不下降的要求。

尽量避免挖方、零断面和高度不够的低填方，如不能避免时要采取相应的措施。

为保护多年冻土不致融化，除须满足路基填土高度的要求外，还须做好路基排水工程，并保护好路基附近的植被。在生长塔头草地段，应以反铺塔头草的方法，把路基底部塔头草之间的孔隙填满，以加强保温。

下列地段路基应进行个别设计：

（1）富含水冻土、饱冰冻土及含水冰层地段；

（2）热融滑坍地段；

（3）热融沉陷、热融湖（塘）地段；

（4）冰丘、冰锥地段；

（5）冻土沼泽地段；

（6）低填、浅挖、零断面地段；

（7）爆炸性充水鼓丘地段。

5.2.3 路基设计

1. 路基高度

对公路路基，应尽量填方而避免挖方，尽量使路堤高度高于临界高度。影响路堤临界高度的因素包括：地表热条件、路基土及路堤填土的成分和热物理性质、地基土中多年冻土上限埋置深度和含冰量、冻土的温度状况和水文地质条件等，据此可选择合适的经验统计法或计算方法来确定路堤高度。

多年冻土地区的路基高度，应满足防止翻浆和冻胀的要求。在保护多年冻土和限制多年冻土融化深度的地段，除满足防止翻浆和冻胀的要求外，还应同时满足防止热融及控制热融沉陷的要求。

按保护冻土不融化的原则设计路基高度，一般均以上限深度为基数，在此基础上考虑各种影响因素，分别给出影响系数，或综合给出影响系数，加以修正。

(1) 苏联计算多年冻土地区路基高度时，采取分别给出影响系数的方法。

$$H \approx H_H \cdot K_w \cdot m_t \cdot K_T \tag{5-16}$$

式中，H——从上限算起的路基高度；

H_H——路基土标准融化深度；

k_w——路基含水量的修正系数（$0.7 \sim 1.1$）；

m_t——路面热力影响系数（$1.05 \sim 1.6$）；

K_T——路基施工影响系数（$1.16 \sim 1.22$）。

(2) 我国计算多年冻土地区路基高度时，采取综合系数的方法。

对于白色路面：

$$H = KH_p = K(H_0 + \Delta H_p) \tag{5-17}$$

对于黑色路面：

$$H = KH_p + \Delta H \tag{5-18}$$

式中，H——从上限算起的路基高度；

K——考虑排水、压实等因素的综合影响系数（$1.3 \sim 1.5$）；

H_p——设计上限深度；

H_0——调查所得天然上限深度；

ΔH_p——考虑设计年度的增加值；

ΔH——由于铺筑黑色路面引起的融深增加值。

2. 高含冰量冻土地段路堤

(1) 高含冰量冻土地段路堤最小设计高度如表 5-6 所示。

表 5-6　高含冰量冻土地段路堤最小设计高度

多年冻土地温分区	低温稳定区	低温基本稳定区	高温不稳定区	高温极不稳定区
多年冻土年平均地温 T_{cp}	$T_{cp} < -2.0℃$	$-2.0℃ \leqslant T_{cp} < -1℃$	$-1℃ \leqslant T_{cp} < -0.5℃$	$-0.5℃ \leqslant T_{cp} < 0℃$
最小设计高度/m	1.50	1.90	2.30	>2.50

当路堤填料为非黏性土时，还需考虑填料的影响。一般情况下，不同填料换算的最小设计高度可用表 5-7 规定的换算系数乘以表 5-6 规定的数值。

表 5-7　路堤最小设计高度土质换算系数

填料名称	一般黏性土	砂类土	砂、砾混合土	块卵石土
换算系数	1	1.20	1.30	1.40

(2) 低温稳定区、低温基本稳定区路堤设计，应符合下列要求：

① 地面横坡缓于1：5的高含冰量冻土（包括路堤基底2倍上限范围内有累计大于0.15m厚的含土冰层或0.4m厚的饱冰冻土或0.6m厚的富冰冻土地段），其填土高度应大于路堤最小设计高度。但小于6.0m的路堤，可按《公路路基设计规范》处理，路堤边坡坡率取1：1.5。

② 位于地面横坡陡于1：5的斜坡上的路堤，应在路堤下坡侧设保温护道。护道尺寸视两侧高差而定，一般护道高度可取0.8~1.6m，宽度取1.5~2.5m，边坡坡率取1：1.5。

③ 填土高度大于6.0m的高路堤，应在向阳坡一侧或路堤两侧设置保温护道以改善人为上限不对称的影响。护道尺寸应视路堤高度确定，一般高可取1.05~2.5m，宽度取2.0~3.0m，边坡坡率取1：1.75。

④ 填土高度大于6m的路堤，当填料为细粒土时可在路堤上部4m范围铺设土工格栅。

⑤ 低路堤（填土高度小于路堤最小设计高度的路堤及零断面）设计应按下列要求进行：

a. 为防止修筑路堤后，多年冻土上限下降造成路堤的热融下沉，其基底应换填，换填厚度应经热工计算确定。

b. 当采用卵石土作为换填材料时，为防止地表水渗入，应在地面上设置复合土工膜防渗层，防渗层表面应设向外成4%的排水横坡，以利排水。

c. 半填半挖地段路基边坡、基底应根据高含冰量冻土的分布、坡面朝向、地温情况及填料的来源采用全部或部分换填处理。换填厚度应通过热工计算确定，当计算换填厚度大于路堤最小设计高度时，应按计算换填厚度设计；当计算换填厚度小于路堤最小设计高度时，应按路堤最小设计高度设计；换填底面设向外成4%的排水横坡。

d. 当采用工业保温材料作保温层时（如聚氨酯和聚苯乙烯板等），保温层应设在路肩以下0.8m处，并设自路基中心向两侧成4%的排水横坡，保温板上下各设一层0.20m厚中粗砂垫层，宽度较路基面宽1.20m（两侧各0.60m）。

(3) 低温稳定区、低温基本稳定区路堑设计，应符合下列要求：

① 路堑边坡、基底根据高含冰量冻土层的分布、坡面朝向、地温情况及填料的来源采用全部或部分换填处理。换填厚度应通过热工计算确定。无计算资料时，换填厚度可采用1.3~1.4倍天然上限（换填材料选用当地土时），边坡坡率取1：1.75~1：2.0。

② 当路堑边坡、基底全部换填卵砾石土时，基床上部应设复合土工膜防渗层。

③ 当地卵砾石土来源困难时，可选用含水量小于塑限的细粒土作换填材料，基床表层0.6m及换填细粒土下部0.5m的范围应采用卵砾石土。

④ 路基面以下应设置保温层，保温层厚度应经热工计算确定。

⑤ 路堑堑顶应采用包角式断面形式，堑顶包角宽度为1.0m，外侧边坡坡率为1：1.75，内侧边坡坡率与路堑一致，高程宜高出原地面0.8m。

⑥ 为截排流入路堑的地表水和冻结层上水，路堑堑顶上侧应设挡水埝，或挡水埝与埝外排水沟同时设置。

(4) 高温不稳定区的路基设计，应符合下列要求：

① 路堤两侧应设保温护道，边坡坡率为1：1.5。

② 按保护多年冻土的设计原则设计的高温不稳定区的路基，同高含冰量冻土地段路基的设计要求。

③ 按延缓多年冻土融化速度的设计原则设计的高温不稳定区的路基应根据冻土的分

布、填料、路基的填挖及地温等情况选取，必要时可选用下列措施。

a. 采用工业保温材料（聚氨酯板或聚苯乙烯板）保温，保温层设置应根据路堤高度、地表地温、冻土年平均地温、地层含冰情况及施工季节等，经热工计算确定。

b. 在路堤下部埋设通风管，通风管可采用钢筋混凝土管、钢管或 PVC、PE 双壁波纹管。埋设位置、有效孔径及间距应通过热工计算确定。

c. 采用热棒降温对，热棒直径和间距应根据热棒类型、所采用的工质和地气温差等因素通过计算确定。

d. 采用块、片石通风路基时，可在路基下部距地面不小于 0.3m 处，填厚度不小于 0.8m 的块、片石，尺寸一般为 0.2～0.4m。块、片石层顶部应设厚度不小于 0.3m 的卵碎石垫层，并加设一层土工布。

e. 非通风路堤两侧或向阳一侧可设倾填块、片石通风护道，块、片石尺寸应符合 d 项的规定。

(5) 高温极不稳定区的路基设计，应符合下列要求：

① 路堤两侧应设保温护道，边坡坡率为 1∶1.5。

② 高含冰量冻土厚度较小、埋藏较浅的地段，经技术、经济比较后，也可采用清除高含冰量冻土的措施。

③ 通过以上措施仍不能保证路基稳定时，宜采用低架旱桥代替填土路基。

3. 冰锥、冻胀丘地段路基

(1) 位于冰锥、冻胀丘下方地段的路基设计，应符合下列要求：

① 路堤上方应设挡水埝，以截排冰锥、冻胀丘体融化后的水流。

② 属融区，并有较大的地下水流，应设保温渗沟，将地下水引到路堤以外。必要时，宜设桥通过。

(2) 位于冰锥、冻胀丘上方地段的路基设计，应符合下列要求：

① 在路堤上方靠山侧坡脚外不小于 20m 处，应设挡水埝及埝外排水沟，以截断季节冻融层中地下水通路，使冰锥、冻胀丘在排水沟的上方发展。

② 若存在冻结层下水，应设保温渗沟将地下水引排至路基以外。

③ 若积冰影响大，或有大量地下水横穿路基时宜设桥通过。

4. 热融滑塌地段路基

(1) 位于滑塌体下方的路基设计，应符合下列要求：

① 在滑塌体的后缘冰层暴露外侧，应设置保温护坡，以确保滑塌体稳定。保温护坡厚度应经热工计算确定。必要时应在滑塌体的前缘设置支挡建筑物。

② 应在路堤坡脚设保温护道，路堑上侧堑顶采用包角式断面形式，护道及包角高度、宽度应满足保温层厚度要求，边坡坡率为 1∶1.75。

③ 在路堤护道及路堑包角边坡上侧，应设挡水埝及埝外排水沟（或天沟）。挡水埝顶宽 1.0m，高不小于 1.5m，边坡坡率为 1∶1.5；排水沟采用浅宽断面，深 0.4m，宽度视滑塌体上泥流和水流的大小确定，两者净间距不小于 2.0m。

④ 保温护道与挡水埝之间，应设通畅的排水通道，且不得积水。

(2) 位于滑塌体上方，当滑塌体溯源最终影响路基稳定时，路基设计应在滑塌体的后缘冰层暴露外侧设置保温护坡，保温护坡厚度应经热工计算确定，以确保滑塌体的稳定。

(3) 穿越滑塌体的路基设计，应符合下列要求：

① 挖除路基基底下滑塌体松软土及基底含水冰层，并予以换填。

② 路堤坡脚两侧设保温护道。

③ 当路堤高度小于最小设计高度时，在路基下部设置工业保温材料保温层。

④ 视路基上侧的滑塌体的具体情况（如路基位置、下卧冰层厚度、地面横坡等），在路堤护道及路堑包角边坡上侧设挡水埝及埝外排水沟。

5. 热融湖（塘）地段路基

(1) 路基通过处在融区的湖（塘），应符合下列要求：

① 若湖（塘）面积不大时，可抽干塘内积水，挖除塘底松软土层然后将湖（塘）回填压实。

② 若湖（塘）面积较大，可先筑围堰，抽干围堰内积水，挖除路基基底下松软土层，换填渗水土或抛填片石。填筑的渗水土（抛石）顶面应高出最高水位不小于0.5m，表面设复合土工膜隔断层，然后再填筑路堤。路堤坡脚两侧应设护道，护道宽2.5m，高出最高水位不小于1.0m，边坡坡率为1∶1.75。

③ 路堤宽度应考虑预留沉降量，沉降量除应考虑路基本身填土压实影响外，还应考虑基底土层压密沉降的影响。

(2) 路基通过高含冰量冻土层地段的湖（塘），应符合下列要求：

路基通过高含冰量冻土层地段的湖（塘）时，应根据路堤基底及湖（塘）周围地层的含冰情况、湖（塘）的发展趋势选用不同的设计原则。

① 当湖（塘）属稳定性湖（塘）时，应按下列原则设计：

根据湖（塘）大小、积水水深、线路通过湖（塘）的位置等，确定路堤应以渗水土填筑或抛填片石的方法通过。当渗水土或片石来源困难时，可仅在路堤下部填渗水土，渗水土顶面应高出最高水位0.5m，渗水土顶面应设复合土工膜隔断层或聚氨酯板（或聚苯乙烯板）保温层。

② 当湖（塘）属发展性湖（塘）时，应设桥通过。

6. 冻土沼泽（沼泽化湿地）地段路基

(1) 应根据沼泽水源补给来源，在路堤一侧或两侧设置挡水埝。

(2) 路堤边坡两侧应设保温护道，护道高度宜为1.5～2.0m，宽度为2.5m，边坡坡率为1∶1.75，护道可采用不渗水的细粒土填筑。

(3) 路堤宽度应考虑预留基底土层压缩下沉量。

7. 支挡建筑物

(1) 多年冻土区的支挡构造物宜采用预制拼装化的轻型、柔性结构，不得采用重力式浆砌片石挡土墙。

(2) 挡土墙基础的埋设深度应不小于工点处多年冻土天然上限的1.3倍。

(3) 挡土墙基础埋置于高含冰量冻土层时，基础底面下应铺设0.50m厚砂石垫层，垫层宽度应宽出墙址、墙踵各0.50m。

(4) 挡土墙基础宜采用混凝土拼装基础或桩基础。当采用灌注时，应用低温早强混凝土，且宜在低温冻土中使用。在高含冰量冻土中，不宜采用现浇混凝土基础。

(5) 高含冰量冻土地段挡土墙的施工宜选择在冬季进行，并应精心组织、连续作业、快速施工，基础施工完成后，应立即回填，不得积水。

（6）挡土墙的设计荷载除计算土压力外，还应考虑作用在基础上的冻胀力和墙背上的水平冻胀力。水平冻胀力和土压力应按寒季和暖季分别进行计算，并不应叠加。

（7）作用于墙背的主动土压力的计算，应根据多年冻土人为上限位置确定。当墙背融土足够、破裂面可在融土内形成时，可按库仑理论计算。当墙背融土较薄、破裂面不能在融土内形成时，应结合多年冻土人为上限计算破裂面，取冻融界面上的内摩擦角和黏聚力来计算土压力。

（8）冻融界面上的内摩擦角和黏聚力应由试验确定。当无试验资料时，可按表 5-8 规定的数值取值。

表 5-8　土冻融交界面抗剪强度指标 c、φ 的设计值

土的类型	内摩擦角 φ	黏聚力 c/kPa	土的类型	内摩擦角 φ	黏聚力 c/kPa
细颗粒土	$20°\sim25°$	$10\sim15$	碎、砾石土	$30°$	
砂类土	$25°$				

（9）当冻融界面确定困难时，也可按库仑理论计算。

（10）当水平冻胀力很大、计算挡土墙断面过大时，应采取减小水平冻胀力的措施。为减小水平冻胀力，可采用柔性结构挡土墙、墙背设渗水土保温层、墙背设渗水土和土业保温材料隔热层加以处理，并在最下一排泄水孔下设隔水层。隔水层可选用黏性土或复合土工膜。

8. 路基排水

（1）路基应有良好、完善的排水系统，路基两侧不得积水。排水设施应布置合理，应与路基的护道、桥涵、隧道等排水设施统一考虑、衔接配合，并应有足够的过水能力。

（2）路基排水设施包括天沟、边沟、排水沟、挡水埝、护道等。各类排水设施的出口应将水引入桥涵或排至路基以外，以防止水流冲刷、侵蚀路基，并应确保下游建筑物的安全稳定。

（3）高含冰量冻土地段应避免修建排水沟、天沟，宜修建挡水埝。挡水埝断面尺寸应通过计算确定，一般顶宽不小于 1.0m，边坡坡率在 1:1.75～1:1.5。填土高度应能引起其下的冻土上限上升，以截断冻结层上渗向路基的水，且不小于 1.2m。挡水埝上侧应有良好排水通道，不得形成积水坑、积水洼地。凡有天然积水坑、积水洼地均应回填或顺坡疏通。

必要时挡水埝、排水沟、天沟可采取防渗、加固和保温措施。

（4）有天然积水或修筑路基后有可能造成积水、排水困难的路段，应在路堤坡脚设防水护道或填土压实。

（5）排水平面位置应符合下列要求：

① 高含冰量冻土地段的排水沟、天沟、挡水埝内侧至保温护道坡脚的距离不小于 5.0m。

② 少冰、多冰冻土地段的排水沟、天沟、挡水埝内侧至路堤坡脚或路堑堑顶的距离应不小于 5.0m。

（6）排水横断面设计，应符合下列要求：

① 少冰、多冰冻土地段的排水沟、天沟可按一般地区的排水沟、天沟设计，一般可采用 0.4m×0.6m 梯形断面，边坡坡率为 1:100。

② 在高含冰量冻土地段设计排水沟、天沟时，应充分考虑冻土及冰层的埋藏深度，采用宽且浅的断面形式，深 0.4m，宽度应按计算确定，边坡坡率为 1:1.5。

（7）若遇有常年性深部构造断层裂隙水在冻土层中溢出，不应改变水的原来通道，而应设保温盲沟或考虑设桥涵通过。

9. 沉降计算

在多年冻土地区，路堤基底沉降往往较大，且经历时间较长，易导致路面过早的变形破坏。设计、施工良好路段的沉降，主要发生在季节冻融层内。设计、施工不当的路段的沉降，除发生在季节冻融层外，还发生在天然上限下降后的多年冻土融化层内，且往往导致路基的不均匀沉降。

1）季节冻融层的沉降量

（1）在最大融深季节施工时用式（5-19）计算：

$$S = \sum_{i=1}^{n} a_i \sigma_i h_i + \sum_{i=1}^{n} a_i q_i h_i \tag{5-19}$$

（2）在冻结期施工时用式（5-20）计算：

$$S = \sum_{i=1}^{n} a_i \sigma_i h_i + \sum_{i=1}^{n} a_i q_i h + \sum_{i=1}^{n} A_i h_i \tag{5-20}$$

式中，n——季节冻融层的分层数；

h_i——第 i 层厚度；

a_i——第 i 层的压缩系数，MPa^{-1}；

A_i——第 i 层的融沉系数，%；

σ_i——第 i 层中点处的附加应力，MPa；

q_i——第 i 层中点处的自重应力，MPa。

2）多年冻土融化层的地基沉降量计算

（1）当融化层内无厚度大于1cm的冰夹层时，按式（5-20）计算。

（2）当融化层内有厚度大于1cm的冰夹层时，总沉降量按式（5-21）计算：

$$S_{总} = S + \sum_{i=1}^{n} m_i x_i \tag{5-21}$$

式中，S——按式（5-20）求得的地基沉降量，cm；

m_i——第 i 层冰夹层厚度，cm；

x_i——第 i 层冰夹层厚度折减系数，按表5-9选用。

表 5-9　冰夹层厚度折减系数

冰夹层厚度/cm	1~3	3~10	>10
折减系数 x_i	0.4	0.6	0.8

10. 路基建筑物的基础埋置深度

路基建筑物基础应埋置在稳定的上限以下一定深度，以消除季节冻融层对基础冻胀上拔的影响。其最小埋深 h_2 可根据冻结力与冻胀力的平衡来计算，如图5-13所示，由力的平衡条件可得

$$p - \tau_1 h_1 2(a+b) + \tau_2 h_2 2(a+b) = 0$$

则

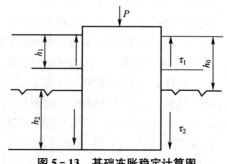

图 5-13　基础冻胀稳定计算图

$$h_2 = \frac{2(a+b)\tau_1 h_1 - p}{2(a+b)\tau_2} \tag{5-22}$$

式中，p——建筑物基础上的荷载；

　　h_1——有效冻胀区深度，m，可近似取 $2/3h_0$；

　　τ_1——作用于基础的切向冻胀力，kPa；

　　τ_2——作用于基础的长期冻结力，kPa；

　a，b——矩形基础的截面边长，m；

　　h_0——冻土天然上限深度，m，可以从有关规范中查表求得，也可通过实测法或计算法求得。

5.3 多年冻土地基的处理方法

在冻土地区修筑路基，应尽量避免零填与挖方。据青藏公路冻土区路基调查表明，没有一处零填、挖方路基是成功的。因此，多年冻土区的地基设计，应尽量按保护多年冻土地基的原则进行。

多年冻土区路基高度要满足保护冻土的基本要求，这是决定路基成败的关键。据青藏公路的调查，凡是路堤高度保证其冻土天然上限不变或略有升高的路基，就基本稳定；相反，当路基高度保证不了原来天然上限，使其下移，路基普遍存在严重病害。实践表明，设计特殊的路堤结构，如采用通风路堤设置护道、埋设热棒、利用片石护坡和铺设隔热保温材料等，是保证冻土路基稳定很有效的辅助措施，它对提高路基人为上限，减缓路基变化的速度有很大的作用。

1. 砂砾石换填法

采用砂砾石换填，要求采用黏粒不超过12%的粗颗粒土，适用于砂砾较丰富、单价较低、运输距离较近的地方。当采用砂砾换填时，还可以采取以下辅助措施。

1）砂砾换填与基底保温

在砂砾石的顶面铺设 10～15cm 的聚苯乙烯泡沫保温材料。

2）砂砾换填加防水防污的隔离措施

用土工织物把换填砂砾与原基底原土隔离（也可以用土工布袋回填），防止砂砾石污染。

3）砂砾换填与疏水有机物处理

其方法是将砂砾与憎水有机物（如渣油等）拌和，拌和用量为5%左右。这种方法可以起着降低冻结温度及防止水分聚集的作用，实际是起着换填纯砂砾的作用。

4）砂砾换填与堑内设堤的综合措施

由于堤体含水量一般要小于基底换填层的含水量（即使是相同填料）。观测试验表明，砂砾路堤填料，若路堤在3m高的范围内，则路堤每增高1m，冻土上限升高0.9m。采用此措施，可以大大减轻换填基底层的冻胀，如图 5-14 所示。

5）砂砾换填与浅色路面相结合

试验表明，浅色路面的人为上限与砂砾路面的人为上限相当，因此采用浅色路面可以

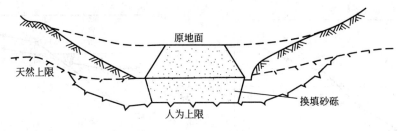

图 5-14　堑内设堤示意图

大大减少基底换填厚度。

2. 聚苯乙烯泡沫塑料保温板

1) 聚苯乙烯泡沫塑料保温板物理力学性质

(1) 聚苯乙烯泡沫塑料(EPS)保温板的热物理性质：EPS 保温板的导热率为 0.17kJ/ (m·h·℃)，比热容为 864.9kJ/(m³·℃)，相应的导温系数 a 的平均值为 $0.204 \times 10^{-3} m^2/h$。

(2) EPS 保温板的力学性质。EPS 保温板的力学特性包括变形特征和强度特征。通过对室内 3 组典型试样(其中两组干样，一组湿样)的测试，得出其平均变形模量为 5276kPa。若以压缩量达到 10% 时所对应泡沫塑料承受的应力为其强度，则测得保湿板的平均压缩强度值为 340kPa，显然，聚苯乙烯泡沫塑料保温板是一种抗压强度较高的材料。

2) EPS 保温板适宜性分析

为了 EPS 保温板对路堤的保温和隔热效果，在青藏高原多年冻土区进行了现场试验。该试验区平均海拔 4470m，地形较平坦，开阔型冲沟发育，多分布半固定沙丘。试验路基分为两段，长度均为 25m 左右，高度分别为 1.0m 和 1.5m。在离天然地面 0.5m 高处铺设厚 10cm 的 EPS 保温板，在两段中各设置一个测试断面，测试孔分别在路堤中线、两侧路肩、路堤坡脚和一侧足够远的天然地表。

(1) 保温效果分析：目前青藏高原的温度变化幅度较大，年平均气温变化逐年减小。近 15~20 年以来，岛状冻土年地温平均升高 0.3~0.5℃。连续性的多年冻土区年地温平均上升 0.1~0.3℃，预测 2040 年以后，青藏高原平均地温将普遍升高 0.4~0.5℃。气温的升高使区域冻结能力减弱，冻结指数和融化指数的差距减小，并使冻土受到干扰后恢复原来热平衡的能力减弱。

在气温普遍升高和季节温度变化大的情况下，路堤下冻土路基温度的稳定，对路基的整体稳定起着关键作用。图 5-15 是试验路段冬季到夏季的气温变化情况。从 2 月份到 6 月份，月平均气温从 -10.3℃ 上升到 9.8℃，升幅达 20.1℃。图 5-16 反映的是地温变化情况。图中表明，保温板上地温随着地表温度的升高而升高，月平均地温从 12 月份的 -14.1℃ 升高到次年 6 月份的 8℃，升幅达 22.1℃；而保温板下地温虽然也随气温升高而升高，但变化幅度较小，月平均地温从 12 月份的 -3.3℃ 上升到次年 6 月的 1.9℃，升幅为 5.2℃。可见，EPS 保温板起到了良好的保温效果，有效地阻止了因大气升温对地下土层温度场的影响，保证了冻土路基的温度在一个较小的范围内变化。

选取大气温度变化最大的夏季的实测资料进行整理分析，其结果如图 5-17 所示，在气温变化较大的季节里，保温板仍能有效地减少其下地温的波动性，阻止地表温度和路基土体的热交换，从而确保路基温度场的稳定。

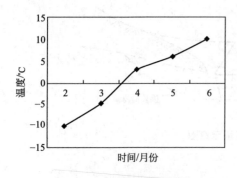

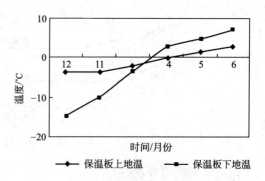

图 5-15　试验路段融化期
地表温度变化特征

图 5-16　试验路段路堤中线保温板上侧
平均地温随季节的变化特征

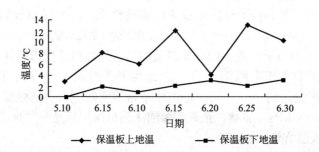

图 5-17　融化期试验段路堤中线保温板上下侧地温随时间波动特征

（2）抗冻胀变形效果分析：伴随着土体冻结过程，当土层自上而下产生冻结时，由于地下水过水断面缩小，造成地下水承压。与此同时，部分水分向冻结面迁移，在冻结面附近形成厚层地下冰。随着冻结深度的增加，当冰层冻胀力和水的压力大于上覆土层强度时，地表就会隆起，形成冻胀丘、拔石、冰锥等不良地质现象。当冻土层自上而下产生融化时将产生融化翻浆，这种冻结隆起和融化翻浆严重影响着路基稳定性和路面的平整。

多年冻土区修筑路堤后，路基下冻结上限将比天然上限有所上升，铺设保温材料会使冻结上限进一步上升。据此，可将土层的冻胀变形分为两部分，即工后冻胀变形和活动层的反复冻胀变形。

工后冻胀变形是指人为冻结上限与天然冻结上限之间的土层在路堤修筑完工后产生的冻胀变形，其值由式（5-23）来估算：

$$\Delta h_g = \eta \cdot h_g \tag{5-23}$$

式中，Δh_g——工后冻胀变形，即冻胀量，mm；

η——相应土层冻结系数，即单位冻结深度的冻胀量或冻结率；

h_g——人为冻结上限与天然上限之差，mm。

路堤活动层是指人为冻结上限与路堤顶面之间的土层。由于季节变化，当地表温度降低，路堤活动层土体温度场处于负温或一定负值时，活动层土体会发生冻胀变形，其值 Δh_h 可按式（5-24）来估算：

$$\Delta h_h = \sum_{i=1}^{n} \Delta h_{hi} = \sum_{i=1}^{n} (\eta_i \cdot h_{hi}) \tag{5-24}$$

式中，Δh_{hi}——相应土层冻胀量，mm；

η_i——第 i 层土冻胀系数，$\eta_i = \dfrac{\Delta h_i}{h_i} \times 100\%$；

h_{hi}——第 i 层土厚度，mm；

h_i——第 i 层土的冻结深度，mm；

Δh_i——第 i 层土的冻胀量，mm。

将相关试验测得的地基土层、路堤填料和保温板的有关参数代入式（5-23）及式（5-24），得到铺设 EPS 保温板后路堤的冻胀量，其结果列于表 5-10。

表 5-10 铺设 EPS 保温板后路堤的冻胀量

路堤高度/m	工后冻胀量 Δh_g/mm	活动层冻胀量 Δh_b/mm	总冻胀量/mm
1.0	2.79	11.15	13.94
1.5	3.77	12.25	16.02

从上面的分析我们可以看到，利用 EPS 保温板保护冻土路基能有效地阻止地表和路基土体的热交换，对保护冻土路基温度场的稳定性有良好的效果。从地温测试数据中我们可以看出，在某一测试时间前，路堤土体保温板上下的地温几乎都处于负的温度场，这期间，路基土体变形以冻胀为主。该测试时间后，地温几乎都处于正温度场状态，路基土体变形以融沉为主。测试资料显示，把该分界时间取为 5 月 12 日。表 5-11 是冻胀期内路堤顶面冻胀变形观测值。

表 5-11 冻胀期内路堤顶面的冻胀变形观测值

路堤高度/m	位置		相对高程/mm						冻胀/mm
			12 月 12 日	1 月 14 日	2 月 18 日	3 月 14 日	4 月 14 日	5 月 12 日	
1.5	路堤顶面	左	1773	1783	1781	1775	1782	1786	13
		中	1487	1497	1495	1491	1472	1457	−30
		右	1770	1785	1782	1779	1780	1788	18
1.0	路堤顶面	左	1144	1152	1150	1151	1158	1168	24
		中	911	921	921	921	908	906	−5
		右	1189	1189	1199	1199	1199	1205	16

从表 5-11 可以看出，除路堤中线外，其余各测点均为冻胀量，最大为 24.0mm，最小为 13.0mm，平均为 11.8mm，每月平均冻胀量为 2.2mm。路堤中线的变形为融沉，主要原因可能是保温板接缝产生的影响。

比较表 5-10 和表 5-11 中的冻胀变形值，可以发现实测冻胀变形值一般都要大于理论计算值，这种现象主要是由于土体中的水分向路堤中心迁移，造成中线土体提前发生融沉变形，而两侧路肩土体融沉变形相应滞后所致。

3）抗融沉变形效果分析

冻土的融沉特性是冻土的最为特殊的工程性质，也是导致多年冻土地区路基变形的最主要因素。冻土的热稳定性是土的粒度成分、冻土的含冰特征及温度状况的综合反映，而冻土的融沉特性是路基变形的控制指标。冻土的热稳定性反映了路基变形的本质因素，而融沉变形则是路基变形的主要表现形式。

路基的融沉变形主要是指当地表转暖时，地温从负温状态到正温状态，造成地下冻结层融化，从而路堤产生变形。

根据天然地面处的测试孔资料分析，试验区天然冻结上限在地表下 2m。若人为冻结上限温度定为$-1.0℃$，从地温观测数据综合分析，修筑路堤和铺设 EPS 保温层后，1.5m 路堤人为冻结上限上升为地表下约 1.2m；1.0m 路堤人为冻结上限则上升为地表下约 1.4m 处。

以往勘测资料显示，该试验区域地表下 2.0m 内为细砂层，据此，由相关试验得到的有关参数可以计算出路基在整个融化期内的融沉变形，如表 5-12 所示。

表 5-12　土体融沉值计算结果

路堤高度/m	1.5	1.0
融沉量/m	10.4	8.7

表 5-13 为 5~7 月土体处于融沉变形期内，路基土体产生的变形实测值。

表 5-13　冻胀板沉降变形测试结果

路堤高度/m	位置	相对高程/mm						冻胀/mm
		5月12日	5月20日	5月31日	6月11日	6月22日	7月1日	
1.5	路堤顶面 左	1786	1783	1785	1783	1786	1785	1
	中	1457	1455	1451	1450	1453	1451	6
	右	1788	1787	1784	1784	1789	1788	0
1.0	路堤顶面 左	1168	1168	1165	1160	1166	1165	3
	中	906	906	903	895	902	900	6
	右	1205	1205	1202	1199	1202	1200	5

从统计数据可以很清楚地发现，铺设 EPS 保温板后，路基土体在 5~7 月中，最大融沉变形为 6mm，最小融沉变形为 0，平均融沉变形为 3.5mm。理论计算值要大于实际值，这主要是因为实际观测的时间只到 7 月初，而接下来的 8、9 两个月中，路堤土体及地基土体会处在正温状态，将进一步发生融沉变形。

1.0m 高路堤和 1.5m 高路堤的最大融沉变形都发生在路堤中线，这更印证了上面的分析结果，由于路堤体内水分向路堤中线汇集而加速了土体的融沉变形，且保温板接缝对保温效果会产生很大影响。同时，根据试验区气温变化特点，每年以 7 月为最高，平均气温为 13℃，1 月最低，平均气温为$-14℃$。可以估算，铺设 EPS 保温板后，路堤全年融沉变形最大不会超过 18mm，平均沉降不会超过 10.5mm。保温板在抵抗路基土体融沉变形上效果显著，能有效减小路基土体沉降变形，是一种理想的路基整治和保护措施。

另外，从表 5-12 中可以看出，相对于 1.0m 高路堤而言，当保温板铺设高度相同时，1.5m 高路堤的融沉变形较小，保温效果比 1.0m 高路堤好。

3. 片石通风路基

1）片石通风路基的构造、工作原理及应用条件

（1）构造。片石通风路基主要由路基土体、片石通风层和防水层构成。其中片石通风层厚度应适宜。此外，为保证一定的孔隙度和防止水流侵入，需设置一定厚度的过渡层和防水层，如图 5-18 所示。

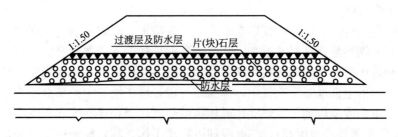

图 5-18　倾填片（块）石通风路基结构示意图

（2）工作原理。倾填片石通风路基是一种保护冻土的工程措施，其工作原理是：在寒冷季节，冷空气有较大的密度，在自重和风的作用下使片石间隙中的热空气上升，冷空气下降并进入地基；而在温暖的季节，热空气密度小，很难进入地基，类似于热开关效应。

此外，有关研究结果初步认为：片石层路堤由于其孔隙性大，空气可在其中自由流动或受迫流动，当暖季表面受热后，热空气上升，片石中仍能维持较低温度，其中的对流换热向上，因此，传入地中的热量较少；寒季时，冷空气沿孔隙下渗，对流换热向下，较多的冷量可以传入地基中；片石的热传导量在寒季和暖季可能大体相等。但导热在整个热传输过程中占的比重较小，所以片石路堤的综合效果是冷量输入大于热量输入。此外，抛石堆体内较大的孔隙和较强的自由对流使得冬夏冷热空气由于空气密度等差异而不断发生冷量交换和热量屏蔽，其结果有利于保护多年冻土。

（3）应用条件。通风基础在多冰冻土区对于保护地基土冻结状态具有优势，被国内外广泛应用于冻土区房屋建筑。

在研究抛石对多年冻土的保护作用时，结合抛石的尺寸大小及一些前期使用效果，发现在多年冻土地区的路基工程中采用适当尺寸的抛石作为填料，可有效减缓多年冻土地区路基下冻土的融化速率或促使其人为上限抬升，增加冻土地区路基的稳定性。根据抛石的各种特性和前期使用效果以及一般施工中不考虑大的边坡防水问题，初步认为其石料的施工尺寸粒径应为 20~40cm。

2）实践基础及实施效果

从青藏高原热水、风火山和东北大兴安岭的试验路堤研究及苏联西伯利亚贝—阿铁路的运营情况来看，用粗颗粒材料，特别是用片石、大块石等碎石材料作为路堤填料、路堑换填料和护坡、护道填料有许多优点。它可充分利用冬季冷储量和夏季冷热空气比重上的差异对流特点来维持冻土上限的热平衡，保持路基下冻土上限位置或促使上限上升。

有关研究单位曾于 1960—1979 年进行过块石填筑路基的现场试验研究，主要对块石路堤的对流传热性能进行了观测研究，结果认为块石层的有效导热系数在冬季和夏季具有明显区别。根据观测结果，由表面融化时的融化指数和表面冻结时的冻结指数可得到块石层的有效导热系数，该系数在冬季是夏季的 12.2 倍。同时，夏季有效导热系数是

1.006W/(m·k)，而冬季有效导热系数是 12.271W/(m·k)。1999 年，中国铁道科学研究院西北分院和冻土工程国家重点实验室联合进行了抛石护坡小型室内路堑模型试验，取得了满意的成果。这些结果均表明，抛石及块片石通风路堤对多年冻土具有很好的保护作用。

4. 热桩(棒)

1) 热桩(棒)原理

热桩(棒)是 20 世纪 60 年代发展起来的一门新技术。它利用制冷质在密闭容器中的两种转换，将高温端热量迁移至低温端，从而使高温冷却，形成热虹吸。热虹吸是一种垂直或倾斜埋于地基中的液气两相转换循环的传热装置。它实际上是一密封的管状容器，里面充以工质，容器的上部暴露在空气中，称为冷凝段，埋于地基中的部分称为蒸发段。为扩大散热面积，可在冷凝段加装散热叶片或加接散热器。当在冷凝段和蒸发段之间存在温差（冷凝段温度低于蒸发段温度）时，热虹吸即可启动工作。蒸发段液体工质吸热蒸发，气体工质在压差作用下，沿容器中通道上升至冷凝段放热冷凝，冷凝成液体的工质在重力作用下，沿容器内表面下流到蒸发段再蒸发。如此反复循环，将地基中的热量释放到大气中，从而使地基得到冷却。这种传热装置是利用潜热进行热量传递的，因此其效率很高，与相同体积导体相比，传热效率可在 1000 倍以上。

热虹吸的冷冻作用可有效防止多年冻土退化和融化，降低多年冻土地基的温度，提高多年冻土地基的稳定性。据中国铁道科学研究院西北分院在青藏高原多年冻土区的试验，采用了热虹吸的多年冻土地基，在夏季的最高地温较之非热虹吸地基要低 0.4～0.8℃。这种降温效应可大大提高多年冻土地基的承载力，保证建筑物地基在运营期可长期处于设计温度状态。实践证明，热桩(棒)在防止冻土热融下沉和提高冻土强度方面是有效的，尤其是在地气温差、昼夜气温差、年气温差和风速都比较大的地方，其效果更好。

2) 热桩(棒)计算

（1）液气两相对流循环热虹吸在单位时间内的传热量，应根据热虹吸-地基系统的热状态分析所得热流程图确定。对于垂直埋于天然地基中的热虹吸的热流程应符合图 5-19 的规定。

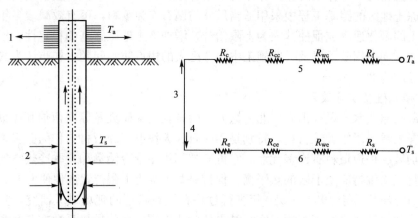

图 5-19　热虹吸地基系统热流程图

1—热流流出；2—热流流入；3—绝热蒸汽流；4—绝热冷凝液体流；5—冷凝器；6—蒸发器

（2）热虹吸单位时间内的传热量可按下列公式计算：

$$q=\frac{T_s-T_a}{R_f+R_{wc}+R_{cc}+R_c+R_e+R_{ce}+R_{we}+R_s} \tag{5-25}$$

式中，R_f——冷凝器的放热热阻；

$\quad\quad R_{wc}$——冷凝器壁的热阻；

$\quad\quad R_{cc}$——冷凝器中冷凝液体膜的热阻；

$\quad\quad R_c$——冷凝热阻；

$\quad\quad R_e$——蒸发热阻；

$\quad\quad R_{ce}$——蒸发器中冷凝液体膜的热阻；

$\quad\quad R_{we}$——蒸发器壁的热阻；

$\quad\quad R_s$——土体热阻；

$\quad\quad T_a$——空气温度；

$\quad\quad T_s$——土体温度。

（3）一般情况下，只计入冷凝器热阻和土体热阻，可按式（5-26）计算：

$$q=\frac{T_s-T_a}{R_f-R_s} \tag{5-26}$$

（4）冷凝器的放热热阻 R_f 可以通过试验确定。当无条件试验时，冷凝器的放热热阻可按下式计算：

$$R_f=\frac{1}{A\alpha} \tag{5-27}$$

式中，A——冷凝器的有效散热面积；

$\quad\quad \alpha$——冷凝器的有效放热系数。

α 与散热器翅片形状有关，与风速有关。

① 对于指定类型的冷凝器，可通过低温风洞试验确定有效放热系数（α）与风速的关系，得出关系曲线或计算公式。

② 钢串片开式冷凝器，其有效放热系数（α）值可通过下式确定：

$$\alpha=2.75+1.51v^{0.2} \tag{5-28}$$

式中，v——冷凝器所在处的风速。

（5）热虹吸蒸发段周围土体的热阻 R_s 可按下列公式计算：

① 对于垂直埋于地基中的热虹吸，传热影响范围内圆柱土体的热阻（图 5-20）：

$$R_s=\frac{\ln\left(\dfrac{r_2}{r_1}\right)}{2\pi\lambda z} \tag{5-29}$$

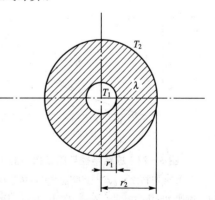

式中，r_1——冻结期传热影响范围的平均半径；

$\quad\quad r_2$——热虹吸蒸发段的外半径；

$\quad\quad \lambda$——土体导热系数；

$\quad\quad z$——热虹吸的埋深。

② 对于倾斜成组埋于地基中的热虹吸，任一热虹吸周围上体的热阻（图 5-21）可按下列公式计算：

图 5-20 正环形圆柱体热阻计算

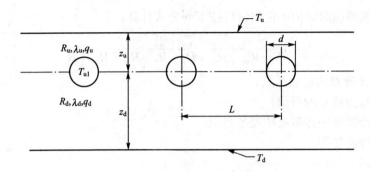

图 5-21　排式埋藏式圆柱热阻计算

$$R_{u}=\frac{\ln\left[\frac{2L}{\pi d}\sinh(\beta_{u}\pi z_{u})\right]}{\beta_{u}\pi\lambda_{u}z} \qquad (5-30)$$

$$R_{d}=\frac{\ln\left[\frac{2L}{\pi d}\sinh(\beta_{d}\pi z_{d})\right]}{\beta_{d}\pi\lambda_{d}z} \qquad (5-31)$$

式中，L——热虹吸的中心间距；

　　d——热虹吸蒸发段的外直径；

　　z_{u}——热虹吸蒸发段的平均埋深；

　　λ_{u}——z_{u} 范围内土体的导热系数；

　　λ_{d}——z_{d} 范围内土体的导热系数；

　　z_{d}——热虹吸蒸发段平均埋深线至多年冻土年变化带深度线的距离；

　　z——热虹吸蒸发段长度；

β_{u}、β_{d}——比例系数。

③ 比例系数 β_{u}、β_{d} 应按下列公式计算：

$$\beta_{u}=\frac{2q_{u}}{q_{u}+q_{d}} \qquad (5-32)$$

$$\beta_{d}=\frac{2q_{d}}{q_{u}+q_{d}} \qquad (5-33)$$

式中，q_{u}——来自上部的热流；

　　q_{d}——来自下部的热流。

（6）热虹吸的冻结半径可按下列公式计算（图 5-22）：

$$\sum T_{f}=\frac{L}{24}\left[\pi z R_{f}(r^{2}-r_{0}^{2})+\frac{r^{2}}{4\lambda_{s}}\left(\ln\frac{r^{2}}{r_{0}^{2}}-1\right)+\frac{r_{0}^{2}}{4\lambda_{s}}\right] \qquad (5-34)$$

式中，T_{f}——计算地点的冻结指数，℃·d；

　　L——融土的体积潜热；

　　r——热虹吸的冻结半径；

　　r_{0}——热虹吸蒸发段外半径；

　　λ_{s}——土体导热系数。

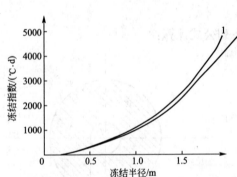

图 5-22　冻结半径与冻结指数的关系

土质为粉土；$\rho_{d}=1600\mathrm{kg/m^3}$；$w=10\%$；

1—风速 $v=0.9\mathrm{m/s}$；2—风速 $v=4.5\mathrm{m/s}$；埋深 $z=6.1\mathrm{m}$

5. 保温护道(坡)

参见冻土设计原则。

6. 路堑边坡保温层

保温层的厚度应根据热工计算确定，当年平均气温为 $-6.3 \sim -4$℃时，在覆盖黏性土草皮保温层后，多年冻土人为上限计算值可按下列公式计算：

$$z_a = \alpha_1 T_8 + \alpha_2 \qquad (5-35)$$

式中，z_a——多年冻土覆盖黏性土草皮保温层后，人为上限计算值；

α_1——系数，对天然土及边坡上铺砌草皮保温层时，α_1 为 0.1；

T_8——不少于 10 年 8 月份的平均气温，℃；

α_2——系数，对天然土，α_2 为 0.85m，对于边坡上铺砌草皮保温层，α_2 为 0.38m。

(1) 将算得的人为上限值乘以 1.2 的安全系数即为草皮与黏性土换填保温覆盖层的厚度。

(2) 若换填粗粒料层及其他覆盖保温层材料时可根据材料的热工性能进行换算确定。路堑边坡保温层设置的有关规定参见设计原则。

7. 基土强夯

用强夯法处理冻胀土，是近年发展起来的一种新技术。主要是将夯击能作用在土表层上，并以波的形式将能量传给土体，在瞬间可将土体压缩数厘米至数十厘米。用这种办法处理黏土、亚黏土、淤泥质黏土与填土，及其他强冻胀、严重翻浆的软弱地基土，可使其性质有很大的改善：使其密实度大为提高，干容重由 $1.13 \sim 1.62 \text{g/cm}^3$ 提高至 $1.55 \sim 1.85 \text{g/cm}^3$，孔隙比由 $1.42 \sim 0.55$ 降至 $0.75 \sim 0.40$；使其含水量大为降低，由饱和状态降至 $16\% \sim 23\%$；使其渗透能力降低了 $10 \sim 1000$ 倍，成为地下隔水板；使地下埋藏深度由 $0.5 \sim 1.5 \text{m}$ 降至 $4 \sim 6 \text{m}$；使土的承载力增大 $2 \sim 4$ 倍，冻胀基本消除。

8. 物理化学方法

(1) 人工盐渍的改良土。加入 $NaCl$、$CaCl_2$ 和 KCl 等，以降低冰点的温度、减轻冻害。

(2) 用疏水物质(如柴油等化学表面活性剂)改良土，以减少地基的含水量。

(3) 使颗粒聚集或分散改良土。如用顺丁烯聚合物使土粒聚集，降低冻胀。

9. 防渗隔水与排水

在产生冻胀的三个基本因素中，水分条件是决定性的因素，必须控制水分条件，以达到削减和消除基土冻胀的目的。控制水分条件的措施可归结为降低地下水位、降低季节冻结层范围内土体的含水量、隔断外来的补给水源等。

在路基上方设立截水沟已证明是有效的措施，截水沟在冻结时可起到隔水作用。在穿过灌区的公路两侧及下方设置排水沟是十分重要的。因为西北地区有漫灌的习惯，往往使路基饱水并在冬天发生严重冻胀，在翌年春融时发生翻浆，这样的情况在兰新公路上经常能见到。在路基下垫加砂砾层以隔断毛细水上升，可以在治理冻胀和盐胀方面取得很好的效果。

整治冻胀丘与泉冰锥的主要方法是改变整个冰锥或冻胀丘场的水文地质条件，切断补给水源，加强其排水能力。主要措施有以下五点。

（1）冻结沟。即在冰锥场或冻胀丘场的上游开挖与地下水流相垂直的天沟。在冻结季节前，它是排水沟。在冻结季节，沟下土层首先冻结，便形成了一道冻结"墙"。冻结沟也起到拦截地下水的作用。实践证明，这种方法适合于含水量较小、隔水底板埋藏不深的地段。

（2）截水墙。截水墙可以单独使用，也可以和冻结沟联合配置。

（3）保温排水渗沟。保温排水渗沟可以有效地将冰锥场或冻胀丘场的地下水排到河谷或远离建筑群的洼地。其设置要求参见设计原则。

（4）保温渗井。保温渗井的设置要求参见设计原则。

（5）抽水以形成降位漏斗。如果含水层较厚，用前几种措施未能奏效，则要设开采孔以抽取地下水，形成降位漏斗，这是整治冰锥场和冻胀丘场的比较彻底的办法。

5.4 地基处理与路基施工

施工前应检查沿线冻土的分布、类型，冻土上下限，冰层上限，地面水，地下水，以及有无其他如热融湖、塘、冰丘、冰锥等不良地质地段。多年冻土地区，一般采用路堤通过，施工中应以不破坏或少破坏地基的热学稳定状态为原则。

1. 地基处理施工

（1）当地基为少冰冻土或多冰冻土时，路堤基底不做特殊处理。

（2）当地基为富冰冻土、饱冰冻土或含水冰层时，路堤高度大于最小保温高度（在东北地区大于 1.5~2.0m，在西北地区大于 1.0~1.5m），路堤基底及规定范围内的地面应做如下处理。

① 路堤坡脚外 20m 范围内的地面植被和原生地貌应严加保护。

② 加强地表排水，防止地表水渗入基底。

③ 加强基底隔温。基底原地面植被间有空隙，可在距坡脚 20m 以外挖取植被补缺。

（3）当地基为富冰冻土、饱冰冻土或含水冰层的低填路堤的基底时，按如下方式处理。

① 全部填土。如冰层厚度不大，一般宜全部清除换填。回填料底部应有不小于 0.5m 厚的渗水土，并做好坑底纵横向排水，如图 5-23、图 5-24 所示。若基底潮湿，则全部用渗水土回填压实。

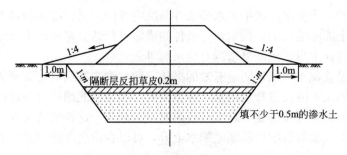

图 5-23 全部换填断面形式之一

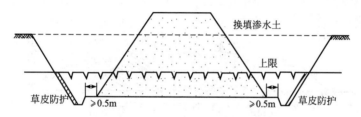

图 5-24 全部换填断面形式之二

② 部分换填土。若冰层埋藏很厚，一般宜采用部分换填。换填深度与路堤高度之和应大于多年冻土层上限的深度，或通过计算确定。换填料宜采用保温和隔水性较好的细粒土，并做好地面排水，如图 5-25 所示。

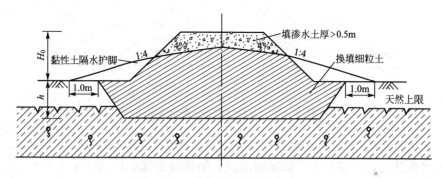

图 5-25 基底部分换填断面形式

（4）地基换填开挖工程，宜在春融前完成。

2. 路堤施工

1）填料的选择

多年冻土地区应尽量减少对冻土区生态环境的破坏，尽量采用集中取土，并选用保温隔水性能较好的细粒土作为填料。但在做好地表排水的前提下，用粗粒土或细粒土作填料对保护基底冻土无明显区别，填料类别一般不起控制作用。因此除有特殊要求外，宜采取因地制宜、就近取土的原则，以方便施工、降低造价。若在排水困难的厚层地下冰地段，应考虑底部填筑一定厚度的保温隔水性能较好的黏性土。在冻土沼泽地段，应在底部填筑渗水土作为毛细水隔离层，以防止地表水渗入基底造成路基融沉或因毛细水作用而造成冻胀病害。通过热融湖、塘的路堤，水下部分必须用渗水良好的土填筑，并应高出最高水位 0.5m。采用黏性土或透水性能不良的土填筑路堤时，要控制土的湿度，碾压时含水量不能超过最佳含水量的 ±2%。不得用冻土块或草皮层及沼泽地含草根的湿土填筑路基。

当基底为富冰冻土、饱冰冻土或含土冰层时，路堤填料按以下条件选用：

（1）路堤高度大于最小保温高度时，可用一般黏性土填筑。

（2）路堤高度大于最小保温高度，但小于 2m 且地表潮湿时，如用一般黏性土填筑，路基上部应填厚度不小于 0.5m 的渗水土，如图 5-26 所示。

（3）当采用粗粒土填筑且其高度大于最小保温高度时，可另用保温性能较好的填料填于底部，以满足保温需要的最小高度，如图 5-27 所示。

（4）路堤高度小于最小保温高度，基底冰层全部挖除后因基坑潮湿全部用渗水土回填，则堤身也需要用渗水土填筑（图 5-23、图 5-24）。

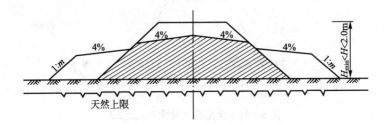

图 5 - 26 路基面填渗水土的断面形式

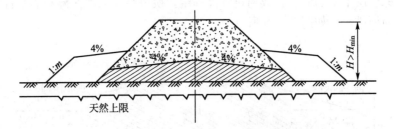

图 5 - 27 底部填黏性土的断面形式

（5）路堤高度小于最小保温高度，基底冰层部分挖除，堤身与基坑回填一样，宜选用保温和隔水性能较好的细粒土。如地面潮湿，则路基上部应填筑不小于 0.5m 的渗水土（图 5 - 25）。

（6）路堤高度小于最小保温高度或在路基高度受到限制的路段，为改善多年冻土路基中的水热条件、减轻或消除路基热融变形，在路基设计标高以下 80cm 处，埋置聚苯乙烯泡沫塑料隔热板，增大路基热阻，以保护多年冻土路基稳定。

2）填筑压实

路堤填筑以 5～10 月份施工为宜，暖季中施工不需处理基底的低路堤，应在最大融化季节前填筑完成。填筑应分层进行，每层压实符合规定要求后，再填下一层。

路堤应充分压实，用不小于 20t 的压路机或等效碾压机械碾压 2～3 遍，要求达到无轮迹和软弹现象。最后采用中型击实标准进行检查，成型后路床强度应符合设计要求。

3）路堤防护

路堤应注意防护，必要时可设置保温护道、隔水护脚。

（1）保温护道。路堤基底为富冰冻土、饱冰冻土或含土冰层，路堤高度大于季节最大融化深度时，路堤两侧宜设保温护道。护道尺寸一般可按表 5 - 14 选用。护道和路堤填料相同时，应连续填筑压实。用草皮时，草根应向上一层一层叠铺，最上一层应带泥，以便拍实形成保护层。

表 5 - 14 保温护道尺寸

填筑材料	护道尺寸/m		边坡坡度
	高度	宽度	
塔头草、泥炭、草皮	1.0	2.0	1：2
细粒土	1.5～2.0	2.5～3.0	1：1.75

（2）隔水护脚。基底为富冰冻土、饱冰冻土或含土冰层，路堤高度小于最小保温高度时，宜于两侧设置黏性土隔水护脚，并与路堤连续填筑压实（图5-24、图5-25）。

3. 零填、低填与路堑施工

在多年冻土地区，一般应尽量避免挖方，以免造成严重热融沉陷。但有时完全避免挖方会增加工程费用和不利于线路技术条件，因此少数位于多年冻土地段的路堑仍难避免。开挖路堑由于将多年冻土直接暴露在大气中，造成夏季基底热融沉陷、边坡热融滑塌，冬季路基面冻胀。当有地下水存在时，还会造成边坡挂冰、堑内积冰等病害。

（1）一般规定。

① 当路堑按保护冻土原则设计时，宜在寒季施工。如需要在暖季施工，应分段快速施工并采取临时保温措施，以防止地表水流入基底和冲刷边坡。不得在雨季施工。

② 暖季施工时，应按全断面分层开挖，不得用一次掏槽、深挖到底后再刷坡的施工方法。

③ 弃土距坡顶不得小于路堑深加5m，并不得小于10m。

（2）零填、低填地段。

必须挖除地表的草皮和泥炭层，换填足够厚度的渗水土，并加强排水，使基底干燥，以保证路基稳定。

（3）当路堑通过富冰冻土、饱冰冻土或含土冰层地段时，为了防止路堑基底及边坡的冻害，坡面应采取保温措施和支挡防护措施。当路堑基底穿过富冰冻土、饱冰冻土和含土冰层时，根据多年冻土的性质等情况，可采取全部或部分换填措施。

① 全部挖除换填。将基底全部挖除至多冰冻土层，回填渗水土或含水量不大于塑限1.2倍的黏性土，并做好基底排水。当回填渗水土时，路基面应填0.5m厚黏性土，如图5-28所示。当回填黏性土时，底部铺填0.3m厚碎（卵）石，如图5-29所示。

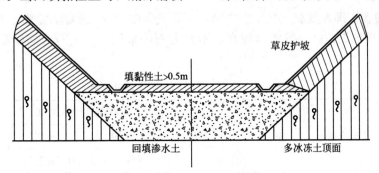

图5-28 路堑基底清除回填渗水土

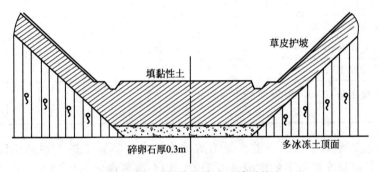

图5-29 路堑基底清除回填黏性土

② 部分挖除防渗。当基底全部清除换填有困难时，可采取部分清除换填。部分换填厚度应等于最大融化深度的 1.5～2.0 倍（从边沟底算起），边沟应做防渗处理。

4. 路堤施工

1) 施工季节的选择

施工季节按气温可分为寒冻季节和融化季节。施工中应结合具体情况，合理安排施工时间和正确选择施工方法，以防止在施工中造成病害和影响正常施工。

（1）寒冻季节：气温均在 0℃ 以下，天寒地冻，施工困难，工作时间短，工作效率低。

一般砂卵石及碎块石等粗颗粒土填筑的路堤在融化季节到来时变形较小，而黏性土等细粒土变形很大。因而寒冻季节路基施工仅适用于以砂卵石及碎块石等粗颗粒土填筑的路堤。

基底需要换填的路堤和冻土路堑的开挖工程最好在寒冻季节进行，可采取打眼爆破方法松动冻土，然后尽快清除，争取在春融前完成，以防气温转暖后冻土冰层融化造成施工困难。如到融化季节，冻土开始融化，加上水渗入冻土层，往往使表层土呈软塑或流动状烂泥，下面仍然冻结坚硬，打眼放炮及清除弃土均极困难，工效很低，应尽量避免。因而冻土路堑的施工应在做好地表排水的前提下，于寒冻季节抓紧时间，集中人力、物力在最短期间内一气呵成。

施工准备工作中要保证低温施工期的防寒、保温材料的供应；备好适用于低温施工的机具；做好施工人员和机具的保温、防寒、防火保安设施；组织职工学习低温施工的有关规定，保证质量与安全；加强与气象单位的联系，预防寒流侵袭。

施工中要做好土壤的防冻措施。土壤防冻可以采用覆盖法，主要有以下几种。

① 松土覆盖。即挖松表层土覆盖保温。修筑路堤过程中，每日收工前表层用松土覆盖，不要压实。

② 草袋覆盖。即在气温 −12℃ 左右时，用草袋装厚 30cm 的麦草覆盖。被覆盖土 5 天内不冻结，保温效果较好，但成本较高，不宜大面积采用。以上两法的保温防冻效果如表 5 - 15 所示。

表 5 - 15　松土、草袋覆盖防冻效果参考

覆盖方法	间歇期平均气温/℃			
	−5	−10	−15	−20
	间歇 15h 后冻结深度/m			
原地面普通土扒松覆盖厚 30cm	0	0.5	2.0	5.0
干松土覆盖厚 30cm	0	0	1.0	3.0
捣碎的冻土夹石覆盖厚 30cm	1.8	2.5	5.2	10.0
草袋装麦草覆盖厚 8cm	0	0	1.0	2.0
草袋装麦草覆盖厚 15cm	0	0	0	0
草袋装麦草覆盖厚 8cm，再覆盖松土 30cm	0	0	3.0	1.0

③ 积雪覆盖。地表松散的积雪有保温防冻作用，应随施工进度逐渐消除，尽量缩短地面暴露时间。但封冻前所下的雪应及时清除，以免融雪增大地层温度或化雪成冰。路基

在低温期间施工，除应尽量缩短各工序间的间歇时间外，宜组织昼夜连续施工，压缩新挖土及取土面暴露时间，以保证施工过程中土壤不冻或少冻。

（2）融化季节：气温升高，天气转暖，土开始融化，机械便于操作，人力挖土较易，施工效率高。融化季节施工，填土蓄热初期对冻土有影响。填料放热，基底冻土吸热，产生热交换作用，促使上部冻土融化。路堤基底压缩及上部冻土热融下沉的总沉陷量较冬季施工时在相同条件下要大。因此，应考虑施工中增加的沉落土方量，并预留路肩加宽，以免路堤下沉后路肩宽度不足。

2）取土原则及填料的选择

多年冻土地区的路基施工中取土应按照因地制宜、就近取土的原则。根据土方工程量大小、施工机械配备及运输条件、当地的地质情况综合考虑是集中取土还是分散取土。一般尽量选择在融区或虽是多年冻土区但上限埋藏较深且不含冻结层上水的地段取土。

以粗粒土作填料，施工季节不受限制；以细粒土作为填料，宜在春融后进行。填土质量及压实标准均应符合有关规定。

3）排水系统

路基施工中要注意做好临时排水设施，以防雨季地表水对路基坡脚和边坡的浸泡、渗透及冲刷，造成融化下沉和堑坡溜坍等病害。

排水系统应尽早施工并随路基主体工程完成而结束。

4）保温护坡道

保温护坡道所用材料与路基填料相同时，应与路堤主体工程同时施工并一体完成。为保护冻土，如系草皮泥炭护坡道亦应在路堤主体完成后尽快完成施工。

5）厚层地下冰地段的施工

厚层地下冰地段的路堤填料如是砂卵石等粗粒土，最好于秋季冻结前运堆到工点附近，在冬季施工填筑。这样填料及基底一定深度内的负温能较长时间保持下来，对保护冻土及地下冰层有利。填料经过堆放，疏干了水分，到冬季会减少冻结，有利于施工。

6）路堑施工

冻土路堑边坡保温层的稳定取决于保温层的厚度。铺设草皮泥炭层时，边坡应挖除部分并整平。每块草皮泥炭厚 25cm 左右，切平根部，铺砌时上下错缝互相嵌位。块与块之间的缝隙用土填塞，使草皮泥炭连成一个整体，不留空隙，否则会降低保温性。表层应顺铺一层活草皮，以利成活。也可以将草皮泥炭切成方块，逐层水平铺砌，如图 5-30 所示。保温层必须结构紧密，堑顶排水要方便，否则均会影响保温效果。

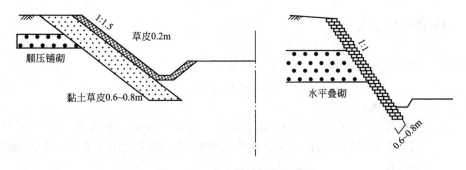

图 5-30 草皮护坡结构示意图

路堑弃土应弃在下方，并不应弃于堑顶边缘，以免人为地加高路堑边坡高度，造成边坡病害隐患。

7）挡土墙施工

在暖季开挖挡墙基坑时应注意：基坑暴露时间不宜过长，并使基坑内不存积水。基坑应随挖随砌。基坑开挖后，如发现基础全部或部分设在纯冰或含土冰层上，应立即修改设计，调整基础埋置深度；在施工砂砾垫层时，须将积雪、融雪水和松软湿土彻底清除，减少水的潜热。

8）渗水盲沟的施工

渗水盲沟宜在春融至雨季前施工，可以减少冬季施工时的排水困难，避免雨季施工时可能产生的坍塌事故。各个工序全面展开，协调平衡，干一段完一段，力争快速施工，在较短时间内一气呵成。切忌拖延过久，使基坑长期暴露，影响堑坡稳定。冬季施工中，必须保证基坑积水能及时排除，防止冻结成冰而增加刨冰工作，还必须特别注意抽水机械的维修保养。

9）修筑高等级公路

在冻土地区修筑高等级公路，宜符合下列要求。

（1）采用机械化路基施工，争取在施工的有利季节完成，努力保证质量、快速施工。

（2）路基应尽量采用路堤形式，尽可能避免零填或浅挖断面，以免造成冻土上限下降，引起路基的融沉变形。

（3）路堤填土应选用水稳性和冻稳性均较好的填料填筑，宜集中取土。压实检查应采用重型击实标准。

（4）路基排水除了应符合《公路路基施工技术规范》（JTG F10—2006）的有关规定外，在水文不良路段的路基底部，可填以一定的砂砾层；在路堑排水不良路段，以深边沟、渗沟等拦、截、排的措施，防止水对路基土的渗浸；所有弃土不能对排水产生阻塞，并做好临时排水和永久排水措施，保证排水通畅。

（5）严格做好路基的侧向保护，降低融化下沉系数和冻胀系数，同时也可美化公路景观。

5.5 冻土地基处理设计中应考虑的问题

5.5.1 基础埋置深度

节性冻土地基的设计冻深 z_d 应按下式计算：

$$z_d = z_0 \psi_{zs} \psi_{zw} \psi_{zc} \psi_{zt0} \tag{5-36}$$

式中，z_d——设计冻深；

z_0——标准冻深，（采用在地表平坦、裸露、城市之外的空旷场地中不少于 10 年实测最大冻深的平均值，无当地实测资料时，应从全国季节冻土标准冻深线图查取）；

ψ_{zs}——土的类别对冻深的影响系数，按表 5-16 的规定采用；

ψ_{zw}——土的冻胀性对冻深的影响系数，按表 5-17 的规定采用；

ψ_{zc}——环境对冻深的影响系数，按表 5-18 的规定采用；

ψ_{zt0}——地形对冻深的影响系数，按表 5-19 的规定采用。

表 5-16 土的类别对冻深的影响系数

土的类别	影响系数(ψ_{zs})	土的类别	影响系数(ψ_{zs})
黏性土	1.00	中、粗、砾砂	1.30
细砂、粉砂、粉土	1.20	碎石土	1.40

表 5-17 土的冻胀性对冻深的影响系数

冻胀性	影响系数(ψ_{zw})	冻胀性	影响系数(ψ_{zw})
不冻胀	1.00	强冻胀	0.85
弱冻胀	0.95	特强冻胀	0.80
冻胀	0.90		

表 5-18 环境对冻深的影响系数

周围环境	影响系数(ψ_{zc})	周围环境	影响系数(ψ_{zc})
村、镇、旷野	1.00	城市市区	0.90
城市近郊	0.95		

表 5-19 地形对冻深的影响系数

地形	影响系数(ψ_{zc})	地形	影响系数(ψ_{zc})
平坦	1.00	阴坡	0.90
阳坡	0.95		

注：环境影响系数一项，当城市市区人口为 20 万~50 万时，按城市近郊取值；当城市市区人口大于 50 万而小于或等于 100 万时，按城市市区取值；当城市市区人口超过 100 万时，按城市市区取值，5km 以内的郊区应按城市近郊取值。

5.5.2 地基承载力

1. 多年冻土地基容许承载力的确定

决定多年冻土承载力的主要因素有粒度成分、含水(冰)量和地温。在相同地温和含水(冰)量状况下，碎石类土承载力最大，砂类土次之，黏性土最小。随冻土含水(冰)量增大，其流变性迅速增大，其长期强度降低。具体的确定方法有如下几种。

1) 根据规范推荐值确定

根据不同的土质条件和基础底面的月平均最高地温，《公路桥涵地基与基础设计规范》(JTG D63—2007)及《冻土地区建筑地基基础设计规范》(JGJ 118—2011)制定出多年冻土的地基承载力设计值，如表 5-20 所示。

表 5 - 20　多年冻土地基承载力设计值　　　　　　单位：kPa

序号	土的名称	基础底面的月平均最高地温				
		−0.5℃	−1.0℃	−1.5℃	−2.0℃	−3.5℃
1	块石、卵石、碎石	800	950	1100	1250	1650
2	圆砾、角砾、砾、粗砂、中砂	600	750	900	1050	1450
3	细砂、粉砂	450	550	650	750	1000
4	粉土	400	450	550	650	850
5	黏性土	350	400	450	500	700
6	饱冰冻土	250	300	350	400	550

注：1. 本表序号 1~5 类的地基承载力标准值适用于少冰冻土，当地基为富冰冻土时，表列数值应降低 20%。

2. 本表不适用于含土冰层及含盐量大于 0.3% 的冻土。

3. 本表不适用于建筑后容许融化的地基土。

2）理论公式计算

理论上可通过临塑荷载 p_{cr}(kPa) 和极限荷载 p_u(kPa) 确定冻土容许承载力

$$p_{cr}=2c_s+\gamma_2 h \tag{5-37}$$

$$p_u=5.71c_s+\gamma_2 h \tag{5-38}$$

式中，c_s——冻土的长期黏聚力，kPa，应由试验求得；

$\gamma_2 h$——基底埋置深度以上土的自重压力，kPa。

p_{cr} 可以直接作为冻土的容许承载力，而 p_u 应除以安全系数 1.5~2.0。

3）现场荷载试验

冻土地基静载荷试验要点如下。

(1) 试验前冻土层应保持原状结构、天然温度，在承压板底部应铺厚度为 20mm 的粗、中砂找平层。试验过程中，应保持冻土层的天然温度状态。

(2) 试验应符合以下要求。

① 承压面积应不小于 0.25m²。

② 加荷等级应不少于 8 级，初级为预估极限荷载的 15%~30%，以后每级递增 10%。

③ 每级加载后，最初 4h 内每小时测读承压板沉降量一次，以后每 4h 测读一次。当 4h 沉降速率小于前 4h 沉降速率时或累计 24h 沉降量小于 0.5mm(砂土) 或 1.0mm(黏性土) 时，可认为地基已处于第一蠕变阶段(蠕变速率减少阶段)，即可加下一级荷载。

④ 在测读沉降的同时，应测定承压板 1~1.5b(b 为承压板宽度) 范围内的冻土温度。

⑤ 加荷后沉降连续 10 天大于或等于 0.5mm(砂土)、1.0mm(黏性土)，或连续两次每昼夜沉降速率大于前一昼夜沉降速率，或总沉降量 S>0.06b 时，认为地基已达到冻土的稳定流与渐近流(蠕变速率增加阶段)的界线，其前级荷载即为极限荷载。

(3) 冻土地基承载力基本值的确定。

① 当 Q-S 曲线上有明确的比例极限时，可取该比例极限所对应的荷载。

② 当极限荷载能确定时，可取极限荷载的一半，若可同时取得比例极限和 1/2 极限荷载数值时，应取两者中的低值。

③ 当不能按上述两点确定时，如承载板面积为 0.25m² 时，对砂土可取 $s/b=0.015$ 所

对应荷载；对黏性土可取 $s/b=0.02$ 所对应的荷载。

（4）同一土层参加统计的试验点不应少于三点，且基本值之差不得超过平均值的30%。地基承载力基本值应取该土层各试验点值的平均值。

2. 多年冻土地基基桩承载力的确定

1）规范法

桩端冻土承载力设计值如表5-21所示。

表5-21 桩端冻土承载力设计值

土含冰量	土名	桩沉入深度/m	不同土温时的承载力设计值/kPa							
			−0.3℃	−0.5℃	−1.0℃	−1.5℃	−2.0℃	−2.5℃	−3.0℃	−3.5℃
	碎石土、粗砂、中砂、细砂、粉砂	任意	2500	3000	3500	4000	4300	4500	4800	5300
		任意	1500	1800	2100	2400	2500	2700	2800	3100
		3~5	850	1300	1400	1500	1700	1900	1900	2000
		10	1000	1550	1650	1750	2000	2100	2200	2300
		≥15	1100	1700	1800	1900	2200	2300	2400	2500
	粉土	3~5	750	850	1100	1200	1300	1400	1500	1700
		10	850	950	1250	1350	1450	1600	1700	1900
		≥15	950	1050	1400	150	1600	1800	1900	2100
	粉质黏土及黏土	3~5	650	750	850	950	110	1200	1300	1400
		10	800	850	950	1100	1250	1350	1450	1600
		≥15	900	950	1100	1250	1400	1500	1600	1800
	上述各类土	3~5	400	500	600	750	850	950	1000	1100
		10	450	550	700	800	900	1000	1050	1150
		≥15	550	600	750	850	950	1050	1100	1300

2）理论计算法

采取保持冻结原则时，多年冻土地基基桩轴向容许承载力由季节融土的摩阻力 F（冬季则变成切向冻胀力），多年冻土层内桩侧冻结力 F_2 和桩尖反力 R 三部分组成，其中桩与桩侧土的冻结力是承载力的主要部分。单桩轴向容许承载力 $[p]$（kN）可由下式计算：

$$[p] = \sum_{i=1}^{n} f_i A_{1i} + \sum_{i=1}^{n} \tau_{ji} A_{2i} + m_0 [\sigma_0] A \qquad (5-39)$$

式中，f_i——各季节融土层单位面积容许摩阻力，kPa，黏性土为20kPa，砂性土为30kPa；

A_{1i}——地面到人为上限间各融土层桩侧面积，m^2；

τ_{ji}——各多年冻土层在长期荷载和该土层月平均最高地温时的单位面积容许冻结力，kPa；

A_{2i}——各多年冻土层与桩侧的冻结面积，m^2；

m_0——桩尖支承力折减系数，根据不同施工方法按 $m_0 = 0.5 \sim 0.9$ 取值，钻孔插入桩由于桩底有不密实残留土而取低值；

A——桩底支承面积，m^2；

$[\sigma_0]$——桩底处多年冻土容许承载力。

3）多年冻土地基现场单桩竖向静载荷试验

（1）多年冻土层的试桩施工后，应待冻土地温恢复正常，且最好经过一个冬季后，再进行载荷试验。

（2）试桩时间宜选在夏季末、冬季初多年冻土地温值最高的时间内进行。

（3）单桩静载荷试验应根据不同的试验条件和试验要求，分别选用慢速维持荷载法或快速维持荷载法进行。

（4）采用慢速维持荷载法时，应符合下列要求。

① 加载级数不应少于6级，第一级荷载应为预估极限荷载的0.25倍，以后各级荷载可为预估极限荷载的0.15倍，累计试验荷载不得小于设计荷载的2倍。

② 在某级荷载作用下，桩在最后24h内的下沉量不大于0.5mm时，应视为下沉已经稳定，方可施加下一级荷载。

③ 在某级荷载作用下，连续10昼夜（d）达不到稳定，应视为桩地基系统已破坏，可终止加载。

④ 测读沉降的时间为：加载前读一次，加载后读一次，此后每2h读一次。在荷载下，当桩下沉加快时应增加观测次数、缩短间隔时间。

测读地温的时间为：每24h观测一次。

⑤ 卸载时的每级荷载值为加载值的两倍。卸载后应立即测读桩的变位，此后每2h测读一次，每级荷载的延续时间为12h，卸载期间应照常观测地温。

（5）采用快速维持荷载法时，应符合下列要求。

① 快速加荷载时，每级荷载的间隔时间应视桩周冻土类型和冻土条件而定，一般不得小于24h，且每级荷载的间隔时间应相等。

② 加载的级数一般不得小于6～7级，荷载级差可采用预估极限荷载的0.15倍。当桩在某级荷载作用下产生迅速下沉或桩头总下沉量超过40mm时，即可终止试验。

③ 快速加载时，桩下沉和地温的观测要求与慢速加载时相同。

（6）桩承载力基本值的确定应符合下列规定。

① 慢速加载时，破坏荷载的前一级荷载即为桩的极限荷载。

② 快速加载时，找出每级荷载下桩的稳定下沉速度（即稳定蠕变速率），并绘制桩的流变曲线图，曲线延长线与横坐标的交点就作为桩的极限长期承载力。

（7）单桩竖向静荷载试验设计值的取值应符合下列规定。

① 慢速加载时，应取参加统计的试桩的试验平均值的一半作为单桩承载力；并要求试验值的极差不得超过平均值30%。

② 快速加载时，应取参加统计的试桩的试验平均值的一半作为单桩承载力；并要求试验值的极差不得超过平均值的30%。

3. 多年冻土地区基础抗拔验算

多年冻土地区，当季节融化层为冻胀土或强冻胀土时，扩大基础（或基桩）冻拔稳定验算：

$$N+W+Q_T+Q_m \geqslant kT \qquad (5-40)$$

式中，N——作用在基础(基桩顶)上的结构物重力或施工中冬季最小竖向力，kN；

　　　　W——基础自重力及襟边上土重力，kN，高桩承台为河床到承台底桩的重力，低桩承台基桩 W 不计；

　　　　Q_m——基础与多年冻土的长期冻结力，kN(对基桩 $Q_m = \sum \tau_{ji} A_{zi}$，对扩大基础 $Q_m = \sum \tau_{ji} A_m$，A_m 为多年冻土内基础侧面积)；

　　　　Q_T——基础侧面与不冻(暖)土间的摩阻力；

　　　　k——安全系数，砌筑或架设上部结构前 $k=1.1$，砌筑或架设上部结构后，对静定结构 $k=1.2$，对超静定结构 $k=1.3$；

　　　　T——扩大基础或基桩的切向冻胀力，kN；

切向冻胀力的大小可查表 5-22。

表 5-22　土冻结时对混凝土基础的切向冻胀力(kPa)

黏性土	液性指数(I_L)	$I_L \leqslant 0$	$0 < I_L \leqslant 0.5$	$0.5 < I_L \leqslant 1$	$I_L \geqslant 1$
	切向冻胀力	<50	50~100	100~150	150~250
砂土	总含水量 w_0	w_0	w_0	w_0	
碎石土	切向冻胀力	<40	40~80	80~160	

5.6 工程应用实例

5.6.1 昆仑山口高含冰量冻土路堑换填法

1. 工程概况及主要工程措施

1) 工程概况

昆仑山口路堑工点里程为 K984+183~K984+660，全长 477m。线路以低填深挖形式通过两山包左侧，路肩标高为海拔 4765~4768m。本段地表植被稀疏，植被覆盖率为 10%，线路两侧为荒地。工点范围内地层主要为粉土，厚度大于 20m，天然上限为 1.4~1.7m，以富冰冻土为主，局部为饱冰冻土和含土冰层。多年冻土年平均地温小于 −2.0℃，属低温稳定冻土区。

根据临时建立的气象站观测，施工期间工点气象资料如表 5-23 所示。

表 5-23　施工期间气象资料

月份	气温/℃			平均相对湿度/%	平均气压/kPa	地面温度/℃			降水量		蒸发总量/mm	同向风速/(m/s)			备注
	极端最高	极端最低	平均			最高	最低	平均	天数	总降水量/mm		平均	月最多风向	最大风速	
6月	23.5	−6.0	4.7	67	57.1	42.5	−6.0	9.9	8	24.8	59.1	3.7	北风	8.9	11~30日统计

(续)

| 月份 | 气温/℃ | | | 平均相对湿度/% | 平均气压/kPa | 地面温度/℃ | | | 降水量 | | 蒸发总量/mm | 同向风速/(cm/s) | | | 备注 |
	极端最高	极端最低	平均			最高	最低	平均	天数	总降水量/mm		平均	月最多风向	最大风速	
7月	17.0	−2.0	7.8	70	57.1	35.0	−3.5	12.8	15	70.9	163.7	3.1	东南风	6.4	全月统计
8月	21.5	−5.0	6.9	68	57.3	41.0	−4.0	9.8	11	50.2	184.6	2.6	东南风	7.0	全月统计

2) 主要工程措施

本工点按照保护多年冻土的原则设计，主要工程措施如下。

(1) 基底和边坡均挖除换填，换填料采用弱冻胀性的粗颗粒土，换填厚度按1.4倍的天然上限深度，填料换算系数确定为2.70m。

(2) 为减少路基高度及基底开挖换填量，在路基面下0.80m处设置0.06m厚的聚氨酯板保温层，板上下各设一层0.2m厚的中粗砂垫层。铺设保温板后，基底换填厚度折减0.80m。

(3) 由于采用粗颗粒土换填，为防止水分渗入而危害基底，在路基面下0.2m处设置复合土工膜隔水层，膜上下分别设一层0.2m和0.1m厚的中粗砂垫层。

(4) 为维护堑顶边坡区的稳定，防止双向热源与冻结层上水对边坡稳定的影响，堑顶采用包角形式进行保温处理，断面形式为梯形，并平铺复合土工膜隔水层及上下砂垫层。

(5) 堑内两侧设预制混凝土U形边沟，沟底铺设复合土工膜，边沟两侧预留泄水孔。

路堑及换填后的边坡坡率为1:1.75，边沟平台宽2m，冻土开挖量90000m³时，换填粗颗粒土57300m³，铺设聚氨酯板9230m²，铺设复合土工膜15600m²。代表性断面如图5-31所示。

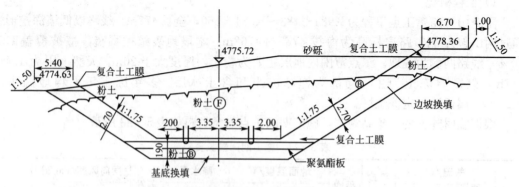

图5-31 高含冰量冻土路堑横断面图(单位:m)

2. 主要施工工艺

1) 临时保温防护

加强对暴露冻土或冰层的临时保温防护，是高含冰量冻土路堑暖季施工有效减少热融影响的重要措施。换填施工前，对开挖的边坡面、基底面均采用特制的防紫外线遮阳篷布予以遮盖，并且对暴露的冰层在遮盖篷布前预先用干土或土袋进行覆盖。此外，为防止场内运输通道产生融沉，需在其上铺设 0.5m 厚的粗粒土工作垫层。

2）基底和边坡粗粒土换填

路堑基底和边坡的换填厚度是经过热工计算确定并满足保护冻土原则要求的，因而要加强开挖与换填的断面检测及复核，同时在换填前整平基坑底面，并将换填范围内的泥水、冻土块及基底面与边坡面已融化的冻土清除干净，确保换填厚度符合设计要求。由于暖季午间气温高、太阳辐射强，填料吸热升温快，为减少填料蓄热的不利影响，除安排边坡及基底聚氨酯板下的换填作业在 16：00 以后和早晨 9：00 之前进行外，还对取土场经过夜间冷却的填料在清晨进行覆盖，以控制填料温度在 5℃ 以下。

换填作业均采用后倾法卸料，并随挖、随运、随填、随压实，已铺土层未压实前，不得中断施工。尤其是基底换填，在保证分层填筑压实的前提下，必须集中力量在最短时间内一气呵成，直至完成复合土工膜隔水层铺设，以防雨雪天时雨、雪水渗入基底。边坡换填时，下部填土自下而上逐层运土填筑，上部填土则从堑顶卸料，沿边坡面铺散后再逐层摊铺、碾压，既便于施工，又有利于边坡保温。为保证换填边坡的压实质量和机械作业安全，边坡换填均加宽 0.5m 以下，并随施工及时刷坡清除超填部分。基底换填的压实质量，按相应路堤部位的压实标准控制；边坡换填的压实质量，按基床以下路堤的压实要求控制。

3）聚氨酯板保温层铺设

在路堑基底换填层中铺设聚氨酯板保温层，是有效增大换填层热阻、减少传入冻土地基的热量、保证高含水量冻土地段路基稳定的一项重要措施。由于聚氨酯板既隔热又隔冷，加之暖季白天气温较高，为减少进入板下路基的热量，聚氨酯板铺设时间安排在每日的 0：00～9：00。其上垫层及上覆填土施工无需考虑填料蓄热的影响和时间的限制，可组织连续作业。板上下的砂垫层采用质地坚硬的中粗砂，其含泥量不得大于 5%，且不含草根、垃圾等有机杂物。

铺设聚氨酯板前要压实、整平下垫层，不得有坚硬凸出物，其平整度允许偏差为 15mm。聚氨酯板采用人工逐块拼接，并在接缝处涂刷 TN‐1 型黏结剂，其企口尺寸如图 5‐32 所示。为保证接缝黏结质量，雨雪天要暂停施工。铺板后要及时施工上垫层，防止大风掀翻已铺好的聚氨酯板，并避免高原紫外线对其造成损害。

聚氨酯板是一种轻质、多孔的半硬性工业材料，当压缩变形量过大时，其密度、导热系数增大，隔热保温性能下降。因此，上垫层及上覆填土施工既要保证压实质量，又不能使聚氨酯板过度压缩（变形量不大于 5%）和遭受破坏。根据板材抗压强度、各种施工机械的接地比压及现场试验结果，采取了如下施工工艺：厚度 20cm 的土垫层，采用 4.5t 自卸汽车后倾法卸料，D85 型推土机摊铺整平，再用自重小于 10t 的 CA25D 型压路机碾压 6 遍。由于聚氨酯板的影响，对土垫层可不做压实质量检测，但其后填层的压实质量须达到相应路堤部位的压实标准。

4）复合土工膜隔水层铺设

水所携带的热量比空气要大得多，一旦进入基底，则对多年冻土产生很大干扰，因而确保复合土工膜隔水层铺设质量是施工的关键。膜的上下砂垫层材质要求及下垫层施工要求与聚氨酯板基本相同，所不同的是下垫层顶面须做成向边沟一侧不小于 4% 的排水横坡。

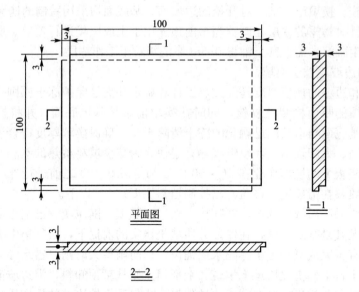

图 5 - 32　聚氨酯板企口尺寸示意图(单位：cm)

下垫层施工完毕后，要按设计位置、宽度及深度用人工挖出侧沟，并在沟内铺填 10cm 厚的砂垫层。复合土工膜按设计宽度从坡脚一侧向另一侧全幅铺设，中间不得断开(包括水沟底)，以避免出现纵向接缝。铺设过程中要松紧适度，保证土工膜平整无褶并与下垫层密贴，其连接处应使高端压在低端上。横向接缝采用 TH - 1 型土工膜焊机焊接，根据环境气温，焊接温度可控制在 270～330℃，焊机走行速度控制在 2.7～3.0m/min，对个别漏焊处使用 THF 型土工膜热风焊枪予以补焊。土工膜铺好后要及时填砂覆盖。由于上垫层厚度仅为 20cm，为防止其施工时损坏已铺好的土工膜，严禁使用履带走行机械作业。

　　5) 堑顶包角填筑

　　边坡换填完毕并铺设顶部复合土工膜后，要及时完成堑顶包角剩余部分的施工，并分层填筑、分层压实，其压实质量要求与边坡换填相同。填筑过程中不得破坏堑顶周围的原地面及植被。

5.6.2　青藏公路多年冻土地基处理及路基病害防治措施

1. 路堤路基病害防治

1) 路基高度要满足保护冻土的基本要求

这是决定冻土路基成败的关键，据青藏公路的经验，凡是路堤高度保证其冻土天然上限不变或略有升高的路基，就基本稳定；相反，若路基高度保证不了原来天然上限，使其下移，路基则普遍存在严重病害。

　　2) 设置护坡、护道

　　实践表明，护坡、护道是保证冻土路基稳定很有效的辅助措施，它对提高路基人为上限、减缓路基变形速度有很大的作用。例如，有段路基接近临界高度，但低于临界高度，每年均发生 2cm 左右下沉变形，自 1981 年在路基东侧做了草皮保温护道，随后东路肩路基变形很快稳定，不但停止下沉变形还略有上升。

护道、护坡的功能是：对路基的保温作用和阻挡地表水对路基的侵蚀作用。根据青藏公路的经验，设护坡、护道均有较好的工程效果，特别是沼泽湿地、厚层地下冰地段，以及斜坡积水、平缓积水地段。护道主要有如下形式(图 5-33)。

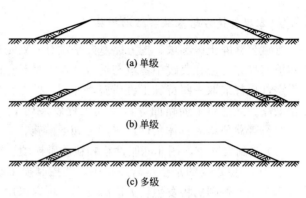

(a) 单级

(b) 单级

(c) 多级

图 5-33 护道的主要形式

3) 防排水措施

冻土地区防排水措施的主要任务是防止地表水对路基的直接作用，减少或防止地下水(特别是冻结层上水)对路基的渗流作用。而采用防排水措施也应以不破坏或减少破坏冻土为原则，具体采用挡、疏、排相结合的方法。对斜坡地段，用挡水埝与浅排水沟相结合的方法防止路基上方积水，防止或减少地下水渗过路基。对于较平坦、汇水区不明显的地段，尽量加设路基自然散水坡，以防止疏导路基积水，在这些地段设排水沟及涵洞多数达不到预计目的。

路基纵向坡度明显，一般应大于 5%。一般应远离路基 8~10m 设置排水沟，排水沟以宽浅为好。在富冰地段的排水沟，沟坡用草皮衬砌，以保护其稳定性。在不设护坡、护道的路段尽量设置与排水沟相结合的自然散水坡。

对于深层水出露、冰锥冰丘发育地段，设排水纵横向盲沟。渗水路基(挖填)应留有足够的过水、渗水断面，以利地下水的畅通，防止路基冻胀。

4) 选择适宜的路基填料

冻土路堤填料既要满足承载能力与强度的要求，又要防止路基聚冰冻胀作用，同时还要考虑其保温性能。青藏公路沿线冻土区路堤填料大量采用了原地混合砂砾(砂类土)。实践证明这种混合砂砾是一种较好的填料，取土较易，也利于压密；一般在施工后，可较容易达到最佳密实度，其干密度大于 1.85g/cm³，通常稳定含水量在 6%~8%，钻探表明，未发现聚冰现象。砾卵石是防止路基聚冰冻胀的一种良好填料，在青藏公路冻土区，若干路段(如可可西里山路段)均采用这种填料。由于此类填料最佳密度一般大于 1.9g/cm³；填料稳定含水量较小，为 4%~6%；多数情况下需要远距离运输；因此，与砂类土相比，工程造价较高。用就地取的黏性土作为填料，对保温性能、减少路堤填方是有利的。但实践表明采用黏性土这类填料，若工程措施跟不上将会带来严重病害。突出表现在：当路基原基底(天然季节冻融层)属黏性土，又因防排水不良使路基积水，往往在原基底层与路堤处产生严重的聚冰冻胀翻浆。尽管没有使冻土上限下移，但由于路基下没有明显形成冻土核，黏土填料路堤每年均会发生较大冻融波动变形，波动振幅可大于 5cm。因此，用黏性土作填料要采用如下工程措施：在路堤下部回填 30~40cm 的粗颗粒隔离层；路堤基底铺设防渗土工布。路堤填方要使其冻土核明显上升，并排除地表地下水对路基的作用。

作为组成路堤上部的路基基层填料，更应严格选择。实践证明，石灰土在高原冻土区使用是不理想的。主要问题是施工季节属雨季，石灰土常常不能控制最佳含水比例，难以达到最佳密实度，因此达不到强度要求。若路面封水不好，更是潜伏着较大的冻胀作用。在冻融作用下，路面产生龟裂、波状变形，甚至使路面脱落。选用粗颗粒土作为高原冻土区基层填料是完全必要的，特别是水泥砂砾基层。

2. 零填、挖方路基病害防治措施

青藏公路冻土区零填、挖方路基几乎没有一处是成功的，这再次证明，冻土地区应避免零填与挖方。但在实践中零填与挖方却往往是难免的，青藏公路为解决零填、挖方路基的稳定性也曾采取一些特殊工程措施，如超前挖方预先自然融化压密。改变路面颜色——涂刷油漆、无硅聚苯烯路面等，但其工程效果均不够理想，这是个待研究解决的重要课题。结合青藏公路的具体条件，采用了如下措施。

（1）基础大开挖，用非冻胀性粗颗粒砂砾换填。按青藏公路具体条件，换填厚度一般要大于 4m。更重要的是在运营过程中，要控制换填砂砾的含水量以及冻胀性的粉黏土粒的侵入污染，否则仍将发生较大冻融变形。可以采用土工织物隔离与适当加大纵向排水沟坡度相配合的方法。这个方法最大的缺点是破坏冻土，而且冻土开挖土方量较大，对施工工艺有较高要求，特别是快速施工段。

（2）超深挖方，适当换填，堑中设堤。这种方法有利于排水，可以减轻基底换填层的冻融强度。

（3）换填加保温。目前路基保温材料较好的是聚苯乙烯板。根据计算，青藏公路沥青路面用 10～15cm 厚的聚苯乙烯板，可以使路基下的人为上限保持与天然上限相同。为了保证聚苯乙烯板的保温性能，在埋入土中之前要求做相应的防水措施，埋设位置最好在换填层与路基基层之间。

（4）基层换填与浅色路面相结合。观测表明，浅色路面的人为上限一般与砂砾路面的人为上限相当。因此采用浅色路面可以大大减小基底的换填厚度，但应指出的是浅色路面容易被两端的黑色路面所污染，使用多年会失去浅色路面的功能。为解决此问题，应适当延长浅色路面长度，另外还需要人工定期清刷浅色路面污染层。

（5）适当加大纵向排水坡度，解决好排水沟的保温。零填与挖方路基段，除了上述的专门措施外，解决好排水也是保证路基稳定的一个重要措施。纵向排水坡度应大于 5%，排水沟一定要采取保温防护措施，防止局部融化，危害路基。

5.6.3 四川境内某公路季节性冻土地基处理及路基病害防治措施

1. 工程概况及地质条件

四川境内某公路工程多年平均气温 1.1℃，最冷月多年平均气温 −10.7℃，该地区为季节性冻土区，冻土深度为 0.5～2.0m。现有道路大部分地段的老路基均存在不同程度的冻融翻浆现象，其严重程度同路基填料和地形条件密切相关。冰冻期从每年 9 月开始，冬季产生强烈冻胀，使路基出现强烈变形，路面凹凸不平，至次年 5 月中旬才能完全解冻，4 月以后原有路基开始软化和融沉，经汽车碾压成为泥泞的翻浆路，行车条件极差，断道现象经常发生。经实地勘探，沿线表层一般有 1.5～5.0m 左右的有机质、淤泥、腐殖土，下部为深厚的粉质黏土、粉土或砂砾石土，全线需处理的季节性冻土路基约 110km。

2. 病害分析

影响公路翻浆的主要因素有土质、温度、水、路面与行车荷载等，其中土质、温度、水是形成翻浆的三个自然因素，三者同时作用，才能形成翻浆。

1）土质

粉质土是最容易翻浆的土，这种土的毛细水上升较高且快，在负温度作用下，水分聚流严重，而且土中水分增多时强度降低很快，容易丧失稳定性。黏性土毛细水上升虽高，但上升速度慢，因此，只有在水源供给充足，并且在土基冻结速度缓慢的情况下，才能形成比较严重的翻浆。粉质土和黏性土含有大量腐殖质和易融岩时，则更易形成翻浆。砂土在一般情况下不会形成翻浆，这种土毛细水上升高度小，在冻结过程中水分聚流现象很轻，同时，这种土即使含有大量的水分，也能保持一定的高度。

2）温度

一定的冻结深度和一定的冷量(冬季各月负气温的总和)是形成翻浆的重要条件。在同样的冻结深度和冷量的条件下，冬季负气温作用的特点和冻结速度的大小对形成翻浆的影响也是很大的。例如，在初冬的时候气温较高或冷暖交替出现，温度在$-3\sim0℃$或$-5\sim3℃$停留时间较长，冻结线长期停留在路面下较浅处，就会使大量水分聚流到距路面很近的地方，产生严重翻浆。反之，如冬季一开始就很冷，冻结线很快下降到距路面较深的地方，则土基上部聚冰少就不容易出现翻浆。除此之外，春季气温的特点和化冻速度对翻浆也是有影响的，如春季化冻时，天气骤暖，土基急速融化，则会加重翻浆的程度。

3）水

翻浆的过程，就是水在路基中的迁移、变化过程。路基附近的地表积水及浅的地下水，能提供充足的水源，是形成翻浆的重要条件。秋季及灌溉会使路基土的含水量增加，使地下水位升高，所以也会影响翻浆的发生。

4）路面

公路翻浆是通过路面的变形破坏表现出来并按路面的变形破坏程度来划分等级的，因此，翻浆和路面是密切相关的。路面结构对翻浆有一定的影响。例如，在比较潮湿的土基上铺筑黑色路面后，由于黑色面层透气性较差，路基中的水分不能通畅地从表面蒸发，就可能导致路面变形，以致出现翻浆。这就是为什么有些砂石路面原来不翻浆，铺筑黑色路面后反而出现翻浆的常见原因。

5）行车荷载

公路翻浆是通过行车荷载的作用，最后形成和暴露出来的。当其他条件相同时，在翻浆季节，交通量越大，车辆越重，则翻浆也会越多、越严重。

3. 翻浆的防治

1）翻浆防治的设计原则

（1）翻浆地区的路基设计，要贯彻以防为主、防治结合的原则。路线应尽量设置在干燥地段，当路线必须通过水文及地质条件不良地段时，就要采取措施，预防翻浆。

（2）防治翻浆应根据地区特点、翻浆类型和程度，按照因地制宜、就地取材和路基路面综合设计的原则，提出合理防治方案。

（3）翻浆地区路基设计，在一般情况下，应注意对地下水及地面水的处理，并注意满足路基最小填土高度的要求。

（4）对于高级和次高级路面，除按强度进行结构层设计外，还需要对允许冻胀的要求进行复核。

2）翻浆防治的基本途径

（1）提高路基，加强排水。根据实际情况加高路基，使路基上部土层远离地下或地表水面。路基加高的数值，应根据当地冻土深度、路基土质和水文情况，以路基最小填土高度及临界高度确定，一般应保证路基处于干燥状态。良好的路面路基排水可防止地面水或地下水侵入路基，使路基土体保持干燥，从而减轻冻结时水分聚流的来源，这是预防和处理翻浆的重要措施。

（2）修隔温层。即在路面下铺一层炉渣、矿渣、碎砖等材料。因其小孔隙多，传热能力小，可使其下面的土层不冻结或减小冻结深度，起到预防翻浆的作用。隔温层的厚度一般为 20～50cm，其宽度要比路面每边宽 30～50cm。

（3）铺设隔离层。当地下水位或地面积水位较高，路基处于潮湿或过湿状态且又不宜提高路基时，可铺设隔离层。隔离层铺设在路基顶面以下 0.5～0.8m 处，目的在于隔断毛细管水上升进入路基上部，防止在负温差时水分积聚，以保持路基上部处于干燥状态。隔离层按使用材料的不同，可分为透水和不透水两种。透水的隔离层是采用碎石、砾石、粗砂、无纺布等材料铺成的，厚度为 0.1～0.2m。不透水的隔离层可通过铺沥青土（厚 2.5～3.0cm）、喷洒沥青材料（2～5mm）或者铺油毛毡、塑料薄膜等做成。

（4）降低地下水位。为了不让地下水大量上升到路基上部土层，可设法降低地下水，常用以下两种方法。

① 设置渗沟。当地下水位较高时，可在边沟底下设置排水渗沟，以降低地下水位。

② 路肩盲沟。为排除春融期路基中的自由水，达到疏干路基上部土体的目的，可在路肩上设置横向盲沟，盲沟应用渗水性良好的碎砾石填充，沟底宜做成 4%～5% 的坡度，盲沟出水口应高出边沟水面 30cm。

（5）改善路面结构。

① 铺设砂砾垫层。砂砾垫层采用砂砾、粗砂或中砂铺成，具有较大的空隙，能隔断毛细管水的上升；化冻时能蓄水、排水；冻融过程中体积变化小，可减小路面的冻胀和沉陷；具有一定的强度，能将荷载进一步扩散，从而减小路基的应力和应变。

② 铺设石灰土、煤渣石灰土垫层。石灰土的水稳性和冻稳性较好，能减轻路基的冻胀和翻浆。但在重冰冻地区的潮湿路段不宜直接采用，需与其他措施配合应用，如石灰土下铺设砂垫层。煤渣石灰土防治路基翻浆的作用与石灰土大致相同，但水稳性比石灰土好。

4. 该公路冻胀与翻浆的防治措施

1）原则

本路段处于季节性冻土地区，季节性冻土路基的防冻层采用砾石或碎石，隔离层采用透水性土工布和砂砾石，其厚度根据沿线不同的地质条件和路基高度做了调整。

2）处理方式

（1）路基高度（包括路面厚度）$h \geq 2.10$m，路基毛细水上升不到上路床，可不做处理。

（2）路基高度（包括路面厚度）1.6m$\leq h < 2.1$m，且路基两侧排水条件较好路段，直接在路面底基层以下做 30cm 的砂砾石或碎石防冻层；对路基两侧排水条件不好的路段，在底基层以下 60cm 做 20cm 厚的砂隔离层，隔离层上下铺单向无纺土工布。

（3）路基高度 0.6m$\leq h \leq 1.6$m，在路面底基层以下做 45cm 的砂砾石或碎石防冻层。

(4) 对零填及挖方地段，在路面底基层以下做 60cm 的砂砾石或碎石防冻层。

3) 冻土处理的材料要求

(1) 砂砾石隔离层选用粗砂和砾石材料，砾石粒径为 5～40mm，且含泥量小于 5％。

(2) 隔离层上下铺设的土工布为单向有孔无纺土工布，密度为 100g/m²。纵向抗拉强度≥2000kN/m³，横向抗拉强度≥1500kN/m³，纵、横向伸长率为 20％。

(3) 碎石隔离层（防冻层），选用碎石材料，其粒径要求为 5～40mm，且含泥量小于 5％。

本 章 小 结

本章详细地介绍了冻土的分类及工程性质，以及冻土地基的工程评价；冻土地基设计的基本原则；冻土地基处理的方法，包括砂砾石换填法、聚苯乙烯泡沫塑料(EPS)保温板、片石通风路基、热桩(棒)、保温护道(坡)、基土强夯、物理化学方法、防渗隔水与排水；冻土地基设计要点和施工方法。

习 题

一、思考题

1. 冻土有哪两类？各有什么特点？怎样防止季节性冻土地区路基的冻害？
2. 冻土的特性有哪些？
3. 冻土的地基处理方法有哪些？
4. 冻土地区基础工程应采取哪些防治措施？
5. 冻土的冻胀类别有哪些？
6. 多年冻土地区地基设计的基本原则包括哪些？各自的适用范围是什么？
7. 简述聚苯乙烯泡沫塑料保温板处理冻土地基的机理。
8. 简述片石通风路基处理冻土地基的机理。
9. 简述热桩(棒)处理冻土地基的机理。

二、单选题

1. 下列关于多年冻土的叙述，正确的是(　　)。
A. 多年冻土是指温度等于或低于摄氏零度的各类土
B. 多年冻土是指温度等于或低于摄氏零度且含有冰的各类土
C. 多年冻土是冻结状态持续两年或两年以上不融的冻土
D. 多年冻土是冻结状态持续 3～5 年不融的冻土
2. 按体积压缩系数可将冻土分为(　　)。
A. 坚硬冻土、塑性冻土、松散冻土
B. 季节性冻土、多年冻土
C. 少冰冻土、多冰冻土、富冰冻土、饱冰冻土、含土冰层

D. 盐渍化冻土、泥炭化冻土

3. 季节性冻土的冻结持续时间为（　　）。

A. ≥3 年　　　　B. ≥2 年　　　　C. ≥1 年　　　　D. <1 年

4. 当采用保持冻结原则设计时，对于多年冻土地区，勘探点深度为（　　）。

A. 冻土的上限深度

B. 冻土上限深度与下限深度的一半

C. 冻土的下限深度

D. 宜超过上限深度的 1.5 倍

5. 当采用桩基础时，多年冻土地区的勘探深度为（　　）。

A. 冻土的上限深度

B. 冻土的下限深度

C. 应超过桩端以下 3～5 倍桩径

D. 应超过桩端以下 3～5m

6. 在多年冻土地区，对直接建在基岩上的建筑物，其勘探深度为（　　）。

A. 冻土的上限深度

B. 按一般地区的勘察要求进行

C. 冻土的下限深度

D. 宜超过上限深度的 1.5 倍

7. 冻土的总含水量是指（　　）。

A. 冻土中所含未冻水的质量与冻土总质量之比

B. 冻土中所有的冰和未冻水的总质量与冻土总质量之比

C. 冻土中所含未冻水的质量与土骨架质量之比

D. 冻土中所有的冰和未冻水的总质量与干土质量之比

8. 相对含冰量是指（　　）。

A. 冻土中冰的质量与冻土中冰、水之和的质量之比

B. 冻土中冰的质量与冻土中水之和的质量之比

C. 冻土中冰的质量与冻土干土质量之比

D. 冻土中冰的质量与冻土总质量之比

9. 某城市人口为 75 万人，则环境对冻深的影响系数为（　　）。

A. 1.05　　　　B. 1.00　　　　C. 0.95　　　　D. 0.90

10. 某地为季节性冻土区，根据该地多年的冻土实测资料，冻土层平均厚度为 0.85m，地表冻胀量平均为 0.25m，则该地的设计冻深为（　　）。

A. 0.25m　　　　B. 0.60m　　　　C. 0.85m　　　　D. 1.10m

三、多选题

1. 冻土的物理性质指标包括（　　）。

A. 冻土的总含水量　B. 体积含冰量　　C. 融沉系数　　　D. 冻胀量

2. 下列属于冻土力学性质指标的是（　　）。

A. 冻土切向冻胀力　B. 融化压缩系数　C. 冻胀量　　　　D. 冻土抗剪强度

3. 冻土比热容试验方法包括（　　）。

A. 量热法　　　　B. 加热-冷却法　　C. 绝热量热器法　D. 球形压模法

4. 对标准冻深大于 2.0m，基底以上为强冻胀土的采暖建筑，基础侧面回填材料可以选用的包括（　　）。

A. 粉质黏土　　　B. 粉土　　　　　C. 粗砂　　　　　D. 炉渣

5. 多年冻土地区地基设计的基本原则包括（　　）。

A. 保持冻结状态设计　　　　　　　B. 逐渐融化状态设计

C. 预先融化状态设计   D. 非冻结状态设计

6. 冻土的冻胀类别分包括(   )。

A. 不冻胀   B. 弱冻胀   C. 冻胀   D. 强冻胀

E. 极强冻胀

7. 冻土地区建筑场地可划分为(   )。

A. 复杂场地   B. 一般场地   C. 不利场地   D. 简单场地

第6章
吹填土地基处理

教学目标

本章主要介绍吹填土的工程性质及地基处理方法。通过本章的学习，应达到以下目标：

(1) 熟悉吹填土的工程地质特征及工程性质；

(2) 熟悉目前常用的几种吹填土地基处理方法；

(3) 重点掌握强夯法处理吹填土的加固机理、设计计算、施工工艺与加固效果检验；

(4) 重点掌握动力排水固结法的工作机理与施工工艺特点；

(5) 重点掌握无砂垫层真空预压法加固吹填淤泥的工作机理与施工工艺特点；

(6) 重点掌握高真空击密法处理吹填土的加固机理及主要施工工艺；

(7) 掌握水泥、石灰、粉煤灰、生石灰和水泥混合等作为固化剂处理吹填土的机理；

(8) 了解高温熔解烧结法处理吹填土的优缺点。

教学要求

知识要点	能力要求	相关知识
吹填土的工程地质特征及工程性质	(1) 了解水力吹填方式 (2) 熟悉吹填土的工程地质特征 (3) 掌握吹填土的工程性质	(1) 水力吹填定义及吹填方式 (2) 吹填土的沉积特征、物质组成、孔隙特征、微观结构、渗透与固结特征 (3) 吹填软土(淤泥)的工程性质
吹填土的地基处理方法——物理法	(1) 熟悉吹填土处理方法的分类 (2) 掌握强夯法加固机理、设计计算、施工工艺与加固效果检验 (3) 掌握动力排水固结法的工作机理与施工工艺特点 (4) 掌握无砂垫层真空预压法处理吹填浅层淤泥的工作机理与施工工艺特点 (5) 熟悉高真空击密法的加固机理及主要施工工艺	(1) 常用吹填土地基处理方法的简要原理和适用范围 (2) 强夯法加固非饱和土与饱和土的机理 (3) 强夯法的设计计算参数的确定 (4) 强夯法的主要施工工序及竣工验收加固效果检验 (5) 动力排水固结法的工作机理的五个阶段：土体结构重塑、孔隙水排出、土体固结、土体压密、表层硬化 (6) 动力排水固结法的施工工艺 (7) 无砂垫层真空预压与常规真空预压的区别 (8) 无砂垫层真空预压的施工工艺流程与施工技术措施 (9) 高真空击密法的技术原理 (10) 高真空击密法的施工工艺流程与施工质量控制

（续）

知识要点	能力要求	相关知识
吹填土的地基处理方法——化学加固法	（1）掌握水泥、石灰、粉煤灰、生石灰和水泥混合不同固化剂固化处理吹填土的机理 （2）熟悉滨海相吹填土的固化试验	（1）常用传统固化剂的分类 （2）化学加固法处理技术的优点 （3）水泥固化处理吹填土的机理 （4）生石灰固化处理吹填土的机理 （5）粉煤灰固化处理吹填土的机理 （6）生石灰和水泥混合处理吹填土的机理
吹填土的地基处理方法——加热处理法	熟悉高温熔解烧结法处理吹填（疏浚）淤泥的优缺点	（1）高温熔解烧结法处理吹填（疏浚）淤泥的原理 （2）高温熔解烧结法处理吹填土的优缺点

 基本概念

吹填土、物理法、化学加固法、加热处理法、强夯法、动力排水固结法、浅层或无砂垫层真空预压法、高真空击密法、水泥固化处理、石灰固化处理、粉煤灰固化处理、高温熔解烧结法。

 引例

我国长江、上海黄浦江和广州珠江两岸及天津等地分布着不同性质的吹填土。吹填土泥砂来源一般为细颗粒的淤泥、黏性土、粉土或粉细砂，自重堆积之后均匀性很差，是一种工程性能极差的特殊性软弱土，必须经过地基处理后才适用于建（构）筑物地基条件。为了改善吹填土的工程性质，降低吹填土的含水量，提高吹填土的承载力，必须针对吹填土的土质条件，选择有效的加固处理方法。本章结合国内外最新研究成果，针对吹填土的工程地质特征及工程性质，介绍了常用的几类吹填土地基处理方法的加固机理、设计计算、施工工艺及加固效果检验，并列举了典型的工程应用实例。

6.1 吹填土的工程地质特征及工程性质

6.1.1 吹填土概述

在江、河、湖、海水域岸边进行围海造地，是缓解土地资源紧张的有效途径。以往的围海造地通常采用开山石及海运砂作为工程填料，但随着填料资源的日益匮乏及价格的不断上涨，围海造地急需大量廉价的工程填料，而沿海地区拥有丰富的泥砂资源，以海底泥砂填海造地已成为沿海城市土地开发的重要手段。吹填土又名冲填土，是在整治和疏通江河航道时，用挖泥船和泥浆泵把航道和港口底部淤积的泥砂通过水力机械吹填至四周筑有围堤的吹填区形成沉积土。我国长江、上海黄浦江、广州珠江两岸及天津等地分布着不同性质的吹填土。由于吹填土是由水力吹填形成的，因此其成分和分布规律与所吹填的泥砂来源及吹填时的水力条件有着密切的关系。

水力吹填，又称"水力冲填"，简称"吹填"，是指利用水力机械冲搅泥砂，将一定浓度的泥浆通过事先铺设的管道泵送至四周筑有围堤的吹填区，使其逐渐脱水固结的一种取土方式。随着施工条件的不同，主要有以下 3 种吹填方式。

（1）沉淀池法。当有稳定的砂源且砂源细颗粒含量较大时，可直接采用吸扬式或绞吸式挖泥船挖出江河底部泥砂，通过挖泥船上的泵和连接船与岸的漂浮管道，将泥浆送入预设于岸边的沉淀池中，先清洗掉一部分细颗粒土，然后再用泥浆泵和管道将沉淀池中的砂吹填至吹填区。

（2）直接法。当有理想的砂源且有较好的作业面时，可采用人工水力冲挖的方式，用高压水枪将泥砂冲拌成浆液，并用小型泥浆泵吸入进泥管，通过管道将泥砂直接吹填输送到吹填区。

（3）间接法。当固定砂源离吹填区较远时，可用挖泥船将泥砂从江河底部挖至驳船上，用船运到吹填区附近，再用高压水枪将砂土冲拌成浆液，用泥浆泵及管道输送至吹填区。

由于直接法对砂源和施工条件要求较为严格，在工程中的应用受到一定限制，应用较多的是沉淀池法和间接法。

吹填的泥砂填料一般为细颗粒的淤泥、黏性土、粉土或粉细砂，自重堆积之后均匀性很差，是一种工程性能很差的软弱土，故必须经过地基处理后才能满足建(构)筑物地基条件。

6.1.2 吹填土的工程地质特征

1. 沉积特征

1）沉积过程

吹填淤泥的沉积过程通常分为如下 4 个阶段。

（1）水流冲蚀阶段：吹淤开始时，海水与淤泥的混合水流自吹淤管流出，不断冲蚀造陆区原沉积层。

（2）动水沉积阶段：当水达到一定深度后，冲蚀现象结束，泥砂在动水环境中经水力和重力分选而逐步沉积下来。其中，砂粒等粗粒物质多在吹淤口附近沉积，并形成微三角洲，而黏粒、粉粒等细粒物质则在远离吹淤口处沉积。

（3）静水沉积阶段：吹淤结束后，区内水环境恢复平静，随着工程排水及积水的不断蒸发和下渗，混合水流中的固体物质开始较均匀地沉积，其中的盐分也逐渐结晶析出。

（4）失水固结阶段：当区内积水全部排干后，新沉积的吹填淤泥直接暴露在空气中，接受阳光暴晒和风力吹晾，不断失水固结，并逐渐在其表面形成一硬壳层，随着晾晒时间的延长，淤泥的固结程度不断提高，硬壳层厚度也不断加大。工程实践表明，吹淤体晾晒半年可形成 10～30cm 的硬壳层，晾晒 1 年可形成 30～50cm 的硬壳层，从而为后期软基处理施工创造了条件。

试验研究表明，静水条件下，泥浆的沉积过程大致分为两个阶段：絮凝状沉积阶段和自重压密沉积阶段。在第一阶段，泥浆主要是以团粒形式下沉，其沉降速率较快。第一阶段完成后，团粒沉至容器底部互相堆积在一起，开始第二阶段自重压密沉积过程，本阶段的沉降速率要较第一阶段慢得多。

2) 沉积形态

(1) 平面形态。

吹淤体的平面形态主要受围堤控制。吹填区内由粗粒物质组成的微三角洲多呈扇形分布于吹淤口附近，其前缘有一深沟，为混合水流的主要通道，它在吹淤过程中左右摆动，并随水流路径的延长而逐渐变宽直至消失。当水流到达对岸围堤时，首先形成顺堤回流，而后进入紊流状态，并在淤泥表面形成一个个漩涡。

(2) 剖面形态。

吹淤体的剖面形态主要受造陆区原始地形及吹淤过程的水动力特征控制。除吹淤口附近有冲蚀现象外，吹淤体底板基本上随原地海相淤泥硬壳层的起伏而起伏。由粗粒物质组成的微三角洲在剖面上呈锯齿形，并逐步过渡为细粒淤泥层，如图6-1所示。

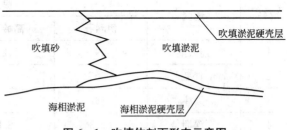

图 6-1　吹填体剖面形态示意图

2. 物质组成

吹填土的工程性质与其物质组成紧密相关。吹填土的基本物质组成单元包括粒度组成、矿物成分、矿物晶体及其集合体、生物碎屑等。

1) 粒度组成

土的粒度组成及颗粒形状往往都与土的成因类型有密切关系，各种成因的土都具有一定的粒度特点。通过对连云港和青岛地区吹填土进行颗粒分析试验，发现连云港地区的吹填土黏粒含量相对要高，而青岛地区的吹填土粉粒含量较高。对它们进行加分散剂前后对比试验，得出连云港地区的吹填土含有一部分由黏粒与粉粒结合形成的、具有一定抗水性能的"假粉粒"，按粒度成分定名为粉质黏土；而青岛地区的吹填土则没有太大差别，按粒度成分定名为粉土(表6-1)。

表 6-1　连云港地区和青岛地区吹填土粒度成分表

地区	测试方法	不同粒级(0.1~0.002mm)含量/%						控制粒径 d_{60}/mm	有效粒径 d_{10}/mm	不均匀系数 $\dfrac{d_{60}}{d_{10}}$	定名
		>0.1	0.1~0.05	0.05~0.01	0.01~0.005	0.005~0.002	<0.002				
		mm	mm	mm	mm	mm	mm				
连云港	a	2.2	25.10	26.9	45.8	—	—	0.0168	0.0070	2.400	粉质黏土
	b	1.5	13.45	11.25	18.9	26.1	28.8	0.0066	0.00105	6.286	
青岛	a	2.26	45.13	51.10	1.51	—	—	0.0620	0.0142	4.366	粉土
	b	2.16	42.98	47.46	7.4	—	—	0.0560	0.0113	4.960	

注：a 为未加分散剂，b 为加分散剂。

2）矿物成分

以粉晶 X 衍射方法为土体矿物成分测试的主要手段，结合化学分析得到连云港、青岛、天津三个地区吹填土的矿物成分（表 6-2）。其中连云港地区吹填土中伊利石约占29％，高岭石约占 12％，绿泥石占 15％，伊蒙混层占 44％；青岛地区吹填土中伊利石约占 30％，高岭石占 7％，绿泥石占 7％，伊蒙混层占 56％；天津地区吹填土伊利石约占36％，高岭石占 9.5％，绿泥石占 11％，伊蒙混层占 43.5％。可见三个地区吹填土黏土矿物中伊利石含量都比较高，其中天津地区吹填土伊利石含量最高，亲水性较强，透水性较差。

表 6-2　连云港、青岛、天津、深圳四个地区吹填土黏土矿物成分统计表

编号	地区	黏土矿物相对含量/%			
		伊利石	高岭石	绿泥石	伊蒙混层
1	连云港	29	12	15	44
2	青岛	30	7	7	56
3	天津	36	9.5	11	43.5
4	深圳	30.3	28.8	18.8	22.1

3）微结晶及其集合体

吹填土中存在两种微晶体——食盐晶体与石膏晶体。食盐晶体呈薄膜状，分布不均匀，附着在黏粒表面。该晶体的晶形不完整，表面有溶孔、溶穴，晶体大小不等。石膏晶体单晶呈方柱状，以单晶或晶簇形式分布于大孔隙中或黏粒之上。

4）生物碎屑

吹填土中含有大量的生物碎屑，它们的存在对淤泥的孔隙特征、压缩特征、渗透特征及力学性质有较大影响。

3. 孔隙特征

高孔隙性是淤泥类土的一个重要特征，它直接决定了土体的压缩特征、渗透特征和固结特征。扫描电镜分析表明，吹填淤泥中的孔隙主要有 3 类：孤立孔隙、粒间孔隙和粒内孔隙，并以粒间孔隙最为发育。粒间孔隙广泛分布于粒状集合体和黏粒组成的微集合体之间，数量多，连通性好，形状复杂，其大小取决于粒间接触方式，对吹填淤泥的孔隙性、压缩性、渗透性及固结特征有重要影响。

4. 微观结构

扫描电镜分析表明，吹填淤泥的微观结构大致可分为 4 类：紊流状结构、粒状胶结结构、蜂窝状结构、粒状镶嵌结构。

吹填淤泥与海相淤泥既有相似性，又有区别，表现在前者结构更加疏松、不稳定，以紊流状和粒状镶嵌结构为主，且大裂隙发育，而后者的结构稳定性优于前者，以粒状胶结和蜂窝状结构为主，大裂隙及微层理较少。这种微结构特征使吹填淤泥比海相淤泥具有更高的含水量、孔隙比、压缩性、灵敏度和更低的强度。这是吹填淤泥在吹填过程中经过了水力重塑、重力分选及黏土化作用的结果。

5. 渗透特征

渗透试验表明，吹填淤泥的渗透系数在 $10^{-7} \sim 10^{-8}$ cm/s 数量级，透水性能较差。这主要是由于其在吹填过程中经历了水力及重力分选，粒度较细、级配较差，微观结构以紊流状及粒状镶嵌结构为主，粒间孔隙连通性较差所致。同时，粒间孔隙中虽充满了液体，但由于海水中胶体含量很高，液体主要为结合水，少量自由水都被结合水包围着，在常压下很难迁移，因而其渗透性比其他土类差。但由于吹填淤泥结构性极差，孔隙比高达 2.0 以上，且微层理及裂隙发育，所以其渗透系数仍比海相淤泥高了近两个数量级。

6. 固结特征

吹填淤泥的固结过程是指其在上覆荷载作用下，水从土体孔隙中不断排出，而土体随之逐渐压缩的过程，也就是孔隙水压力与有效应力不断转换的过程。固结系数和吹填前原状淤泥的固结系数是接近的，但压缩系数较原状淤泥大一倍多。这说明吹填后淤泥的沉降量为原状海相淤泥的一倍以上。试验还表明，对于吹填淤泥这类结构性极差的饱和软黏土，其固结速率主要取决于土体自身的渗透性能、外加荷载及固结过程中的排水条件。

6.1.3 吹填土的工程性质

吹填土的工程性质与吹填料、吹填方法、原地貌和吹填龄期等因素有关。我国沿海地区吹填淤泥吹填后一段时间物理力学性质指标均值的统计结果如表 6-3 所示。

表 6-3 我国沿海地区吹填软土(淤泥)吹填后一段时间物理力学性质指标均值统计表

地区	位置	物理力学性质指标											
		w /%	γ /(kN/m³)	e	w_L /%	w_P /%	I_P	I_L	a_{1-2} /(MPa⁻¹)	E_s /MPa	固结系数 /(10⁻⁴ cm²/s)	渗透系数 /(10⁻⁸ cm/s)	不排水强度 C_u /kPa
天津	南疆港区	98.5	14.5	2.76	—	—	20.3	3.70	—	—	—	—	—
	东突堤港区	85.0	15.2	2.28	—	—	26.6	—	—	—	—	—	4.0
深圳	大铲湾港区	109	15.1	2.53	—	—	20.4	4.0	2.17	—	—	—	0.43
	南油	104.6	13.8	2.82	50	32.7	17.3	3.79	1.92	2.08	4.56	1.99	—
	前海湾	108.9	14.0	2.97	46.7	27.6	19.1	4.42	3.4	1.0	3.3	2.9	0.5
广州	南沙物流保税区	150	14.2	4.02	—	—	—	—	—	0.99	—	—	—
连云港	庙岭地区	80.1	15.5	2.18	—	—	29.7	2.87	—	—	—	—	—
	滨海新城一期	92.4	14.9	2.57	—	—	25.7	2.72	1.38	—	—	—	—

（续）

地区	位置	物理力学性质指标											
		w /%	γ /(kN/m³)	e	w_L /%	w_P /%	I_P	I_L	a_{1-2} /(MPa⁻¹)	E_s /MPa	固结系数 /(10⁻⁴ cm²/s)	渗透系数 /(10⁻⁸ cm/s)	不排水强度 C_u /kPa
温州	民营经济科技产业基地	97.0	14.3	2.67	58.0	31.4	—	—	1.62	2.27	—	3.34	<3.0
青岛	海西湾造修船基地	103.0	14.5	2.86	44.8	21.6	23.2	3.5	—	1.85	—	—	—

由前述吹填土的工程地质特征及表6-3可见，吹填软土（淤泥）具有如下工程性质。

(1) 不均匀性。江、河、湖、海水域底部的疏浚土，随输送排泥管搬运后沉积。排泥管出口附近为较粗的粉土或粉砂颗粒，离出口较远处为较细的黏土颗粒，形成超软弱地基。疏泥管出口还随填筑场地情况不断改变方向，加上泥水流淌作用，形成的吹填土质极不均匀。

(2) 天然含水量高，孔隙比大，天然重度小。在吹填施工完成以后较长时间内，吹填软土（淤泥）的含水量均在80%以上，最高达150%，呈流塑状态；孔隙比大于2.1，最高达4.02；天然重度$\gamma = 13.8 \sim 15.5$kN/m³。吹填软土（淤泥）的含水量和孔隙比远大于一般天然软土，天然重度比小于一般天然软土。

(3) 含水量远大于液限，塑性指数大。吹填软土（淤泥）的液限$w_L = 44.8\% \sim 58\%$，远小于天然含水量；塑性指数很大，一般在17以上。

(4) 高压缩性。吹填软土（淤泥）的压缩系数$a_{1-2} > 1.38$MPa⁻¹，压缩模量E_s最小仅0.99MPa，其中深圳地区吹填软土（淤泥）压缩系数最高达3.4MPa⁻¹，通常比该地区天然软土的压缩系数大一倍以上，属于高压缩性土。事实也证明，经排水固结法加固后吹填软土（淤泥）的沉降量为天然软土的一倍以上。

(5) 固结速率慢。因水力吹填输送的疏浚泥砂的颗粒粒径很小，吹填软土（淤泥）在排水固结过程中的沉降速率较慢，其固结系数一般较小，数量级为10^{-4}cm/s²，与吹填前原状海相软土（淤泥）固结系数十分接近，说明吹填软土（淤泥）固结速率慢。

(6) 弱透水性。由于吹填软土（淤泥）颗粒粒度较细，级配较差，以絮流状及粒状镶嵌结构为主，粒间孔隙连通性较差，在常压下孔隙水很难迁移，因而渗透性很小，一般渗透系数在$10^{-8} \sim 10^{-7}$cm/s数量级。深圳地区吹填软土（淤泥）渗透系数最小，仅为1.99×10^{-8}cm/s，属微透水或不透水层，不利于地基排水固结，吹填软土地基上建筑物沉降持续时间长，一般达数年以上。

(7) 低强度。据对天津新港吹填软土有关抗剪强度的研究，认为吹填软土在抗剪强度性状方面接近于扰动土。吹填软土的不排水抗剪强度最大仅为4.0kPa，最小接近于零，小于一般天然软土的强度，承载力小，灵敏度高。

(8) 高饱和性。由于吹填软土（淤泥）弱透水性导致孔隙水难以排出，吹填软土（淤泥）具有高饱和特征。对于吹填土地基，必须改变它的高饱和特性，实施有效排水压实加固处理，才能作为工程建设的良好地基。

（9）干缩性。吹填完成后的吹填土在蒸发脱水期其体积将发生干缩变化，表层硬结、碎裂，干缩结块厚度可达 20cm，甚至数十厘米厚。特别是吹填粉砂土或粉土中夹杂有淤泥软土时会明显表现出干缩性。

（10）黏粒含量大，有机质含量大。吹填软土（淤泥）的黏粒含量一般为 25%～35%，有机质含量在 4.0% 左右。

（11）欠固结程度高。实践表明，自重作用下吹填土的固结速率比天然软土要大，表明吹填软土比天然软土具有更大的欠固结特性与可压缩特性。

6.2 吹填土的地基处理方法

吹填土具有三高两低的特点，即天然含水量高、孔隙比大、压缩性高、强度低、透水性弱；一般呈软塑到流塑状态，未做加固处理不能直接利用作为建（构）筑物地基。为了改善吹填土的工程性质，降低吹填土的含水量，提高吹填土的承载力，必须针对吹填土的土质条件，选择有效的加固处理方法。吹填土处理方法分为以下三类。

（1）物理法。通过对土体进行冲击或者使土体内出现压差，以此排出孔隙水，比较典型的是强夯法、真空预压法、真空堆载联合预压法，以及基于强夯法的动力排水固结法、基于真空预压法出现的高真空击密法等。

（2）化学加固法。在吹填土中添加固化剂，如水泥、石灰、粉煤灰或复合固化剂与土体中的物质成分发生反应，使土体固结。

（3）加热处理法。把电加热装置放入吹填土中，通电后电加热装置产生热量传给周围的土体，使土体内的水分以蒸汽形式排出，将土体脱水，以此来加固吹填土。

常用吹填土地基处理方法的简要原理和适用范围如表 6-4 所示。

表 6-4　常用吹填土地基处理方法的简要原理及适用范围

类别	方法	简要原理	适用范围
物理法	强夯法	利用质量为 10～40t 的夯锤从高处自由落下，地基土体在强夯的冲击力和振动力作用下密实，可提高地基承载力，减少沉降	吹填砂、碎石土、湿陷性黄土、杂填土、素填土等地基
	动力排水固结法	在地基上设置水平排水系统——砂垫层和抽排水系统，再在砂垫层自上而下打设塑料排水板作为竖向排水系统，然后以强夯动力多次作用于地基，在地基土体中产生很高的孔隙水压力，土中的拉伸微裂纹贯通成水平向排水通道，使孔隙水较快地经排水板排走，提高地基土的强度，减少沉降	吹填软土地基
	浅层或无砂垫层真空预压法	与常规真空预压法不同之处是将塑料排水板与透水软管绑扎，形成水平排水系统，软式透水管与抽真空系统直接连接。利用透水软管和其他透水材料，如三维土工排水网、无纺土工布、水平排水板等作为膜下水平排水体替代砂垫层，使地基土体排水固结、地基承载力提高、工后沉降减小	新近吹填软土地基

（续）

类别	方法	简要原理	适用范围
物理法	真空堆载联合预压法	见表 2-1	吹填软土地基
	高真空击密法	利用高真空排水强制主动地排出孔隙水，为强夯击密创造条件；强夯击密激发出的超孔隙水压力与高真空排水的高真空形成较高的压力差，从而促进高真空排水效果，达到提高地基承载力、减少沉降的目的	黏粒含量低于 50% 且塑性指数小于 10 的吹填粉质黏土、吹填砂地基
化学加固法	水泥固化法	通过在吹填土中掺加不同的固化剂和外掺剂，使固化剂和土体之间发生一系列的物理和化学反应，改变原状土的结构，使之硬结成具有整体性和水稳性及一定强度的加固土，土体强度增加，达到加固目的	吹填软土（淤泥）地基
	石灰固化法		
	粉煤灰固化法		
	复合固化处理法		
加热处理法	高温熔解烧结法	通过高温处理，使吹填淤泥脱水，有机成分分解，颗粒之间黏结，或无机物熔解，使其熔合成具有相当强度的固体颗粒，达到加固土体的目的	吹填淤泥土

6.2.1 物理法

1. 强夯法

法国梅那（Menard）技术公司于 1969 年首创了一种地基加固方法，称为强夯法，国际上也称之为动力压实法或动力固结法。该法一般是通过 8～30t 的重锤（最重可达 200t）和 8～20m 的落距（最高可达 40m），对地基施加很大的冲击和振动能量，将地基土夯实，从而提高地基承载力，降低其压缩性，改善砂土的抗液化条件，消除湿陷性黄土的湿陷性，改善地基性能。

强夯法创立时，仅用于加固砂土和碎石土地基。经过 40 多年的发展和应用，该法已适用于碎石土、砂土、低饱和度的粉土与黏性土、湿陷性黄土、杂填土和素填土、吹填砂、吹填粉砂等地基的加固处理。对于饱和度较高的淤泥和淤泥质土，应通过现场试验获得效果后才宜采用。强夯法具有施工简单、加固效果好、使用经济等优点，已广泛应用于工业与民用建筑、仓库、油罐、储仓、公路和铁路路基、飞机场跑道及港口码头等地基加固工程。这种方法的不足之处是施工振动大，噪声大，影响附近建筑物，在城市中不宜采用。

1）加固机理

工程实测结果表明：强夯时所释放的巨大冲击能量，将转化为各种波形传播到土体中一定范围。首先到达某指定范围的波是压缩波（也称纵波、P 波），以 6.9% 传播出去的振动能量使得土体受压或受拉，能引起瞬时的孔隙水汇集，因而使地基土的抗剪强度大为降低。紧随 P 波之后的是剪切波（横波、S 波），以 25.8% 传播出去的振动能量会导致土体结构的破坏。另外还有瑞雷波(表面波、R 波),以 67.3%传播出去的振动能量能在夯击点附近造成地面隆起。对饱和土而言,剪切波是导致土体加密的波。

强夯法加固不同的土类,如饱和土与非饱和土,加固机理是不同的。另外,对于特殊土,如吹填土、湿陷性黄土等,还应考虑其特殊土的性状。

(1)加固非饱和土的机理。

强夯法能加固多孔隙和粗颗粒的非饱和土体是基于动力密实的机理。即用冲击型动力荷载,迫使土体中的孔隙减小,将土体变得密实,进而提高地基土强度。非饱和土的夯实过程,主要是土中的气相(空气)被挤出的过程,其夯实压密变形主要是由于夯击能改变了土颗粒的相对位移引起的。

实际工程表明,在强夯冲击动能作用下,地面会立即产生沉降,当夯击一遍后,其夯坑深度就可达到 0.6~1.0m,并在夯坑底部形成一层超压密硬壳层,该硬壳层的承载力比夯前提高 2~3 倍。非饱和土在中等夯击能量 1500~3000kN·m 作用下,主要产生冲切变形,即在加固深度范围内土体的气相体积将大大减少,最大可减少 60%,甚至更多。

(2)加固饱和土的机理。

强夯法能加固细颗粒饱和土基于动力固结理论的机理。即巨大的强夯冲击能量在土体中产生很大的应力波,破坏了土体原有的结构,使土体局部发生液化并产生许多裂隙,增加了土体中的排水通道,使孔隙水能顺利逸出。待超孔隙水压力消散后,达到土体的压密固结。由于软土的触变性,强度会逐渐恢复并得到提高。

梅那根据强夯法的应用工程实践,首次对传统的固结理论提出了不同的看法,认为饱和土是可压缩的新机理,可归纳成以下四方面。

① 饱和土的压缩。

梅那教授认为:由于土中有机物的分解,大多数的第四纪土中都含有以微气泡形式出现的气体,其含气量大约在 1%~4%范围内。强夯加固时,冲击能量导致气体体积压缩,使得孔隙水压力增大,气体也有所膨胀。随后在孔隙水排出的同时,孔隙水压力就减少。这样每夯击一遍,液相气体和气相气体都会有所减少。根据实验,每夯击一遍,气体体积可减少约 40%。

② 土体局部液化。

在强夯重复夯击作用下,施加在土体中的夯击能量,使气体逐渐压缩。因此,土体的沉降量与夯击能成正比。当气体按体积百分比接近零时,土体便变成不可压缩的。相应于孔隙水压力上升到与上覆压力相等的能量级,土体将会产生液化现象。

图 6-2 所示的液化度为孔隙水压力与液化压力之比,该液化压力即为上覆压力。当液化度达到 100%时,即土体产生液化的临界状态,该能量级称为"饱和能"。此时,吸附水可变成自由水,使得土体强度下降到最小值。一旦达到"饱和能"再继续施加能量时,只会使土重塑而破坏。

需要指出:天然土的液化通常是逐渐发生的,绝大多数沉积物是层状和结构性的。粉质土层和砂

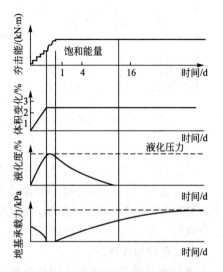

图 6-2　夯击一遍的情况

质土层比黏性土层先进入液化。但强夯时所出现的液化现象不同于地震时的液化，它只是土体的局部液化现象，称作液化效应。

③ 形成排水通道，改善土体的渗透性。

在很大夯击能作用下，将会在地基土体中出现冲击波和动应力。当所出现的超孔隙水压力大于颗粒间的侧向压力时，致使土颗粒间出现裂隙，形成排水通道。此时，土的渗透系数骤增，孔隙水得以顺利排出。在有规则网格布置夯击点的现场，通过积累的夯击能量，在夯坑四周会形成有规则的垂直裂缝，在夯坑附近也会出现涌水现象。

当孔隙水压力消散到小于颗粒间的侧向压力时，裂隙还可自行闭合，使得土体中水的运动重新恢复常态。国外资料报道，夯击时出现的冲击波，将土颗粒间吸附水转化成为自由水，因而促进了毛细管通道横断面的增大，从而畅通了排水路径。

④ 恢复触变强度。

在重复夯击作用下，土体的强度会逐渐减低，当土体中出现液化或接近液化时，土体强度处于最低值。此时土体中产生裂隙，而土中有部分吸附水变成自由水，随着孔隙水压力的消散，土的抗剪强度和变形模量都有了大幅度的增长。此时又有一部分自由水重新被土颗粒所吸附而变成了吸附水，这也是具有触变性土的特性。

图 6-3 为夯击三遍的情况。由于饱和黏性土的触变性，强夯后土的结构破坏，强度几乎降低为零，如图 6-4 所示。随着时间的延长，土的强度又逐步恢复。这种触变强度的恢复也称为时效。

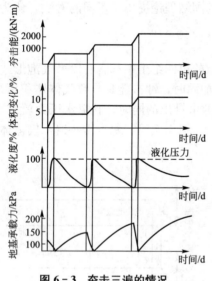

图 6-3　夯击三遍的情况

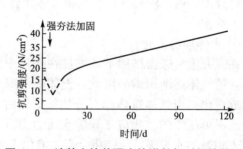

图 6-4　地基土抗剪强度的增长与时间的关系

2）设计计算

目前强夯法尚无成熟的设计计算方法，主要设计参数如有效加固深度、夯击能、夯击次数、夯击遍数、间隔时间、夯击点布置和处理范围等都是根据规范或工程经验初步选定，其中有些参数还应通过试夯或试验性施工进行验证，并经必要的修改调整，最后确定适合现场土质条件的设计参数。

（1）有效加固深度。

强夯地基的加固深度常用有效加固深度来表示。有效加固深度根据工程要求的加固深度和加固后要求达到的主要技术指标来确定，所以有效加固深度是选择强夯施工夯击能的主要依据，也是反映处理效果的重要参数。

强夯法创始人 Menard 提出用下列公式来估算有效加固深度：

$$H \approx m\sqrt{Mh} \qquad\qquad (6-1)$$

式中，H——有效加固深度，m；

    h——落距，m；

    M——夯锤重，t；

    m——经验系数，与地基土性质、单击夯击能等有关。根据我国的实践经验，m 值的取值范围为 $0.4\sim0.8$，碎石土、砂土为 $0.45\sim0.5$，粉土、黏性土、湿陷性黄土等为 $0.4\sim0.45$。

从式(6-1)可以看出，有效加固深度仅与夯锤重与落距有关。而实际上影响有效加固深度的因素很多，除了锤重和落距外，夯击次数、锤底单位压力、地基土性质、不同土层的厚度和埋藏顺序以及地下水位等都与有效加固深度密切相关。因此，强夯法的有效加固深度应根据现场试夯或当地经验确定。在无条件时，可按表 6-5 预估。

表 6-5　强夯法的有效加固深度

单击夯击能/(kN·m)	碎石土、砂土等粗颗粒土	粉土、黏性土、湿陷性黄土等细颗粒土
1000	5.0～6.0	4.0～5.0
2000	6.0～7.0	5.0～6.0
3000	7.0～8.0	6.0～7.0
4000	8.0～9.0	7.0～8.0
5000	9.0～9.5	8.0～8.5
6000	9.5～10.0	8.5～9.0
8000	10.0～10.5	9.0～9.5

(2) 夯击能。

① 单击夯击能。

夯锤重与落距的乘积称为单击夯击能，一般根据工程要求的加固深度等综合考虑，并通过试验确定。我国初期采用的单击夯击能大多为1000kN·m。随着起重机械工业的发展，目前采用的最大单击能为 15000kN·m。国际上曾经采用的最大单击能为 50000kN·m，设计加固深度达 40m。

② 单位夯击能。

整个场地的总夯击能(夯锤重×落距×总夯击数)除以加固面积为单位夯击能，应根据地基土类别、结构类型、荷载大小和工程要求的加固深度等综合考虑，并通过试验确定。单位夯击能过小，难于达到预期加固效果；单位夯击能过大，不仅浪费能源，对饱和黏性土来说，强度反而会降低。一般情况下，对于粗颗粒土单位夯击能可取 $1000\sim3000\text{kN·m/m}^2$；细颗粒土为 $1500\sim4000\text{kN·m/m}^2$。

国内夯锤质量一般为 $10\sim25$t，底面为圆形，孔径为 $250\sim300$mm，对称设置若干个贯通顶底面的排气孔，这样可以降低能量损失、减小起吊吸力等。锤底面积宜按土的性质确定，对于砂性土，锤底面积一般取 $3\sim4m^2$；对黏性土不宜小于 $6m^2$。锤底静压力可取 $25\sim40kPa$，对细颗粒土宜取较小值。对于细颗粒土，在强夯时预计会产生较深的夯坑，应事先加大锤底面积。

确定夯锤规格后，根据要求的单击夯击能，可确定夯锤的落距。国内常采用 $8\sim20m$ 的落距。对相同的夯击能，应选用大落距的施工方案。这是因为增大落距可获得较大的触地速度，能将大部分能量有效地传递到地下深处，增加夯实效果，减少消耗在地表土层塑性变形上的能量。

（3）夯击次数。

夯击次数应按照现场试夯得到的夯击次数和夯沉量关系曲线确定，而且应同时满足下列条件。

① 最后两击的平均夯沉量要求与 2.3.2 节的强夯置换法相同。

② 夯坑周围地面不应发生过大的隆起。

③ 不因夯坑过深而产生起锤困难。

对于碎石土、砂土、低饱和度的湿陷性黄土和填土等地基，夯击时夯坑周围往往没有隆起或虽有隆起但量很小。在这种情况下，应尽量增多夯击次数，以减少夯击遍数。但对于饱和度较高的黏性土地基，随着夯击次数的增加，土的孔隙体积因压缩而逐渐减小，但因这类土的渗透性较差，故孔隙水压力将逐渐增长，并促使夯坑下的地基土产生较大的侧向挤出，引起夯坑周围地面的明显隆起。此时如继续夯击，并不能使地基土得到有效的夯实，造成浪费。

（4）夯击遍数。

夯击遍数应根据地基土的性质确定。一般来说，由粗颗粒土组成的渗透性强的地基，夯击遍数可少些；反之，由细颗粒土组成的渗透性低的地基，夯击遍数要求多些。根据日本资料报导，对于碎石、砂砾、砂质土和垃圾土，夯击遍数为 $2\sim3$ 遍；粉性土为 $3\sim8$ 遍；泥炭为 $3\sim5$ 遍。最后再对全部场地进行轻量级夯击，使表层 $1\sim2m$ 范围内的土层得以夯实。

根据我国工程实践，对于大多数工程，采用点夯 $2\sim3$ 遍，最后再以低能量满夯 2 遍，满夯可采用轻锤或低落距锤多次夯击锤印搭接。对于渗透性弱的细颗粒土地基，必要时夯击遍数可适当增加。

（5）间隔时间。

两遍夯击之间应有一定的时间间隔，以利于土中超静孔隙水压力的消散。间隔时间取决于超静孔隙水压力的消散时间。但土中超静孔隙水压力的消散速率与土的类别、夯点间距等因素有关。对于渗透性好的砂土地基等，一般在数小时内即可消散完。但对渗透性差的黏性土地基，一般需要数周才能消散完。夯点间距对孔隙水压力消散速率也有很大的影响，夯击点间距小，孔隙水压力消散慢；反之，夯点间距大，孔隙水压力消散快。当缺少实测孔隙水压力资料时，可根据地基土的渗透性确定间隔时间。对于渗透性较差的黏性土地基，间隔时间一般应不小于 $3\sim4$ 周；对于渗透性好的地基则可连续夯击。

（6）夯击点布置。

夯击点布置是否合理与夯实效果和施工费用有直接关系。夯击点位置可根据建筑结构类型、荷载大小、地基条件等具体情况布置，一般采用等边三角形、等腰三角形或正方形布点。对于某些基础面积较大的建筑物或构筑物(如油罐、筒仓等)，为便于施工，可按等边三角形或正方形布置夯点；对于办公楼和住宅建筑来说，则根据承重墙的位置布置夯点；对单层工业厂房来说，可按柱网来设置夯点。

夯击点间距一般根据地基土的性质和要求的加固深度确定。对于细颗粒土，为便于超静孔隙水压力的消散，夯击点间距不宜过小。当要求加固深度较大时，第一遍的夯击点间距更不宜过小，以免夯击时在浅层形成密实层而影响夯击能往深层传递。根据国内经验，第一遍夯击点间距可取夯锤直径的 2.5～3.5 倍，第二遍夯击点可位于第一遍夯击点之间，以后各遍夯击点间距可适当减小。对要求加固深度较深，或单击夯击能较大的工程，第一遍夯击点间距宜适当增大。

(7) 砂垫层。

强夯前，往往在拟加固的场地内满铺一定厚度的砂石垫层，使其能支承起重设备，并使施工时产生的夯击能得到扩散，同时也可以加大地下水位与地表面的距离。地下水位较高的饱和黏性土和易于液化流动的饱和砂土，均需铺设砂(砾)或碎石垫层才能进行强夯。垫层厚度随场地的土质条件、夯锤质量和形状等条件而定，一般为 0.5～2.0m。

(8) 处理范围。

由于基础的应力扩散作用，强夯处理范围应大于建筑物基础范围，具体可根据建筑结构类型和重要性等因素确定。根据工程经验，对于一般建筑物，每边超出基础外缘的宽度宜为设计处理深度的 1/2～2/3，并不宜小于 3m。

3) 施工工艺

强夯施工之前应根据初步确定的强夯参数，从技术、经济两方面选取合适的施工机具，主要包括起重机械和夯锤等。强夯法主要施工工序按下列步骤进行。

(1) 清理并平整施工场地。

(2) 标出第一遍夯击点位置，并测量场地高程。

(3) 起重机就位，夯锤置于夯击点位置。

(4) 测量夯前锤顶高程。

(5) 将夯锤起吊到预定高度，开启脱钩装置。待夯锤脱钩自由下落后，放下吊钩，测量锤顶高程，若发现因坑底倾斜而造成夯锤歪斜时，应及时将坑底整平。

(6) 重复步骤(5)，按设计规定的夯击次数及控制标准，完成一个夯击点的夯击。

(7) 换夯点，重复步骤(3)～(6)，完成第一遍全部夯点的夯击。

(8) 用推土机将夯坑填平，并测量场地高程。

(9) 在规定的间隔时间后，按上述步骤逐次完成全部夯击遍数，最后用低能量满夯，将场地表层松土夯实，并测量夯后场地高程。

4) 加固效果检验

《建筑地基处理技术规范》(JGJ 79—2012)明确规定，强夯处理后的地基竣工验收时，加固效果检验应采用原位测试和室内土工试验。原位测试主要有载荷试验、标准贯入试验、静力触探试验、动力触探试验、十字板剪切试验、现场剪切试验、波速试验等。强夯加固效果检验方法不同，其要求与作用也不同。

(1) 载荷试验。

载荷试验主要适用于确定强夯后地基承载力和变形模量。

(2) 标准贯入试验。

标准贯入试验适用于砂土、粉土和一般黏性土，可用于评价砂土的密实度、粉土和黏性土的强度和变形参数，还可用于辅助载荷试验判断夯后地基承载力，并确定有效加固深度，评价消除液化地基的效果。

（3）静力触探试验。

静力触探试验适用于黏性土、粉土、砂土及含少量碎石的土层，用于测定比贯入度、锥尖阻力、侧壁摩阻力和孔隙水压力。

（4）动力触探试验。

动力触探试验适用于强风化、全风化的硬质岩石，各种软质岩石、砂土、碎石土，用于确定砂土的孔隙比、碎石密实度，粉土、黏性土的状态、强度与变形参数，评价场地的均匀性和进行力学分层，检验加固效果。

（5）十字板剪切试验。

十字板剪切试验用于测定饱和软土的不排水抗剪强度和灵敏度。

（6）现场剪切试验。

现场剪切试验用于绘制应力与强度、位移及应变的关系曲线，确定岩土的抗剪强度、弹性模量和泊松比等。

（7）波速试验。

波速试验适用于确定与波速有关的岩土参数，如压缩波和剪切波的波速、剪切模量、弹性模量、泊松比等，从而检验土体加固效果。

以上检测方法在实际工程中往往是相互结合，根据具体工程的要求部分或同时采用。

2. 动力排水固结法

强夯法可用于处理吹填砂、低饱和度的吹填粉土与黏性土地基；对饱和吹填软土地基，处理效果不显著。在强夯荷载作用下，饱和软土孔隙水压力急剧上升，土体渗透性很小，孔隙水压力消散极慢而接近橡皮土状态。另外，饱和软土地基要求在强夯动力作用下完成主固结，避免工程完成后出现过大的剩余沉降，可用地基的有效加固深度作为判断是否完成主固结沉降的标准，当有效加固深度大于软土层厚度时可认为完成主固结沉降。于是强夯法加固饱和软土时，必须同时考虑孔隙水压力如何消散和增加加固深度两点。然而这两者之间有所矛盾，如增加加固深度，要求增加夯击能量，而增加能量就会增大孔隙水压力，且土体结构更容易破坏，渗透性大幅度下降致使孔隙水压力消散更慢。为了解决上述矛盾，在强夯法和排水固结法基础上发展起来一种针对饱和软土地基加固的新技术——动力排水固结法。

动力排水固结法，也称动力被动排水固结法，是在软土地基中设置竖向排水体（塑料排水板、砂袋或砂井）和水平排水体（砂垫层、盲沟及集水井等），表面铺设砂垫层，利用夯锤施加冲击荷载，在土体中形成超静孔隙水压力，并使孔隙水沿着设置在土体中的排水通道排出，加速土体固结，从而达到地基加固的目的。该方法自推出以来，应用广泛，特别适合于大面积软土地基，包括吹填软土地基，如民用建筑、机场、高速公路、铁路等地基的处理。实践表明，动力排水固结法加固软土地基具有效果明显、工艺简单、施工速度快、造价低等优点，已引起工程界的高度重视。

然而，目前该项技术处理软土地基仍处于经验设计阶段，首先进行小范围现场试验寻求设计计算参数和施工工艺，然后进行正式施工；尚无一套成熟的设计计算理论和方法，可参考强夯法与排水固结法的设计计算方法。本节主要介绍动力排水固结法的工作机理与施工工艺特点。

1）工作机理

动力排水固结法是以"以静为本，以动为促"为核心的。强夯的能量通过填土垫层传递到下卧软土层，使软土的超静孔隙水压力提高，迫使土体中孔隙水沿着排水系统排出。动力排水固结法工作机理可按照以下几个阶段进行分析。

（1）土体结构重塑阶段。

一般软土具有明显的结构性，结构性越强，土骨架刚度越大。强夯时荷载首先作用在土骨架上，随着夯击能的增加，土体结构被破坏，这时荷载作用在孔隙水上，提高了超孔隙水压力，使土体产生很大的沉降。动力排水固结法能有效改善软土的结构性能，使土体原有的软弱结构在动力荷载作用下被破坏，经过一段时间后，重新生成工程性能良好的土体结构，使土体承载力提高。

（2）孔隙水排出阶段。

土体中的孔隙水也是具有能量的，正是这些能量影响着孔隙水的状态和运动。当强夯能量传到土体中时，土体结构破坏，荷载由孔隙水承担，孔隙水的能量也因此增大，迫使孔隙水从土体中排出，使超孔隙水压力得到消散。为了更好地实现排水固结，在土中设置竖向排水体系，孔隙水可以由排水系统快速排出，加大土体固结速度，使主固结很快完成，快速提高土体强度。虽然强夯会使土体产生微裂缝，而这些微裂缝没有完全贯通，不足以使孔隙水有效排出。

（3）土体固结阶段。

一般认为，软土在沉积过程中大多数形成结构性较强的片架结构，土体颗粒之间多以边-边、边-面方式连接，冲击荷载作用下，土骨架结构破坏，经过排水固结，土骨架形成更稳定地状态。由于冲击荷载的作用和排水条件的改善，土体的主固结很快完成，压密性变好，主固结沉降大大提高，次固结沉降减小。

（4）土体压密阶段。

软土中含有约 1%～4%的密封气体，冲击荷载可以使气体发生移动，加速气体排出，加快土体密实。土体在冲击荷载的反复作用下，土体中的密封气体和孔隙水均可被排出，而且强夯的能量也破坏了土颗粒间的化学键、分子键和静电力，使土颗粒发生相对位移，孔隙率变小，土体更加密实，承载力大大提高。而且一般强夯荷载远超出建筑物的使用荷载，所以经过强夯加固处理的软土一般为超固结土。

（5）表层硬化阶段。

强夯加固处理的土体，表面会形成硬壳层，或者是原有的硬壳层强度提高，变得更硬。这种硬壳层改善了软土地基的性能。硬壳层本身的强度较高，可以分担更多的荷载。由于硬壳层的存在，滞后了上部荷载的作用，使土体的固结更加完全，而对下卧软土层的变形也有一定的限制作用。

动力排水固结法是一种复合型软土地基处理方法，可直接改善地基软土本身的力学性能，充分发挥土体本身的潜在性能，在较短时间内改进软土地基的性能。

2）工艺特点

针对上述加固机理，可以认为动力排水固结法的施工工艺如下。

（1）采取适当排水措施以加速孔隙水压力消散。如采取在原有场地上铺设 40cm 厚中粗砂垫层，并用纵横交错盲沟与集水井相连而形成良好的水平排水体，打设塑料排水板穿过软土层作为竖向排水体，如此构成空间网状排水系统，使深厚的软土层内排水通道得到大幅度增加。

（2）强夯前铺设足够厚度垫层以减少浅层淤泥反复揉搓导致"橡皮土"弊端的出现。

（3）采取合适的强夯工艺以保证土体结构不产生严重破坏，同时又能增加加固深度。

对于软土层不太厚（4～4.5m）且其上垫层较薄（小于2m）时，应采用由轻到重、少击多遍、逐渐加载的施工工艺，这样既能提高强夯功效，防止橡皮土出现，又能增加加固深度。如第一遍夯击以较小的夯击能将浅层土率先排水固结，在表层形成"硬壳层"。有了"硬壳层"就可以分级加大夯击能，使动能向深层传递，促进软土排水固结。单点夯击数亦应严格控制，因夯击数多会使土体破坏，孔隙水压力消散慢。

对于软土层较厚（大于5m），且其上垫层亦较厚（大于3m）时，则应适当加大单击夯击能和增加单击夯击数，以使埋置较深且厚度较大的软土层得到有效加固，对此比较合适的强夯参数：单击夯击能为2000kN·m，单击夯击数为6～7击，3遍点夯，1遍满夯，每遍点夯夯击点间距为5～6m。

对于填土层及软土层厚薄不均的情况，应根据土体强夯效应（如坑周土体隆起情况、夯坑沉降量变化情况）及时调整单点夯击能大小和夯击击数，如第1击时坑周就已明显隆起就要降低夯击能；如后一击夯沉量大于前一击夯沉量，表明土体结构破坏就应停止夯击。

为了确定每一击夯击点最佳击数，还需建立合理的收锤标准，其原则是既要使土体充分压密，又要不破坏土体结构。一般采用如下的收锤标准。

① 坑周不出现明显的隆起，坑周隆起量 $h_{max} \leqslant 5cm$，如第1击时就已明显隆起，则要降低夯击能。

② 后一击夯沉量应小于前一击夯沉量。

③ 夯坑深度不能太大，以不深入1.2m为宜。

还可用侧向位移、孔隙水压力变化情况以及坑周地面振动情况作为收锤标准，这些标准理论上正确合理，但在工程实际中难于操作。

总之，为了保证动力排水固结法加固软土地基取得满意加固效果，应该采用轻重适度的单击夯击能和"少击多遍"的强夯方式、合适的夯点间距以及合理的收锤标准。

（4）严格控制前后两遍夯击的间隔时间。

对软土地基，两遍夯击的间隔时间可根据夯后孔隙水压力消散曲线确定。现场试验研究结果表明，5～6d后，全部孔隙水压力消散都超过80%，所以可将相邻两遍夯击间隔时间定为5～6d。

3. 无砂垫层真空预压法

近年来围海造地工程的规模越来越大，吹填材料已由以往的中粗砂逐渐发展为海底淤泥。吹填场地新近吹填海底淤泥含水量超过100%，孔隙比大于2.0，外观呈流泥状态，强度基本上为零，工程上成为超软地基。这种海底淤泥的吹填场地，排水固结时间长，让其自然沉积之后再投入使用，时间成本较高。这种场地吹填淤泥深度一般为3～6m，为保证后续土地开发利用，须进行浅层处理，以满足后续施工建设对场地基本承载力的要求，目前普遍采用的地基处理方法是真空预压法，因为吹填场地表面初始强度太低，其他处理方法如复合地基、强夯法等均不具备施工条件，而真空预压法的施工荷载较小，可以在这种场地上实施。

常规真空预压法加固处理新吹填海底淤泥等超软土时，必须铺设荆笆或土工格栅以及足够厚度的中粗砂作为施工和排水垫层，垫层荷载加上垫层摊铺机械的荷载，总荷载大于地基承载力，难以进行施工，而且我国许多地区砂资源紧缺且价格昂贵，而浅层地基处理对加固深度和加固后地基承载力要求均低于一般软土地基加固工程，故采用无砂垫层真空预压法是一种可行且经济的地基处理方案。

无砂垫层真空预压法取消了常规真空预压法中的施工和排水垫层，将塑料排水板与透水软管绑扎，形成水平排水系统，透水软管与抽真空系统直接连接。其中透水软管和其他透水性材料(无纺土工布、水平排水板等)构成无砂垫层，其功能与砂垫层相同，因此无砂垫层也必须具备一定的透水性能，并能满足排出抽吸上来的水流量的要求。无砂垫层真空预压法在温州民营科技产业基地吹填海底淤泥处理中得到了很好的应用，技术经济效果十分显著。该法较适合于新近吹填淤泥地基的浅层处理，具有加固效果好、工期短、造价低等优点，可推广应用于沿海地区工业建筑、港口、码头、道路等地基的浅层加固。

目前该项技术应用时间不久，设计方案仍通过小范围现场试验确定，然后进行施工，设计计算和施工工艺可参考真空预压法。本节主要介绍无砂垫层真空预压法的工作机理与施工工艺特点。

1) 加固原理

真空预压法是在原地基表面铺垫砂垫层，作为水平排水体，再在土体中设置袋装砂井或塑料排水板(简称砂井)作为竖向排水体。将不透气的薄膜铺设在需要加固的软土地基表面的砂垫层上，薄膜四周埋入土中，借助埋设于砂垫层中的管道，将薄膜下土体内的空气抽出，使其形成相对负压。该负压能够快速传递到砂井中，从而在砂井与周围土体之间形成压差，使土体中的孔隙水流入砂井并排出，以达到固结。

无砂垫层真空预压法用透水软管和其他透水性材料(如无纺土工布)代替砂垫层，其作用与常规真空预压中砂垫层的作用相同，主要表现在以下两方面：①传递抽真空系统中的低压，在膜下形成低压力场；②将抽吸出来的地基中的水、气汇集并由抽真空系统管道排出场地。

无砂垫层真空预压系统由3部分组成：加压系统、排水系统和密封系统。加压系统即为抽气系统，以使膜下空气被抽出，真空度达到设计要求；排水系统则改变原有地基的排水边界条件，传递真空压力，缩短排水距离和固结时间。密封系统则是为了保证真空荷载施加达到设计要求。无砂垫层真空预压剖面如图6-5所示。

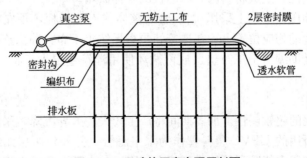

图6-5 无砂垫层真空预压剖面

2）施工工艺

（1）施工工艺流程。

无砂垫层真空预压施工工艺受新近吹填淤泥自身特点的影响与制约，主要以人工作业为主，主要施工工艺流程如图 6-6 所示。

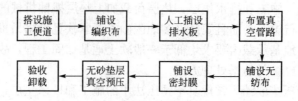

图 6-6　无砂垫层真空预压法主要施工工艺流程

（2）施工技术措施。

① 搭设施工便道。

由于吹填面积大，需要分区加固，但新吹填淤泥的超软弱性不能保证施工的安全，因此有必要修筑临时施工通道。该通道可浮于泥面且具备一定的承载能力。

② 铺设编织土工布。

为确保抽真空过程中浅层淤泥的排水固结效果，在泥面上铺设编织土工布将浮泥与塑料排水板板头和水平排水管路隔开。

编织土工布一般选择单位面积质量在 $150\sim200\,\mathrm{g/m^2}$ 的材料，要求能够满足施工人员后续打设排水板、铺设排水管路等施工作业面或垫层的要求。土工布不仅起到垫层作用，更重要的是隔离作用，防止后续排水板打设过程人工扰动或抽真空造成吹填土泥面翻浆，主要表现在以下两方面：一是易在水平排水管表层滤布或滤膜、排水板与管路绑扎连接处等造成排水板打设以及管路铺设过程中局部淤堵排水体；二是编织土工布与密封膜层间在抽真空过程中易形成薄薄的泥皮层，从而影响无砂垫层真空预压水平排水体系。因此，在选择土工布材料时，既要考虑土工布抗拉、抗裂等强度指标，也需从吹填土颗粒级配、渗透系数等指标考虑土工布的等效孔径等指标。

③ 板、管整体式插板。

排水板打设质量直接影响真空预压处理效果，常规真空预压法施工工艺是：人工打设排水板，人工铺设透水主支管，并与排水板连接。其不足之处在于：一方面，从工艺步骤上造成对吹填土泥面多次扰动，使新近吹填土泥面浆液翻涌或破坏吹填土泥面的结构层，从而使表层吹填土在抽真空过程中土体颗粒骨架难以形成，抽真空时间延续；另一方面，排水板板头易埋入淤泥，造成材料滤膜和芯板的整体淤堵。

无砂垫层真空预压在工艺上采用"板-管"整体式人工插板，预先将排水板裁剪并按设计间距缠绕在滤管的相应位置上，在连接处包裹无纺土工布，确保连接处排水效果，利于真空度的传递。借助编织土工布垫层或可循环使用浮筏垫层人工将"板-管"整体插入吹填淤泥层。

④ 布设水平滤管。

由于新吹填淤泥的超软弱性，加固期间将产生较大的差异沉降，采用塑料透水软管代替常规真空预压法所用的 UPVC 塑料管作为水平滤管，并外包两层无纺土工布，起阻隔淤泥作用。为使真空压力能顺利地传递到整个加固区，水平滤管的平面布置采用环形闭合回路形式，而不是常规真空预压法中的放射状布置。

⑤ 铺设无纺布。

在排水管路上面铺设一层无纺布，该层无纺布与排水管路形成水平排水通道，代替常规真空预压中的砂垫层，且具有表层加筋和保护密封膜的作用。

⑥ 抽真空期间开泵率。

开泵数量或开泵率对加固效果有较大影响。一般软土在抽真空前期开泵数量和开泵率应适当提高，随着加固区内出水量减少，后期可减少开泵数量，按《真空预压加固软土地基技术规程》（JTS 147—2—2009），每台设备的控制面积宜为 $900\sim1100m^2$，施工后期抽真空设备开启数量应超过总数的 80%。

对于吹填土，尤其是新吹填土而言，前期抽真空开泵率过高，易造成排水体不同部位的淤堵、排水管路的压扁等。前者主要是由于抽真空作用下，泥土细颗粒受水流作用迁徙、聚集于排水体滤布或滤膜表层，从而排水不畅形成淤堵；后者主要受材料环刚度的影响和制约，但考虑工程经济成本，一般实施过程不采用过高的环刚度。

因此，在新吹填淤泥浅层加固处理前期，真空泵开泵应保持相对较低数量或开泵率保持 30% 左右，待吹填层土体结构逐渐稳定，具备一定强度后，再将开泵率提高到 80% 以上。

4. 高真空击密法

工程实践发现，应用强夯法处理地基时常常遇到如下问题：①场地地下水位过高，易造成地表严重液化、夯坑积水等，影响加固效果；②对于黏性土或软土夹层地基，由于强夯破坏了土体结构，导致土体渗透性降低，超静孔隙水压力难以消散，会出现"橡皮土"现象，难以实现真正的土体加固。设置塑料排水板、砂井等被动排水系统的动力排水固结法，可解决夯后超静孔隙水压力的消散问题，但无法解决夯前地下水位过高等问题。高真空击密法结合了强夯法和真空井点降水的技术优点，有效地解决了上述强夯施工中的地下水问题。

高真空击密法，又称高真空降水联合低能量强夯法、真空动力固结法等，是一种快速加固软土地基的新技术，它是通过数遍的高真空强排水，并结合数遍合适的变能量击密，达到快速降低土体含水量，快速提高土体的密实度和承载力，从而达到减少地基工后沉降和差异沉降的目的。

高真空击密法区别于强夯法及其他动力排水固结法的显著特点是：通过设置真空井点降水系统实现主动排水，快速消散超静孔隙水压力，避免强夯施工中的"地表液化"和"橡皮土"问题。同时，该法将真空井点降水和强夯穿插进行，使土体在重锤夯击、真空吸力及自身重力等动、静力共同作用下，短时间实现快速固结，促使饱和软土预先产生沉降，土体强度得到显著提高。

高真空击密法适合于加固处理黏粒含量低于 50%，塑性指数 $I_P<10$ 的粉质黏土、黏性土、含黏性土夹层的砂性土，对于黏粒含量大于 50% 的黏性土和淤泥质土处理工效较低。与传统地基处理方法相比，该法具有质量可控、工期短、造价低、施工环保等优点，已在吹填造陆的港口堆场、道路、工业厂房等软土地基处理工程中得到广泛的应用并取得了很好的加固效果。

高真空击密法目前还没有一套完善的设计计算方法与施工工艺，主要是通过选取小面积典型场地进行试验，确定大面积处理的设计方案和施工工艺。下面主要介绍该法的加固原理及主要施工工艺。

1）加固原理

高真空击密法是通过多遍高真空排水工序，来达到提高强夯击密效果的目的。该法是高真空排水与击密的多遍循环。两道工序的相互作用，形成了高真空击密法的独特机理，其技术原理可称为"动力主动排水固结法"。

（1）夯前对高含水量饱和软土先进行高真空排水，减小土的饱和度，可有效增加夯击效率，同时减小产生的超孔隙水压力。这属于主动排水，而塑料排水板属于被动排水，由于没有外荷载作用，无法形成水力梯度达到夯前排水的目的。

（2）排水后土体孔隙的压密有限而且缓慢，土层变形并不明显，要在回水以前用强夯法加以击密。

（3）渗透系数较小的饱和软土，在夯击能的作用下，土中出现微裂缝，增加了土的渗透性，产生的超孔隙水压力能够提高孔隙水渗流的水力梯度，进一步增加排水效果。

（4）由于第二次高真空作用，使第一遍强夯产生的超孔隙水压力快速消散，缩短了两遍强夯的间隔时间。

（5）通过强夯，可以在加固土体一定深度范围内，形成超固结土层，能大幅度提高地基承载力。超固结土层的存在，一方面增大了表层承受荷载的扩散范围，同时增大了表层土一定深度范围内的土体刚度，在对上部附加应力扩散时会产生拱起作用，从而有助于降低深层地基的后期压缩变形。

（6）有效的真空排水与合适的夯击能量有机结合，才能使软土避免"橡皮土"现象，得到理想的加固效果。

2）施工工艺

（1）主要施工工艺流程。

高真空击密法将高真空降水和强夯击密两道工序穿插进行，主要施工工艺流程如下。

① 开挖排水沟，设置封水系统。

因加固场地外也为含水量较高的土层，为了更好地降低地下水位，防止外围的水进入加固场地，在被加固区周围开挖排水沟（放坡1:2），并设置外围封水系统。

② 插设井点管。

在加固区内插设井点管，井点管分为深管和浅管两种，深管和浅管通过不同的井点管路连接到真空泵上。插入地基的井点管在加固场地成排布置，以保证强夯与降水过程同步实施，充分利用强夯正压和真空降水负压的叠加，加速地基固结。

③ 安装抽水系统。

抽水系统由抽水设备、井点管、集水管和连接管等组成，抽水设备由真空泵和汽水分离器组成。井点管采用 PRR 管，集水管采用 PVC 管，管节之间相互连接，再用塑料透明连接管将竖向井点管与集水管、抽水设备连接成抽水系统。

④ 第一遍高真空击密排水。

抽水系统连接之后进行第一遍高真空排水，通过施工过程中的自检确定排水时间。第一遍排水对表层土体进行挤压，使表层土体密实，进一步提高排水效果。待满足强夯要求后拔出中间的井点管进行小能量点夯，单击夯击能、夯击击数、夯点间距等强夯参数根据规范或现场经验确定。

⑤ 第二遍高真空击密排水。

在小能量点夯结束后，平整场地，利用较高压力差再次布置抽水系统进行第二遍高真空排水。经自检待土体含水量达到要求后进行第一遍大能量点夯。

⑥ 第三遍高真空击密排水。

在第一遍大能量点夯完成后进行第三遍高真空排水。经自检待土体含水量达到要求后拔出中间的井点管，进行第二遍大能量点夯，采用第一遍大能量点夯相同的单击夯击能、夯击击数和夯点间距。

⑦ 第四遍满夯和振动碾压。

经过三遍高真空击密处理后地基处理已达到一定深度，这时再采用低能量满夯及碾压的方式对浅层土体进行处理，满夯两遍，振动碾压 5～6 遍，使表层地基承载力达到设计要求。

(2) 施工质量控制。

① 抽水系统控制。

排水管要尽量垂直，偏斜不大于 5°，回填沥料要四周均匀，防止局部脱空，井点布设完毕后必须在 48h 内运转；排水管连接处要用塑料薄膜密封，保证不漏气；根据抽水面积的大小及地下水量的丰富程度选择合适的真空泵。

② 土体含水量和水位控制。

降水过程中必须对土体含水量和地下水位进行控制。对含水量一般按照每遍抽水时间进行检测，检测时从地表下 2m 处取土样。第一遍含水量控制在 30% 左右(砂性土含水量稍大，黏性土含水量要小些)，第二遍含水量控制在 28% 以下，第三遍含水量控制在 25% 以下。水位控制的方式是在降水区域内埋设水位观测孔，一般情况下每 1000m² 左右埋设一根水位观测管，每天进行观测和记录，水位达到地表下 2m 时进行强夯。

③ 高真空排水过程控制。

高真空排水过程控制主要是控制抽水和停泵时间，既要保证抽水质量，又要尽量节约抽水费用。正常抽水时不允许随意停泵，前期抽水每台泵要 24h 运转。随着抽水时间延长，水量减少，部分泵抽不上水只能抽气时，可以暂停抽水，否则容易造成水泵损坏和油料浪费。

为了控制抽水和停泵时间，在抽水泵和油水分离器之间安装真空表观测真空度，开始抽水时真空度在 70kPa 以上。随着时间的延长水位下降，真空度逐渐降低，当真空度低于 20kPa 时地下水很难再抽上来，此时管内一般只能抽气，抽气时间超过 2h 可以暂停抽水。停泵超过 2h 后再次启动抽水，直至最后完成强夯施工。

④ 强夯击密控制。

强夯施工的设备及夯坑填料都要满足高真空排水的进度，同时高真空排水的设备、管材及人员也要根据现场实际情况做出合理的搭配，要尽快给后续的强夯施工提供作业面。

强夯时要把强夯位置的排水管全部拔出，防止地下水从排水管冒出，要保证每遍间歇时间，使孔隙水压力得到充分消散；强夯施工时不需要拔出的排水管尤其是最外层管都要一直进行高真空排水，直到强夯施工结束，以防止外围地下水进入施工区域。

6.2.2　化学加固法

吹填土的物质成分较为复杂，对于含砂量较多的吹填土，其固结情况和力学性质及排水性能较好，作为吹填造陆填料较为理想。大多数情况下，吹填土的物质成分以淤泥、黏性土为主，含水量极高，排水性能极差，固结过程缓慢，固结后的土质也难以进行开发利用。吹填土是从海底被水力机械吹填至陆面而形成，其化学成分受海水化学成分的影响，阳离子以 Na^+ 最多，阴离子以 Cl^- 最多。根据吹填土这一性质，在吹填土中加入各种固化剂，通过混合搅拌、养护，使之与吹填土发生一系列物理化学反应，在土颗粒表面产生胶凝物质，使土颗粒具备一定的水稳定性和强度，达到加固吹填土的目的，称为化学加固法。

传统的固化剂包括水泥、石灰单独使用或者在其中加入一些工业废料如粉煤灰、高炉矿渣、钢渣、碱渣、磷石膏，或者膨润土、水玻璃、硅粉等材料而得到的复合型固化材料。常见传统固化剂的主要成分和来源如表 6-6 所示。从表可以看出传统固化剂的主要成分都是 CaO、SiO_2、Al_2O_3、Fe_2O_3、MgO、FeO 等材料的混合物或者化合物。

表 6-6　常见传统固化剂的主要成分与来源

名称	主要成分	主要来源
水泥	硅酸三钙、硅酸二钙、铝酸三钙、Fe_2O_3、石膏等成分	石灰质与黏土质或其有二氧化硅、氧化铝及氧化铁的物质均匀混合，在烧结温度下对熟料进行粉磨
石灰	CaO	石灰石高温煅烧而得
粉煤灰	SiO_2、Al_2O_3、Fe_2O_3、CaO、SO_3	燃煤时烟气中具有火山灰性质的残留物
冶炼渣（矿渣、钢渣）	CaO、Al_2O_3、SiO_2、MgO、Fe_2O_3、MnO 等	炼钢时用石灰岩作熔剂使铁矿石中含硅铝的物质熔融 1450℃ 左右温度下排出的废料
碱渣	$CaSO_3$、$CaCO_3$、$CaCl_2$、CaO、$NaCl$、Al_2O_3、SiO_2、$Mg(OH)_2$ 等	氨碱法制碱过程中，为分解 NH_4Cl，在系统中加入生石灰乳进行蒸氨，此过程从蒸馏塔底排出的杂质
磷石膏	CaO、Al_2O_3、Fe_2O_3、SiO_2 等	化工厂湿法生产磷酸时产生的工业废料
硅粉	SiO_2	硅铁合金厂和硅金属厂冶炼金属时被收集的粉尘

化学加固法处理技术具有如下优点。

（1）施工简便灵活，同时由于具有快硬性，可以缩短填土施工工期。

（2）可以进行一次处理使其满足工程对地基土强度、变形和渗透性的要求。

（3）固化反应后所产生包裹着土颗粒的凝结硬化壳可有效降低吹填淤泥中污染物质的活性，从而起到一定的"减污"作用。

（4）若采用工业废料，如粉煤灰、磷石膏等作为辅助固化材料，则可进一步降低工程造价，同时也消纳了粉煤灰、磷石膏等工业废料，能够产生较好的环境效益。

化学加固法适用于大规模的吹填淤泥与黏性土处理，可以广泛地应用于填海等大型工程。但是该法前期设备投入较大，成本较高，不适合小规模的填筑工程。

1. 加固机理

1）水泥固化处理吹填土的机理

硅酸盐水泥是由硅酸三钙、硅酸二钙、铝酸三钙、铁铝酸四钙等组成的多矿物集聚体。当水泥进入吹填泥浆与水相遇后，发生一系列物理化学反应，形成各种水化物。水泥有的随着时间自身继续硬化，有的则与其周围活性的黏土颗粒发生反应。发生的反应主要有水解和水化反应、离子交换和团粒化、凝硬、碳酸化等。水泥固化处理吹填土的机理与2.3.3节中的水泥土搅拌法加固软土的机理相同。

2）石灰固化处理吹填土的机理

石灰加入吹填土后，石灰和土发生一系列物理化学反应：①水化反应，生石灰吸收其本身质量约32％的水产生水化，体积大约膨胀为原来的两倍，生成消石灰 $Ca(OH)_2$，这个过程中放出大量的热，使土的含水量降低。②离子交换反应，黏土细颗粒表面一般带有负电荷，如果在黏土中加入石灰，将立即产生离子交换反应，钙离子被吸附在黏土颗粒表面，使土颗粒表面的带电状况发生变化，黏土颗粒凝聚起来形成粒团，使土颗粒结合水膜变薄，土的塑性降低，土颗粒间的黏结力增加，土体强度和水稳定性提高。③凝硬反应，石灰在碱性环境下与土中的黏土矿物及形成胶体的二氧化硅及氧化铝产生化学反应，生成硅酸石灰水化物（$CaO-SiO_2-H_2O$ 系化合物）及铝酸石灰水化物（$CaO-Al_2O_3-H_2O$ 系化合物）。这些水化物具有结合力，能提高土的强度。同时，生石灰的水化热可以促进该反应的进行。

3）粉煤灰固化处理吹填土的机理

粉煤灰对吹填泥浆的加固是通过物理、化学、物理化学作用来实现的。这些作用与粉煤灰自身的颗粒形态和大小及自身的组成成分有着密切的关系。

（1）物理作用。

与黏土颗粒相比，粉煤灰颗粒较为粗大，基本在粉粒的粒度范围内。宏观上，随着掺入比的增加土体的内摩擦角增大；由于粉煤灰颗粒填充于土体一些大孔隙之中，使土体的孔隙减小，增加其密实度和强度。

（2）化学作用。

随着粉煤灰掺入比的增加，钠、钙、镁离子的浓度均增加，钙、镁离子的离子交换作用增强，使黏土颗粒的结合水膜变薄，颗粒间作用力增强，形成较大的颗粒；同时降低土体的膨胀势，使土的工程性质得到改善。

（3）物理化学作用。

粉煤灰固化处理吹填土的物理化学作用表现在以下两方面。一方面为粉煤灰的形态效应：粉煤灰颗粒大多呈圆球形，颗粒粒径大于黏土颗粒的等效粒径，由于球形颗粒的比表面积最小，因此掺加粉煤灰能够减小吹填土体的比表面积。另一方面为粉煤灰的离子交换效应：粉煤灰的阳离子交换容量为零，因此掺加粉煤灰势必减小吹填土体的阳离子交换容量。

由于粉煤灰的自身效应，改善了吹填土体的物理化学特性，使土体的活性降低，亲水性减弱，有利于土体的排水固结。

4）生石灰和水泥混合处理吹填土的机理

试验研究表明：在吹填泥浆中加入几种固化剂的混合物（复合固化剂）所产生的加固效果要比单一加入同等质量的固化剂所产生的加固效果好。下面主要介绍生石灰和水泥混合固化剂固化处理吹填土的机理。

当相同质量的生石灰和水泥分别加入到吹填泥浆中时，生石灰提供钙离子的能力及生成氢氧化钙的数量要强于水泥。当将生石灰和水泥的混合固化剂加入吹填泥浆后，钙离子浓度要比加入单一水泥的吹填泥浆中的钙离子的浓度高，且溶液的碱度也有所提高，有利于水泥水化产物的稳定及结晶析出，从而加强土颗粒之间的联结，使土体强度得以增强。

生石灰氧化钙遇水后溶解出的大量的钙离子，可用来满足黏土矿物离子交换的需要量。这样由氧化钙来提供黏土矿物所吸附的钙离子，节约大量的水泥，又可以提高水泥水化钙离子的浓度，从而降低了工程造价。另外，氢氧化钙晶化产生胶凝作用，也可使吹填土体强度得到提高。氢氧化钙还会和空气及水中的二氧化碳发生碳化反应生成碳酸钙，对土颗粒起到很强的胶结作用。

总之，加入混合固化剂后，生石灰氧化钙能使水泥充分发挥其本身的固化剂作用，而且氧化钙自身也可以起到固化剂的作用，使吹填泥浆的加固效果比单一水泥固化剂的加固效果有所改善。

2. 滨海相吹填土的固化试验

取深圳滨海相吹填土为原料土，水泥、粉煤灰、石灰作为固化材料，通过无侧限抗压强度试验，获取固化吹填土的强度，研究不同固化材料对吹填土的固化效果，尝试配制一种适合于深圳滨海相吹填土固化的经济型复合固化剂。

1）试验材料

深圳滨海相吹填土是一种以含水铝硅酸盐为主，由矿物岩石碎屑和有机腐化物等组成的混合物，矿物晶体中含有长石等多种熔剂型矿物和有机物质。底泥含水量为 44.17%～51.64%，液限为 56.56%，塑性指数为 27.5，土颗粒较细，可塑性高。以 32.5 级普通硅酸盐水泥作为主要固化材料；粉煤灰取自武汉阳逻电厂，为辅助固化材料，粉煤灰中玻璃体含量为 50%～70%，主要成分为 $3Al_2O_3 \cdot 2SiO_2$，为湿排烟煤燃烧后具有火山灰性质的残留物。

2）试验方案

将深圳滨海相吹填土自然风干后过 2mm 筛，考虑到吹填土吹填于排土场后会形成不同含水量的吹填土地基，通过对排土场现场取样进行不同深度晾干吹填土含水量测试，将风干土配制成含水量为 30%、45% 和 60% 三种典型。对于某一含水量的土样，分别采用四种固化方式进行试验：纯水泥、水泥＋粉煤灰、水泥＋石灰、水泥＋粉煤灰＋石灰。通过比较其固化强度（无侧限抗压强度），得到最佳固化剂配合比。

以含水量为 30% 的土样为例，首先对单一固化剂纯水泥固化吹填土进行试验，水泥掺入比取 5%、10%、15%、20% 和 25% 五种；接着分别对水泥＋粉煤灰与水泥＋石灰混合固化剂固化吹填土进行试验，其中水泥掺入比选用前期纯水泥固化试验确定的比较适中的掺入比，粉煤灰取水泥量的 1～5 的整数倍，石灰掺量为水泥量的 10%、20%、30% 和 40%；最后，同时对水泥＋粉煤灰＋石灰三种固化剂混合固化吹填土进行正交试验。

先将过筛的风干土、固化剂按设计的比例放入容器中，充分搅拌均匀后加入一定量的水，再混合搅拌均匀并制作成直径为 3.91cm、高 8cm 的试样。若搅拌好的吹填土流动性较大，将其分 5～6 层装入模具，每加入一层振动 5～10min，以排除试样中的气泡，再装入下一层，直至装满。若固化吹填土流动性不大，则每加一层固化土后，人工振捣密实，然后将结合面刮毛，再往上加固化土振捣密实，当最后一层固化土捣实后，用刮土刀刮平试样表面。用保鲜膜覆盖试样表面，在自然条件下养护 24h 后脱模，即用塑料袋密封试样，再放在水槽中养护，温度控制在(20±2)℃。

3）试验结果分析

（1）单一固化材料。

通过对单一固化材料水泥的固化效果进行试验，为选取辅助固化材料提供了参考。纯水泥固化吹填土的试验结果表明，掺入 5％的水泥达不到最小掺入比的要求，且固化强度小；而 25％掺入比虽能使吹填土强度大大提高，但成本大，不宜采用。因此，主材水泥的掺入比选取 10％、15％和 20％。试验结果如图 6-7 所示，图中 7dW30 表示养护 7d，土样含水量为 30％。

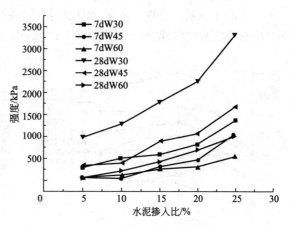

图 6-7 纯水泥吹填土的固化强度

从图 6-7 可以看出，以纯水泥为固化材料时，无论是初期强度(7d)还是后期强度(28d)，水泥的掺量均为主要影响因素。随着水泥掺量的增加，固化吹填土的强度成正比增加。

（2）两种固化材料。

选取水泥为主固化材料，辅助固化材料分别选用粉煤灰和石灰，通过调整粉煤灰或石灰的用量选取主、辅固化材料的最佳配合比。

① 水泥＋粉煤灰。7d 和 28d 时的无侧限抗压强度结果如图 6-8 和图 6-9 所示。图中 W60C20 表示吹填土土样含水量为 60％，水泥掺量为 20％。由图可见，以水泥和粉煤灰作为固化材料，无论是初期强度还是后期强度，水泥掺量均是决定固化土强度的首要因素。

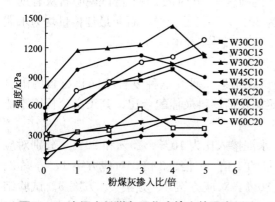

图 6-8 水泥＋粉煤灰固化吹填土的强度(7d)

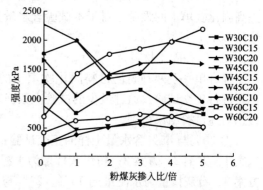

图 6-9 水泥＋粉煤灰固化吹填土的强度(28d)

在同样的水泥掺量条件下，固化吹填土的初期(7d)强度随着含水量的增加近似呈降低的趋势。在10%水泥掺量条件下，增加粉煤灰掺量对于吹填土强度的提高作用不大；在15%水泥掺量条件下，粉煤灰掺量超过水泥量2倍后作用明显。根据含水量的不同，掺加4～5倍水泥量的粉煤灰能够达到最佳效果。部分吹填土当掺加4倍水泥量的粉煤灰后，再继续掺加粉煤灰，则强度没有明显的改善，甚至降低；在20%的水泥掺量条件下，粉煤灰掺入量为水泥的4倍时，综合效果较好。吹填土的后期强度均随着水泥掺量的增加而增大。

由图6-8与图6-9比较可得，粉煤灰对于含水量较高的吹填土后期强度提升更为显著，固化淤泥28d的强度为7d时强度的2～3倍，说明粉煤灰对于土体固化的后期强度作用更大。综合经济等因素，粉煤灰最佳掺量宜为水泥量的4倍。

②水泥＋石灰。选取石灰掺入比为水泥掺量的10%、20%、30%和40%，固化淤泥7d和28d时的强度如图6-10和图6-11所示。

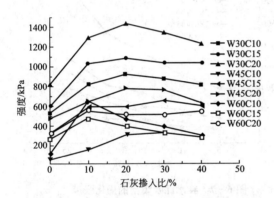

图6-10　水泥＋石灰固化吹填土的强度(7d)　　图6-11　水泥＋石灰固化吹填土的强度(28d)

由图6-10与图6-11可见，以水泥和石灰作为固化材料，从7d的强度来看，含水量是决定固化淤泥强度的主要因素；从28d的强度来看，水泥掺量和含水量均起主导作用。无论水泥掺量多少，在其中添加石灰，固化吹填土强度均有不同程度的提高。但当石灰掺量超过水泥量的30%时，其固化效果明显减弱，甚至降低。对图6-10与图6-11比较可见，石灰掺量的增加，对于提高固化吹填土早期强度有利，同时提高了水泥掺量较高的吹填土的后期强度，固化吹填土28d的强度为7d时的2～3倍，说明石灰有助于提高固化吹填土的强度。对于本试验含水量为20%、30%的土样，石灰最佳掺量均为水泥量的20%。

(3) 三种固化材料。

综合单一及两种固化材料固化吹填土的试验结果，研究三种复合型固化材料的配合比，进行正交试验。通过最少的试验次数确定固化剂掺料最佳配合比，其正交分析因素值根据前述试验结果得到。

① 30%与45%含水量土样的正交试验：水泥掺入比为10%、15%和20%，分别对应方案1、方案2、方案3；粉煤灰掺量为水泥量的1倍、2倍、3倍，对应方案1、方案2、方案3；石灰掺量为水泥量的10%、20%与30%，对应方案1、方案2、方案3。试验结果如表6-7所示，正交设计计算结果如表6-8和表6-9所示。从表6-8和表6-9可以

看出，较低含水量（30%、45%）固化吹填土强度对应的最佳配比均为 20% 的水泥掺入比、3 倍水泥量的粉煤灰、10% 的石灰；其中水泥掺入比因素极差最大，说明水泥在加固中占主导作用。

表 6-7　30%、45%、60% 含水量下三种材料组合固化吹填土的强度

编号	水泥掺入比/%	粉煤灰掺量/倍	石灰掺入比/%	强度/kPa					
				7d			28d		
				30%	45%	60%	30%	45%	60%
1	10	1	10	880.12	942.26	238.87	1378.31	2076.89	404.79
2	10	2	20	797.71	824.49	246.62	1593.05	1655.44	533.18
3	10	3	30	789.58	693.66	322.94	1459.37	1601.72	589.59
4	15	1	20	763.82	544.32	383.58	1798.47	1016.75	877.50
5	15	2	30	1081.65	663.75	374.91	2120.07	1326.08	995.79
6	15	3	10	1478.48	871.19	428.67	2850.17	1793.07	976.66
7	20	1	30	1289.37	662.17	627.39	2700.13	2303.37	1451.25
8	20	2	10	1606.21	827.32	634.19	3112.27	1806.08	1802.17
9	20	3	20	1871.01	1109.55	801.14	3300.94	2512.81	1917.84

表 6-8　最优固化方案比较（7d 强度）

q_{u7}/kPa						极差 R			最优方案		
均值 1			均值 2								
30%	45%	60%	30%	45%	60%	30%	45%	60%			
822.5	820.1	269.5	1108.0	693.1	395.7	766.4	173.2	418.1	3	3	3
977.8	716.2	416.6	1161.9	771.8	418.6	401.9	175.2	100.9	3	3	3
1321.6	880.3	433.9	1144.2	826.1	477.1	268.1	207.1	43.2	1	1	2

表 6-9　最优固化方案比较（28d 强度）

q_{u28}/kPa						极差 R			最优方案		
均值 1			均值 2								
30%	45%	60%	30%	45%	60%	30%	45%	60%			
1476.9	1778.0	509.2	2256.2	1378.6	950.0	1560.9	828.8	1214.6	3	3	3
1959.0	1799.0	911.2	2275.1	1595.9	1110.4	577.9	203.1	250.2	3	3	3
2446.9	1892.0	1061.2	2230.8	1728.3	1109.5	353.7	163.7	97.3	1	1	2

② 60% 含水量土样的正交试验：对于含水量为 60% 的土样，水泥掺入比同样选取 10%、15% 和 20%，粉煤灰掺量为水泥量的 1 倍、2 倍、3 倍，石灰为水泥量的 10%、20% 和 30%。从正交设计计算结果可以看出，较高含水量 60% 的土体强度对应的最佳配

比为 20％的水泥掺入比、3 倍水泥用量的粉煤灰、20％的石灰；同样，水泥在加固中占主导作用。

4）试验结论

（1）当吹填土中添加一种固化剂（纯水泥）时，固化吹填土强度随着水泥掺入量的增加成正比例增加。

（2）当吹填土添加两种固化剂时，对于不同含水量的吹填土，并不是水泥等固化剂掺量越大，固化土的固化强度越高，而是存在一个最佳配合比。当水泥掺量为 20％时，粉煤灰掺量为 4 倍水泥掺量，土样含水量为 30％的吹填土初期强度最高；当水泥掺量为 20％时，石灰掺量为 40％，土样含水量为 30％的吹填土后期强度最高；对于含水量为 60％的吹填土土样，其 7d 和 28d 固化土的最优配合比即水泥掺量为 20％、粉煤灰掺量为 5 倍的水泥掺量。在固定的水泥掺量中，石灰掺量的改变对含水量为 45％的吹填土 7d 和 28d 固化强度的影响较其他两种水泥掺量较小。

（3）添加三种固化剂时对固化吹填土强度的影响不同。含水量为 30％和 45％的滨海相吹填土对应的最佳配比为：水泥掺量 20％、粉煤灰掺量为 3 倍的水泥掺量、生石灰 10％；含水量为 60％的滨海相吹填土对应的最佳配比为：水泥掺量 20％、粉煤灰掺量为 3 倍的水泥掺量、生石灰 20％。滨海相吹填土在掺入三种固化剂（水泥＋粉煤灰＋生石灰）后，其固化强度的总体趋势是：含水量越高，固化土体强度越低；且随着含水量的增加，固化强度的增长幅度越来越小。这说明对于三种复合型固化剂固化的土样，龄期对低含水量土样的影响较大。

6.2.3 加热处理法

高温熔解烧结法是吹填淤泥加热处理的主要方法，吹填淤泥通过高温烧结后迅速脱水，有机质分解或无机质溶解，然后再通过冷却，使其熔合成具有相当强度的固体颗粒。该法处理后的淤泥相对于其他物理法和化学加固法，最大的优势在于能够有效地减少淤泥中的有害化学成分，起到减污的作用。但是，从另一个角度来说，高温熔解烧结法由于需要将淤泥加热到很高的温度，目前经济性不如其他物理法和化学加固法。从长远角度来说，该法处理后的淤泥在强度性能和质量方面都优于其他方法，因此有着广阔的应用发展空间。

通过高温熔解烧结法处理的吹填淤泥可以制成建材，如轻质陶粒、砖瓦、瓷砖、熔融微晶玻璃、水泥等，是将淤泥资源合理利用的重要途径，已逐渐引起国内外的高度重视。

轻质陶粒一般可作为路基材料、混凝土骨料或花卉的覆盖料，但由于成本和商品流通上的问题，还没有得到广泛应用。日本研制成功的淤泥微晶玻璃，是优良的建筑装饰材料，类似于人造大理石，外观、强度、耐热性都比较优良。利用淤泥生产的生态水泥成本仅为普通水泥的 1/3，但因原料不同，其化学成分和性能等有所不同。由于生态水泥含氯盐较高，会使钢筋锈蚀，一般主要用作地基的增强固化材料和素混凝土。以淤泥为主要原料制成的砖块透气性好、重量轻，如将其用于铺设人行道，雨水比较容易渗过砖块直接进入地下，从而可防止因下水道排水不畅而造成的积水。例如，苏南运河苏州段疏浚工程就向当地的窑厂提供淤泥 60 多万立方米，用于生产砖瓦。近年来，浙江省出台了利用河道吹填疏浚淤泥制砖的扶持政策,鼓励砖瓦企业利用淤泥制砖造瓦,一些砖瓦企业纷纷投资参与河道疏浚并利用淤泥制砖造瓦,有效加快了河道疏浚,一举多赢。

高温熔解烧结法是一种具有高附加值的处理方法,也是解决疏浚淤泥出路问题的有效途径,但是对疏浚淤泥的性质有一定要求,而且烧结处理要在大型的固定工厂内进行,给疏浚淤泥长距离运输带来不便。由于处理量有限,处理设备为固定式且投入巨大,此法不适宜于处理大量的疏浚吹填淤泥。

6.3 工程应用实例

6.3.1 强夯法在上海天原化工厂搬迁工程新近吹填土地基加固中的应用

1. 工程概况

上海天原化工厂搬迁工程 PVC 装置位于上海金山漕泾化学工业区。该基地濒临杭州湾北缘,浅层地基土为经人工围海筑堤吹填而成,系大面积滩涂地,场地平坦,自然地面标高为 2.39～3.61m,平均约 2.80m。设计场地标高 3.50m,需新填土 0.7～1.0m。

2. 土质资料及地基处理方案

1) 土质资料

根据工程勘察报告,场地地面下 20m 深度内的浅层地基土按其成因类型、包含物及主要物理力学性质可划分为 3 个主要土层。该浅层地基土特性如表 6-10 所示。

表 6-10 浅层地基土的特性

层序	土名	颜色	层底标高/m	厚度/m	状态	密实度	渗透系数/(cm/s) 垂直向 k_v	水平向 k_h	压缩性
①	吹填土	褐黄、灰	−0.67～2.61	0.7～3.5	—	松散	3.91×10^{-5}	5.67×10^{-5}	—
②	砂质粉土	灰	−2.72～−1.01	1.2～4.6	—	稍密	4.41×10^{-4}	3.75×10^{-4}	中等
③	淤泥质黏土、夹粉质黏土	灰	−15.6～16.6	13.4～15.2	流塑至软塑	—	4.53×10^{-7}	2.35×10^{-6}	高

2) 地基处理方案及目的

(1) 地基处理方案。

本工程中,对于荷载较大的主要厂房、重要的大型设备基础采用桩基础;对轻型建筑物、仓库堆料地坪、小型设备基础采用天然地基,可选择的天然地基持力层为第①层吹填土和第②层砂质粉土。第①层新近沉积吹填土层厚 0.7～3.5m,含云母、贝壳碎片,以砂质粉土为主,因受河流及雨水冲刷,局部低洼地带淤积较多的黏性土,振动时有明显的水析现象，土层松软，呈欠压密状态。通过轻便触探和静力触探估算其承载力特征值约为35kPa，该层土在外力下极易液化和变形。因此，如选该层为地基持力层，必须进行地基加固。第②层含腐殖质、云母、贝壳碎屑，为砂质粉土，呈稍密至中密状态，具有较高的承载力，承载力特征值为100kPa，是场地良好的持力层。但若采用该层为天然地基持力层，其埋得过深（大部分基础深度超过3m），基础工程量太大，投资费用过高，故不宜采用。综上分析，采用第①层吹填土为天然地基持力层，并对该地基进行加固。

从地基土的构成和物理力学指标来看，第①层吹填土与第②层砂质粉土都有较大的渗透系数，有利于排水固结，从已有的类似地基加固成功的经验来分析，采用强夯法进行加固，较其他方法在技术上更有效，工程费用上更经济。

（2）地基处理目的。

采用强夯法对地基进行加固的目的：①使新吹填土和新填土消除前期固结沉降和不均匀沉降，提高地基土承载力，满足一般轻型建筑物基础、仓库堆料地坪、设备基础所要求的强度和变形要求；②第②层土按7度抗震设防时判定为轻微液化，通过地基加固，可使该层的标准贯入锤击数大于相应的临界值，消除其浅层地基土在地震时的液化沉陷；③对采用桩基的厂房和仓库，通过地基加固，既能满足厂房内设备基础和仓库内堆料地坪所要求的强度和变形指标，还能加速浅层土的固结，消除因后期固结沉降过大而对桩基产生负摩擦力的影响，特别是大大减小仓库堆料对桩基产生的负摩擦力。

3. 有效加固深度和夯击能的确定

1）有效加固深度的确定

根据本工程地基加固的目的，地基有效加固深度应至第②−3层砂质粉土层层底。根据场地土层埋深，将加固区分为正常区域（Ⅰ区）和异常区域（Ⅱ区）。对Ⅰ区，场地标高约2.8m，第①层吹填土厚度1.0～1.5m，新填土厚度0.7～1.0m，第②−3层砂质粉土厚度在2～3m之间，所以试夯前初步确定Ⅰ区的有效加固深度为5m。对Ⅱ区，场地标高约2.8m，第①层厚度1.5～3.5m，新填土厚度0.7～1.0m，第②−3层厚度在1.5～2m之间，所以初步确定Ⅱ区的有效加固深度为6m。

2）夯击能的确定

根据上述不同区域的加固深度，确定强夯的单击夯击能。在试夯前按式（6-1）计算确定。修正系数m是上海地区统计得到，一般为0.6～0.8。根据经验，本工程取$m=0.6$，采用10t重夯锤（夯锤为圆形，直径2.5m），落距为7～10m，单击夯击能在Ⅰ区为700kN·m，在Ⅱ区为1000kN·m。

4. 试夯及强夯参数确定

1）试夯

根据设计要求，首先选择试夯区进行试夯，并根据其夯击结果指导和确定加固区的单点夯击次数、夯击能以及间隔时间。

（1）地基压缩量。试夯区自然地面标高为3.0m，根据设计标高及预计夯沉量，先填至标高4.0m，再铺0.2m厚的碎石，然后进行夯击施工，夯击过程中对每一遍夯击进行了夯沉量监测，其结果如表6-11所示。从夯沉量监测结果来验算浅层地基土的固结沉降，表明试夯达到了预期的夯击效果。

表 6 - 11   试夯区地基压缩量

试夯监测项目	夯坑表面高程/m	隆起面高程/m	夯坑深度/m	隆起量/m	地基土压缩量
第一遍夯击平均值	3.471	4.166	0.52	0.15	8.5cm
第二遍夯击平均值	3.359	3.987	0.52	0.11	10.8cm
第三遍夯击平均值	3.338	4.044	0.48	0.22	8.7cm
第四遍夯击平均值	—	—	—	—	7.1cm
总夯沉量					35.1cm

(2) 孔隙水压力观测。夯击过程中在深度为 3m 处设置 2 个孔隙水压力计，以观测夯击过程中孔隙水压力的增长和消散过程。夯击结束后孔隙水压力消散较快，观测结果表明，孔隙水压力从一遍夯击结束到另一遍夯击开始，3 天时间消散至初始值的 120% 以下，与粉性土渗透性好的特点相吻合。

(3) 静力触探检测。为对试夯区进行加固效果检验，在试夯区进行了静力触探试验。从加固前后的静力触探结果比较可见，强夯加固效果明显。第①层吹填土比贯入阻力 P_s 平均提高了一倍以上，第②层砂质粉土 P_s 平均提高了 60% 以上。上述检测是在强夯结束后一天进行的，随着时间的延长，其 P_s 值还会有较大提高。

2) 强夯参数的确定

(1) 夯击范围。

此范围超出建筑物基础外边缘的宽度不小于有效加固深度的 1/3，本工程为 3m。

(2) 夯点布置。

夯点采用 5m×5m 间距正方形插档法布置，夯点间距 2.5m，三遍点夯，一遍平夯，平夯夯印要求彼此搭接。

(3) 单击夯击能。

点夯单击夯击能Ⅰ区为 700kN·m，Ⅱ区为 1000kN·m；平夯夯击能为 400kN·m。同时，对部分地基承载力与沉降要求不高的区域采用满夯，满夯区分二遍点夯，一遍平夯，点夯单击夯击能为 500kN·m。

(4) 单位夯击能和夯击次数。

单位夯击能根据地基土类别、荷载大小、处理深度等因素综合确定。对砂性土而言，当孔隙水压力增量随夯击次数的增加而逐渐趋于恒定时，可认为该种土所能接受的能量已达到饱和，此时可确定砂性土的最佳夯击能。夯点夯击次数要满足相应的条件，本工程通过试夯确定单点夯击次数：对强夯区（包括Ⅰ区和Ⅱ区）为 8 击，满夯区为 3 击，平夯为 2 击。由此可计算单位夯击能。

(5) 夯击间隔时间。

相邻两遍夯击之间的时间间隔取决于土中超孔隙水压力的消散情况。对砂性土，孔隙水压力的峰值出现在夯完后瞬间，消散时间只有 3~4min，因此可不考虑间隔时间。本工程因设计标高要求，在吹填土上又填上一层新填土，填土中含一定比例的黏性土，必须考虑间隔时间，经试夯确定间隔时间为 3d。

(6) 排水措施

强夯时应有及时的降、排水措施，使地下水降至夯面以下 1.5~2.0m。因此，应在场地中设置排水沟进行明排水,排水沟深 1.5～2.0m,间距在 20m 以内;当间距大于 25m 时,在排水沟之间设一排降水井管,井深 5m,距离 20m。

5. 加固效果检测

强夯施工结束后 21d 对加固区域进行了静载荷试验、静力触探试验、标准贯入试验、颗粒分析试验和轻便触探试验。

静载荷试验共做 4 组:Ⅰ区两个点极限承载力分别为 228kPa 和 198kPa;Ⅱ区一个点极限承载力为 192kPa;满夯区一个点极限承载力为 150kPa。

静力触探、标准贯入及轻便触探试验结果比较如表 6-12 所示,强夯加固后第①层吹填土平均比贯入阻力和标准贯入击数约为加固前的 5 倍;第②层土的平均比贯入阻力和标准贯入击数约为加固前的 1.5～2 倍。由此可见,本次强夯有效加固深度为至第②层砂质粉土层底部。

表 6-12 静力触探、标准贯入和轻便触探试验结果比较

土层序号	Ⅰ区(正常区)						Ⅱ区(非正常区)			
	比贯入阻力 (P_s)/MPa		$N_{63.5}$		N_{10}		比贯入阻力 (P_s)/MPa		$N_{63.5}$	
	加固前	加固后	加固前	加固后	加固前	加固后	加固前	加固后	加固前	加固后
①	1.1	5	—	10	2.5～25	83～79	—	4.5	—	11
②	4	5.5	9	14	—	—	4	6	—	15

注:$N_{63.5}$ 为标准贯入击数,N_{10} 为轻便触探试验锤击数。

根据场地内 23 个标准贯入试验及颗粒分析结果,按抗震规范有关条文计算得出,强夯后场地浅层 15m 以内的粉、砂性土在地震烈度为 7 度条件下为不液化土层。综上所述,强夯法加固地基的目的全部达到,且场地浅层土的强度与均匀性均得到明显改善。

6.3.2 动力排水固结法加固广州南沙泰山石化仓储区大面积深厚吹填软基

1. 工程概况

广州南沙泰山石化仓储区位于广州经济技术开发区南沙小虎岛,该仓储区主要用于储存和经营油品及液体成品油。处理总面积约为 67.2×10⁴m²,其中成品油库区占地面积约 22.8×10⁴m²(油罐区占 12.60×10⁴m²,管线、停车场和道路区为 10.20×10⁴m²),该区域场地大部分面积原为鱼塘,塘底标高+2.00m 左右,已由吹填土回填,吹填后地面平均标高+5.70m,淤泥顶面平均高程为+2.15m。

自地表向下依次为人工填土层、淤泥、粉质黏土、砂质黏性土和花岗岩层。场地范围内地质条件很差,且地下水位埋藏浅。淤泥土层厚度为 1.60～21.80m,平均厚度超过 11.5m;含水量高达 122%,平均值为 75.2%;孔隙比为 1.750～2.995,平均值为 2.085,塑性指数均值为 23.5,液性指数均值为 1.90,压缩模量均值为 1.451MPa。淤泥层顶面上

的吹填土层分布不均，厚度为 2.0~5.0m，且含泥量大，又经强烈扰动，吹填土的工程性质非常差，必须进行地基处理。

软基处理技术要求：①按变形要求进行控制，处理后工后沉降小于等于 300mm，差异沉降小于等于 0.3%；②软基处理后交工面地基承载力满足停车场、道路和管线区地基承载力特征值（$f_{ak} \geqslant 120$kPa），油灌区 $f_{ak} \geqslant 80$kPa。油罐区处理目的是形成桩基施工条件，减小过大工后沉降，避免因桩的负摩阻力造成地基不均匀沉降，防止地表过大的沉降及差异沉降；停车场、管线区和道路区处理的主要目的是改善淤泥土物理力学性能，提高其承载力，满足使用要求。

2. 淤泥软基处理设计

经过经济技术对比分析，选择对地基土体扰动小（与强夯法比）、工期短（与排水固结法比）、费用低的动力排水固结法处理方案。采用"动静结合，先轻后重，逐级加能，少击多遍，逐层加固，网状排水"的施工工艺，主要参数设计分为排水体系设计、夯击参数设计和填土垫层设计 3 部分。

1）排水体系设计

通过设置竖向和水平排水体，改善地基土的排水边界，缩短排水距离。水平排水体系由砂垫层、排水盲沟和集水井构成。砂垫层厚度为 1.0m，采用中粗砂或瓜米石，平均含泥量小于 5%。盲沟滤料采用粒径 4~7cm 的均匀碎石，用透水性无纺土工布完全包裹。排水盲沟沟宽 0.4m，底面以 1% 坡度向集水井倾斜，盲沟纵向每隔一定距离设置一口集水井，集水井由 12 根直径 16mm 纵向钢筋、间隔 200mm 和直径 10mm 横向加强箍形成外径为 490mm 的钢筋滤水笼，外包铁纱网和塑料砂网，滤水笼外填碎石作为滤料，井底用土工布包封。集水井与盲沟连通良好，底面比周围盲沟深，在整个施工期及交工前期连续抽水。

竖向排水体系为塑料排水板，插板间距按 1.4m×1.4m 正方形布置。当淤泥厚度大且埋深浅时，局部区域按 1.2m×1.2m 布置，插设至软土下卧层（粉质黏土层）不少于 0.5m。插设深度 h 满足 $8.0m \leqslant h \leqslant 18.0m$，全区 h 平均值为 15.7m，插板垂直偏差不超过插板长度的 1.5%。由人工设置的竖向和水平排水体系，以及夯击过程中形成的土内微裂隙系统，共同构成了复杂的空间网状排水体系。

2）夯击参数设计

（1）夯锤及最大单点夯击能。

为了满足环保要求，有效地减小对周边环境的振动影响和提高施工效率，采用高效能减振锤，锤重 120~150kN，直径 2.4m，高 1.10m，最大单点夯击能为 1000~2250kN·m。夯锤由提把和锤体构成，锤体上开有 4 个透气孔，锤体底面设置一个外凸长圆柱和若干外凸短圆柱。夯锤底面制作成与加固地面呈多段毫秒级延迟接触的形状，使夯锤下部的不同部分作用于土体的时间不同，在总能量不变的情况下，振动明显减少，夯击气垫效应明显减弱，夯击加固效果明显提高。

（2）夯击点布置与夯击遍数。

夯击点间距和夯击遍数需根据地基土的性质和设计的加固深度而定，采用"先轻后重、逐级加能、逐层加固、少击多遍"的原则设计夯击参数。设计采用以下两种工法。

工法 1 区段（停车场、管线和道路区段）：共 4 遍点夯、1 遍普夯。第 1 遍点夯，夯击能量为 600～1000kN·m，击数为 3 击；第 2 遍点夯，夯击能为 800～1200kN·m，击数为 4 击，第 1，2 遍以 5.5m 间距按正方形布置夯击点，2 遍夯击点错开分布；第 3，4 遍点夯夯击能量 1200～2000kN·m，击数为 4 击；夯距取 4.5m，各遍夯击点错开分布，使能量均匀分布。第 5 遍为普夯，以 0.75 倍夯锤直径点距和行距搭夯，夯击能量 900kN·m。

工法 2 区段(油罐区段)：共 3 遍点夯、1 遍普夯。第 1，2 遍为点夯，夯击能量 600～1100kN·m，击数为 2～6 击，第 3 遍点夯，夯击能量 800～1350kN·m，击数为 2～6 击，以 5.5m 间距正方形布置，各遍夯点错开分布；第 4 遍为普夯，以 0.75 倍夯锤直径点距和行距搭夯，夯击能量 750kN·m。

(3) 夯击间隔时间。

以超静孔隙水压力完全或基本消散为控制标准，实测超静孔隙水压力可达 30～60kPa，超静孔隙水压力基本消散时间需要 10d 左右；当淤泥厚度大于 12m 时，消散时间会适当延长。

(4) 收锤标准。

收锤标准由现场土体变形与孔隙水压力确定，总原则为：地基土在夯击能作用下能继续密实，但不使土体结构产生严重塑性破坏，引起夯坑附近隆起。具体要求：①夯坑附近的土体不能有过大的侧向位移；②夯坑周围土体不出现明显隆起；③后一击沉降量应小于前一击沉降量，否则表明土体结构已破坏。此外，收锤标准尚需考虑孔隙水压力变化情况及坑周地面振动情况。

3) 填土垫层设计

在软土顶面设置一定厚度的表层硬壳层或者填筑一定厚度的填土作为施压垫层，作用是避免夯锤与软土直接接触，避免软土层产生较大的剪切变形；同时保证土体在动荷载作用下孔隙水压力的上升，随后在动静荷载联合作用后，孔隙水压力快速消散。施压垫层厚度大于等于 1.0m，采用砾质黏土或山土，也可采用砂或石粉；当采用晾干后再填筑的冲填土(含水量小于等于 16%)时，要求其含泥量小于等于 18%。

3. 加固效果分析

十字板剪切试验、静力触探试验、载荷试验是了解土体强度和加固效果的重要原位检测方法。淤泥层静力触探的比贯入阻力 P_s 随深度 H 的变化关系曲线如图 6-12 所示。对比图中工前、工中和工后(工后指满夯后 5d)的测试结果可知，处理后各土层均得到了不同程度的加固，加固深度大于 11.0m，该范围内淤泥端阻力增长 2.6～5.2 倍，平均 3.5 倍。

十字板剪切的不排水抗剪强度 C_u 与土层埋深 H 之间的关系曲线如图 6-13 所示。由图中可知，夯击后淤泥层的剪切强度增长 2.5～5.0 倍，平均 3.5 倍，地表以下形成 3.0～7.2m 厚的较硬土层。

载荷试验检测结果表明，工后道路区和油罐区地基承载力特征值分别大于 180kPa 和 120kPa，均达到设计要求。

工前和工后土体物理力学性质指标对比如表 6-13 和表 6-14 所示，淤泥经动力排水固结法处理后，物理力学性质指标发生了明显的变化，各项指标均达到或超过设计要求，地基土密实度提高，地基均匀性得到明显改善，取得了良好的整体加固效果。

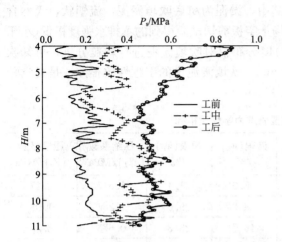

图6-12 淤泥层静力触探的 $P_s - H$ 关系曲线

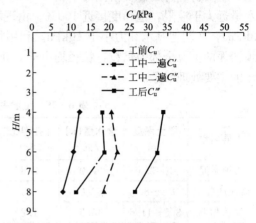

图6-13 淤泥层十字板剪切的 $C_u - H$ 曲线

表6-13 加固前后淤泥物理力学性质指标对比

项目	含水量(w) /%		孔隙比(e)		密度 (ρ)/(g/cm³)		压缩系数(a_{1-2}) /MPa⁻¹		压缩模量(E_{s1-2}) /MPa	
	范围	均值	范围	均值	范围	均值	范围	均值	范围	均值
工前	45.8~120.0	75.2	1.517~2.995	2.085	1.35~1.69	1.51	1.450~5.016	2.434	0.744~1.969	1.451
工后	45.5~75.9	57.2	1.013~1.862	1.454	1.55~1.81	1.69	0.931~2.241	1.332	1.250~2.520	2.050

表6-14 加固前后原位测试结果对比

项目	静力触探端阻力(q_c)/MPa		原状土的剪切强度(C_u)/kPa		重塑土的剪切强度(C_u')/kPa	
	范围	均值	范围	均值	范围	均值
工前	0.08~0.25	0.13	2.0~16.0	7.8	2.0~8.5	4.5
工后	0.21~0.87	0.43	12.5~86.2	38.8	6.1~20.7	10.6

6.3.3 无砂垫层真空预压加固温州民营经济科技产业基地大面积软土地基

1. 工程概况

温州民营经济科技产业基地位于龙湾区境内,利用滩涂围垦工程开发建设。近期规划范围包括丁山一期围垦、天成围垦、永兴南园围垦,面积17.7km²;远期规划范围为龙湾二期围垦,面积22.9km²,基地总面积40km²。基地近期建设目标分两期推进。一期丁山垦区2标吹填及软基处理工程围区面积共约280万m²,划分为6个区进行,编号1#~6#。本工程实例场区为其中的3#区,真空预压处理面积约为37.32万m²。

2. 土质资料

由现场钻探揭露的地层条件,将地层自上而下分为淤泥、淤泥质黏土、粉质黏土和黏土，主要物理力学性质指标列于表 6-15。其中，淤泥为海底吹填淤泥，流塑状，天然含水量远大于液限，饱和度接近 100%。由现场十字板剪切试验得到的不排水强度极低(小于 3kPa)，实测地基承载力小于 10kPa。利用粒度分布仪对吹填淤泥进行颗粒分析，可知吹填淤泥的土粒全部为黏粒，粒径均小于 0.05mm。吹填淤泥土的工程性质很差，是真空预压的主要处理对象。

表 6-15　土层主要物理力学性质指标

土层名称	取土深度 /m	含水量(w) /%	孔隙比 (e)	液限(w_L) /%	塑限(w_P) /%	压缩系数 (a_{1-2})/MPa^{-1}	压缩模量 (E_s)/MPa
吹填淤泥	0～3.5	97.0	2.67	58.0	31.4	1.617	2.27
淤泥质黏土	3.5～8.8	53.0	1.58	48.2	29.0	1.264	1.98
粉质黏土	8.8～11.6	46.3	1.24	46.7	28.3	0.673	3.33
黏土	11.6～15.0	41.2	0.98	45.0	26.8	0.421	4.71

3. 设计概况

因吹填结束后形成的淤泥场地为超软地基，地基承载力接近于 0，常规机械和施工方法难以进场打设塑料排水板，泥面插板施工困难。另外，由于施工区域面积较大，淤泥面上施工难度大，故采用无砂垫层真空预压法进行加固处理。根据场地实际情况，将场地共分为 10 个区块，单个区块的面积为 20000～40000m²。

选用 SPB-2 型塑料排水板，塑料排水板板带宽度为 100mm，厚度为 4mm。纵向通水量不小于 25cm³/s。考虑塑料排水板影响范围的均匀性，采用正方形布置，通过计算确定塑料排水板间距为 1m。本工程要求在吹填完工后 5 个月内完成软基处理施工，处理后 0～1.5m 深度范围内地基土的承载力特征值 $f_{ak} \geqslant 50$kPa。

4. 施工流程

无砂垫层真空预压与常规真空预压有不同的施工流程和施工工艺。主要施工流程如下。

1) 搭设施工便道

软土表面通过架设浮桥保证人能够正常行走。在分区边界铺设约 30cm 厚的轻质塑料泡沫板作为便道，宽度约 1m，浮垫两侧按间距 2～3m 插入深度约 5m、直径约 5cm 的毛竹，毛竹露出泥面高度约 60cm。用铁丝将浮垫和两侧的毛竹捆扎在一起，形成整体，使之具有安全性和稳定性。人员行走或设备运送时可根据需要在浮垫上面铺设木板以增强稳定性。

2) 铺设编织布，打设塑料排水板

在打设塑料排水板前，先在淤泥表面铺设一层 150～200g/m² 的编织布，主要起提供一定承载力、防止淤泥渗入水平滤层的作用。编织布为泥面插板作业提供工作垫层。采用人工打设塑料排水板。

3) 铺设滤管

沿每一排排水板均匀铺设一条直径为 60mm 的透水软管，排水板环绕软管两周并扎紧，并用滤布或薄膜包裹。沿透水软管垂直方向，每 30m 左右布设一条横向连通透水管，以提高整个滤层的排水通畅性和排水能力。为防止由于沉降过大产生的变形，主管每 30m

左右用钢丝橡胶软管进行连接。透水软管用水平四通连接，外侧用匝线系好。

4）铺设无纺土工布

管道铺设完毕及埋设好各种观测仪器后，在其上铺设一层无纺土工布，以改善膜下真空度的传递，同时保护密封膜。土工布要求采用克重大于 $150g/m^2$ 的无纺土工布，用手提缝纫机缝接。

5）安装真空泵

采用功率为 7.5kW 的真空射流泵，空抽时须达到 96kPa 以上的真空吸力，布泵数量按约 $1000m^2/$台控制，配电方式为电缆分路馈送。

6）铺设密封膜及压膜

本工程采用两层聚氯乙烯真空密封膜(已在工厂用热黏法黏结好并运到现场)，加固区四周各伸出 4m 左右，预留足够的地基沉降变形富余量。密封膜铺设结束后，四周超出区域边界的部分采用人工踩入方式，将密封膜压入淤泥中 1.0m 左右，以完成区域封闭。

7）抽真空

所有设备安装完毕后，先分批开启真空泵检查工作状态，合格后全部开启稳定抽真空，要求抽真空期间膜下真空度稳定在 80kPa 以上。各区在 2009 年 12 月 18 日陆续开始抽真空，直至 2010 年 4 月 20 日，抽真空历时约 125d。抽真空一周后真空度基本维持在 80kPa 以上。

5．加固效果分析

1）静力触探试验

抽真空结束后，分别在各区选择两个测试点进行静力触探试验，测点位于四根排水板围成区域的形心处，2、6、8 三个区静力触探比贯入阻力 P_s 随深度的变形曲线如图 6-14 所示。如果以 P_s 值大于 0.2MPa 为硬壳层判断依据，则三个区的硬壳层厚度大约在 1.6～1.7m 之间。

2）十字板剪切试验

真空预压卸载后，在场地各区选择了两个测点进行现场十字板剪切试验，3、5、7 三个区测得的不排水抗剪强度随深度的变化曲线如图 6-15 所示。同加固前相比，加固后土体的不排水抗剪强度有明显的增长，反映了真空预压加固的效果。

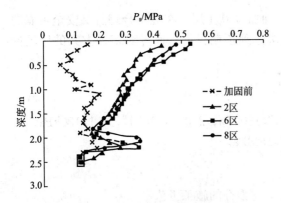

图 6-14 静力触探比贯入阻力 P_s
随深度的变化曲线

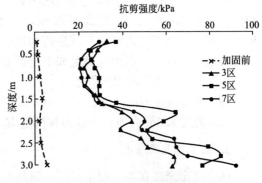

图 6-15 十字板不排水抗剪
强度随深度的变化曲线

3) 承载力检验

真空预压结束后，分别在每个区块布置两个测点，每个测点在 0～0.3m、0.6～0.9m、1.2～1.5m 深度处取土，测定土的物理性质指标。根据指标平均值按照规范查表可计算各区块的地基承载力，各区 0～1.5m 深度范围内土层的承载力均大于 50kPa，达到了设计要求。

4) 室内土工试验

由于设计要求承载力控制范围为地表下 1.5m，本次室内土工试验所取土样均在地表下 2m 范围内。1 区加固前后土体的物理力学性质参数如表 6-16 所示。由表可以看出，经过无砂垫层真空预压加固后，土体的含水量、密度、孔隙比、压缩系数、黏聚力、内摩擦角都有了明显的改善，加固效果显著。

表 6-16　1 区加固前后土体物理力学性质参数

土层名称	含水量(w)/%	密度(ρ)/(g/cm³)	孔隙比(e)	压缩系数(a_{1-2})/MPa⁻¹	黏聚力(c)/kPa	内摩擦角(φ)/(°)
加固前	97.0	1.46	2.670	1.617	1.0	3.0
加固后	49.4	1.76	1.197	1.050	10.9	12.8

6.3.4　高真空击密法在某大面积软弱路基处理中的应用

1. 工程概况

拟建道路表层为近代围海造地和人工湖开挖吹填形成的吹填土。吹填土部分区域以粉细砂为主夹层状淤泥质黏土，土质松散且不均匀；部分区域呈淤泥质黏土夹粉土，流塑状态。吹填土厚度一般为 2.2～3.8m，局部最厚 6～7m。由于吹填土形成时间短，属欠固结土，其含水量高、孔隙比大、强度低，在动力作用下易产生沉降和液化。为了确保路基强度和稳定，需对路基进行处理。

2. 设计要求

由于该工程需同时加固上部吹填细砂和下卧扰动软土层，在经济合理且又安全可靠的前提下，技术难度大，一般地基加固方案无法达到预期目的。通过对多种方案的比较论证，决定采用高真空击密法对其进行加固。

处理后场区地基强度应满足如下设计要求。

(1) 加固有效深度大于等于 4m。

(2) 地基承载力标准值：0～2.0m 时，$f_k \geqslant 130$kPa；2.0～4.0m 时，$f_k > 120$kPa。

(3) 表层 2.0m 内地基土的回弹模量 $E_0 \geqslant 25$MPa。

3. 施工工艺及参数

高真空击密法在本工程中采用 3 遍降水、3 遍强夯的施工工艺。

1) 真空强降水施工

在降水明沟内侧布置场地外围封闭管，外围封闭管与明沟相互贯通，外围封闭管井点管间距为 2m，管长 6m，井点管滤头 1m 处灌粗砂，外围封闭管距场地边界线距离为 4~5m。

第 1 次降水：均为 3m 浅管，滤头长度为 1.5m，井点管卧管间距为 3m，井点管间距为 2m，要求井点管周围灌粗砂至地面以下 50cm，孔口地面以下 50cm 内用黏土或淤泥质土封死，降水至 2.5m 以下，连续 72h 不间断降水。完毕后，拆除场地内井点管并保留外围封管，进行强夯。

第 2 次降水：在第 1 遍强夯后，采用一长一短相间的井点管布置方式，短井点管管长 3m，长井点管管长 6m，井点间距为 4m，卧管间距为 4m，要求 3m 深井点管周围灌粗砂至地面下 50cm，孔口地面以下 50cm 内用黏土或淤泥质土封死。第 1 遍强夯后立即插管降水，并将夯坑及地表的明水及时排出。第 2 遍降水要求降至地面 3m 以下，连续降水 7d。

第 3 遍降水：在第 2 遍强夯后，采用一长一短相间的井点管布置方式。短井点管管长 3m，长井点管管长 6m，井点间距为 4m，卧管间距为 4m，要求 3m 深井点管周围灌粗砂至地面下 50cm，孔口地面以下 50cm 内用黏土或淤泥质土封死，第 2 遍强夯后立即插管降水，并将夯坑及地表的明水及时排出，第 2 遍降水要求降至地面 3m 以下，连续降水 7d。

2）低能量强夯

强夯夯锤要求：锤重 10~10.5t，锤底直径为 2.5m。

第 1 遍强夯：需考虑垫路基箱进行强夯，确保施工安全，夯击能量为 400~600kJ，夯击击数为 1 击。第 2 遍强夯：夯击能量为 1000~1200kJ，夯击击数为 2 击。第 3 遍强夯：夯击能量为 800~1000kJ，进行搭接满夯，搭接尺寸不少于 1/4 夯锤直径，夯击击数为 1~2 击。3 遍强夯夯击能量需根据现场实际情况进行适当调整。每遍夯完后进行推土机推平，并测量夯后标高和计算沉降量。第 1 遍和第 2 遍强夯的夯击点布置如图 6-16 所示。

4．处理效果分析

为了验证高真空击密法加固饱和软土地基的效果，在强夯施工前后分别在处理区进行了静力触探试验和标准贯入试验。强夯前后加固区土体比贯入阻力 P_s 随深度的变化情况如图 6-17 所示，加固前后土体标贯试验结果如表 6-17 所示。

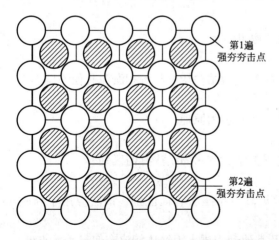

图 6-16　第 1 遍和第 2 遍强夯夯击点布置图

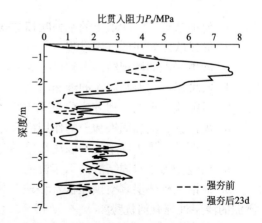

图 6-17　强夯前后加固区土体比贯入阻力 P_s 随深度的变化

表 6-17　强夯前后加固区土体标准贯入试验结果对比表

深度/m	加固区		
	夯前击数/次	夯后击数/次	标准贯入击数增加百分比/%
0~2	6	11	83.3
2~4	4	7	75.0

由测试结果可以看出以下几点。

（1）采用高真空击密法加固浅层饱和软土地基加固效果显著，可以达到预期的地基处理效果。尤其对地面下 1~4m 范围内的吹填细砂和下卧软土层加固效果显著，加固后土体的工程性质有了明显改善，均能达到或超过工程设计要求。

（2）强夯对地面下 1m 范围内的吹填砂层加固效果不是很理想，局部被振松，因此强夯加固后应再对表层砂土进行适当碾压。

（3）加固后土层的均匀性明显改善，在地基浅层 4m 左右形成一层均匀的相对硬层，从而有效消除地基的不均匀沉降。

本 章 小 结

本章主要讲述了吹填土的工程地质特征、工程性质及地基处理方法，包括物理法、化学加固法、加热处理法等几种常用的吹填土地基处理方法的作用机理、设计计算、施工工艺特点与效果检测，并列举了典型的工程应用实例。

本章的重点是吹填土的地基处理方法。

习　　题

一、思考题

1. 何谓吹填土？吹填土的水力吹填方式有哪几种？
2. 简述吹填淤泥的沉积过程。
3. 吹填淤泥的微观结构大致可分为哪几类？其微结构特征与海相淤泥有何不同？
4. 吹填淤泥与海相淤泥的渗透与固结特征有何不同？
5. 目前吹填土的处理方法分为哪几类？简述其加固原理。
6. 简述强夯法加固饱和土的作用机理。
7. 何谓动力排水固结法？该法与单一的强夯法、排水固结法有何区别？
8. 简述动力排水固结法的工作机理。
9. 何谓无砂垫层真空预压法？该法与常规真空预压法有何区别，该法应用于新吹填淤泥的浅层处理有何优势？
10. 何谓高真空击密法？该法与强夯法及其他动力排水固结法相比有何显著特点？
11. 简述高真空击密法的加固原理。

12. 何谓化学加固法？相比于物理法具有哪些优点？

13. 简述粉煤灰固化处理吹填土的机理。

14. 何谓高温熔解烧结法？相对于其他物理法和化学加固法有何优点？

二、单选题

1. 下列吹填淤泥中的孔隙中最为发育的是（　　）。

A. 孤立孔隙　　　　B. 粒间孔隙　　　　C. 粒内孔隙　　　　D. 闭合孔隙

2. 强夯法两遍夯击之间的间隔时间取决于超静孔隙水压力的消散时间。当缺少实测孔隙水压力资料时，对于黏性土地基，间隔时间一般应不小于（　　）。

A. 3～4周　　　　B. 2～3周　　　　C. 1～2周　　　　D. 4～5周

三、多选题

1. 吹填土的基本物质组成单元包括（　　）。

A. 粒度组成　　　　B. 矿物成分　　　　C. 生物碎屑　　　　D. 化学成分

2. 高孔隙性是吹填淤泥的一个重要特征，它直接决定了土体的（　　）。

A. 压缩特征　　　　B. 触变特征　　　　C. 固结特征　　　　D. 渗透特征

3. 强夯法有效加固深度除了与夯锤重与落距有关，还与（　　）有关。

A. 地基土性质　　　　B. 地基土的厚度　　　　C. 夯击次数　　　　D. 夯击间隔时间

4. 下列关于强夯法夯击点布置的说法中正确的是（　　）。

A. 夯击点位置可根据建筑结构类型、荷载大小、地基条件等具体情况布置，一般采用等边三角形、等腰三角形或正方形布点

B. 对于某些基础面积较大的建筑物或构筑物，夯击点必须按照正方形布置

C. 对于办公楼和住宅建筑来说，应根据承重墙的位置布置夯点

D. 对单层工业厂房，可按柱网来设置夯点

5. 水泥固化处理吹填土的机理包括（　　）

A. 物理化学作用　　　　　　　　B. 离子交换和团粒化作用

C. 凝硬作用　　　　　　　　　　D. 水解和水化反应

6. 通过高温熔解烧结法处理的吹填淤泥可以制成建材，包括（　　）。

A. 轻质陶粒　　　　　　　　　　B. 砖瓦、瓷砖

C. 熔融微晶玻璃　　　　　　　　D. 水泥

第**7**章
盐渍土地基处理

教学目标

本章主要讲述盐渍土的特性及工程性质、盐渍土的处理方法、盐渍土地基上结构物的设计原则及施工措施。通过本章学习，应达到以下目标：

(1) 了解盐渍土的定义、盐渍土的成因、盐渍土的分类；

(2) 掌握盐渍土的工程性质；

(3) 掌握盐渍土的处理方法；

(4) 掌握盐渍土地基上结构物的设计原则与施工措施；

(5) 能够运用盐渍土处理方法解决工程实际问题。

教学要求

知识要点	能力要求	相关知识
盐渍土特性与工程性质	(1) 了解盐渍土的定义 (2) 了解盐渍土的成因 (3) 了解盐渍土的分类 (4) 掌握盐渍土的三相组成与物理指标 (5) 了解盐渍土的化学性质与测定方法 (6) 了解盐渍土的结构特性	(1) 盐渍土的定义、成因与分类 (2) 盐渍土的三相组成 (3) 盐渍土的物理指标(相对密度、湿重度、干重度、孔隙比、天然含水量、含液量、饱和度、压缩系数、压缩模量、变形模量)及物理指标的统计与修正 (4) 盐渍土的含盐类型及测定 (5) 不同类型盐渍土的结构特性
盐渍土的处理方法	(1) 掌握消除或降低盐渍土地基溶陷性的处理方法 (2) 掌握消除或降低盐渍土地基盐胀性的处理方法 (3) 掌握盐渍土地基的防腐处理原则	(1) 消除或降低盐渍土地基溶陷性的处理方法 (2) 消除或降低盐渍土地基盐胀性的处理方法 (3) 盐渍土地基的防腐处理原则
盐渍土地基上结构物的设计原则及施工措施	(1) 掌握盐渍土地基上结构物设计基本原则 (2) 掌握盐渍土地基上结构物的设计措施	(1) 盐渍土地基上结构物设计基本原则 (2) 盐渍土地基上结构物的设计措施
工程实例	理解盐渍土的处理方法	通过实例学习盐渍土路基的处理方法

基本概念

盐渍土、盐渍土溶陷性、盐渍土盐胀性、盐渍土腐蚀性、盐渍土的三相组成。

引例

盐渍土作为一种不同于一般土的特殊土,当被应用在工程上作为路基基底和填料或者地基时,具有诸多的特殊性,主要体现在三大方面,即溶陷性、盐胀性和腐蚀性。盐渍土的特殊性质给在盐渍土地区的建设带来了一定的局限性,也给工程带来了许多的病害,造成了巨大的经济损失。对盐渍土这种极端特殊的土体,要充分了解其物理力学特性,结合实际工程,选择合适的盐渍土地基处理方法。

7.1 盐渍土的概述及工程性质

7.1.1 盐渍土概述

1. 盐渍土的定义

根据土体对专业的影响,各部门、各专业对盐渍土赋予了不同的定义,择其主要汇总如下。

大型辞书《辞海》对盐渍土的定义有两个:①盐渍化程度不同的土壤的统称,按盐分组成和含盐量不同可分为轻度、中度和强度盐渍化土壤;②盐土和碱土的统称。

盐渍土或盐碱土是盐土、碱土及各种盐化、碱化土的总称,为含有一定数量盐分的土,含盐量以盐分质量和干土质量的百分比表示。

中华人民共和国交通部部颁标准中对盐渍土的定义是:"不同程度盐碱化土的总称。公路工程中一般指地表下 1.0m 内土中易溶盐含量平均大于 0.3% 的土。"

中华人民共和国铁道部发布的行业标准中对盐渍土的定义是:"当地表 1m 内土层易溶盐平均含量大于 0.5% 时,属盐渍土场地。"

新疆维吾尔自治区公路行业技术规范中对盐渍土的定义是:"不同程度盐碱化土的总称。在公路工程中一般指地表下 1.0m 内土中易溶盐含量平均大于 0.3% 的土(在本规范中,对粗粒土的盐渍土单独予以界定)。"

中国土壤学会盐渍土专业委员会对类盐渍土的判定为:当土表层含盐量达 0.6%~2% 时应属盐类土。其中,氯化物盐土含盐量下限一般为 0.6% 左右;氯化物-硫酸盐盐土和硫酸盐-氯化物盐土下限为 1.0% 左右;含有较多石膏的硫酸盐盐土含盐量下限为 2.0% 左右;当 100g 土的可溶性盐类组成中含苏打在 0.5mEq(毫克当量)以上时,即属苏打盐土范畴,其表土层含盐量下限为 0.5% 左右;当土碱化层的碱化度大于 30%(草原盐土大于 25%),pH 为 9 左右或以上时,表层土的含盐量一般不超过 0.5% 为碱土类。

农业中对盐渍土的定义为:当土壤表层或亚表层(即耕作层,一般厚度为 20~30cm)中,水溶性盐类的累积含量超过 0.1%(100g 风干土中含 0.1g 水溶性盐类)或 0.2% 时(富含石膏情况下），或当土壤碱化层的碱化度（即交换性钠占整个交换性阳离子总量的百分数）超过 5％时，就属盐渍土范畴。

由上述各行业对盐渍土的不同定义可见，无论是何行业，对盐渍土的定义的共性均指含有一定数量易溶盐的土体；不同点在于不同专业对于本专业可能产生不可忽略影响的含盐量点的界定。例如，当土体中含有 0.1％的易溶盐时，通常不会对一般的土建工程产生影响，因此一般工程界均忽略其存在，而将其等同于常规土体；但这一易溶盐的含量已会对生长于其上的植物产生较大影响，因此农业部门就将其归类于盐渍土的范围。

2. 盐渍土的成因

经研究，盐渍土的成因与盐分补充、盐分迁移及所在地的自然条件等因素有着最直接的联系，近年来随着人类对自然干涉力的加大，也使局部不含盐的土体盐渍化。

1) 盐分补充

一个地区土壤的盐渍化必须有盐分的来源，通常的来源有以下几类。

(1) 原生盐分的出露。

这类地区的地层深处原本就有含盐地质层的埋藏，当地表风化，含盐的岩石经过机械风化作用及盐类结晶的胀裂作用而使其上部覆盖的岩石破碎崩解，使岩层中已有盐分或古代残余积盐露出地表，并与地表土体混合而成原生的盐渍土。

(2) 外来盐分的侵入与积聚。

盐分的侵入与积聚是非盐渍化土体盐渍化的充要条件，其中任何一项的变化都会直接影响地区土体的盐渍化进程。例如，我国著名的河套地区，其自然条件为夏季炎热且蒸发严重，又得黄河水源丰富之利而使农业灌溉较为发达，这一大环境使得河套地区的地下水位保持在较高的水平，微量含盐的黄河水及地下所含的盐分年复一年地侵入河套地区地表的土体，使河套地区地表土体的盐渍化程度越来越严重。相反的例子是华北平原，广大的华北平原在 20 世纪 50 年代之前的地下水位较高，外来及地层深处的盐分侵入地表土层，使地表土的盐渍化程度很高；但自 20 世纪 60 年代开始，随着华北各地用水量的持续上升，各地均大规模地开发地下水，致使地下水位持续下降，地表土体中的盐分随着降水而不断渗入地下，地下的盐分又由于地下水位的低下而无法上升至地表，致使华北平原的干旱程度逐渐严重，而地表土体的盐渍化程度却逐年减弱。

盐分的来源与积聚在地区土体盐渍化的进程中是内因与外因的关系，无论地区外界有何条件，没有盐源这一内因的作用，土体是不会被盐渍化的。但如果仅有盐源的供应而缺乏盐类聚集的条件，则土体仅会发生间歇性的轻微的盐渍化。这类盐渍化一般不会很严重，通常不会对公路工程的建设产生影响。值得注意的是，如果在公路工程建设时改变了公路周边盐类积聚的环境条件，则可能在公路附近的某一区域内产生较严重的盐渍化进程，从而影响到公路工程的稳定。

2) 盐分迁移

存在于自然界中的盐分在一定条件下会迁移，盐分迁移分为垂直向与水平向两大类。

(1) 盐分的垂直向迁移。

盐分垂直向迁移是指土中盐分在原地不同地层深度内的迁移。盐分由上而下迁移的主因是水，通常是低矿化度水的下渗引起的。当降水或流经本地段的水流下渗时，低于当地土体所含盐分溶解度的水体会溶解土体中的盐分一同渗向地层深处，从而造成地表土体的脱盐。盐分由下而上迁移的原因同样是水，其他还有植物生长等因素。地下含盐水体的浓度不断上升，当其因蒸发而脱水或因降温而使含盐水体浓度超过所含盐分的溶解度时，水体中的盐分就会以结晶的固态形式析出。另外，盐渍土地区许多植物在生长期内将根须扎向地层深处吸收地下水，并沿着水分的疏导系统将根须所吸收地层深处的含盐的高矿化度水输向地上的茎与叶中，随着茎与叶中水分的蒸发，大量盐分积聚在植物的地上部分。当植物枯死后，这些盐就会随着茎与叶的腐烂而留在地表，从而完成了盐分由地层深处向地表的迁移。

(2) 盐分的水平向迁移。

盐分水平向迁移是指土中盐分在大地不同位置上的移动。造成盐分水平向迁移的主要原因为水体流动、风及人类活动。

水在地表的流动与迁移的方式有地表流动、地下潜流、蒸发及云的漂移等数种，能够造成盐分迁移的因素为前两项。通常天上的雨水降落到地表面后会经历流域蓄渗、坡面漫流、河槽集流等过程后下泄入海、入湖或入地。在这一系列过程中，降水所形成的水体在流经含盐土体时会将土体中的易溶盐溶解，水体的矿化度会随着水体与含盐体接触的增多而逐渐加大，直至该种盐类在当时自然环境下的饱和度为止。这些含盐水体在地球表面的流动就形成了盐类在地表的水平向移动，这些含盐水体在地表深处的流动就形成了盐类在地底下以潜流形式发生的水平向移动。世界各国各地严重盐渍化地区的地面河流无不溶有大量的盐分。沿海地带的海水也会在潮汐的作用下以海潮的面流及潜流的形式影响滨海地带的土体，造成盐分的水平向迁移。当地表因风化而产生剥蚀，将底层深处的原生盐分露出后，盐分会附着在地表的沙尘上，这些含盐的沙尘会在风的裹挟作用下发生迁移，造成风沙影响地域内土体的盐渍化现象；海面上横向大陆的飓风同样会裹挟含盐的海水微粒侵入大陆，造成盐分的水平向迁移。

近年来，人类的活动对地球表面造成的影响越来越大，人类的不当活动同样会造成盐分的水平向迁移。例如，人类大规模的开采地下水，造成地下水压的异常，如果该地区附近存在大规模的含盐地下水，就可能会造成附近地下含盐水体的侵入，从而造成局部土体的盐渍化现象。再如人类在改变地表水流态势的过程中改变了水流所携带盐分的迁移路径，同样也会影响盐分的水平向迁移。

3) 形成盐渍土的自然条件

要形成盐渍土，除了上述盐源供应及盐分迁移之外，还应有合适的自然条件。

(1) 地理条件。

地理条件是地区中的土壤产生盐渍化的重要条件之一。通常，自循环的盆地最易盐渍化的，因为盆地会形成一种相对封闭的自流系统，当盆地四周的山地为已遭到剥蚀而出露的原生含盐地壳层，而盆地内又无较大的河流出流时，山地上的降雨、融冰及化雪会融解原生盐后流向盆地最低处，并在此积聚，从而在盆地中形成大面积的盐渍土或大容量的盐湖。图 7-1 中的柴达木盆地南面为昆仑山，北面为阿尔金山和祁连山，东面为巴颜喀拉山。这些山脉均存在大面积含原生盐类的出露，因此柴达木盆地最低处积聚了最大、最严重的盐渍化地区，以及我国最大的咸水湖——青海湖。另外，我国的柴达木盆地、准噶尔盆地、塔里木盆地和吐鲁番盆地等地，均存在与柴达木盆地相仿的盐渍化地理条件，它们也都孕育了大面积的盐渍化地貌。

在盆地形成的盐渍土地区中，由于碳酸盐的溶解度最小，因此会最早从含盐的水体中

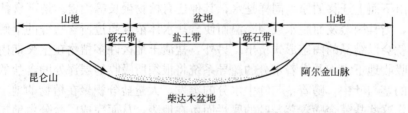

图 7-1　柴达木盆地纵断面示意图

析出，所以通常以碳酸盐(碳酸钠与碳酸氢钠)为主的盐土常处于盆地外缘的地势较高处；硫酸盐的溶解度次之，因此通常存在于盆地的洪、冲积平原区而成为盐渍土的过渡带，从碳酸盐渍土过渡到以硫酸盐为主的碳酸盐、硫酸盐地带，再过渡到以硫酸盐为主的硫酸盐、氯盐地带；氯盐溶解度最大，通常位于盆地的最低处。

(2) 水文地质条件。

在有盐源供给的地区，如水文条件为自成体系的闭锁地区，则最易出现盐渍化现象。因为自成体系的水系会源源不断地将盐分带入，但又没有带出的通道，久而久之，必然会形成严重的盐类积聚，使地区出现严重的盐渍化。例如，我国著名的察尔汗盐场、茶卡盐场及内蒙古的吉兰泰盐场等处均为此种地质，均孕育了严重到数十米厚盐碱层的积聚。

当地区的水文闭锁条件不足，有河流通过这些地区出流时，通常盐渍化程度会有所减弱，其减弱程度与盐分流入与流出量之比有关。例如，准噶尔盆地，被天山、阿尔泰山包围，整个盆地海拔为 200~1000m，以艾比湖和玛纳斯湖一带的湖面为最低，为准噶尔盆地的主汇流区，承担了整个盆地流域面积的 96.9%，其外流的面积仅由北部的额尔齐斯河承担 3.1%，因此准噶尔盆地的盐渍化同样非常严重，但与数十米积聚厚度的完全闭锁区相比，盐渍化程度就有极大差异了。

当地区不具备水文闭锁条件时，很难形成非常严重的盐渍化现象。例如，我国西部地区除上述几大盆地外，均存在大面积的土地盐渍化现象，但其盐渍化的程度却与水文闭锁区或部分水文闭锁区不能相比，其原因在于非水文闭锁区的土壤中的盐分会被流动的水流带走。这些地区的盐渍化程度通常与盐分迁出、迁入量之比有较大关系，从而形成一个较为稳定的盐渍化程度，除非水位地质条件发生较大改变，这一稳定是不会被打破的。这一点应引起公路工作者的极大警惕，避免因公路的修筑而使公路沿线的某一些局部地区盐渍化程度加强。

(3) 地下水条件。

一个地区的地下水位置对该地区土层盐渍化影响极大。通常，地下水位与地下水位以上土体的颗粒组成决定了该处的毛细水影响高度，这一高度为盐渍化严重的区域，其原因在于该高度以上土层内的易溶盐会被下渗的低矿化度水溶解，并随之脱盐。地下水位线以下的土层处于饱和状态，较多的水分可溶解较多的盐；而地下水位线以上的毛细水上升高度影响区的土层内含水量较低，其含盐量又较高。在气温的影响下，高温时毛细水容易蒸发，导致毛细水溶液的浓度加大，最终导致易溶盐析出；低温时，毛细水溶液的溶解度会下降，同样也导致易溶盐溶解析出。

当一个地区地下水位接近地表时，该处地表土壤会有极严重的盐渍化趋势。我国有名的盐渍化地区，无不处在内陆盆地的最低洼处。

当一个地区地下水位极深时，该地区土壤的盐渍化程度会表现很弱，并逐渐退化脱盐，其原因是地面水体(如降雨、漫流、径流等)的下渗会对地表土体起到洗盐作用，使土体中所含盐分渗入地层深处，并停留在毛细水影响范围内。我国华北地区地表的逐渐脱盐就是一个很好的例子。

(4) 气候条件。

气候条件是盐渍土形成的外在因素，主要有气温、降雨、蒸发、云量与日照等因素。

① 气温。气温因素是盐渍土形成的主要因素之一，它直接影响了土体中盐分的形态及其去留，尤其干旱半干旱气候环境，是形成盐渍土的最重要的外在因素之一。气温对盐渍土形成的影响是巨大的。主要影响在于以下几方面。

a. 气温对水体蒸发的影响。水体的蒸发速率与气温成正比。气温越高，蒸发越强烈，含盐水体的浓度将随蒸发而提高。当水体达到饱和时，会促使盐分析出。

b. 气温对水体毛细作用的影响。高温时，强烈的蒸发使大地表面的砂石脱水干燥，从而强化地层深处水分的毛细运动，促使地层深处的水分以毛细的形式上升。盐渍土地区的地层深处的潜水矿化度通常较高，以毛细水形式上升到地表后，会因高温蒸发而失水，水中盐分随之逐渐析出，从而导致深层盐分向地表的迁移积聚。因此产生盐渍化的地区的气温通常较高，如塔里木、准噶尔、吐鲁番、柴达木盆地内部，内蒙古的阿拉善等地7月份的平均气温均在38℃以上，尤其是封闭低洼的吐鲁番盆地，极端最高气温可达49.6℃(1976年7月13日机场所测，2013年统计数据)。

c. 温差对析盐的影响。盐在水体中的溶解度与温度成正比，温度越高，溶解度越大。某处的昼夜温差越大时，该处水中的盐分被以固态结晶形式析出的可能性就越大。其原因是流经或者潜藏在该处的水体在降温时存在达到饱和度的最大可能，水体一旦达到了饱和，温度持续下降时就会导致水体中的盐分析出，造成该处积盐。我国西部"早穿皮袄午穿纱"昼夜温差大的气候，就比较适合土壤盐渍化的进程。

② 降雨与蒸发。

通常认为降雨是不含盐的，矿化度为零。盐渍土地区的降雨在雨水降落到地表后会在流动迁移的过程中逐渐溶解沿途所遇到的土体中的易溶盐而导致矿化度的逐渐增大，直至饱和为止。逐渐携带盐分的降雨通过流动或潜流将其流经地段土体内所含的盐分带到地势较低的地带或带到地层深处，这一过程会造成其流经地区的土体脱盐，因此降雨量大的地区不易形成严重的盐渍土。

蒸发对地区盐渍化的影响与降雨正好相反，它会使含盐的水体因脱水而浓度逐渐加大，直至饱和析出。另外，地表严重的蒸发会促使地下水体毛细作用的加剧，地层深处的盐分会通过毛细水升向地表。当地表的高温使毛细水分被蒸发，或地表的低温使毛细水中含盐浓度达到饱和后，所含盐分会析出并存留在地表。因此，蒸发量与降水量之比越大，该地区的盐渍化的可能就越大，盐渍化程度就越严重。我国盐渍化最严重的几个内陆盆地，年降水量均不足50mm，其中吐鲁番、察尔汗、茫崖、一里坪、且末、若羌等地甚至小于20mm。而该地区的蒸发量却十分惊人，如塔里木、柴达木等地，年蒸发量均达3000mm以上，其中盐渍化严重的察尔汗近30年统计的年平均蒸发量为3550mm，是世界上最干旱的地区。

③ 云量和日照。

通常一个地区的云量决定了该地区的降雨量，一个地区的日照决定了该地区的蒸发量。因此云量与日照会影响一个地区土体的盐渍化进程。通常，云量较多的地区雨量较大，温差较小，因此不易形成严重的盐渍化现象。在我国西部地区，年平均云量大多小于60%。在我国盐渍化较严重的地区，如内蒙古、宁夏、甘肃、青海等地，日照丰富，年平均云量在45%以下。相反，日照多的地区较易于土体的盐渍化进程，在我国盐渍化较严重的地区，如内蒙古、宁夏、甘肃、青海等地，日照丰富，年平均日照百分率在70%以上，年日照时数大于3000h。柴达木、吐鲁番盆地年日照时数可以超过3400h。

3. 盐渍土的分类

作为一种广泛分布在地球表面的特殊土类，盐渍土的分类方法主要有以下几种。

1) 以盐渍土中所含盐分性质进行的分类

自然界土壤中最常遇到的易溶盐有氯化钠($NaCl$)、氯化镁($MgCl_2$)、氯化钙($CaCl_2$)、硫酸钠(Na_2SO_4)、硫酸镁($MgSO_4$)、碳酸钠(Na_2CO_3)、碳酸氢钠($NaHCO_3$)，不易溶的硫酸钙($CaSO_4$)及难溶的碳酸钙($CaCO_3$)等。不同的盐类具有不同的化学特性，从而影响了盐渍土的物理力学特性。这些盐类极少单一地存在于某一地区的土壤中，而是混杂共存的。但其对工程的影响，大多受土体中所含主要成分盐的性质影响。例如，以氯盐为主的盐渍土因氯盐的活跃及易溶而对混凝土、钢筋有强烈的腐蚀危害，并易溶解于水，而使土体孔隙率增大、强度变小，甚至在路面上产生溶陷变形。再如以硫酸盐为主的盐渍土，因硫酸盐在自然环境中易于与水结合生成晶体而体积膨胀，因此硫酸盐盐渍土容易膨胀变形。又因其反复吸水、失水而使土基产生松胀，从而影响路面的平整度，在道路中易形成翻浆，同时危及边坡及构筑物的稳定。碳酸盐因其与水的亲和力而易于造成土体的膨胀、强度下降。

为了有针对性地采取措施以克服不同盐类对工程的影响，工程中常以土中所含主要盐分作为分类依据，以判断哪种或哪几种盐对盐渍土的工程性质起主导作用。我国建筑、公路、铁路等行业均采用以下的区分方法，如表7-1所示。

表7-1 盐渍土按盐性质分类

盐渍土名称	离子含量比值	
	Cl^-/SO_4^{2-}	$CO_3^{2-}+HCO_3^-/Cl^-+SO_4^{2-}$
氯盐渍土	>2	—
亚氯盐渍土	1~2	—
亚硫酸盐渍土	0.3~1.0	—
硫酸盐渍土	<0.3	—
碳酸盐渍土	—	>0.3

2) 按土体的盐渍化程度(土中所含盐类的数量)分类

当公路所经地段为大范围盐渍土地区，而又必须在公路工程建设中使用盐渍土作为道路建材时，我们必须了解盐渍土对公路工程的危害程度。通常，盐渍土对公路工程的危害程度与土体的盐渍化程度密切相关，同时也与土体中含盐的类型有关。也就是说，对某一种特定的盐类而言，当土体中含有部分盐碱，但盐碱含量不大时，对工程不会造成危害；但当盐碱含量超过一定量时，就会对工程造成危害，危害程度与土体中所含盐的类型有关，并与盐碱含量成正比。因此工程中也常以土体盐渍化程度作为盐渍土的分类依据。

目前交通部门的区分方法如表 7-2 所示。

表 7-2 盐渍土按盐渍化程度分类

盐渍土名称	土层的平均含盐量(以质量百分数计)	
	氯盐渍土及亚氯盐渍土	硫酸盐渍土及亚硫酸盐渍土
弱盐渍土	0.3～1.0	0.3～0.5
中盐渍土	1.0～5.0	0.5～2.0
强盐渍土	5.0～8.0	2.0～5.0
过盐渍土	>8.0	>5.0

目前铁路部门的区分方法如表 7-3 所示。

表 7-3 盐渍土按易溶盐含盐量分类

盐渍土强度	土层的平均含盐量(以质量百分数计)			修筑路基的可用性
	氯盐渍土及亚氯盐渍土	硫酸盐渍土及亚硫酸盐渍土	碱性盐渍土	
弱盐渍土	$0.5<\overline{DT}\leqslant1$	—	—	可用
中盐渍土	$1<\overline{DT}\leqslant5$	$0.5<\overline{DT}\leqslant2^{①}$	$0.5<\overline{DT}\leqslant1^{②}$	一般可用
强盐渍土	$5<\overline{DT}\leqslant8$	$2<\overline{DT}\leqslant5^{①}$	$1<\overline{DT}\leqslant2^{②}$	可用，但应采取措施
超盐渍土	$8<\overline{DT}^{③}$	$5<\overline{DT}$	$2<\overline{DT}$	不可用

① 作为填料其中硫酸钠的含量不得超过 2%。
② 作为填料其中易溶的碳酸盐含量不得超过 0.5%。
③ 干燥度大于 50、年降水量小于 60mm、年平均相对湿度小于 40% 的内陆盆地区，路基基底土，在不受地表水浸泡时，可不受氯盐含量的控制。

3) 按土体中所含盐分在水中的可溶程度分类

公路工程是直接暴露在自然界中的长、宽、厚极不成比例的构筑物，公路工程受自然界中水的影响极大，因此公路工作者希望使用对水的变化不敏感的惰性粒料修筑公路，以求得到公路的最大稳定。盐渍土的最大病害之一就在于土中的盐分会溶于水。当流动的水将盐分带走后，土体中原来由盐分占据的位置成为空洞，造成了土体承载力的下降以至于面层塌陷。当某一时段公路路段的过水量为一定值时，土中固态的结晶盐遇水后是否会溶解或有多大比例被溶解而变为液态，以及溶解的程度，影响着土体中固态颗粒的含量，从而直接影响地基的变形和强度，所以盐分在水体中的溶解度是评价盐渍土工程稳定性的要素之一。盐分在水中的可溶程度与盐的种类及环境温度紧密相关，各种盐在水中溶解的难易程度的评定，通常可用一定温度下 100g 水中能溶解多少克盐来表示，并以此定义了盐的溶解度。工程中以土体中所含盐分在水中的可溶程度对盐渍土进行分类，公路工程中以此将盐渍土分成了易溶盐、中溶盐及难溶盐三种，具体分类方法如表 7-4 所示。

表 7-4 盐渍土按盐的溶解度分类

盐渍土名称	含盐成分	$t=20℃$ 溶解度/%
易溶盐渍土	氯化钠、氯化钾、氯化钙、硫酸钠、硫酸镁、碳酸钠、碳酸氢钠	9.60～42.7
中溶盐渍土	硫酸钙、石膏	0.200
难溶盐渍土	硫酸钙、碳酸镁	0.0014

注：盐的溶解度为 100g 水中能溶解该盐的克数。

　　4）按土体对工程的影响程度分类

　　对盐渍土的研究及工程实践使人们认识到，当组成盐渍土体的颗粒组成发生差异时，相同含盐量的土体会有显著不同的工程特性。例如，易溶盐含量超过 0.5% 的砂土，浸水后可能会发生较大溶陷，而同样的含盐量对黏土几乎不产生溶陷的影响；再例如同样含 1.0% 硫酸盐的土体，压实后的黏土与粉土会有较大的膨胀变形，而砾石类的粗颗粒土就几乎不产生膨胀，或仅产生较小的膨胀。工程界对土基主要关心的是它的承载力与稳定程度。当某一土体在其所处的特定环境中具有了设计所要求的承载力与稳定程度时，该土体即可视为可用。因此，近年来工程界提出了按土体对工程的影响程度对盐渍土进行分类，该分类方法将土体分成细颗粒土及粗颗粒土，分别以其对工程的影响程度又进行分类，具体方法详如表 7-5 和表 7-6 所示。

表 7-5 细粒土按盐渍化程度分类

盐渍土名称	通过 1mm 筛孔土的平均含盐量(以质量百分数计)	
	氯盐渍土及亚氯盐渍土	硫酸盐渍土及亚硫酸盐渍土
弱盐渍土	0.3～1.0	0.3～0.5
中盐渍土	1.0～5.0	0.5～2.0
强盐渍土	5.0～8.0	2.0～5.0
过盐渍土	>8.0	>5.0

注：含盐量以 100g 干土内的含盐总量计。

表 7-6 粗粒土按盐渍化程度分类

盐渍土名称	土层的平均含盐量(以质量百分数计)	
	氯盐渍土及亚氯盐渍土	硫酸盐渍土及亚硫酸盐渍土
弱盐渍土	2.0～5.0	0.5～1.5
中盐渍土	5.0～8.0	1.5～3.0
强盐渍土	8.0～10.0	3.0～6.0
过盐渍土	>10.0	>6.0

注：含盐量以 100g 干土内的含盐总量计。

　　5）按盐胀特性分类

　　盐胀是盐渍土地区公路乃至所有土建工程的病害之一，对土建工程产生了极大危害，并且较难治理。因此当工程需经过硫酸类盐渍土地区或需使用某种含硫酸盐类盐渍土填筑公路时，就需对土体的膨胀特性进行分析，以确定取舍及需采取的措施。因此，公路工程界将盐渍土按土体盐胀特性的不同分为四类，详见表7-7。

表7-7 盐渍土按土的盐胀特性分类

盐胀分类	非盐胀性土	弱盐胀性土	盐胀性土	强盐胀性土
盐胀率 η/%	$\eta \leqslant 1$	$1 < \eta \leqslant 3$	$3 < \eta \leqslant 6$	$6 < \eta$
硫酸钠含量 Z/%	$Z \leqslant 0.5$	$0.5 < Z \leqslant 1.2$	$1.2 < Z \leqslant 3$	$3 < Z$

注：硫酸钠含量 Z(%)以土基或地表 $0\sim1m$ 深易溶盐分析计算而得。

6）按盐渍土生成的条件或者所含盐类的不同分类

盐渍土按生成条件可以分为盐土、碱土、胶碱土、盐质碱土和盐质胶碱土等5种，分别简述如下。

（1）盐土。

在地层表面以下 $1\sim2m$ 深度或更深的垂直剖面范围内，含有易溶盐类（主要是钠盐）的土，称为盐土。盐土多位于干旱地区的低洼地方和滨海沿岸地带。按照盐分种类的不同，又有氯化物盐土、硫酸盐盐土、硫酸盐氯化物盐土和碳酸盐盐土之分。

① 氯化物盐土分布在水流汇集的低洼地方与湖沿边缘，也有在矿化水距地面较近和灌渠末端，经过蒸发使得盐分聚积在土壤表层而形成的；在远离海洋的内陆草原的河漫滩地和沙漠中的洼地里，带有盐分的地表水蒸发与析离出的盐分，也可在土壤中累积成氯化物盐土；内陆过干旱地区，蒸发量远大于降雨量，在多风季节中，盐分随风搬运，降落在土层里，日积月累，也可形成氯化物盐土。

② 硫酸盐盐土分布在比氯化物盐土稍高的地方，过干旱地区的盐湖外围处，地下水为硫酸盐、氯化物的镁钠质水。在强烈的蒸发条件下，盐分往往累积在地表，也有盐结皮和盐壳出现。在土基下部含有大量的氯化钠和含有结晶水的硫酸钠。硫酸盐盐土多以硫酸钠为主，硫酸钙和硫酸镁次之。某些地区的硫酸盐盐土，整个剖面中氯化物含量很高，仅在表层硫酸盐的含量多于氯化物盐类。

③ 氯化物盐类和硫酸盐共存于土壤之中，形成氯化物硫酸盐盐土或硫酸盐氯化物盐土的情况较为常见，这两种盐土是相互转变的。在盐化的初期，土壤中氯离子大量累积，生成氯化物盐土。之后，土壤继续积盐，硫酸盐所占比重逐渐增大，土壤转化为硫酸盐氯化物盐土或氯化物硫酸盐盐土。最后，随着硫酸盐再度累积，土壤进而演变为硫酸盐盐土。

④ 碳酸盐盐土属于强碱性土壤，湿时膨胀，干时硬结，透水性差，具有较多的交换性钠。它主要含有碳酸钠和碳酸氢钠。由于碳酸氢钠在转化为碳酸钠会释放出二氧化碳，二氧化碳逸出致使土结壳背部形成大量海绵状的气孔。碳酸盐土如不采取防碱措施，脱盐后易于变为碱土。

（2）碱土。

碱土是由盐土因地下水位降低发生退盐渍化作用而形成的，也可以通过地表水的淋溶，使盐土脱盐碱化而形成。另外在地下水位很高的条件下，碱土也可以转变为盐土。它多位于山前洪积细土平原，以及古老冲积平原的低平处，常与盐土及零星孤立小沙丘伴生。它是具有明显层次的盐渍土壤，上层常呈层状结构，下层为柱状和核桃状颗粒结构居多。它的特征是在含有少量碳酸钠的表层土壤中，没有或仅有极少量的氯根和硫酸根。一般碱土在 40～60cm 深度处，含有大量的易溶盐，其中主要是氯化钠和硫酸钠，也聚积有碳酸钙和石膏。

(3) 胶碱土。

胶碱土是沙漠或沙漠地区所特有的一种以黏土为主的特种土，不生长植物，它在干燥状态下非常坚硬，并且表面干裂，纹理交错呈裂纹状；潮湿时，它易膨胀，缝隙胀满后，表面就成为不透水层，非常泥泞。胶碱土整个垂直剖面内含易溶盐不多，盐类被淋溶在0.5m 以下的地层里，而表层往往含有吸附性钠离子，导致细颗粒和土中的团聚体有很大的分散性，所以在潮湿时亲水性特别大。

胶碱土的形成过程非常复杂，一般认为是在表层土经过轻微的退盐渍化和盐渍化的反复循环作用下形成的。促进它形成的主要因素：沙漠区的水-热状态；有可以液化的土壤细小颗粒；土壤中有一定数量的易溶盐，在周期性过多水分和随即干燥的影响下，盐类沉滞在土壤的表层。

(4) 盐质碱土和盐质胶碱土。

这两种土介于盐土、碱土和胶碱土之间。盐质碱土的主要特征是表层没有盐类，其总的含盐量小于盐土而大于碱土，地下水位较盐土地段低。而盐质胶碱土多处于不能排水或排水困难的低洼地段。

7.1.2 盐渍土的工程性质

盐渍土地基，在某种外界条件的作用下，土中含有的盐类会发生相态变化。例如，土中含水量增加时，固态的可溶盐类会溶解于水而变成液态；又如，由于土中盐类的溶解度一般随温度而变化(温度升高时溶解度增大，温度降低时溶解度减小)，所以，温度升高，导致土中含有的结晶盐被溶解而变成液态；温度降低，引起原来土中的盐溶液结晶转化成固态。因此，盐渍土中盐类的存在，会给土的工程性质带来较大的影响。

1. 盐渍土的三相组成与物理指标

对于非盐渍土来说，其三相组成如图 7-2 所示，它是由气相——气、液相——水、固相——土颗粒所构成的。但是，盐渍土的三相体与非盐渍土不同，如图 7-3 所示，它的三相组成虽然也可以用气相、液相和固相来表示。但其液相实际上不是水而是一种盐溶液，其固相除土的固体颗粒外，还有不稳定的结晶盐，也就是说，盐渍土的液相与固相会因外界条件变化而相互转化。

与非盐渍土一样，盐渍土的三相组成的比例关系，能表征土的一系列物理性质。这些物理性质同样可以用下列一些指标表示，如颗粒组成、土颗粒相对密度(G_s)、含水量(w)、干重度(γ_d)和湿重度(γ)、孔隙比(e)、饱和度(S_r)、液限(w_L)、塑限(w_P)、塑性指数(I_P)、液性指数(I_L)等。但是，盐渍土与非盐渍土的不同在于前者含有较多的盐类(尤其是易溶盐)，这种特性，对盐渍土的物理性质具有较大的影响。而且，在测定其各项物理指标时也必须与非盐渍土加以区别。

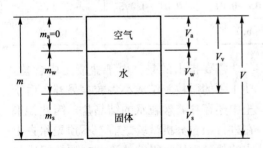

图7-2 常规土的三相组成

V—土的总体积，包括空气、水和土颗粒的体积；V_v—土的孔隙部分体积，包括空气和水的体积；V_s—土的固体颗粒实体的体积；V_w—水的体积；V_a—气体体积；m—土的总质量；m_w—水的质量；m_s—土颗粒的质量；m_a—空气质量，忽略不计

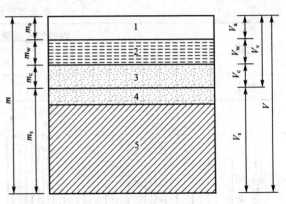

图7-3 盐渍土的三相组成

1—气；2—水盐溶液；3—易溶盐结晶；4—难溶盐结晶；5—土颗粒；V—土的总体积，包括空气、水、土颗粒、结晶难溶盐和易溶盐的体积；V_v—土的孔隙部分体积，包括空气、水和结晶易溶盐的体积；V_s—土颗粒和结晶难溶盐的体积；V_c—结晶易溶盐体积；m_c—结晶易溶盐质量；m_s—土骨架的质量，包括固体土颗粒和结晶难溶盐(105℃下烘干后)的质量

1）颗粒组成

盐渍土的颗粒和非盐渍土一样，是指那些岩石、矿物和非晶体化合物的零散碎屑，颗粒组成系指不同粒径的颗粒所占含量的百分数。我国的盐渍土的土类复杂，有砂石类土、粉土，也有黏土和亚黏土。表7-8和表7-9分别表示我国内陆两种典型盐渍土——砂石类盐渍土和黄土状盐渍土的颗粒组成。

表7-8 砂石类盐渍土的颗粒组成

土类	颗粒组成质量百分比/%，粒径/mm										有效粒径(d_{10})/mm	平均粒径(d_{50})/mm	界限粒径(d_{60})/mm	不均匀系数(μ_0)
	80~40	40~20	20~10	10~5	5~2	2~1	1~0.5	0.5~0.25	0.25~0.1	<0.1				
圆砾	3	9	36	25	9	1	2	5	4	6	0.25	9.40	12.0	48.0
圆砾混卵石	12	15	20	17	17	4	3	5	4	3	0.40	9.10	12.7	31.75
砾砂		4	9	17	19	6	6	14	19	6	0.13	1.75	3.40	26.15
中砂混砾砂				9	11	8	10	22	21	19			0.325	0.475
中砂						1	9	53	33	4	0.135	0.26	0.28	2.07
细砂					2	1	2	5	30	40	20		0.22	0.25
粉砂							2	3	19	48	28		0.16	0.195

表 7 - 9 黄土状盐渍土的颗粒组成

土类	颗粒组成质量百分比/%，粒径/mm				
	>0.1	$0.1\sim0.05$	$0.05\sim0.01$	$0.01\sim0.005$	<0.005
黄土	44.5	33.0	5.7	3.0	13.8

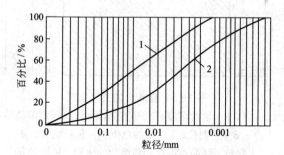

图 7 - 4 盐渍土浸水前后的颗粒分析曲线
1—洗盐前；2—洗盐后

需要指出的是，由于盐渍土中含盐，使土中的微粒胶结成小集粒；另外，由于土中还存在着颗粒状的结晶盐，因此如果在进行颗粒分析试验之前，不预先除去土中的盐，则所测得的盐渍土的颗粒组成与含盐量及含盐类型存在着一定的关系，如图 7 - 4 所示。

由图 7 - 4 可以看出，盐渍土去盐前后的颗粒分析试验曲线明显不同。在浸水洗盐前，由于盐的胶结作用和结晶盐的存在，得出的试验结果是细颗粒含量较少；而浸水洗盐后，由于易溶盐被溶解，原来由盐胶结而成的集粒解体以及结晶的盐颗粒也被溶化而除去，得出的试验结果是土颗粒分散度增高，细颗粒含量明显增大。因此，盐渍土的颗粒分析试验，应在洗盐后进行，以得到正确的粒径组成，并以此来确定土的名称，否则得到的结果很可能是错误的。

2）相对密度和湿重度

盐渍土中的土颗粒本身的矿物成分与一般土相同，故其相对密度也应为 2.67～2.75。盐渍土的相对密度一般有三种：①纯土颗粒的相对密度，即去掉土中所有盐后的土粒相对密度；②含难溶盐时的相对密度，即去掉土中易溶盐后的相对密度；③含所有盐时的相对密度，即天然状态盐渍土固体颗粒（包括结晶颗粒和土颗粒）的相对密度。其表达式为：

$$\alpha_x = \frac{m_s + m_c}{V_s + V_c \rho_{1t}} \tag{7-1}$$

式中，ρ_{1t}——t℃时中性液体的密度（如煤油）。

前两种相对密度可用蒸馏水在比重瓶中进行测定，而第三种相对密度在比重瓶中进行测定时，要用中性溶液（如煤油）。其原因如下：采用比重瓶法进行第三种相对密度试验时，不能用水作为排开的液体，因为土中含有易溶盐，当土遇水后，尤其在试验时的煮沸过程中，易溶盐会溶解于水，形成溶液。因此，水与盐原有的体积之和大于溶解后盐溶液的体积。同时，水溶盐中原有的结晶水的密度较蒸馏水为小（如 $CaSO_4 \cdot 5H_2O$、$CaSO_4 \cdot 2H_2O$ 及 $Na_2SO_4 \cdot 10H_2O$ 中的结晶水的密度分别为 0.71g/cm³、0.79g/cm³、0.85g/cm³），因此，盐的溶解使盐渍土的颗粒（包括土颗粒和结晶盐）所排开水的体积减小。文献［3］提供了按比重瓶法并采用蒸馏水作为排开液体试验所得的相对密度值随含盐量的变化情况，如表 7 - 10 所示。

表 7 - 10　不同含盐量的土的相对密度测定结果比较

含盐量/%	0.5	1.0	2.0	3.0
相对密度值增大数值	0.012	0.020	0.039	0.043

据上所述，盐渍土的第三种相对密度，应采用中性液体(如煤油等)代替蒸馏水进行相对密度试验，以防盐类溶解。

盐渍土的天然重度 γ 与一般土的定义相同，即

$$\gamma = \frac{m}{V} \qquad (7-2)$$

盐渍土天然重度 γ 的变化范围很大，其值为 $14.1 \sim 25.2 \text{kN/m}^3$。这是因为其所含的土类广泛，既有碎石类土、砂土，又有黏性土。因此，盐渍土天然重度难以用常规的环刀法来测定，一般宜采用野外方法，如现场坑测法等。对于含有较多 Na_2SO_4 的盐渍土，还应考虑其在低温条件下的结晶膨胀特性对天然重度的测定值带来的影响。

3) 干重度和孔隙比

盐渍土的干重度 γ_d 是衡量其密实程度的一个重要指标，它与盐渍土的溶陷性有明显的关系。对于同一类型的土来说，干重度越小，溶陷性越强，反之亦然。盐渍土干重度的变化范围大约在 $14 \sim 18 \text{kN/m}^3$。但应注意的是：同一种土含盐与去盐后的干重度有明显差别，特别是对于含盐量较高的盐渍土，干重度即使较大，其溶陷性也可能比较大。

表征盐渍土密实程度的另一个重要指标是孔隙比。盐渍土的溶陷量不仅取决于含盐量与含盐类型，更重要的还取决于孔隙比的大小。当孔隙比大时，盐渍土一旦被水浸，由盐胶结的土颗粒间的联结力削弱或消失，颗粒落入孔隙中，导致土体产生较大溶陷；反之，如果土的孔隙比较小，即使土中含盐量较高，其溶陷也较小。

盐渍土的孔隙比变化范围很大，一般为 $0.5 \sim 1.0$。同样，含盐与去盐后的孔隙比是不同的。

4) 天然含水量、含液量和饱和度

盐渍土天然含水量公式如下：

$$w' = \frac{m_w}{m_s + m_c} \times 100\% \qquad (7-3)$$

式中，w'——把盐当作土骨架的一部分时的含水量，可用烘干法求得。

我国内陆盐渍土含水量 w' 通常为 $2\% \sim 20\%$，均比较低。因此，当含盐量高时，土中水不足以溶解土中盐而致使有相当一部盐以结晶固态形式存在于土中。一旦骤降暴雨，或施工用水渗入地下，或管道漏水等，会使土中的含水量增加，盐分被溶解，导致土体溶陷。

盐渍土中含液量公式如下：

$$w_B = \frac{土样中含盐水质量}{土样中土颗粒和难溶盐总量} \times 100\% \qquad (7-4)$$

不考虑强结合水时，则有：

$$w_B = \frac{m_w + B m_w}{m_s} = w(1+B) \qquad (7-5)$$

式中，w_B——土样中含液量，B 为每 100g 水中溶解盐的含量，可由 $B = m_c/m_w$ 确定；

w——常规土定义的含水量，即 m_w/m_s。

内陆盐渍土的饱和度 S_r 多为 $2.5\%\sim79.8\%$，多数较小，土常年处于极为干燥状态；滨海盐渍土均接近于饱和，饱和度 $S_r>80.0\%$。

5）塑性指标

土的塑性指标包括液限、塑限、塑性指数和液性指数。它们反映了水对土的性状的影响。

含盐量对盐渍土塑性指标的影响较大。据文献［4］提供的资料，通过对砂黏土和黏砂土人工掺入不同盐量后进行塑性指标的试验表明，当含盐量由零增加到 20% 时，液、塑限均有不同程度的降低，一般降低的幅度：液限为 $14\%\sim18\%$、塑限为 $18\%\sim22\%$、塑性指数为 $11\%\sim12\%$。试验结果列于表 7-11 中并描绘于图 7-5、图 7-6 中。

表 7-11　氯盐渍土塑性指标试验结果

土名	NaCl 含量/%	液限(w_L)/%	塑限(w_P)/%	塑性指数(I_P)/%
砂黏土	0	25.9	16.5	9.4
	2	26.0	15.7	10.3
	4	24.8	14.6	10.2
	6	24.0	14.0	10.0
	10	22.9	13.6	9.3
	20	21.2	12.8	8.4
黏砂土	0	19.0	14.2	4.8
	2	18.9	13.7	5.2
	4	18.1	13.3	4.8
	6	16.8	13.0	3.8
	10	16.6	12.6	4.0
	20	16.3	11.6	4.7

注：表中为室温 $12\sim15$℃时的试验结果。

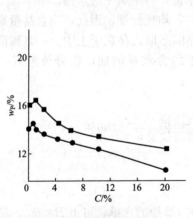

图 7-5　塑限变化曲线

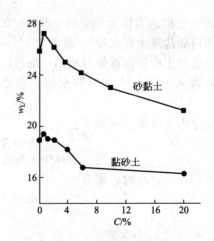

图 7-6　液限变化曲线

据国内曾对含量为 6%～10% 的 63 个盐渍土土样进行洗盐前后塑性指标的试验研究表明，未经洗盐的盐渍土，其液限含水量平均值比经过洗盐后(洗盐方法采用自来水和蒸馏水各洗三遍)的土小 2%～3%，塑限含水量小 1%～2%。由于工程上往往用塑性指标来对黏性土进行分类和评价，所以，最好分别做去盐前后的塑限和液限试验，以免对土的评价不合理或相差甚远。

6) 压缩系数、压缩模量及变形模量

盐渍土压缩性指标与一般土一样，可用压缩系数、压缩模量来表示，其测定方法也与非盐渍土相同，即压缩系数通过室内有侧限压缩试验求得。

由于盐渍土中砂石类盐渍土居多，所以取规则原状土样来进行室内压缩试验往往难以做到。因此，通过现场载荷试验来确定盐渍土的变形模量，以评价其压缩性就显得特别重要。

我国盐渍土地区大多数处于高原或边沿地区，用传统的方法进行现场试验费用高，实施也相当困难。所以，我国学者提出了用动测方法来确定盐渍土的变形模量。

大量的静、动现场试验结果表明，在相同地基的条件下，由静载荷试验测得的变形模量 E_0 与基础振动试验测得的弹性刚度 k_a 之间有如下相关关系：

$$E_0 = \frac{K_z}{\beta_0 F(1+\sqrt{\frac{F_0}{F}})} \tag{7-6}$$

式中，K_z——地基的竖向弹性刚度；

β_0——与地基土有关的系数；

F——荷载板(块体)的底面积；

F_0——荷载板基准面积，取 $10m^2$；

地基刚度 K_z 可用稳态振动方法按下式求得，即

$$K_z = m\omega_n^2 = m(2\pi f_n)^2 \tag{7-7}$$

式中，m——荷载板(块体)的质量；

ω_n——块体与地基系统的自振圆频率；

f_n——块体与地基系统的自振频率。

盐渍土的压缩性与含盐量有关。表 7-12 所示为氯盐渍土的压缩系数与土中含盐量的关系。

表 7-12　氯盐渍土的压缩系数与土中含盐量的关系

NaCl 含量/%	试样含水量/%	试样密度/(g/cm³)	压缩系数/MPa⁻¹
0	16.58	1.61	0.45
1	16.48	1.61	0.54
3	16.05	1.64	0.45
5	16.83	1.67	0.44

我国内陆盐渍土，由于大多数处于极干燥状态，且由于盐的胶结作用，其天然条件下的压缩性都比较低，如细砂类盐渍土的压缩系数 a_{1-2} 为 0.0007～0.0051MPa⁻¹，中砂类盐渍土的压缩系数 a_{1-2} 为 0.0007～0.0017MPa⁻¹，轻亚黏土类盐渍土的压缩系数 a_{1-2} 为 0.0003～0.0035MPa⁻¹。但是，值得指出的是，如果盐渍土地基一旦浸水，地基中的盐类就会溶解，从而变成一种新的软弱地基，压缩性极大。我国某油田盐渍土地基的同一土层上浸水前后的载荷试验结果如图 7-7 所示。从图中可以看出，浸水后的变形模量 E_0 约为

浸水前的变形模量的 $\frac{1}{15}$。因此，必须足够重视盐渍土浸水后的变形特性。

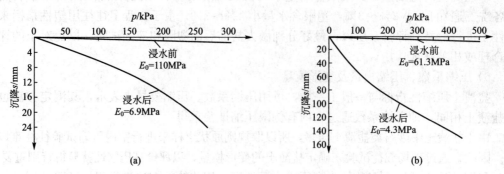

图7-7 某油田盐渍土地基浸水前后的 $p-s$ 曲线

7) 抗剪强度

盐渍土的抗剪强度除与土的颗粒组成、矿物成分、黏粒含量、含水量和密实程度有关外，还与土中含盐量有关，同时还与其是否浸水有关。如图7-8所示为氯盐渍土中含盐量与抗剪强度的关系；如图7-9所示为浸水前后盐渍土的抗剪强度曲线。

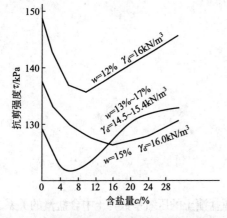

图7-8 氯盐渍土中含盐量与抗剪强度的关系

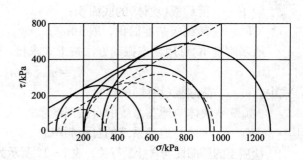

图7-9 浸水前后盐渍土的抗剪强度曲线
———浸水后；—浸水前

8) 我国内陆盐渍土的物理指标统计

我国的内陆盐渍土，主要分布在我国新疆和青海地区，砂石类盐渍土和黏性盐渍土均有。表7-13列出了常见的几种盐渍土的物理指标。

表7-13 盐渍土物理指标统计表

物理指标 土类	w /%	γ/ (kN/m³)	G_s	γ_d/ (kN/m³)	S_r /%	e	w_L /%	w_P /%	I_P	I_L
亚黏土	14.8～ 19	18.0～ 18.6	2.65～ 2.7	15.6～ 15.7	67～ 70.2	0.73～ 0.75	28.4～ 29.3	16.0～ 17.2	11.2～ 12.3	0～ 0.31
轻亚黏土	7.3～ 18.4	14.6～ 18.7	2.7～ 2.75	13.6～ 15.8	20.8～ 21.8	0.71～ 1.02	23.2～ 25.6	15.7～ 17.4	7.0～ 7.61	<0.31

（续）

物理指标 土类	w /%	$\gamma/$ (kN/m^3)	G_s	$\gamma_d/$ (kN/m^3)	S_r /%	e	w_L /%	w_P /%	I_P	I_L
细砂	0.9~ 1.7	14.1~ 18.4	2.65~ 2.70	13.9~ 18	3.0~ 5.1	0.5~ 0.94	—	—	—	—
角砾	0.5~ 1.94	19.3~ 23.0	2.68~ 2.80	19.2~ 22.5	—	—	—	—	—	—
卵石	0.5~ 8.5	17.7~ 25.2	2.62~ 2.82	17.5~ 23.2	—	—	—	—	—	—

从表 7-13 可以看到，内陆盐渍土在天然状态下，含水量比较小，这是其天然状态下具有较低压缩性的一个重要原因。从表 7-13 中还可以看到，有些土孔隙比较大，这是盐渍土产生溶陷的主要因素。

9）物理性质指标的修正

土中的含水量是计算土的其他一些物理指标的一个基本指标。但是，盐渍土中含有一定量的易溶盐。在天然条件下，这些易溶盐不足以被土中所含的水分溶解（即达到饱和状态）时，则未被溶解的盐便以固态的形式存在于土中，且与土颗粒一样起着固体骨架作用。可是，这部分骨架是不稳定的。当含水量增加时，它便会溶解于水而变成液相。我国现行的土中天然含水量的测定方法（烘干法），无论是土中的固态盐或液态盐，均可作为固体骨架的一部分考虑，所测得的含水量是土中纯水质量与土中固体土颗粒和土中盐质量之和的比，即可用下式来表示：

$$w = \frac{土中纯水质量}{土颗粒 + 土中含盐量} \qquad (7-8)$$

由于采用常规烘干法测定盐渍土的含水量不能正确地反映盐渍土中相态之间的关系，因此国内外学者提出了一些修正方法。文献［4］认为，当将常规土的物理指标间的换算关系应用于盐渍土时，应用含盐液量（下称含液量）代替换算关系式中的含水量进行换算。具体修正方法如下。

（1）在氯盐渍土地区，先将氯盐渍土的实测含水量 w 折算为"含液量"来考虑。"含液量"就是指土中的水溶液与土颗粒和固体盐质量之和的比，并考虑强结合水 w_a 不起溶盐作用，可按下式计算：

$$w_B = \frac{(w - w_a)(1 + B)}{1 - (w - w_a)B} + w_a \qquad (7-9)$$

式中，w_B——含液量，%；

w——烘干法测定的含水量，%；

w_a——强结合水含量（不起岩溶），%；

B——每 100g 水中溶解的盐量，%。

关于 B 值的确定，若有实测的易溶盐含量 $C(\%)$，则可按下式计算：

$$B = \frac{C}{w} \times 100\% \qquad (7-10)$$

当 $B < 35.7\%$ 时，采用 B 值计算结果；当 $B > 35.7\%$ 时，B 值取 35.7%（35.7%为0~

20℃氯化钠的溶解度）。

如果实测了土中水的相对密度，则可按表 7-14 查得分值。

表 7-14　含 NaCl 为主的水溶液的相对密度与 B 值的关系表

水溶液相对密度(15℃)	1.0	1.08	1.09	1.10	1.12	1.13	1.14	1.15	1.16	1.17	1.175	1.18	1.19
B 值/%	0.1	12.3	14.0	15.7	19.3	21.2	23.1	25.0	26.9	30.1	31.1	32.1	35.7

在求得含液量(w_B)后，用含液量(w_B)替代其他物理指标换算关系式中的含水量 w，就可得到其他物理指标的修正值。例如，几个主要的物理指标的修正式如下：

干重度
$$\gamma_d = \frac{\gamma}{1 + 0.01 w_B} \tag{7-11}$$

孔隙比
$$e = \frac{G_s}{\gamma}(1 + 0.01 w_B) - 1 \tag{7-12}$$

饱和度
$$S_r = \frac{w_B \cdot G_s}{e} \tag{7-13}$$

式中，γ——湿重度；

G_s——相对密度。

青海某地实测了天然含水量（用烘干法），并折算成含液量，再用上述换算关系计算出了盐渍土的干重度，如表 7-15 所示。

表 7-15　由含水量和含液量计算的干重度

取样深度/m	w/%	γ/(kN/m³)	含液量 w_B/%	按含水量计算 γ_d/(kN/m³)	按含液量计算 γ_d/(kN/m³)	水溶液相对密度 G_w	B 值/(g/100g)
0.18	13.2	19.3	16.9	17.1	16.5	1.212	35.5
0.69	14.3	20.8	17.2	18.2	17.8	1.118	18.94
1.21	16.2	21.9	18.9	18.8	18.4	1.118	18.94
2.25	21.5	21.5	25.5	17.7	17.1	1.118	18.94
3.25	21.7	21.5	25.7	17.5	16.7	1.118	18.94
3.75	23.2	21.0	27.6	17.0	16.4	1.118	18.94

注：计算时，强结合水按 4% 考虑；地下水位以上，肉眼可见结晶盐粒者，B 值均按饱和度取值。

从表 7-15 可以明显看出，按含水量计算的干重度，普遍比按含液量计算的干重度高，原因是前者纳入了固体状态的盐。

当土中水分处于饱和溶液时，干重度的修正值 γ_d' 可按下式计算：

$$\gamma_d' = \gamma_d [1 - (w - w_a)B] \tag{7-14}$$

（2）在硫酸盐地区，由于温度的变化，导致硫酸钠相态的改变，使土中含水量时有增减。如果采用常规烘干法求得含水量 w，必然因烘干过程中温度的升高使结晶水同时被烘失，增大了含水量 w 的数值，造成与实际不符。因此，必须从式(7-9)中扣除结晶水，即用下式来计算含液量 w_B：

$$w_B = \frac{(w - w_a)(1 + B)}{1 - (w - w_a)B} + w_a - w_C \qquad (7-15)$$

式中，w_C——结晶水含量(为含盐量的 1.27 倍)；

其余符号同前。

硫酸盐渍土的其他物理指标均用上述的含液量(w_B)替代含水量进行换算。

值得指出的是，上述方法存在着一定的不足。例如，在计算公式中的 B 值时，仅考虑土中含的是单纯的一种盐，这与实际是不相符的。因为通常盐渍土中含有多种盐类，如果能求得多种盐混合存在时的水溶液浓度和溶解度等指标，再用上述方法计算会更接近实际。

有的文献认为，鉴于目前强结合水还没有很好的测定方法，此外，国外有些资料表明，强结合水也能溶解盐分，因此在测定时有些困难。再者，考虑到其值对含液量的影响在工程上可以忽略不计，而且结晶盐又是不稳定的固体，不应作为土固相来考虑。因此，对于氯盐为主的盐渍土，提出了下述较简单的修正方法，即含液量 w_B 由下式定义：

$$w_B = \frac{\text{土中盐溶液质量}}{\text{土中固体土颗粒质量}} \times 100\% \qquad (7-16)$$

忽略强结合水，则有：

$$w_B = \frac{W_w + B \cdot W_w}{W_a} \qquad (7-17)$$

又因为常规方法测定含水量和含盐量可分别用下述式子表示：

$$w = \frac{W_w}{W_a + W_C} \qquad (7-18)$$

$$C = \frac{W_C}{W_a + W_C} \qquad (7-19)$$

由式(7-18)和式(7-19)代入式(7-17)，可得含液量 w_B 的计算式为

$$w_B = \frac{W}{1 - C} \cdot (1 + B) \qquad (7-20)$$

式中，C——土中的含盐量；

其余符号及 B 值的取值方法同前。

在此，设含盐量 $C = 3\%$，由烘干法测得的含水量 $w = 10\%$ 以及相对密度 $G_s = 2.7$，湿重度 γ 为 19.5kN/m³。由此而得的 B 为 29%。然后分别把含水量 w 和由式(7-19)而得的 w_B 代入各物理指标的换算公式中进行计算，可得几个典型的指标，如表 7-16 所示。

表 7-16 分别用 w 和 w_B 计算的物理指标的比较

物理指标 含水量或 含液量/%	γ_d /(kN/m³)	S_r /%	e
$w = 10$	17.7	51.6	0.523
$w_B = 13.3$ (由 $w = 10$ 求得)	17.2	63.0	0.570

从表 7-16 可以看出，与用含液量计算的结果相比，用含水量计算出的干重度偏大，而孔隙比、饱和度偏小。这是因为用烘干法求得的含水量 w 是把盐(包括原状土中的液态

盐、结晶盐)作为固体土骨架的一部分而得的,没有正确地反映土中的固体土颗粒与土中液相的物理关系,对于实际工程来说,将是偏于不安全的。

2. 盐渍土的化学性质与测定方法

了解盐渍土的化学性质,对于认识盐渍土的溶陷机理具有重要意义,迄今为止,这方面的研究成果不多。本节主要介绍盐渍土的化学成分全量、含盐类型及含盐量的换算方法等。

1) 化学成分全量

在我国西北内陆盐渍土地区,做了数十个土样的差热分析和全量化学分析,其结果说明盐渍土的颗粒矿物成分主要为伊利石,其次为蒙脱石,化学成分以二氧化硅为主,其次为三氧化二铝,详见表7-17。

表 7-17 西北内陆盐渍土化学成分

取样深度/m	化学成分及含量/%								
	SiO_2	Al_2O_3	Fe_2O_3	MgO	TiO	MnO	VO	其他	$\dfrac{SiO_2}{Al_2O_3+Fe_2O_3}$
0.0～0.2	49.8	18.90	5.33	3.76	0.74	0.05	0.014	0.134	3.79
0.2～0.4	54.32	25.26	5.83	5.54	0.75	0.06	0.014	0.150	3.30
0.4～0.6	49.94	18.98	5.03	4.64	0.48	0.07	0.013	0.147	3.98
0.6～0.8	48.57	22.47	5.25	5.13	0.68	0.07	0.013	0.141	3.24
0.8～1.0	48.34	21.06	5.08	3.56	0.61	0.08	0.013	0.142	3.39
1.0～1.2	47.56	22.25	4.94	3.58	0.61	0.07	0.013	0.135	3.18
1.2～1.4	55.62	22.68	5.40	2.85	0.78	0.07	0.012	0.127	3.61

2) 盐渍土的含盐类型及测定

(1) 盐渍土的含盐类型及其测定方法。

如前所述,盐渍土按含盐类型分类,主要可以分为氯盐渍土、硫酸盐渍土和碳酸盐渍土三种。我国内陆的盐渍土,青海地区主要为氯盐渍土,而新疆地区则较多为硫酸盐渍土。氯盐渍土中主要含有 NaCl、KCl,其次是 $CaCl_2$、$MgCl_2$ 等易溶盐类;硫酸盐渍土中主要含有 Na_2SO_4 和 $CaSO_4$ 等;碳酸盐渍土中主要含有 Na_2CO_3 和 $NaHCO_3$,且具有强碱反应。盐渍土中的各种盐类,按其在 20℃ 水中的溶解度分为三类:即易溶盐、中溶盐和难溶盐。各种盐类的测定方法分别按《土工试验方法标准》(GB/T 50123—1999)进行。

(2) 盐渍土中含盐量的换算方法。

目前,在对盐渍土盐类的含量分析报告中,常用两种分析结果来表示含盐量的多少。其一是用离子浓度含量表示,其二是用含盐质量百分比表示。研究这两种表示方法之间的换算关系,具有实用价值。下面介绍两种换算方法。

① 中国科学院青海盐湖研究所在《卤水和盐的分析方法》中提出了一种上述两者之间的换算方法。这种方法是在做了些假定后创造出来的。实践证明,该法对氯盐渍土和硫酸盐渍土相当实用,但对碱性盐渍土(碳酸盐渍土)来说误差较大,有待于进一步研究。下

面简述这种方法。

换算原则包括溶解度原则和当量原则。

溶解度原则：溶解度较小的盐类优先配合。

当量原则：阳离子与阴离子以等当量的方式配合。根据上述原则，阳离子首先配合不易溶解的盐，然后再配合成较易溶解的盐。其顺序是：Ca^{2+}（mmol/100g 土）顺次与 CO_3^{2-}、HCO_3^-、SO_4^{2-}、Cl^- 配合，Mg^{2+} 以同样顺序配合；K^+ 通常与 Cl^- 配合，剩下没有配合完的阴离子与 Na^+ 配合，由于 K^+ 和 Na^+ 不易分开，且土中钾盐极少，所以 K^+ 和 Na^+ 均按 Na^+ 计算。

然后计算分子量，即阴离子为 2 价者除以 2，1 价离子为 2 者（如 Na_2SO_4 中的钠）也除以 2。求得的数值再除以 1000，便为该化合盐的毫克当量数。再用配合所得数值乘以该盐类的毫克当量数，即得到该化合盐含量的质量百分比。

② 换算实例。

以我国某地的盐渍土地基为例，该地基土中各种离子的含量（mmol/100g 土）为：

$Ca^{2+}=0.20$，$CO_3^{2-}=0$；$Mg^{2+}=0.10$，$HCO_3^-=1.29$；$Na^+=36.04$，$SO_4^{2-}=6.48$；$Cl^-=28.57$；总含盐量 $C=2.24\%$。

先将 Ca^{2+} 与 CO_3^{2-} 配合，因 CO_3^{2-} 为 0，往下推再与 HCO_3^- 配合得 $Ca(HCO_3)_2=0.20$；Mg^{2+} 与剩余的 HCO_3^- 配合得 $Mg(HCO_3)_2=0.1$；Na^+ 与剩余的 HCO_3^- 配合得 $NaHCO_3=1.29-0.2-0.1=0.99$；再将 Na^+ 与 SO_4^{2-} 配合得 $Na_2SO_4=6.48$；剩余的 Na^+ 和 Cl^- 配合得：$NaCl=36.04-0.99-6.48=28.57$。配合完成后，再求化合盐的毫克当量数，即

$$Ca(HCO_3)_2=[40.08+2\times(1.007+12.01+3\times16)]\div2\div1000=0.0814$$
$$Mg(HCO_3)_2=[24.31+2\times(1.007+12.01+3\times16)]\div2\div1000=0.0732$$
$$NaHCO_3=[23+(1.007+12.01+3\times16)]\div1\div1000=0.084$$
$$Na_2SO_4=(23\times2+32.06+4\times16)\div2\div1000=0.071$$
$$NaCl=(23+35.45)\div1000=0.0584$$

最后求各种盐的百分比含量。将各种盐配合时所得的值，乘以所得毫克当量数即得各种盐的质量百分比。

$$Ca(HCO_3)_2=0.2\times0.0814=0.02\%$$
$$Mg(HCO_3)_2=0.1\times0.0732=0.01\%$$
$$NaHCO_3=0.99\times0.084=0.08\%$$
$$Na_2SO_4=6.48\times0.071=0.46\%$$
$$NaCl=28.57\times0.0584=1.67\%$$

由上述各盐的质量百分比含量相加可得总含盐量，即 $C=0.02\%+0.01\%+0.08\%+0.46\%+1.67\%=2.24\%$，其结果与直接测定的总含盐量百分数相同。

中国科学院新疆生物土壤沙漠研究所在《新疆土壤分析》中提出了一种以钠离子优先与阴离子结合的换算方法。这个原则的配合顺序恰恰与前述方法相反，即阴离子的配位顺序为 Cl^-、SO_4^{2-}、CO_3^{2-}、HCO_3^-；阳离子的顺序依次为 Na^+、Mg^{2+}、Ca^{2+}。其他计算方法两者完全相同。下面用这种方法再计算一下上述的实例。

Na^+ 和 Cl^-、SO_4^{2-} 结合，$NaCl=28.57\times0.0584=1.67\%$，$Na_2SO_4=6.48\times0.071=0.46\%$；剩余的 Na^+ 与 HCO_3^- 结合得 $NaHCO_3=(36.04-28.57-6.48)\times0.084=$

0.08%；剩余的 HCO_3^- 再与 Mg^{2+}、Ca^{2+} 结合得 $Ca(HCO_3)_2=0.2\times0.0814=0.02\%$，$Mg(HCO_3)_2=0.1\times0.0732=0.01\%$；含盐质量百分比 $C=1.67\%+0.46\%+0.08\%+0.01\%+0.02\%=2.24\%$；从上述结果看，两种方法所得的值完全一致。

3. 盐渍土的结构特性

土的结构是指土的颗粒组成、土粒形状及其相互排列、土粒表面特征、土粒间胶结情况和孔隙特征等。研究盐渍土的微观结构特征，可以对其承载力和变形特性的解释以及给室内外试验的结果提供可靠的依据。

由于盐渍土的土类繁多，所以，这里只对砂石类盐渍土和黄土状盐渍土的结构特征进行介绍。

1）砂石类盐渍土的结构特征

国内的研究者曾对青海的砂石类盐渍土，用英制的 S4-10 型扫描电子显微镜，并配合 X 射线分析及红外吸收光波分析，在电镜放大 50～1000 倍的情况下，对盐渍土各级组织结构进行观察，并对有代表性的结构摄制了大量显微图像，从中选取了有代表性的 10 张照片组成砂石类盐渍土的显微结构图像。从这些结构图像可得如下结论。

(1) 颗粒大小混杂，土质不均。大于 $100\mu m$ 的砂粒级很多，一般占 60%～70%，粉粒级少，黏粒级甚微。

(2) 砂颗粒中很多不是原生的矿物碎屑，而是由较小或很小的土粒集合而成的集粒。这些小土粒由盐类胶结得很牢固，并可明显地看到盐类晶体互相镶嵌、接触-胶结的图像。

(3) 土的结构有紧密的，也有疏松的，形成类似湿陷性黄土常见的粒状、架空、接触结构。大孔隙直径达 $40\sim50\mu m$，是由不稳定架空排列所组成。

(4) 土中孔隙被盐类、碎屑充填，导致土结构紧密的居多。所以，土的天然孔隙比较小，大都属于中密至密实。因为土中含有 Na_2SO_4，它结晶时体积膨胀，使土的密度大大增加。

(5) 这类盐渍土的矿物成分以伊利水云母及蒙脱石为主。

2）黄土状盐渍土的结构特征

黄土状盐渍土也是一种具有典型特征的盐渍土。它主要分布于新疆地区。天津大学对该类盐渍土在强夯处理前后的微观结构做了比较详细的研究。现将这一研究成果简单介绍如下。

(1) 强夯前的结构特征。

从低倍(×20)的电镜照片中可以看出，黄土状盐渍土的结构十分疏松，除了存在不少"大孔隙"外，还普遍存在着"架空孔隙"。并且，在取样现场观察，也可发现有肉眼可见的孔隙。

照片表明，黄土状盐渍土的骨架颗粒比较粗大，粒径在 $50\sim150\mu m$，这些颗粒主要是由碎屑、外包颗粒和凝聚体所组成。

从能谱图和室内进行的化学分析可知，这种黄土状盐渍土的微观结构类型为"粒状、架空、黏-钠质"胶结结构。这种结构在含水量较低的条件下，具有一定的结构强度，然而，浸水受压条件下，将发生剧烈的溶陷变形。

(2) 强夯后的结构特征。

从低倍(×20)的照片中，可明显地看出土结构比较紧密，"大孔隙"和"架空孔隙"

已基本消失。此时，微观结构类型为"粒状镶嵌、黏-钠质胶结"结构，具有较好的力学性能，浸水受压条件下也不会发生明显的溶陷变形。但是，从相关图片中仍然可以看到土体分布着水平向为主的微细裂缝，这将影响土体的抗剪强度，在过大的偏差应力作用下，有可能产生剪切破坏。

（3）微结构分析的结论。

① 通过扫描电镜的形态鉴定和 X 射线能谱分析，黄土状盐渍土中，碎屑矿物的成分为长石、石英、云母、方解石、石膏，黏土矿物的成分为伊利石和蛭石，可溶盐有 $NaCl$、KCl 和 Na_2SO_4 等，还有微量的中溶盐和难溶盐（$CaSO_4$、$CaCO_3$）。这种土的矿物成分与一般黄土的矿物成分基本相同。

② 根据对上述各试样的分析，表明该种盐渍土中含有较多的可溶盐类（$NaCl$、Na_2SO_4）。这种可溶盐一般以盐膜形式吸附在黏胶微粒周围，黏粒和盐共同作用，构成了黄土状盐渍土骨架颗粒间的胶结物质，把土的骨架颗粒胶结在一起，形成黄土状盐渍土结构的黏结强度，这也是该种土加固凝聚力的来源。然而，这种结构联结强度是不稳定的，将随着土中含水量的增加而降低。

③ 根据对强夯前土样微结构的分析，发现该种土的结构类型为"粒状、架空、黏-钠质胶结"结构，含有大量的大孔隙和架空孔隙。因此，土的密度一般很低，颗粒间接触面积相对较少，土的摩擦系数小，抗剪强度不高，而大孔隙和架空孔隙的存在还构成了结构不稳定的潜在威胁。在干燥的条件下，粒间胶结物质形成的凝聚力，使土具有一定的结构强度，然而，一旦遇水浸湿，凝聚力很快消失，土的天然结构遭受破坏，产生溶陷变形。

④ 经强夯后的土样，架空孔隙的大孔隙已基本消失，骨架颗粒排列紧密，粒间仍存在有胶结物质，已形成一种新的结构，即"粒状、镶嵌、黏-钠质胶结"结构，这种结构十分稳定，不具有溶陷性质，土的内摩擦角和凝聚力也有所增加。然而，在夯实过程中，土孔隙中的流体（主要是气体，也可能有部分流体）在瞬间强大的冲挤压力下，来不及通过孔隙通道排出，只能在沿水平方向的薄弱部位挤出，向四周扩散，导致形成很多水平裂隙。这在一定程度上，会降低土的抗剪强度。

（4）黄土状盐渍土与一般黄土的微结构分析比较。

① 一般黄土的主要矿物为石英、长石、方解石的微碎屑，含有一定数量的云母类矿物以及伊利石、绿泥石类黏土矿物；而黄土状盐渍土的主要矿物成分有：碎屑矿物为石英长石、云母、方解石和少量石膏；黏土矿物有伊利石、蛭石。所以，这两种土的矿物成分基本相同。但是由于盐渍土中参与胶结作用的有大量的盐分，所以，盐渍土具有膨胀性、溶陷性及腐蚀性。而一般黄土中含的主要是碳酸盐，不易溶解于水，性质稳定，即使黄土发生湿陷，其主要原因也不是盐的溶解所造成的。

② 一般黄土的结构为：凝聚体和其他碎屑矿物共同构成了支承结构的骨架，其排列比较疏松，单位体积中接触联结点较少，构成一定数量的架空孔隙，接触联结处没有或只有少量胶结物质。这种粒状、架空的空间结构体系是极不稳定的。而黄土状盐渍土的结构为"粒状、架空、黏-钠质胶结"结构，与一般黄土的结构非常相似。两种土在天然状态下，都具有低塑性、高孔隙率、低含水量的特性，干燥状态下具有较高的强度，常呈直立的陡坡。在一定压力下，受水浸湿，土体结构迅速破坏，产生湿陷（或溶陷）变形。

由上述分析可以发现，黄土状盐渍土的性质基本上类同于一般黄土，但由于所含盐的类型和数量不同，又有其自身独特的性质。

7.2 盐渍土的处理方法

盐渍土地基处理的目的，主要在于盐渍土的力学性质，消除或降低地基的溶陷性或盐胀性等。与一般地基不同的是，盐渍土地基处理的范围和厚度应根据其含盐类型、含盐量、盐渍土的物理和力学性质、溶陷等级、盐胀特性及结构物类型等因素确定。

7.2.1 消除或降低盐渍土地基溶陷性的处理方法

大量工程实践和试验表明，由于盐的胶结作用，盐渍土在天然状态下的强度一般都较高，因此盐渍土地基可作为结构物的良好地基。但当盐渍土地基浸水后，土中易溶盐被溶解，导致地基变成软弱地基，承载力显著下降，溶陷迅速发生。降低盐渍土地基溶陷性的处理方法如下。

1. 浸水预溶法

该法是对拟建的结构物地基预先浸水，使土中的易溶盐溶解，并渗入较深的土层中。易溶盐的溶解破坏了土颗粒之间的原有结构，使其在自重应力下压密。由于地基土预先浸水后已产生溶陷，所以建筑在该场地上的结构物即使再遇水，其溶陷变形也要小得多。因此，这实际上相当于一种简易的"原位换土法"，即通过预浸水洗去土中的盐分，把盐渍土改良为非盐渍土。

浸水预溶法一般适用于厚度较大、渗透性较好的砂、砾石土、粉土和黏性土类盐渍土。对于渗透性较差的黏性土不宜采用浸水预溶法。浸水预溶法用水量大，场地要有充足的水源。此外，最好在空旷的新建场地中使用，如需在已建场地附近应用，则在浸水场地与已建场地之间要保证有足够的安全距离。

采用浸水预溶法处理盐渍土地基时，浸水场地面积应根据结构物的平面尺寸和溶陷土层的厚度确定。浸水场地平面尺寸每边应超过拟建结构物边缘不小于 2.5m，预浸深度应达到或超过地基溶陷性土层厚度或预计可能的浸水深度。浸水水头高度不宜低于 0.3m，浸水时间一般为 2～3 个月，浸水量一般可根据盐渍土类型、含盐量、土层厚度以及浸水时的气温等因素确定。

2. 强夯法

有些盐渍土的结构松散，具有大孔隙的结构特征，土体密度很低，抗剪强度不高。对于含结晶盐不多、非饱和的低塑性盐渍土，采用强夯法是降低地基溶陷性的一种有效方法。

3. 浸水预溶＋强夯法

浸水预溶＋强夯法是将浸水预溶法与强夯法相结合，可应用于含结晶盐较多的砂石类土中。这种方法通过先浸水后强夯，可进一步增大地基土体的密实性，降低其浸水溶陷性。但如果在使用中，结构物地基的浸水深度超过有效处理深度，地基显然还要发生溶陷，所以在地基处理时应使预浸水深度和强夯的有效处理深度均达到设计要求（在砂石类

土中一般为 $6 \sim 12m$)。

4. 换土垫层法

换土垫层法适用于溶陷性较高、厚度不大的盐渍土层的处理。将基础之下一定深度范围内的盐渍土挖除，然后回填不含盐的砂石、灰土等，再分层压实。以换土垫层作为结构物基础的持力层，可部分或完全消除盐渍土的溶陷性，减小地基的变形，提高地基的承载力。

5. 盐化处理方法

对于干旱地区含盐量较多、盐渍土层很厚的地基土，可采用盐化处理方法，即所谓的"以盐治盐"法。该方法是在结构物地基中注入饱和或过饱和的盐溶液，形成一定厚度的盐饱和土层，从而使地基土体发生下列变化：①饱和盐溶液注入地基后随着水分的蒸发，盐结晶析出，填充了原来土体中的孔隙并起到土粒骨架的作用；②饱和盐溶液注入地基并析出盐结晶后，土体的孔隙比变小，使盐渍土渗透性降低。

地基土体经盐化处理后，由于土体的密实性提高及渗透性降低，既保持或提高了土体的结构强度，又使地基受到水浸时也不会发生较大的溶陷。在地下水位较低、气候干旱的地区，可将这种方法与地基防水措施结合使用。

6. 桩基础法

当盐渍土层较厚、含盐量较高时，可考虑采用桩基础。但与一般土地基不同，在盐渍土地基中采用桩基础时，必须考虑在浸水条件下桩的工作状况，即考虑桩周盐渍土浸水溶陷后会对桩产生负摩阻力而造成桩承载力的降低。桩的埋入深度应大于松胀性盐渍土的松胀临界深度。

7.2.2 消除或降低盐渍土地基盐胀性的处理方法

盐渍土的盐胀包括碱性盐渍土的盐胀和硫酸盐渍土的盐胀。前者在我国的分布面积较小，危害程度较低，而后者的分布面积较广，对工程造成的危害也较大。针对硫酸盐渍土的盐胀，主要有下述处理方法。

1. 化学方法

化学方法的处理机理：①用掺入氯盐的方法来抑制硫酸盐渍土的膨胀；②通过离子交换使不稳定的硫酸盐转化成稳定的硫酸盐。研究表明，Na_2SO_4 在氯盐中的溶解度随着氯盐浓度的增大而减小，当使得 Cl^-/SO_4^{2-} 的数值增大到 6 倍以上时，对盐胀的抑制效果最为显著。因此，在处理硫酸盐渍土的盐胀时，可采取在土中灌入 $CaCl_2$ 溶液的方法。这是因为 $CaCl_2$ 溶液在土中可起到双重效果：一是可降低 Na_2SO_4 的溶解度；二是通过化学反应生成的 $CaSO_4$ 微溶于水且性质稳定，其反应方程式为

$$Na_2SO_4 + CaCl_2 \longrightarrow 2NaCl + CaSO_4$$

因此，运用离子交换法处理盐胀时还可选用石灰作为原料，其反应方程式为

$$Na_2SO_4 + Ca(OH)_2 \longrightarrow 2NaOH + CaSO_4$$

上述反应生成的 $CaSO_4$(熟石膏)为难溶盐类，不会发生盐胀，从而可达到增强地基稳

定性、消除盐胀的目的。

2. 设置变形缓冲层法

该法是在地坪下设置一层一定厚度（约 200mm）的不含砂的大粒径卵石（小头朝下立栽于地），使盐胀变形得到缓冲。

3. 换土垫层法

可采用此方法处理硫酸盐渍土层厚度不大的情况。当硫酸盐渍土层的厚度较大，但只有表层土的温度和湿度变化较大时，可不必将全部硫酸盐渍土层都挖除，而只需将有效盐胀区范围内的盐渍土挖掉，换填非盐渍土即可。

4. 设置地面隔热层法

盐渍土地基盐胀量的大小，除与硫酸盐含量有关外，还主要取决于土的温度和湿度的变化。例如，在地面设置一隔热层，就能有效避免盐渍土层顶面的温度发生较大变化，从而能达到消除盐胀的目的。同时为保持隔热材料的持久性，通常在其顶面铺设一防水层，以防大气或地面水渗入隔热层。

5. 隔断法

隔断法，是指在地基一定深度内设置隔断层，以阻断水分和盐分向上迁移，防止地基产生盐胀、翻浆及湿陷的一种地基处理方法。

隔断层按其材料的透水性可分为透水隔断层与不透水隔断层。透水隔断层材料有砾（碎）石、砂砾、砂等；不透水隔断层材料有土工合成材料（复合土工膜、土工膜）、沥青砂等。

1）砾（碎）石隔断层

砾（碎）石隔断层适用于地下水位埋藏较浅或降水较多的强盐渍土地区，隔断层厚度一般为 0.3～0.4m，上下设反滤层，两侧用砾石土包边。砾（碎）石隔断层下承层双向外倾设有不小于 1.5％ 的横坡。砾（碎）石隔断层材料的最大粒径为 50mm，小于 0.5mm 的细颗粒含量不大于 5％。反滤层可采用砂砾或中、粗砂，小于 0.15mm 的颗粒含量不大于 5％，厚度为 0.10～0.15m。

2）砂砾隔断层

砂砾隔断层适用于地下水埋藏较深、隔断层以下填料毛细水上升不是很剧烈以及地基土含盐量不是很高的地段。砂砾隔断层厚度不宜小于 0.9m，隔断层材料的最大粒径为 100mm，粉黏粒含量应小于 5％，总盐含量小于 0.3％。

3）砂隔断层

砂（主要指风积砂或河砂）隔断层适用于地下水位较高且风积砂或河砂来源较近而砂砾料运距较远的地段。用作地基隔断层的风积砂或河砂，其粉黏粒含量应小于 5％，总盐含量应小于 0.3％，腐殖质含量小于 1％。砂隔断层厚度一般不小于 0.5m。上面应铺土工布及设置不小于 0.2m 的砂砾填料。隔断层两侧应设砾（碎）石类土包边，包边顶面宽度不小于 0.5m。填筑施工时应先将两侧包边填筑压实后再进行砂隔断层的填筑。当砂层厚度小于等于 0.5m 时，可一次性全厚度填筑；当厚度大于 0.5m 时，应分层填筑，每层摊铺厚度宜取 0.3～0.4m。砂隔断层可采用洒水碾压，当取水不便时，亦可采用振动干压实，压实度应达到95%。砂隔断层的施工工艺流程如图7-10所示。

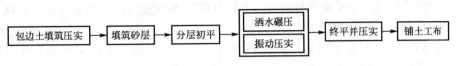

图7-10　砂隔断层填筑施工工艺

4）土工布隔断层

由于土工布具有较好的隔水、隔气性和耐久性且施工简便，因此对中、强盐渍土地区的地基宜采用土工布作为隔断层。用作隔断层的土工布通常采用复合土工膜和土工膜，其性能指标如表7-18所示。对于砾石土地基，复合土工膜可直接设置在地基一定深度，无须设保护层。为防止土工膜被顶破，在其上、下应设置80～100mm的砂土保护层，砂土的粉黏粒含量应不大于15%。当土工布隔断层设置于细粒土地基中时，应在复合土工膜上、下设置不小于200mm的砂砾排水层。排水层材料的最大粒径为60mm，粉黏粒含量不大于15%，下排水层底部埋置深度应大于当地最大冻深。对于土工膜，保护层可作为排水层，厚度不小于200mm。

表7-18　用于隔断层的土工合成材料物理力学性能指标

技术指标	渗水性土工织物	复合土工膜（二布一膜）	复合土工膜（一布一膜）	土工膜	聚乙烯防渗薄膜	聚丙烯淋膜编织布
膜厚/mm		≥0.3	≥0.3	≥0.3	0.18～0.20	0.34
单位面积质量/(g/m²)	≥300	≥600	≥450	≥300		≥150
渗透率	透水 Q_{95}≤0.25mm	耐静水压≥0.6MPa	耐静水压≥0.6MPa	耐静水压≥0.6MPa	（不渗水）	（不渗水）
断裂强度	≥9.5kN/m	≥10kN/m	≥7.5kN/m	≥12MPa	≥10MPa	11.5（纵）/9.25（横）MPa
破顶强度/N				≥250	≥50	≥665
CBR破顶强度/kN	≥1.5	≥1.9	≥1.5			
撕裂强度	≥0.24kN（梯形）	≥0.32kN（梯形）	≥0.24kN	≥40N/mm（直角）	≥40N/mm（直角）	430N/cm²
断裂伸长率/%	≥30	≥30	≥30	≥30	≥250	15～20
剥离强度/(N/cm)		>6				2.5

土工布隔断层的埋置深度一般应大于等于1.5m，并大于当地的最大冻深。

5）沥青砂隔断层

沥青砂隔断层的做法相当于公路路面中面层常采用的单层沥青表面处治，厚15～20mm，其设置深度同土工布隔断层。

7.2.3　盐渍土地基的防腐处理原则

由于盐渍土具有明显的腐蚀性，盐渍土地基中的基础和地下设施，大多需要可靠的防腐处理，以满足使用安全和耐久性的要求。在判明腐蚀等级的基础上，应按下列原则考虑制定防腐蚀方案。

（1）用作基础或其他设施的材料应具有较好的抗腐蚀能力，或通过一定工艺条件的改变，提高基础材料的抗腐蚀能力。

（2）在基础材料尚不能满足抗腐蚀要求时，应考虑采取表面防护措施，如涂覆防腐层、隔离层等以隔绝盐分的渗入。

（3）盐渍土中基础及其他设施，应重点防护的部位是经常处于干、湿交替的区段，如地下水位变化区及具有蒸发面的区域，对受冻融影响的区段也应加强防护。

7.3 盐渍土地基上结构物的设计原则及施工措施

由于盐的胶结作用，盐渍土在含水量较低的状态下，通常较为坚硬。因此，天然状态下盐渍土地基的承载力一般都比较高，可作为结构物的良好地基。但是，一旦浸水，地基土体中的易溶盐类被溶解，使得土体结构破坏，抗剪强度降低，造成地基承载力降低。浸水后盐渍土地基承载力降低的幅度，取决于土的类别、含易溶盐的性质和数量。

盐渍土地基在浸水后不仅土体的强度降低，而且伴随着土体结构的破坏，将产生较大的溶陷变形。其变形速率一般也比黄土的湿陷变形速率快，所以危害更大。

盐渍土地基上结构物的设计，应满足下列基本原则。

（1）应选择含盐量较低、类型单一的土层作为持力层，应尽量根据盐渍土的工程特性和结构物周围的环境条件合理地进行结构物的平面布置。

（2）做好竖向设计，防止大气降水、地表水体、工业及生活用水浸入地基及结构物周围的场地。

（3）对湿作业厂房应设防渗层，室外散水应适当加宽，绿化带与结构物距离应适当放大。

（4）各类基础应采取防腐蚀措施，结构物之下及其周围的地下管道应设置具有一定坡度的管沟并采取防腐及防渗漏措施。

（5）在基础及室内地面以下铺设一定厚度的粗颗粒土（如砂卵石）作为基底垫层，以隔断有害毛细水的上升，还可在一定程度上提高地基的承载力。

盐渍土地基上结构物的设计措施可分为防水措施、防腐措施、防盐胀措施和地基处理措施四种。

1）防水措施

（1）做好场地的竖向设计，避免大气降水、洪水、工业及生活用水、施工用水浸入地基或其附近场地；防止土中含水量的过大变化及土中盐分的有害运移，造成建筑材料的腐蚀及盐胀。

（2）对湿润性生产厂房应设置防渗层；室外散水应适当加宽，一般不宜小于 1.5m，散水下部应做厚度不小于 150mm 的沥青砂或厚度不小于 300mm 的灰土垫层，防止下渗水流溶解土中的可溶性盐而造成地基的溶陷。

（3）绿化带与结构物距离应加宽，严格控制绿化用水，严禁大水漫灌。

2）防腐措施

（1）采用耐腐蚀的建筑材料，并保证施工质量，一般不宜用盐渍土本身作防护层；在弱、中盐渍土地区不得采用砖砌基础，管沟、踏步等应采用毛石或混凝土基础；在强盐渍土地区，室外地面以上 1.2m 的墙体亦应采用浆砌毛石。

（2）隔断盐分与建筑材料接触的途径。对基础及墙的干湿交替区，可视情况分别采用常规防水、沥青类防水涂层、沥青或树脂防腐层做外部防护措施。

（3）在强和超强盐渍土地区，基础防腐应在卵石垫层上浇 100mm 厚沥青混凝土。

3）防盐胀措施

（1）清除地基表层松散土层及含盐量超过规定的土层，使基础埋于盐渍土层以下，或采用含盐类型单一和含盐量低的土层作为基础持力层或清除含盐量高的表层盐渍土而代之以非盐渍土类的粗颗粒土层（碎石类土或砂土垫层），隔断有害毛细水的上升。

（2）铺设隔绝层或隔离层，以防止盐分向上运移。

（3）采取降排水措施，防止水分在土表层的聚集，以避免土层中盐分含量的变化而引起盐胀。

4）地基处理措施

详见 7.2 节。

除了以上四种设计措施外，还可结合施工措施来保证结构物的安全可靠和正常使用。盐渍土地基上结构物的施工措施如下。

（1）做好现场的排水、防洪等措施，防止施工用水、雨水浸入地基或基础周围，各用水点均应与基础保持 10m 以上距离；防止施工排水及突发性山洪浸入地基。

（2）先施工埋置较深、荷载较大或需采取地基处理措施的基础。基坑开挖至设计标高后应及时进行基础施工，然后及时回填，认真夯实填土。

（3）先施工排水管道，并保证其畅通，防止管道漏水。

（4）换土地基应清除含盐的松散表层，应采用不含有盐晶、盐块或含盐植物根茎的土料分层夯实，并控制其夯实后的干重度不小于 15.5～16.5kN/m³（对黏土、粉土、粉质黏土、粉砂和细砂取低值，对中砂、粗砂、砾石和卵石取高值）。

（5）配制混凝土、砂浆应采用防腐蚀性较好的火山灰水泥、矿渣水泥或抗硫酸盐水泥；不应使用 pH≤4 的酸性水和硫酸盐含量（按 SO_4^{2-} 计）超过 1.0% 的水；在强腐蚀的盐渍土地基中，应选用不含氯盐和硫酸盐的外加剂。

7.4 工程应用实例

7.4.1 G314 线 K587 盐渍土路基处理

1. 工程概况

国道 314 线策大雅路段（K573～K593）是 20 世纪 70 年代初修建的一条穿过中-强盐渍土地区的干线公路。由于当时对盐胀病害认识不足，在设计、施工中没有采取必要的防治措施，加之施工质量也存在一些问题，导致该路段在路基盐胀作用下有相当一部分路面发生严重变形和开裂破坏，对行车产生了严重影响，远远不能适应交通运输发展的需要。为此，1986 年对该路段按二级公路进行改造设计，其中在 K586 前后的改线路段安排了 300m 的防治新建边路盐胀病害试验路段。依据已有的经验及研究成果，对改线路段采取了根治措施。整个改造工程于 1986 年底开工，1988 年秋完工，经过多年的运行证明，治理效果显著。

2. 土质资料

该路段位于塔里木盆地北缘、天山南坡洪积扇下缘，年平均气温约 11℃，年气温差达 65℃；年均降水量仅 43mm，而蒸发量高达 2137mm，为降水量的 50 倍；平均冻深 0.8m。

改线路段沿线工程地质状况如表 7-19 所示。

表 7-19　沿线工程地质概况

土质条件						水文地质条件	
液限/%	塑性指数/%	土粒相对密度	总含盐量/%	Na_2SO_4 含量/%	土质分类	地下水位/m	矿化度/(mg/L)
34～39	13～17	2.6～2.7	4～11	1.5～3.0	粉性盐渍土	-2.5	10000～30000

由表 7-19 可以看出，沿线土质属粉性土，土中 Na_2SO_4 含量较高，地下水位较浅且矿化度较高。这些资料都表明该地基具有较强的盐胀性。

3. 防治措施及路基、路面结构设计要点

通过对大量盐渍土病害道路的调查可知，只要盐胀路基上部非盐胀覆盖层厚度大于 1.0m，盐胀对路面的危害程度将大大降低，为此本试验路段采取了在盐渍土路基上部回填 0.8m 厚的非盐胀性土（Na_2SO_4 含量小于等于 0.5%）的方法，这样再加上 0.6m 厚的路面，上覆层厚度达 1.4m，有较大的安全度。为了防止上覆土层的次生盐渍化及地下水对其产生影响，在两层的界面上铺设了一层聚丙烯淋膜编织布作为永久性隔断层，这种布具有较好的耐酸碱性能及时间稳定性，其力学性质如表 7-20 所示。

表 7-20　淋膜编织布的力学性质

土工布名称	最大拉力/N	延伸率/%	尺寸/mm	备注
编织丝材料	35		丝宽 2	采用单丝试验
淋膜编织布	3500	15.0	厚度 0.5～0.8	采用 20cm×20cm

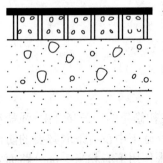

图 7-11　试验路段采用的路基路面结构示意图

采用上述方法处理，路基仍可能出现较小的盐胀量，这需要通过提高路面强度加以克服。相比之下，采用半刚性基层路段的病害要轻得多，从而设计了如图 7-11 所示的路基路面结构。

4. 主要施工流程

先填筑路基下层，压实后全断面铺筑聚丙烯淋膜编织布（幅与幅之间的搭接宽度为150～200mm)并保证3%的横坡以利排水。将 Na_2SO_4 含量小于 0.5% 的非盐胀性土回填到铺好的编织布上。路基顶面到编织布之间的填土压实厚度为 0.8m。最后按有关施工规范铺筑路面。

5. 处理效果

通过对使用多年的试验路段进行的观测表明，整个路面平整完好，行车平稳，没有出现任何由路基盐胀引起的开裂和变形等病害现象(以往大量的观测表明，对于治理不好的路段，通常在竣工后的第二年即出现纵向开裂，三年后则表现出明显的盐胀病害特征，并对行车产生不同程度的影响)，从而表明该处治方法是成功的。

此外，对改线路段的平整度(采用连续式平整度仪测定)、强度(弯沉值)进行了测试，结果如表 7-21 所示。为便于对比，将在不同程度盐胀病害路段所测得的上述两项指标也列于表 7-21。

表 7-21 改线路段及不同程度盐胀病害路段平整度、弯沉值测试结果

路段	策大雅改线路段	轻盐胀路段	中盐胀路段	重盐胀路段
平整度/mm	4.38	4.53～6.61	7.56～9.38	＞9.04
弯沉值/mm	0.42	0.20～1.20	0.64～1.30	0.56～1.06

由表 7-21 可知，改线路段的平整度比允许值小 20%，表明路面平整；弯沉值比允许值小 40%，表明强度较高。相比之下，有盐胀病害路段的平整度明显变差，且盐胀越严重，平整度越差，变形越厉害。

从试验结果看，采用路基隔断的方法能有效地阻止盐分向上聚集，进而达到治理盐胀病害的目的。利用回填非盐胀土的方法，可增加上覆层的厚度，提高抑制盐胀的能力。

7.4.2 潍坊市滨海经济技术开发区某盐渍土路基处治

1. 工程概况

滨海大道位于潍坊市滨海经济技术开发区，道路途经盐田，道路起始桩号为 K0+000，终点桩号为 K7+100，路线长度 7.10km。该程采用一级路标准，横断面形式为：10m 排水沟+30m 绿化带+2m 人行道+24m 道路+2m 人行道+30m 绿化带+10m 排水沟。潍坊滨海经济技术开发区是一个自西南向东北减缓的平原，河流和地表径流从西南流向东北，形成一个大而平的地势。该地区地势较低，海拔 3～8m。

2. 土质资料

该地段土质为河流冲积迭次与海相沉积物相间。地下水位 1～3.5m，矿化度较高。土壤为滨海盐渍土，且以氯盐渍土为主。该地区在先前的道路工程建设中，道路曾出现过路基沉降，路面龟裂或断裂、坑槽等病害，病害的发生主要源于盐渍土路基处治不当。新建工程的路基处治，必须采取经济、有效的处治方案，从而提高公路建设的经济效益和社会效益。

3. 设计要点

本工程为一级路，土质偏细、氯盐较多，同规范的要求有较大差距，必须采取恰当的土质改良方法以防止工程病害的发生。根据建设区域的实际情况，工程设计中引入了完善的排水系统，以减少地表水的渗透；在基底处理中使用了强夯，铺设了120cm厚的石渣换填层，以离散结构的特点消除盐分的毛细作用，并最大限度地防止了路基沉降，加强了整体稳定性；在石渣以上铺筑了两层水泥固结土和一层复合固结土：内掺0.02%的土壤固化剂、6%的石灰和6%的水泥，有效地改善了土体的自身特性、削弱了氯盐盐土的危害，提高了路基的承载力，如图7-12所示。

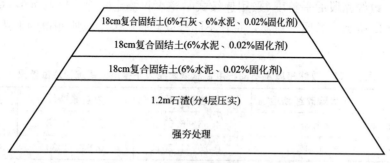

图7-12 滨海大道路基施工示意图

4. 主要施工流程

1）排水设施的合理设置

根据规范要求和工程的实际情况，该工程路面的横坡度设计为2%，边沟横坡度为1%，保证路面排水的顺畅、路肩夯实，保持0.5%的坡度，设置了泄水槽，按1：1.5设置边坡，并保持边坡密实。排水系统的合理设置，保证了路面排水的顺畅，防止地表径流溶解盐分渗入地基，从而减少路基盐渍化的可能性。

2）强夯处理

根据试验数据，本工程采用如下强夯参数。

（1）单击势能为1000kN·m；

（2）落距10m；

（3）一般取6～7遍的夯击次数；

（4）连续夯击方式；

（5）夯点间距为2.5～3.0m，呈梅花形分布。

3）换填石渣

石渣层厚度可通过最高水位来测定。通过试验确定石渣厚度为120cm。石渣回填，应选择合适的石渣，不含土壤和其他杂质，大小要适中，30cm为一层，挖掘机整平，用重型压路机压实，以增加石渣层压实效果和增强完整性。路基石渣完成后进行强夯，效果显著。

4）石灰、水泥、固化剂复合固结土

路基掺加固化剂处理，施工采用的是现场拌和的方法。具体施工流程如下。

（1）素土备置：所需土壤按照预先计算，码放在道路上并整理成形。

（2）将符合规范要求的石灰进行消解，并置于路基。

（3）初次拌和采取现场拌和的方式，将所备材料拌和均匀，静压。

（4）按计量分摊水泥，用拌和机拌和。

（5）固化剂稀释至要求浓度，喷洒于土体。其浓度一般为 1∶110～1∶220，浓度的确定应根据土性能指标来确定。

（6）喷洒固化剂稀释液后进行拌和，一般情况下拌和 2～4 次。

（7）先整形后碾压。整形时间不宜超过 2h；进行碾压时，碾压应在水泥硬化前完成，压路机应先轻后重，先快后慢，直到使每层整个厚度完全均匀地达到规定的压实度为止。

（8）复合固结土结构层的交通管制，采取封闭交通，应适当控制行车速度，并禁止重型车辆的通行限制。

5. 处理效果

路基施工完成后，按照《公路工程质量检验评定标准》（JTG F80/1—2004）规范要求，进行了检验评定，各项指标正常，路基纵横高程经过静置期后并无明显沉降，其中平整度和弯沉值的检验数据如表 7-22、表 7-23 所示。

表 7-22　平整度检测(3m 直尺法)

桩号	K0+300	K0+500	K0+700	K0+900	K1+100
测量值(均值 mm)	5	4	7	10	2

表 7-23　弯沉值检测结果(贝克曼梁法)

测点	1 号测点	2 号测点	3 号测点	4 号测点	5 号测点	6 号测点	7 号测点
弯沉值(0.01mm)	36	41	58	64	75	48	62

二级路允许偏差为 20mm，从表 7-22 中看出，路基平整度符合要求，没有出现不均匀沉降。

设计要求弯沉值为 150(0.01mm)，从表 7-23 中看出，路基的承载能力满足设计要求，效果良好。

综上所述，本工程采用强夯处理基底，加强路基排水，设置石渣隔离层，石渣上采用复合固结土的综合处治技术，将盐渍土的危害降到最低，使地基、路基的承载力得到大幅提高。根据该工程路基检验结果，处治效果明显，满足了该地区对道路的承载力和质量的高要求。

7.4.3　青海省察尔汗某处盐渍土场地处理

1. 工程概况

青海 100 万 t 钾肥项目主厂房，位于青海省察尔汗二选厂以西 3.5km 处，地形较平坦，地貌单元属昆仑山山前冲积湖积平原，工程场地面积约为 2000m²。据勘察报告显示，地基土属强氯(亚氯)盐渍土,场地 20.5m 深度范围内(地基处理深度范围内)地层主要为全新统沉积的粉土和粉质黏土,场地内浅层地下水属潜水,地下水位埋深不等,一般为 2.0~2.5m。有害毛细水上升高度为 1.5m 左右,对建筑物基础产生有害影响。

2. 土质资料

1) 土层情况

场地土层自上而下分别为:①粉土,平均厚度 1.8m;②粉土,平均厚度 3m;③粉土,平均厚度 1.5m;④粉土,平均厚度 2.5m;⑤粉土,平均厚度 1.2m;⑥粉质黏土,平均厚度 2.51m;⑦粉质黏土,平均厚度 3.25m;⑧粉质黏土,平均厚度 1.2m;⑨粉质黏土,平均厚度 3.54m;⑩粉质黏土,平均厚度大于 6m。主要的物理力学指标如表 7-24 所示,建筑设计要求地基承载力不小于 130kPa,单桩承载力大于 180kPa。

表 7-24   各土层主要的物理力学指标

土层层号	相对密度	含盐量/%	含液量/%	湿密度/(g/cm³)	干密度/(g/cm³)	孔隙比	饱和度/%	液限/%	塑限/%	压缩系数/MPa⁻¹	压缩模量/MPa	承载力标准值/kPa
①	2.71	5.00	1.70	1.30	1.28	1.120	4.10	24.9	18.8	0.26	7.10	150
②	2.71	8.62	33.4	2.05	1.54	0.763	100	27.3	21.1	0.15	11.8	110
③	2.70	7.67	35.7	2.05	1.51	0.787	100	26.6	18.4	0.44	4.10	100
④	2.71	5.92	30.4	2.04	1.56	0.732	100	25.3	18.2	0.23	7.50	110
⑤	2.70	7.38	30.8	1.95	1.49	0.811	100	27.8	19.3	0.33	5.50	90
⑥	2.67	6.58	33.3	1.90	1.43	0.873	100	34.9	20.4	0.33	5.70	110
⑦	2.74	5.40	34.7	1.89	1.40	0.953	100	38.9	21.9	0.43	4.50	150
⑧	2.70	8.60	28.1	2.11	1.65	0.639	100	24.3	18.8	0.11	14.9	170
⑨	2.70	7.70	28.9	1.96	1.52	0.776	100	27.1	19.3	0.39	4.60	130

2) 土质资料分析

(1) 场地土的溶陷性。

据勘察资料知此区域地下水属潜水,埋深为 2.0~2.5m,水力梯度较小,可认为不存在潜蚀变形,土体溶陷变形主要是无渗流溶陷变形。地下水位埋深以下土体盐结晶溶解只受地温的影响。环境温度影响深度小于 6m,但氯(亚氯)盐对温度变化反应并不敏感,因此可认为不产生溶陷,即不具有溶陷性。而在地下水位以上的土层,其厚度较薄,在外载的作用下,溶陷变形表现不明显,但对基础承载力将产生重大影响。例如,若碎石桩成桩以后,桩周土遇水溶陷变形,碎石桩围压逐渐降低,导致碎石桩承载力急剧下降;对桩基础而言,将产生负摩擦力,影响桩基础的承载力。因此,虽可认为氯(亚氯)盐渍土在地下水位埋深较浅时不具有溶陷性,但在设计与施工时需考虑其对基础形式的影响,采取有效处理方法解决地基土的溶陷变形特性。

(2) 场地土的盐胀性。

该场地地基土为氯(亚氯)盐渍土,虽然含有少量的硫酸盐(硫酸盐的结晶膨胀倍数为

3.1)，但因硫酸盐含量小于 2%，土体并不具有硫酸盐渍土的胀缩性。而作为盐渍土中盐的主要部分的氯(亚氯)盐，其盐结晶膨胀倍数为 1.3，在含水量不变的条件下，盐渍土的胀缩变形仅由温度变化决定，即仅与环境温度影响深度有关，而氯(亚氯)盐对温度变化不敏感，又根据当地实测资料知环境温度影响深度小于 6m，温度影响土层较薄，可以认为地基土体盐胀区 $h=0$，即无盐胀性。

（3）地基土的液化。

根据《中国地震烈度区划图》(1990 版)可知，该区域地震基本烈度为Ⅶ度，由勘察资料知该区域 15m 以上土层的平均剪切波速为 161.2m/s，根据《建筑抗震设计规范》(GB 50011—2010)中的有关规定判断场地土属中软土，建筑场地类别为Ⅲ类。采用双桥静力触探试验法和标准贯入试验法综合判断：在Ⅶ度地震条件下，场地属轻微液化场地。

（4）地基土的腐蚀性评价。

根据土的易溶盐含量，离子总量分析报告知，该场地的氯盐渍土，含盐量在 5%～9%，水质分析表明潜水 pH 为 7.04～7.29，属弱碱性水，总硬度为 2635.76～5619.22 德国度，属极硬水，化学类型为 $Cl^- - Na^+ + K^+ - Mg^{2+}$，对混凝土具强侵蚀性，对混凝土结构中的钢筋具中至强腐蚀性。

3. 设计要点

1）总体方案

由于场地①层粉土厚度不大，虽承载力大，但具有溶陷性，并因地下水位的变化及毛细作用而变化，具有不稳定性，所以不宜做地基持力层，应进行加固处理，消除溶陷变形。另外由于地下水埋深较浅，在土层薄的区域，有害毛细水直接上升到地面，威胁上部建(构)筑物结构的正常使用。②层粉质黏土土质不均，强度低，也不宜作为天然地基持力层。由于场地③粉土具有轻微液化，为消除液化，提高上部地层的承载力，需对场地地基土进行加固处理。

盐渍土地区常规地基处理方法有浸水预溶法、强夯法、换土法、盐化处理方法、桩基及复合地基法。浸水预溶法、强夯法主要用于减少盐渍土地基溶陷变形，由于该区域盐渍土不具有溶陷性，因此不予采用。盐化处理方法，适合于地下水位埋深大的地基土，而该区域地下水位较浅，且周期性变化，盐化处理方法难以达到提高地基土强度的效果，同时增加了防腐难度，一般不予采用。而换土法主要用于盐渍土层较薄地区，该地区盐渍土一般有 15m 厚，处理深度大，若采取换土法则成本太高且工期不允许，难以应用。初定处理方案为用碎石桩复合地基方法进行地基处理。

2）具体方案及设计参数

（1）具体方案。

先降水，而后采取挤密碎石桩法与浸水预溶法、盐化处理方法相结合。

（2）设计参数。

对钾肥加工厂主厂房的地基，设计时应采用满堂加固法，布桩形式采用等边三角形布置；对于一些单独基础、条形基础的地基等采用正方形和矩形布置。碎石桩设计参数为 8000mm，桩径 500mm，桩间距 1200mm，排距 1040mm，充盈系数不小于 1.46，桩位布置为等边三角形。桩体材料应选择抗腐蚀性的花岗岩碎石，碎石粒径一般以 10～40mm 为宜，最大粒径应小于50mm。

4. 主要施工流程

具体的施工工艺如下：施工采用DZ-60型打桩机，振动沉管至设计深度，填加石料，边振边拔，以填料量为主要控制参数，同时加强密实电流的监控，下部4m反插停振2~3次，上部4m同时浸入饱和盐水，并逐步反插，停振至桩顶，每次停振时间为10s，施工顺序按跳打进行，逐行推进。

5. 处理效果

主厂房地基处理范围内，地形较平坦，地基处理深度范围内的盐渍土主要由粉土和粉质黏土组成，经过5个月的降水，已使场地土固结度提高，天然地基不同地层的地基承载力提高幅度的详细资料如表7-25所示，基本达到施工前降水的目的。在施工过程中，降水和碎石桩提供的排水通道加快了孔隙水的消散，桩间土排水固结，提高了桩间土的强度，从而提高单桩承载力和复合地基承载力。根据对主厂房I号碎石桩桩身进行载荷试验和动力触探检测表明，单桩承载力为180~220kPa，满足设计要求。复合地基载荷试验检测结果(表7-26)表明，采用降水＋挤密碎石桩＋浸水盐化，桩复合地基土的强度和压缩模量有所提高，分别提高为20.0%、28.9%和18.9%、30.3%。

表7-25　降水前后天然地基承载力 f_0 对比

勘察报告对应土层号	层底深度/m	降水前 f_0/kPa	降水后 f_0/kPa	增加幅度/%
①	0.6~1.8	75	100	+33.3
②	3.2~5.2	80	95	+18.7
③	4.3~6.4	110	125	+13.6

表7-26　降水前后复合地基承载力对比

降水前			降水后			增加幅度	
试验编号	f_0/kPa	E_0/MPa	试验编号	f_0/kPa	E_0/MPa	f_0/%	E_0/%
1	100	3.7	1	120	4.4	20.0	18.9
2	90	3.3	2	116	4.3	28.9	30.3

本 章 小 结

本章详细地介绍了盐渍土的特性及工程性质、盐渍土的处理方法、盐渍土地基上结构物的设计原则及施工措施。本章所介绍的盐渍土的特性及工程性质包括盐渍土的定义、成因、分类、三相组成与物理指标、化学性质与测定方法及结构特性。盐渍土的处理方法主要介绍了盐渍土溶陷性的处理方法、盐胀性的处理方法及盐渍土的防腐处理措施。此外，本章还介绍了盐渍土地基上结构物的设计原则及施工措施，并介绍了盐渍土地基处理的相关实例。

习　题

一、思考题

1. 不同行业对盐渍土的定义中,其共同点与不同点是什么?

2. 简述盐渍的成因与哪些因素有关。

3. 简述盐渍土可按哪些条件进行分类。

4. 简述盐渍土的三相组成与非盐渍土的三相组成的区别。

5. 盐渍土的颗粒分析试验,应在洗盐前还是洗盐后进行? 为什么?

6. 简述消除或降低盐渍土地基溶陷性的处理方法。

7. 简述消除或降低盐渍土地基盐胀性的处理方法。

8. 盐渍土地基的防腐处理原则有哪些?

9. 盐渍土地基上结构物的设计原则有哪些?

10. 盐渍土地基上结构物的施工措施有哪些?

二、单选题

1.《岩土工程勘察规范》(GB 50021—2001)中定义盐渍土时,其含盐量大于( )。

A. 0.3% 　　　　 B. 0.5% 　　　　 C. 0.6% 　　　　 D. 2%

2. 盐渍土的三相组成与非盐渍土的最大不同点在于( )。

A. 气相部分 　　　　　　　　　B. 液相部分

C. 固相部分(盐渍土中的固相可溶盐) 　D. 不确定

3. 采用浸水预溶法处理盐渍土地基时,浸水场地平面尺寸每边应超过拟建结构物边缘不小于( )。

A. 2.0m 　　　　 B. 2.5m 　　　　 C. 3.0m 　　　　 D. 4m

4. 在强腐蚀的盐渍土地基中,应选用不含( )的外加剂。

A. 碳酸盐 　　　 B. 氯盐 　　　 C. 硫酸盐 　　　 D. 氯盐和硫酸盐

5. 砂砾隔断层厚度不宜小于( ),隔断层材料的最大粒径为( )。

A. 1.0m,100mm 　B. 0.9m,150mm 　C. 0.9m,100mm 　D. 0.9m,50mm

三、多选题

1. 研究盐渍土的结构特征,可以对其( )提供可靠的依据。

A. 承载力 　　　　　　　　　　B. 变形特性

C. 室内外试验结果 　　　　　　D. 强度参数

2. 盐渍土地基盐胀性的处理方法主要有( )。

A. 化学方法 　　　　　　　　　B. 设置变形缓冲层法

C. 换填垫层法 　　　　　　　　D. 隔断法及设置地面隔热层法

3. 盐化处理方法是消除或降低盐渍土地基溶陷性的处理方法之一,该方法是在结构物地基中注入饱和或过饱和的盐溶液,形成一定厚度的盐饱和土层,其主要作用在于使地基土体发生什么变化?( )

A. 饱和盐溶液注入地基后随着水分的蒸发，盐结晶析出，填充了原来土体中的孔隙并起到土粒骨架的作用

B. 饱和盐溶液注入地基并析出盐结晶后，土体的孔隙比变大，使盐渍土渗透性增大

C. 饱和盐溶液注入地基并析出盐结晶后，土体的孔隙比变小，使盐渍土渗透性增大

D. 饱和盐溶液注入地基并析出盐结晶后，土体的孔隙比变小，使盐渍土渗透性降低

4. 盐渍土地基中，在判明腐蚀等级的基础上，应按下列什么原则考虑制订防腐蚀方案?（　　）

A. 用作基础或其他设施的材料应具有较好的抗腐蚀能力，或通过一定工艺条件的改变，提高基础材料的抗腐蚀能力

B. 在基础材料尚不能满足抗腐蚀要求时，应考虑采取表面防护措施，如涂覆防腐层、隔离层等以隔绝盐分的渗入

C. 盐渍土中基础及其他设施，应重点防护的部位是经常处于干、温交替的区段，如地下水位变化区及具有蒸发面的区域，对受冻融影响的区段也应加强防护

D. 盐渍土中基础及其他设施，应重点防护的部位是结构基础

5. 盐渍土地基上结构物的设计措施可分为（　　）。

A. 防水措施   B. 防腐措施

C. 防盐胀措施   D. 地基处理措施

6. 盐渍土的成因与（　　）有关。

A. 盐分补充   B. 盐分迁移

C. 所在地的自然条件   D. 人类活动

7. 按土体对工程的影响程度可分为（　　）类。

A. 弱盐渍土   B. 中盐渍土   C. 强盐渍土   D. 过盐渍土

8. 盐渍土的抗剪强度与土的（　　）有关。

A. 地质环境类别

B. 颗粒组成、矿物成分、黏粒含量、含水量

C. 密实度、含盐量

D. 是否浸水

第**8**章
其他特殊土地基处理

本章主要讲述其他特殊地基土的工程性质及处理的基本原理，包括岩溶地基、红黏土地基、改良土地基。通过本章学习，应达到以下目标：

(1) 了解岩溶地基、红黏土地基的形成条件；

(2) 了解改良土地基的原理；

(3) 掌握特殊地基土的处理方法。

教学要求

知识要点	能力要求	相关知识
岩溶地基	(1) 了解岩溶地基的形成条件及分布特点 (2) 了解岩溶地基类型及物理化学组构 (3) 掌握岩溶地基对工程的不利影响 (4) 掌握岩溶地基的处理原则及方法	(1) 岩溶地貌的形成机制 (2) 岩溶地基分类及物理化学组成 (3) 影响岩溶地基的环境因素 (4) 岩溶地基的塌陷、不均匀沉降等 (5) 岩溶地基处理原则及方法
红黏土地基	(1) 了解红黏土地基形成条件及组构成分 (2) 掌握红黏土地基的工程特性 (3) 了解红黏土地基的设计原则 (4) 了解红黏土地基的常用的处理方法	(1) 红黏土的定义 (2) 红黏土的物理力学性质 (3) 红黏土的类型及分布特点 (4) 红黏土地基处理原则 (5) 红黏土地基处理方法
改良土地基	(1) 了解改良土的概念 (2) 掌握改良土的类型 (3) 掌握改良土的工程力学特性 (4) 掌握改良土地基的设计方法 (5) 掌握改良土地基的处理方法	(1) 改良土的定义 (2) 改良土的物理力学性质 (3) 改良土的击密及时效特性 (4) 改良土的冻融循环特性 (5) 改良土的干湿循环特性 (6) 改良土的动力特性

基本概念

岩溶地基、红黏土地基、改良土地基。

引例

我国幅员辽阔，各地区的地理位置、气象条件、地层构造和成因，以及地基土的地质特征差异很大，有一些特殊种类的地基土分布在全国各地。这些特殊土各自具有不同于一般地基土的工程地质特征，如饱和软土的高压缩性、杂填土的不均匀性、岩溶地基的塌陷性、红黏土的胀缩性等。本章主要介绍岩溶地基、红黏土地基和改良土地基的处理方法。

8.1 岩溶地基处理

8.1.1 岩溶地基概述

岩溶地貌是水对可溶性岩石以溶蚀作用为主所塑造的各种地表和地下的地貌(图 8-1)。

(a) 广西一带典型岩溶地貌

(b) 贵州一带典型岩溶地貌

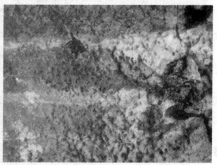

(c) 云南路南裸露地表的二叠系灰岩面上的苔藓与生物蚀痕

图 8-1 我国主要的岩溶地貌

岩溶地貌发生在可溶岩分布地区，可溶岩主要是指碳酸盐类、硫酸盐类及卤盐类岩石。可溶岩在世界上分布很广，据统计，碳酸盐类岩石约占全球沉积岩的 15％，面积 4100 万 km^2，硫酸盐类岩石面积为 1100 万 km^2，合计面积为 5200 万 km^2，占全球面积的 10.2％，因此由可溶岩所成的地貌分布也很广。在我国，碳酸盐类岩石的分布可分为裸露、覆盖和埋藏等三种类型，面积共 344.3 万 km^2，其中裸露型面积为 90.7 万 km^2。由可溶岩构成的地貌，景观奇特，有"奇峰异洞"之称。我国的岩溶地貌以贵州、广西、云南一带最典型，它们是世界上岩溶地貌最发育的地区之一。

1. 岩溶地貌形成的机制

岩溶地貌由岩溶作用所成，岩溶作用主要是指水对可溶岩石的溶蚀、冲蚀、崩塌和沉积的总称。作用有物理的，也有化学的，但以化学溶蚀作用为主，物理作用为次。岩溶作用的空间十分广阔，既在地表也在地下，从而造成了丰富多彩的地表与地下地貌。

1）溶蚀作用

溶蚀作用是指水通过化学作用对矿物和岩石的破坏作用。化学作用主要有溶解、水解、水合、碳酸化及氧化等。其中水对可溶岩的溶解和水解十分普遍。

一般而言的溶蚀作用，是岩溶地区形成岩溶地貌最主要的动力。溶蚀有时会出现所有组分全部溶解，即称为"全溶解"；有时只有部分组分溶解，称为"不完全溶解"。不溶或难溶的物质会残留在岩石表面或裂隙中，阻碍溶解作用。

溶蚀作用能否进行及其溶蚀速度主要受自然界众多因素的影响，包括水的溶蚀力、岩石的可溶性及岩石的透水性等。同时，还与大气压力、大气温度、水体温度、CO_2 分压、体系的开放程度、离子强度效应、酸离子、碱效应等因素有关。

2）冲蚀作用

水流冲蚀作用可在地下形成地下通道及地下河。这些地下河及通道往往形成岩溶地貌。

3）崩塌作用

岩溶区的崩塌作用同样发生在地表和地下，而且与溶蚀作用有关，因为溶蚀首先为崩塌创造了空间条件。由溶蚀而诱发的崩塌，可称为岩溶崩塌作用。其主要类型有错落、陷落和气爆。岩溶地区的崩塌作用主要由流水机械作用、重力作用等引起。落水洞是岩溶区地表水流向地下河或地下溶洞的通道，它是由垂直方向水流对裂隙不断进行溶蚀并伴随塌陷而成。落水洞大小不等，形状也各不相同。按其垂直断面形态特征，可分为裂隙状落水洞、竖井状落水洞和漏斗状落水洞等；按其分布方向，有垂直的、倾斜的和弯曲的。

4）沉积作用

岩溶地区由于地表地下的形式转换，水化学条件发生变化，可以形成与溶蚀作用相反的过程，富含重碳酸钙离子的水体在温度、二氧化碳分压等条件改变后发生二氧化碳气体逸出，同时发生碳酸钙沉淀，形成石灰化（钙化），这就是岩溶化学沉积作用，可以形成特殊的岩溶沉积地貌。

2. 岩溶地貌的物理化学组构

岩溶发育的物质基础是可溶岩，岩石的可溶性主要取决于岩石的化学成分与岩石的结构。根据岩石的化学成分和矿物成分可将可溶性岩石分为三大类：碳酸盐类岩石、硫酸盐类岩石、卤化物盐类岩石。

1) 硫酸盐类岩石与卤化物盐类岩石

地球上卤化物盐类和硫酸盐类岩石分布不广，厚度小，加上溶解速度快，地貌不易保存，故地貌意义不大，卤化物盐类的溶解度最大，硫酸盐类次之。

2) 碳酸盐类岩石

相比于硫酸盐类岩石与卤化物盐类岩石，碳酸盐类岩石溶解度最小，但分布广，岩体大，地貌保存较好，所以极有地貌意义，世界上绝大多数岩溶地貌都发生在该类岩石中，特别以石灰岩为突出。碳酸盐类岩石因碳酸钙含量不同，其溶解度也有较大的差别。一般来说，碳酸钙的含量越高、其他杂质含量越少的岩石，其溶解度就越大，碳酸盐类岩石的溶蚀强度顺序为质纯的石灰岩＞白云岩＞硅质石灰岩＞泥质石灰岩。岩石的结构与溶解度有密切关系，试验表明，结晶的岩石，晶粒越小，溶解度也越大，隐晶质微粒结构的石灰岩相对溶解度为 1.12，而中、粗粒结构为 0.32，比前者少 2.5 倍。此外，不等粒结构的石灰岩比等粒结构石灰岩的相对溶解度大。

3. 影响岩溶作用的环境因素

1) 地质地貌条件

岩溶发育的物质基础是可溶岩。不同沉积相的碳酸盐岩可以形成不同的碳酸盐岩结晶状况、岩石结构和岩石构造，并导致了岩溶作用的差异，进而对地貌发育产生影响。

2) 水文与气候

地表、地下水流的流体力学性质、流动性及流量对于侵蚀或沉积地貌的形成均有较大的影响。经常流动的水体，能较大地提高水的溶蚀力。

3) 生物与土壤

生物参与岩溶作用，加速溶蚀或沉积过程。一方面普遍发生，因生物活动生成大量二氧化碳，源源不断进入溶蚀作用系统，打破化学平衡，使溶蚀继续。生物活动还生成有机酸，增加溶蚀。据雅库斯(Jakucs)计算，全球碳酸盐岩溶蚀因素份额中，生物成因二氧化碳占 49.26%，有机酸占 37.11%。

4) 人类活动

人类的大规模生产活动，包括工业、采矿等对岩溶地区地貌水文过程产生各种特殊的影响。

8.1.2 岩溶对工程的不良影响

1. 岩溶地基分类

根据碳酸盐岩出露条件及其对地基稳定性的影响，可将岩溶地基划分为裸露型、覆盖型、掩埋型三种，而最为重要的是前两种。

(1) 裸露型：缺少植被和土层覆盖，碳酸盐岩裸露于地表或其上仅有很薄覆土。它又可分为石芽地基和溶洞地基两种。

① 石芽地基。由大气降水和地表水沿裸露的碳酸盐岩节理、裂隙溶蚀扩展而形成(图 8-2)。

图 8-2 爱尔兰 Clare 的石芽溶沟

溶沟间残存的石芽高度一般不超过 3m。如被土覆盖，则称为埋藏石芽。石芽多数分布在山岭斜坡、河流谷坡以及岩溶洼地的边坡上。芽面极陡，芽间的溶沟、溶槽有的可深达 10 余米，而且往往与下部溶洞和溶蚀裂隙相连。基岩面起伏极大，因此，会造成地基滑动及不均匀沉陷和施工上的困难。

② 溶洞地基。浅层溶洞顶板的稳定性问题是该类地基安全的关键。溶洞顶板的稳定性与岩石性质、结构面的分布及其组合关系、顶板厚度、溶洞形态和大小、洞内充填情况和水文地质条件等有关。

(2) 覆盖型：碳酸盐岩之上覆盖层厚数米至数十米（一般小于 30m）。这类土体可以是各种成因类型的松软土，如风成黄土、冲洪积砂卵石类土以及我国南方岩溶地区普遍发育的残坡积红黏土。覆盖型岩溶地基存在的主要岩土工程问题是地面塌陷，对这类地基稳定性的评价需要同时考虑上部建筑荷载与土洞的共同作用。

2. 岩溶地基对工程的影响

岩溶地区地基的安全稳定关系到工程项目的成败，根据多年的工程实践经验，将岩溶地基对工程的影响归结如下。

(1) 当溶沟、溶槽、石芽、漏斗、洼地等密布发育，致使基岩面参差起伏，其上又有松软土层覆盖时，土层厚度不一，常可引起地基不均匀沉陷。

(2) 当基础砌置于基岩上，其附近因岩溶发育可能存在临空面时，地基可能产生沿倾向临空面的软弱结构面的滑动破坏。

(3) 在地基主要受压层范围内，存在溶洞或暗河且平面尺寸大于基础尺寸，溶洞顶板基岩厚度小于最大洞跨，顶板岩石破碎，且洞内无充填物或有水流时，在附加荷载或振动荷载作用下，易产生坍塌，导致地基突然下沉。

(4) 当基础底板之下土层厚度大于地基压缩层厚度，并且土层中有不致形成土洞的条件时，若地下水动力条件变化不大，水力梯度小，可以不考虑基岩内洞穴对地基稳定的影响。

(5) 基础底板之下土层厚度虽小于地基压缩层计算深度，但土洞或溶洞内有充填物且较密实，又无地下水冲刷溶蚀的可能性；或基础尺寸大于溶洞的平面尺寸，其洞顶基岩又有足够承载能力；或溶洞顶板厚度大于溶洞的最大跨度，且顶板岩石坚硬完整，皆可以不考虑土洞或溶洞对地基稳定的影响。

(6) 对于非重大或安全等级属于二、三类的建筑物，属下列条件之一时，可不考虑岩溶对地基稳定性的影响：①基础置于微风化硬质岩石上，延伸虽长但宽度小于 1m 的竖向溶蚀裂隙和落水洞的近旁地段；②溶洞已被充填密实，又无被水冲蚀的可能性；③洞体较小，基础尺寸大于洞的平面尺寸；④微风化硬质岩石中，洞体顶板厚度接近或大于洞跨。

8.1.3　岩溶的地基处理方法

1. 岩溶地基处理的一般原则

(1) 重要建筑物宜避开岩溶强烈发育区。

(2) 当地基含石膏、碳酸盐类岩等易溶岩时，应考虑溶蚀继续作用的不利影响。

(3) 不稳定的岩溶洞隙应以地基处理为主，并可根据其形态、大小及埋深，采用清爆换填、浅层楔状填塞、洞底支撑、梁板跨越、调整柱距等方法处理。

（4）岩溶水的处理宜采取疏导的原则。

（5）在未经有效处理的隐伏土洞或地表塌陷影响范围内不应作天然地基。对土洞和塌陷宜采用地表截流、防渗堵漏、挖填灌填岩溶通道、通气降压等方法进行处理，同时采用梁板跨越。对重要建筑物应采用桩基或墩基。

（6）应采取防止地下水排泄通道堵截造成动水压力对基坑底板、地坪及道路等不良影响以及泄水、涌水对环境污染的措施。

（7）当采用桩（墩）基时，宜优先采用大直径墩基或嵌岩桩，并应符合下列要求。

① 桩（墩）以下相当桩（墩）径的 3 倍范围内，无倾斜或水平状岩溶洞隙的浅层洞隙，可按冲剪条件验算顶板稳定。

② 桩（墩）底应力扩散范围内，无临空面或倾向临空面的不利角度的裂隙面可按滑移条件验算其稳定。

③ 应清除桩（墩）底面不稳定石芽及其间的充填物。嵌岩深度应确保桩（墩）的稳定及其底部与岩体的良好接触。

2. 岩溶地基处理方法

根据不同的岩溶地基采取不同处理方案，采用常规泥浆护壁方法、向孔内抛填片石、回填素混凝土、压力注浆以及采用钢护筒跟进等不同施工工艺。

1）常规成孔方案

当溶洞有填充物，是可塑或软塑的亚黏土，且溶洞不漏水时，不管溶洞有多大也不管溶洞垂直方向数量有多少，都可以不考虑溶洞的存在，而按正常地质情况施工。采用冲击钻成孔，洞内的土质和溶洞外的土质没有什么区别，可以按无溶洞施工。

2）片石回填

采用正常成孔方法施工，当钻穿溶洞漏浆时，反复投入黄土和片石，利用钻头冲击将黄土和片石挤入溶洞和岩溶裂隙中，还可掺入水泥、氢氧化钠和锯末，以增大孔壁的自稳能力。

（1）掺加比例。为有效利用片石，片石与黏土的比例为 3∶7；掺加水泥时，掺加比例为 2 包/m；掺加锯末时，掺加比例为黏土的 10%。

（2）掺加方法。片石采用强度大于等于 30MPa 石灰岩，石块粒径以 15～50cm 为宜。

掺加黏土时采用水泥袋包装后投放效果更佳。水泥投放方法为以整袋投放为佳。掺加方法：片石、黏土袋（可选择添加水泥、锯末，也可不添加）分层间隔掺加，回填高度为溶洞顶板以上 1m 处。

（3）施工注意事项。密切注意观察钻机工作情况、周围地表沉降和护筒内水位变化，防止不正常情况发生，发生漏浆现象，应立即处理。根据地质柱状图，在接近溶洞时勤观察、勤检查，凭手握冲击主绳的手感、冲击岩层的响声、抽取的岩样来判断是否接近岩溶地层。接近岩溶时主绳松绳量应为 1～2cm，防止穿岩壳时卡钻。钻穿岩溶地层上壳时，一旦漏浆，要及时投放黏土块、片石并补水，以保持孔内水位高度。

（4）主要适用范围及优势。适用于较小溶洞（溶洞高度小于 3m），无填充物或半填充，施工方法简单，造价较低。

3）素混凝土回填

采取正常成孔方法施工，当钻穿溶洞漏浆时或遇到倾斜岩面时填入低标号混凝土，间隔一定时间后采用冲击钻成孔。

（1）混凝土标号及配合比。混凝土可采用C20（C15、C10也可）素混凝土，为尽快提高混凝土强度，节约施工时间，应在混凝土中掺加一定早强剂，提高素混凝土的早期强度。

（2）掺加方法。对于倾斜岩面，为校正孔位，回填素混凝土应与斜岩面顶面平齐；对于溶洞处，回填顶面高于溶洞顶板50cm。

（3）施工注意事项。回填48h后，回填混凝土强度达到70%，且应在桩基范围取芯检验填充效果，待溶洞完全填充且强度达到后，方可进行桩基施工。

（4）主要适用范围及优势。适用于中、小溶洞，有无填充物均可采用此方案。施工方法简单，造价相对较高。

4）注浆加固

注浆加固就是通过对照地质柱状图，对桩穿过的溶洞进行注浆填充和加固。

（1）注浆孔布设。根据钻孔柱状图，找出最大溶洞，如果溶洞为连通溶洞，只需对其中最大的溶洞进行注浆加固。

（2）注浆压力控制。用注浆泵注浆，注浆压力不宜太大，控制在0.5～1.0MPa，具体压力通过现场试验确定。注浆速度为15～20L/min，其目的是使浆液渗透到填充物内（包含灌入的砂和碎石），然后固结，渗透最小直径定位3.0m，以保证冲钻成孔有足够的固结体。注浆时注浆管必须插入填充物底部，然后边注浆边缓慢上提，提管速度不宜太快。根据珠江速度确定，应将渗透半径控制在允许范围内。

（3）施工注意事项。防止浆液流失太远造成浪费，采用间歇注浆方式，使得先注入浆液与沙子（或碎石）初步达到胶结后再注浆。循环注浆多次，直至达到规定的注浆量和注浆压力控制值为止。注完一个孔后，继续对其余孔进行注浆，后注浆压力必须调高，最后封孔。注浆顺序由现场自行掌握，且应在桩基范围取芯检验填充效果，待溶洞完全填充且强度达到后，方可进行桩基施工。

（4）主要适用范围及优势。多适用于小型（高度小于1m）或多层溶洞（多层串珠状小溶洞），也可用于各种有填充物的溶洞，但造价较高。

5）钢护筒跟进加固

采用钢护筒跳进法，即一面冲孔，一面接钢护筒，并且将其压到或震动下沉至已钻成的孔内（图8-3）。

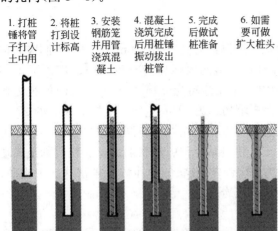

1. 打桩锤将管子打入土中用　2. 将桩打到设计标高　3. 安装钢筋笼并用管浇筑混凝土　4. 混凝土浇筑完成后用桩锤振动拔出桩管　5. 完成后做试桩准备　6. 如需要可做扩大桩头

图8-3　钢护筒跟进加固岩溶地基示意图

(1) 钢护筒的选择。内护筒长度和内径的确定：护筒长度 $L=(h+H)m$（h 为超前钻确定的溶洞高度，H 为溶洞顶到地面加 30cm 的高度）；单层护筒内径大于桩直径 10cm，多层护筒最内层护筒内径大于桩直径 10cm，其外面一层护筒内径大于内层护筒外径 10cm，并以此类推。钢护筒孔径要准确，连接顺直，用卷扬机成型。钢护筒要有一定的刚度，单个大溶洞用单层护筒，两个大溶洞用双层护筒，并以此类推。

(2) 内护筒的沉放。当冲击穿过溶洞顶部时要反复提升冲锤，在顶部厚度范围上下慢放轻提，冲锤不明显受阻，说明顶部已成孔并且圆滑垂直，此时用钢丝绳活扣绑住内护筒，用吊机（或桩机自重）把内护筒放入外护筒内沉至孔底，必要时用振动锤下沉。用冲击钻成孔钢护筒跟进法施工时，施工中应充分利用冲击钻的扩孔性能，使钢护筒能顺利下沉。钻头直径大于钢护筒外径 3～5cm，护筒到位后钻头改为满足成孔要求的钻头直径。如果冲击钻在坚硬岩石中的扩孔系数较小不能满足钢护筒下沉要求，则回填并加大钻头直径二次冲孔，以保证钢护筒顺利下沉。为保证钢护筒顺利下滑，要求桩孔竖直，无歪斜、缩颈。

(3) 主要适用范围及优势。适用于特大溶洞（溶洞高度大于 3m）、无填充溶洞、半填充溶洞或溶洞上方有较厚的砂砾层时。

8.1.4 工程应用实例

1. 广州市轨道交通五号线草暖公园至小北站区间盾构区间溶洞处理方案

1）工程概况

草暖公园至小北站区间在里程 YDK7＋903.505～YDK8＋052.610 范围内，隧道穿越地石炭系灰岩地层。根据初勘、详勘和溶洞补充勘察资料，隧道穿越区有较多溶洞。溶洞处理场地位于广州市环市中路与解放北路交叉口的东北角，即亚哥花园及花园外面环市路上和人行道上，地面标高 9.17～13.49m，相对高差 4.32m，微地貌属山麓斜坡堆积。

溶洞补充勘察阶段共分成 5 个施工小区，施工 124 钻孔，27 个 CT 孔对。本次设计是在补充勘察资料的基础上，结合 CT，根据溶洞的空间分布、溶洞与隧道的位置关系、溶洞充填物的类型，提出具体的溶洞处理方案。

2）溶洞分布情况

根据勘察情况，该段溶洞分布广，规模大，溶洞最大高度 18.30m(D02)。溶洞竖向位置主要在隧道结构底部和结构底板以下，探到最深溶洞底标高为 −31.44m。在剖面上溶洞主要分布在标高为 −31.44～5.35m，其中以分布在标高为 −14.00～−1.40m 的最为普遍；在小于 3.50m 的 140 个溶洞中有 72 个无充填物，占 51%；大于等于 3.50m 的 27 个溶洞中，4 个为无充填物，占 15%，其余均为半充填及全充填；溶洞充填物较为复杂，主要有灰黑色流塑状淤泥、软黏土、泥炭质黏土、粉质黏土；可塑状的黏土、粉质黏土；硬塑状的黏土、粉质黏土；稍密状粉土、中密状粉土；松散状的中粗砂；稍密状的中粗砂；中密状的中粗砂；以上各类土均不同程度地含有灰岩碎块、岩屑。

3）溶洞处理方法

为了确保盾构掘进期间的盾构机安全，避免盾构机突陷等意外事故的发生。防止地表塌陷和过大沉降，通过处理，使隧道顶的地层和工作面土体保持稳定，防止拱顶坍塌，工作面土体流失，减少地表沉降。通过对地层处理，提高该处地层的承载力，减小不同地层之间的差异沉降，减少管片渗漏，以满足地铁正常运营。

(1) 无填充溶洞和半填充溶洞处理方法。

对大于 2m 以上的无填充溶洞和半填充溶洞，先采用填砂处理，后采用注浆加固的方法。填砂处理的方法是在原钻孔附近(约 0.6m)补钻一个 $\phi130mm$ 的投砂孔。注浆加固的方法见后面的全填充处理方法。对小于 2m 的无填充溶洞和半填充溶洞，可采用注浆填充。

(2) 全填充溶洞处理方法。

采用压力注浆的方法进行填充加固，注浆压力从低到高，间歇、反复压浆。

注浆方式有以下几种。

① 花管注浆：隧道两侧已埋设花管的钻探孔。

② PVC 袖阀管注浆：溶洞填充均匀，加固位置可控性强，主要是新增加钻孔和隧道中间钻探孔。

③ 注浆材料：

周边孔：纯水泥浆＋水玻璃；

中央孔：纯水泥浆。

④ 注浆压力和注浆量：

周边孔：以相对小压力、多次数、较大量控制；压力 0.2～1.0MPa，3～4 次，总注浆量控制在 92m³ 以内；中央孔：压力按 0.8～2.0MPa 控制，3 次，总注浆量控制在 58m³ 左右。

⑤ 注浆间歇时间：每次间隔 6～10h。

⑥ 注浆终止标准：注浆终压达到设计终压，注浆量达到设计注浆量的 80％；或虽未达到设计终压，但注浆量已达到设计注浆量，即可结束本孔注浆。

4) 注浆工艺流程

(1) 花管注浆工艺流程。

① 预钻孔：在确定要注浆的位置上用工程钻机钻孔至预定深度。

② 制作花管：在 $\phi25$PVC 塑料管上按间隔约 20～25cm 的距离对开两个直径为 5mm 的小孔，上下两排孔的位置相互垂直；在小孔外面包上三层防水胶布。

③ 下花管：在已完成的钻孔中下入已制作好的花管，距孔口约 8～12m 以上则接上未钻孔的 PVC 管。

④ 封孔：在下好 PVC 管的钻孔中距孔口 5～6m 位置用水泥砂浆进行封孔。

⑤ 管线连接：在封孔达到 3～5d 龄期后，将注浆压力管与花管进行连接。

⑥ 制浆：按设计规定的水灰比制备水泥浆液。

⑦ 注浆：启动注浆泵，压送清水，在此过程中压力逐步提高，直到冲开封胶，压力回落后，泵送水泥浆液，一直注浆到设计所规定的压力并稳定为止；在此过程中可视需要或设计规定进行间歇注浆，直至符合设计要求为止。

⑧ 做好注浆过程中的各项记录：注浆时间、注浆压力、水泥用量、水灰比、注浆过程出现的特殊情况等。

⑨ 注浆达到设计要求后，清洗管路及花管，拆除注浆管，进行下一孔的注浆。

(2) 袖阀管注浆工艺流程。

① 预钻孔：在确定要注浆的位置上用工程钻机钻孔至预定深度。

② 清孔：在已完成的钻孔中用浓泥浆进行清孔，排除粗颗粒渣土。

③ 下套壳料：按设计的配合比配制好套壳料，并从孔底往上灌注套壳料至孔口。

④ 制作袖阀管：在直径 50mm 的 PVC 塑料管上按间隔 35cm 的距离开 8～10 个直径 5mm 的小孔，开孔范围长约 5～8cm，各小孔的位置相互错开；在开小孔约 10cm 长的外面套上一层约 3mm 厚的橡胶膨胀圈（即袖阀），两端用防水胶布密封；（袖阀管市面上一般有成品卖，规格因厂家而异）。

⑤ 下袖阀管：在下完套壳料的钻孔中下入已制作好的袖阀管。

⑥ 管线连接：在套壳料达到一定龄期后(约 3～7d)，在袖阀管内下入注浆器，注浆器的中间有约 20cm 长开槽孔，在其上下各带有止浆塞，将注浆压力管与袖阀管内的注浆器进行连接。

⑦ 制浆：按设计规定的水灰比制备水泥浆液。

⑧ 开环注浆：将注浆器下至需要注浆的孔段，启动注浆泵，压送清水，在此过程中压力逐步提高，直到冲开橡胶袖阀及所对应位置的套壳，压力回落后，泵送水泥浆液，一直注浆到设计所规定的压力并稳定为止；在此过程中可视需要或设计规定进行间歇注浆，直至符合设计要求为止。

⑨ 连续开环注浆：根据设计要求，上下移动注浆管，在需要注浆的各部位依照上述第⑧步的做法逐步开环注浆，直到完成所有孔段的注浆。

⑩ 做好注浆过程中的各项记录：开环位置、注浆时间、注浆压力、水泥用量、水灰比、注浆过程出现的特殊情况等。

⑪ 注浆达到设计要求后，清洗管路及袖阀管，拆除注浆管，进行下一孔的注浆。

2. 武广客运专线铁路海棠隧道岩溶处理方案

1) 工程简介

海棠隧道是我国目前第一条时速高达 350km 的武广客运专线铁路 XXTJIV 标段内的一座长达 2908m 的双线隧道，隧道穿越湖南省郴州市苏仙区荷叶坪镇海棠村境内低山丘陵区，隧址区为剥蚀、侵蚀作用形成的构造型丘陵，洞身段地层岩性复杂，其分布主要受背斜及向斜构造控制。区内最高点位于海棠村南侧山岭，海拔标高 330.0m，最低点位于隧道出口艾家冲村冲沟，海拔标高约 163m，隧道最大埋深约 125m，最大相对高差约 167m。区内植被发育，山岭及谷地被薄层表土覆盖。隧道通过地区地表水系不发育，在隧道西侧约 200m 处有一条小溪流过，由北西流向南东，施工时流量约 5L/s，但溪底标高低于铁路设计路肩标高。

2) 岩溶情况概述

区内主要的不良地质为岩溶，岩溶区溶蚀裂隙极其发育、密集、形态各异，溶洞内多为软塑至流塑的黏土夹碎石、砂砾半充填至全充填，部分发育为串珠状网络溶洞群，主脉及分枝交错汇集。很多区域形成大型的溶蚀性空腔空洞，岩溶主要形态为溶洞、溶槽、溶芽等，且分布范围广，岩溶洼地、漏斗、大型的溶蚀沟槽等十分发育。

隧道自开工以来，施工中先后揭露大大小小溶洞、溶槽总共为 209 处，岩溶总长度达 2090m，占隧道总长的 72%。由于特定的地理环境和千差万别的地质构造影响，造成大小规模形态类别各异、奇形怪状的岩溶地质，洞身多穿越土石分界、可溶岩与非可溶岩接触地带，为近地表垂直岩溶循环带中顺层发育的网络溶洞群，是我国铁路修建史上地质条件极为罕见的岩溶隧道。隧道施工中揭露的岩溶其主要特点如下。

（1）顺层发育的不同规模的扁平状溶洞与垂直发育的岩溶漏斗管道交错成网状岩溶格局，造成隧道通过地段岩溶极其发育，在施工过程中采取各方向绕避均无法避开溶洞。

（2）隧道地表地面均为较厚的土层覆盖，很少有基岩出露。由于隧道埋深较浅，地下洞穴与地表连同性较好，地表黏土物质大量运移地下与溶崩碎块石混杂，大多数洞穴均被半充填或全充填，且由于地表渗水，充填物处于饱水流动状态，增大了隧道开挖、支护和加固难度。

（3）由于顺层溶洞、层面倾角多较平缓，洞顶顶板常处于不稳定状态，易发生冒顶、坍落。该隧道地下水位普遍略高于隧道顶部，无水压问题，但经常性的地下水补给，导致充填物长期处于饱和状态，遇强暴雨不排除局部出现涌泥的可能。

（4）埋深较浅地段隧道顶以上完整灰岩整体厚度不大，地表为低洼、冲沟地段，有一定的汇水条件，地下溶洞空腔发育，在暴雨季节存在洞内涌水、涌泥和地表塌陷的危险。

对于没有探明但在施工中揭露出来的岩溶地质，在施工时结合现场实际情况，对溶洞（槽）、围岩变形采取有针对性的措施。

3）岩溶处理

对于隧道底部发育岩溶且为充填型，且充填物为松散或软塑状的黏土或砂黏土沉积物，为了防止列车运行过程中结构产生沉降，须加强对地基的处理。隧道底部的处理可采用注浆加固、换填等方法。通过对隧底软弱地质的加固，以改善地基承载力，避免隧道整体下沉。

（1）隧道底部换填。

如果隧道基底溶洞充填物的厚度小于2.0m（2.0m以下为基岩或微风化地层），可以考虑采用换填方法，换填材料可以选用浆砌片石、混凝土等。

（2）隧道底部注浆加固。

如隧道基底溶洞充填物的厚度大于2.0m，可采用垂直注浆加固。钻孔深度深入基岩3.0m左右，注浆材料宜选用普通水泥或超细水泥浆，注浆管上端和仰拱相连，以提高支护结构的强度和刚度，在完成注浆后钻芯取样进行验证。

隧底岩溶地质处理图如下（图8-4、图8-5）。

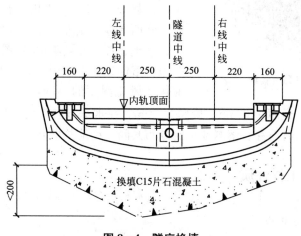

图8-4 隧底换填

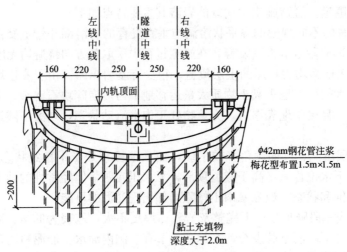

图 8-5　隧底注浆加固处理

8.2 红黏土地基处理

8.2.1 概述

红黏土：碳酸盐岩系出露区的岩石，经红土化作用形成的棕红或褐黄等色的高塑性黏土称为原生红黏土。经再搬运、沉积后仍保留红黏土基本特征，液限大于 45% 的黏土称为次生红黏土(图 8-6)。

图 8-6　红黏土颗粒

红黏土主要分布在北纬 30° 与南纬 30° 之间的热带、亚热带地区。我国红黏土分布广泛，主要分布区在我国南方各省区，总出露面积达 20 余万平方千米，如云贵高原、四川东部、广西、粤北及鄂西、湘西等地区的低山、丘陵地带顶部和山间盆地、洼地、缓坡及坡脚地段(图 8-7)。黔、桂、滇等地古溶蚀地面上堆积的红黏土层，由于基岩起伏变化及风化深度的不同，造成其厚度变化极不均匀。常见为 5~8m，最薄为 0.5m，最厚为 20m。在水平方向常见咫尺之隔，厚度相差达 10m 之巨。上层中常有石芽、溶洞或土洞分布其间，给地基勘察、设计工作造成困难。

8.2.2 红黏土的工程性质

1. 红黏土的组分构成

红黏土形成的过程同时也是脱硅富铝铁的地球化学过程。红黏土的矿物成分除仍含有

(a) 红黏土土林

(b) 红黏土茶园

(c) 红黏土梯田

图 8-7　云南东川的红黏土

一定数量的石英颗粒外，大量的黏土颗粒主要为水高岭石、蒙脱石、水云母类、胶体二氧化硅及赤铁矿、三水铝土矿等组成，不含或极少含有机质(表 8-1)。一般情况下，红黏土矿物中石英和高岭石的含量大于 80%，SiO_2 与 Al_2O_3 含量值一般在 $70\% \sim 76\%$。其中，黏土矿物具有稳定的结晶格架、细粒组结成稳固的团粒结构，土体近于两相体且土中水又多为结合水，这三者是构成红黏土良好力学性能的基本因素。

表 8-1　红黏土的矿物成分

粒组	成分(以常见顺序排列)	鉴定方法
碎屑	针铁矿、石英	目测、偏光显微镜
小于 $2\mu m$ 的颗粒	高岭石、伊利石、绿泥石部分土中还有蒙脱石、云母、多水高岭石、三水铝矿	X 衍射、电子显微镜、差热

红黏土的颗粒组构决定了红黏土含水量高、孔隙比大，塑性强，具有较高的力学强度和较低的压缩性。虽然红黏土的含水量、孔隙比、塑性等物理指标比软土差，但是其工程性能却远比软土要好。这一特性是红黏土被视为特殊土的主要原因。

2. 红黏土的成因及分布特征

1) 红黏土成因

红黏土化过程基本上是一个化学、物理化学的变化或母岩中矿物的迁移、过渡、交代、沉淀的过程，并归纳为下列三个发展阶段。

第一阶段：（最初风化）原始矿物部分地或完全地物理或化学的风化，基本元素、倍半氧化物胶体的"释放"。

第二阶段：（次生风化或红黏土化）母岩部分地或完全地淋滤。一些矿物分解、迁移、矿物间部分的重新组合。第二阶段的风化程度与原始矿物的化学风化程度及本质有关。

第三阶段：部分的或完全的水合胶体，氧化铁、铝的脱水。

由于红黏土系碳酸盐类及其他类岩石的风化后期产物，母岩中的较活动性的成分 SO_4^{2-}、Ca^{2+}、Na^+、K^+ 经长期风化淋滤作用相继流失，SiO_2 部分流失，此时地表则多集聚含水铁铝氧化物及硅酸盐矿物，并继而脱水变为氧化铁铝，使土染成褐红至砖红色。

红黏土呈现高孔隙性，首先在于其颗粒组成的高分散性，是黏粒含量特别多和组成这些细小黏粒的含水铁铝硅氧化物在地表高温条件下很快失水而相互凝聚胶结，生成环境及其相应的组成物质和坚固的粒间联结特性，从而较好地保存了它的絮状结构的结果。

2) 红黏土分布特征

红黏土主要为残积、坡积类型，因而其分布多在山区或丘陵地带。这种受形成条件所控制的土，为一种区域性的特殊性土。红黏土主要发育于地形舒缓、波状起伏的剥蚀夷平台地、岩溶断陷盆地及岩溶谷地两侧丘陵坡脚。发育于坡脚的红黏土主要为残积、坡残积成因的原生红黏土，而分布于盆地、谷地中心的红黏土主要为冲积、冲洪积成因的次生红黏土。在我国以贵州、云南、广西省（区）分布最为广泛和典型，其次在安徽、川东、粤北、鄂西和湘西也有分布。一般分布在山坡、山麓、盆地或洼地中。其厚度的变化与原始地形和下伏基岩面的起伏变化密切相关，分布在盆地或洼地时，其厚度变化大体是边缘较薄，向中间逐渐增厚；分布在基岩面或风化面上时，则取决于基岩起伏和风化层深度。当下伏基岩的溶沟、溶槽、石芽等较发育时，上覆红黏土的厚度变化极大，常有咫尺之隔，竟相差 10m 之多；就地区分布特点而言，贵州的红黏土厚度约 3~6m，超过 10m 者较少，云南地区一般为 7~8m，个别地段可达 10~20m；湘西、鄂西、广西等地一般在 10m 左右。

3. 红黏土的工程性质

1) 红黏土的物理力学性质

红黏土的含水量高、孔隙比大、塑性强等物理特性与软土相似，但是其较高的力学强度和低压缩性，与软黏土差别巨大。

红黏土的物理力学性质的经验值如表 8-2 所示。

表 8-2 红黏土物理力学性质的经验值

指标	粒组含量		土的天然含水量(w)/%	最优含水量(w_{op})/%	土的重度(γ)/(kN/m³)	最大干重度(γ_{dmax})/(kN/m³)	相对密度(G)
	粒径/mm 0.005~0.002	粒径/mm <0.002					
一般值	10~20	40~70	30~60	27~40	16.5~18.5	13.8~14.9	2.76~2.90
指标	饱和度(S_r)/%	孔隙比(e)	液限(w_L)/%	塑限(w_P)/%	塑性指数(I_P)	液性指数(I_L)	含水比(α_w)
一般值	>95	1.1~1.7	60~110	30~60	25~50	-0.1~0.4	0.5~0.75
指标	压缩模量(E_S)/MPa	变形模量(E_0)/MPa	自由膨胀率($e_{F.S}$)/%	膨胀率(e_{PS})/%	膨胀压力(P_P)/kPa	体缩率(e_S)/%	线缩率(e_{SL})/%
一般值	6~16	10~30	25~69	0.1~2.1	14~31	7~22	2.5~8.0
指标	三轴剪切		无侧限抗压强度(q_u)/kPa	比例界限(p_0)/kPa	孔隙渗透系数(k)/(cm/s)	裂隙渗透系数(k')/(cm/s)	压缩系数(a_{1-2})/MPa⁻¹
	内摩擦角(φ)/(°)	黏聚力(c)/kPa					
一般值	0~3	50~160	200~400	160~300	$i \times 10^{-8}$	$i \times 10^{-5}$~$i \times 10^{-3}$	0.1~0.4

从表 8-2 可看出红黏土具有两大特点：一是土的天然含水量、孔隙比、饱和度以及塑性界限(液限、塑限)很高，且具有较高的力学强度和较低的压缩性；二是各种指标的变化幅度很大。红黏土中小于 0.005mm 的黏粒含量为 60%~80%，其中小于 0.002mm 的胶粒占 40%~70%，使红黏土具有高分散性。

2) 红黏土厚度特征与由硬变软的现象

(1) 厚度变化：这与所处地貌、基岩的岩性与岩溶发育程度有关；在其他因素相近的条件下，碳酸盐类岩体的岩性决定着岩溶发展程度的差异。石灰岩、白云岩易于岩溶化，岩体表面起伏剧烈，导致上覆红黏土层厚度变化很大，泥灰岩、泥质灰岩的岩溶化较弱，故表面较平整，上覆红黏土层的厚度变化也较小。

(2) 由硬变弱现象，地层从地表向下由硬变软，相应地，土的强度逐渐降低，压缩性逐渐增大。工程实践中，红黏土的软硬程度多以含水比例来划分的。据统计结果，上部坚硬、硬塑状态的土约占红黏土层的 75% 以上，厚度一般都大于 5m，可塑状态的土约占 10%~20%，多分布在接近基岩处；软塑、流塑状态的土所占比例小于 10%，位于基岩凹部溶槽内。

3) 红黏土的裂隙性与胀缩性

(1) 红黏土的裂隙性：坚硬和硬塑状态的红黏土层由于胀缩作用形成了大量裂隙。裂隙发育深度一般为 3~4m，已见最深者达 6.0m。裂隙面光滑，有的带擦痕、有的被铁锰质浸染。裂隙的发生和发展速度极快，在干旱气候条件下，新挖坡面数日内便可被收缩裂隙切割得支离破碎，使地面水易侵入，土的抗剪强度降低，常造成边坡变形和失稳。

(2) 红黏土的胀缩性：有些地区的红黏土具有一定的胀缩性，如贵州的贵阳、遵义、铜仁；广西的桂林、柳州、来宾、贵县等。这些地区由于红黏土地基的胀缩变形，致使一些单层(少数为 2~3 层)民用建筑物和少数热工建筑物出现开裂破坏，其中以广西地区较为严重，贵州地区较轻，有些地区红黏土的胀缩性很轻微，可不作为膨胀土对待。红黏土的胀缩性能表现以缩为主，即在天然状态下膨胀量微小、收缩量较大(表8-2)。经收缩后的土试样浸水时，可产生较大的膨胀量。

4) 红黏土中的地下水特征

红黏土的透水性微弱，其中的地下水多为裂隙性潜水和上层滞水。它的补给来源主要是大气降水，基岩岩溶裂隙水和地表水体，水量一般均很小。在地势低洼地段的土层裂隙中或软塑、流塑状态土层中可见土中水，水量不大，且不具统一水位。红黏土层中的地下水水质属重碳酸钙型水，对混凝土一般不具腐蚀性。

4. 红黏土的分类

按土的特性、地质条件等对红黏土的分类应符合下列规定。

(1) 按成因类型可分为原生红黏土与次生红黏土。

(2) 按湿度状态，红黏土地区经过相关分析得出含水比 α_w 与液性指数 I_L 之间存在如下关系：

$$\alpha_w = 0.45I_L + 0.55 \tag{8-1}$$

考虑到红黏土的液塑比 I_r 多变化于 $1.3 \sim 2.3$ 之间，若用 $I_r = 1.8$ 将红黏土划分为两档，则可按 α_w 与液性指数 I_L 的下列关系，用 α_w 代替 I_L 对红黏土的状态做进一步细分(液塑比：$I_r = w_L/w_P$)：

当 $I_r < 1.8$ 时，

$$\alpha_w = 0.34I_L + 0.66 \tag{8-2}$$

当 $I_r > 1.8$ 时，

$$\alpha_w = 0.49I_L + 0.51 \tag{8-3}$$

在静力触探的比贯入阻力 p_s 与红黏土的强度之间建立了相关系数，通过强度的转换，可求出 p_s 与 α_w 的关系，而用 p_s 划分红黏土的软硬状态。

上述用 I_L、α_w、p_s 划分红黏土的软硬状态标准如表8-3所示。

表8-3 红黏土按状态分类标准

状态	液性指数 I_L	含水比 α_w	含水比 α_w		比贯入阻力 p_s/MPa
			$I_r < 1.8$	$I_r > 1.8$	
坚硬	$\leqslant 0$	0.55	$\leqslant 0.63$	$\leqslant 0.50$	$\geqslant 2.3$
硬塑	$0 < I_L \leqslant 0.33$	$0.55 < \alpha_w \leqslant 0.70$	$0.63 \sim 0.75$	$0.5 \sim 0.67$	$1.3 \sim 2.3$
可塑	$0.33 < I_L \leqslant 0.67$	$0.70 < \alpha_w \leqslant 0.85$	$0.75 \sim 0.88$	$0.67 \sim 0.84$	$0.7 \sim 1.3$
软塑	$0.67 < I_L \leqslant 1.0$	$0.85 < \alpha_w \leqslant 1.0$	$0.88 \sim 1.0$	$0.84 \sim 1.0$	$0.2 \sim 0.7$
流塑	> 1.0	> 1.0	> 1.0	> 1.0	< 0.2

(3) 按土体结构。按土的外观裂隙特征和灵敏度 S_t 划分为：

致密状(偶见裂隙)：$S_t > 1.2$

巨块状(较多裂隙)：$1.2 \geqslant S_t > 0,8$

碎块状(富裂隙)：$S_t \leqslant 0.8$

(4) 按土的复浸水特性，即以土的界限液塑比 I_r' 及液塑比 I_r 划分为：

Ⅰ类：$I_r \geqslant I_r'$，收缩后再浸水，膨胀量能恢复到原来位置。

Ⅱ类：$I_r < I_r'$，收缩后再浸水，膨胀量不能恢复到原来位置。

界限液塑比 I_r' 与液限 w_L 的相关公式为：

$$I_r'=1.4+0.0066w_L \qquad (8-4)$$

(5) 按地基均匀性，即按基底下深度为 Z 范围内的地层组成，分为两类：

均匀地基：全部由红黏土组成。

不均匀地基：由红黏土与岩石共同组成。

当单独基础的总重 p_1 为 500～3000kN，条形基础每延米荷载 p_2 为 100～250kN/m 时，Z 值(m)可分别按下式确定：

单独基础：

$$Z=\eta_1 p_1+1.5 \qquad (8-5)$$

条形基础：

$$Z=\eta_2 p_2-4.5 \qquad (8-6)$$

式中，η_1、η_2——系数，$\eta_1=0.003$m/kN，$\eta_2=0.05$m^2/kN。

8.2.3 红黏土地基设计与施工应注意的问题

1. 红黏土工程危害

(1) 红黏土中存在的土洞，对建筑物的地基安全存在潜在的不利因素及危险性，土洞的发育主要与基岩岩溶及断裂发育程度、地下水的活动程度及通道发育程度、土体本身的稳定性和基岩起伏有关。这就必须在前期勘察中，查清土洞的分布规律。

(2) 在机场工程中，由于红黏土的胀缩等特性而产生不均匀变形，会导致机场跑道起伏不定，甚至跑道混凝土板断裂而破坏跑道的安全。

(3) 在公路建设中，红黏土的不良特性将导致路基压实性能差，使得路基出现结构裂缝，影响路基的整体强度与稳定性，容易引起路基不均匀沉降。

(4) 在高速铁路建设中，红黏土的胀缩等特性将导致路基产生不均匀变形，使得无砟轨道板承受过大的附加应力而开裂，危急高速列车的安全。

2. 确定红黏土地基承载力的方法

关于红黏土地基承载力的确定方法，一般有如下几种。

(1) 用地基规范通过一定的物理指标查表。

红黏土的地基承载力可按表8-4确定。当考虑红黏土地基承载力设计值修正时，应区别土的成因，土性(如液塑比 I_L 等)、土体结构特征，并考虑湿度状态的动态影响等。当基础浅埋，外侧地面倾斜或有临空面，或承受较大水平荷载等情况时，应考虑土体结构及裂隙的存在对承载力的可能影响，以及开挖面长时间暴露、裂隙发展和复浸水对土质的影响。

表 8-4 红黏土承载力表　　　　　　　　　　　　　　　　单位：kPa

土的名称	第二指标液塑比	第一指标含水比					
		0.5	0.6	0.7	0.8	0.9	1.0
红黏土	≤1.7	380	270	210	180	150	140
	≥2.3	280	200	160	130	110	100
次生红黏土		250	190	150	130	110	100

(2) 通过载荷试验。

(3) 通过室内或野外剪切试验测定红黏土的抗剪强度指标，用强度公式计算。

(4) 按变形计算及利用已有力学指标同物理指标之间的相关分析资料或参考当地和附近建筑经验值近似求得。

3. 确定红黏土地基承载力的几个原则问题

(1) 在确定红黏土地基承载力时，要根据埋深变化的湿度和上部结构情况，分别确定。因为红黏土物理力学特性变化范围很大，即使同一成因和埋藏条件下的、红黏土的地基承载力也有所不同。

(2) 为了有效地利用红黏土作为天然地基，针对其强度具有随深度递减的特征，基础宜尽量浅埋，把土层坚硬或硬可塑状态的土层作为地基的持力层，既可充分利用表层红黏土的承载力，又可节约基础材料，便于施工。

(3) 红黏土一般强度高、压缩性低。对于一般建筑物，地基承载力往往由地基强度控制，不考虑地基变形。但由于同一建筑地基上各部分红黏土厚度和性质很不均匀，从而形成过大的差异沉降，往往是天然地基上建筑物产生裂缝的主要原因。此时，按变形计算地基对于合理地利用地基强度，正确反映上部结构及使用要求具有特别重要的意义。同时，还须根据地基、基础与上部结构共同作用原理，适当配合以加强上部结构刚度的措施，提高建筑物对不均匀沉降的适应能力。

(4) 无论按强度还是按变形考虑地基承载力，必须考虑红黏土物理力学性质指标的垂直向变化，划分土质单元，分层统计、确定设计参数，按多层地基进行计算。

(5) 红黏土的表层，通常呈坚硬-硬塑状态，强度高、压缩性低，可充分利用表层红黏土作为天然地基持力层。

(6) 红黏土的底层，接近下卧基岩面附近尤其在基岩面低洼处，因地下水积聚，常呈软塑或流塑状态，该处红黏土强度较低，压缩性较高，为不良地基。

(7) 红黏土下卧基岩起伏不平并存在软弱土层，容易引起地基不均匀沉降。

(8) 红黏土的网状裂隙及土层的胀缩性，对边坡及地基均有不利影响。评价时应决定是否按膨胀土地基考虑。若为膨胀土，对低层、三级建筑物建议的基础埋深应大于当地大气影响急剧层深度；对炉窑等高温设备基础，应考虑基底土不均匀收缩变形的影响。开挖明渠，应考虑土体干湿循环以及在有石芽出露的地段，由于土的收缩形成通道，导致地表水下渗冲蚀形成地面变形的可能性，并避免把建筑物设置在地裂密集带和深长地裂地段。

4. 红黏土地基处理方法

1) 晾晒法

通过晾晒处理，可以降低红黏土的天然含水量，从而达到增加强度的目的。

2) 换填法

选取低液限、低塑性土或采用其他的天然碎石土、矿渣等符合要求的材料，将红黏土置换，再按照设计的压实度进行碾压处理。

3) 深层搅拌法

深层搅拌法是利用深层搅拌机械在软弱地基内，边钻进边往软土中喷射浆液或雾状粉体，同时，借助于搅拌轴旋转搅拌，使喷入软土中的浆液或粉体与软土充分拌和在一起，形成抗压强度比天然土高很多并具有整体性、水稳性的桩柱体。针对红黏土的不良特征，通过外掺剂与土壤中阳离子进行离子交换，将这些原本吸附在土壤颗粒表面、亲水性高的阳离子代之以亲水性较低、黏结力较强的离子及其水合物而改变土壤的物理力学性质。这样，水分子就不易与土颗粒结合，在物理压力作用下，容易被排出。深层搅拌法主要采用碳，粉煤灰、二灰、水泥等材料。

4) 土工合成材料加固法

土工合成材料加固法是受加筋土技术解决土体稳定、加固路基边坡的启示，近年来开始采用的一种新方法。通过在红黏土地基中分层铺设土工格栅(网)，充分利用土工格栅(网)与红黏土填料间的摩擦力和咬合力，增大红黏土抗压强度，约束其变形，隔断外界因素影响，以达到稳定地基的目的。

5) 预压排水固结方法

超载预压作为排水固结方案的配套措施，也时有采用。土层在荷载作用下通过排水系统排水，加快土体固结。

6) 强夯置换法

强夯法又称动力固结法或动力压实法，通过反复将夯锤提高使其自由落下，给地基以冲击和振动能量，从而提高地基的承载力并降低其压缩性，改善地基性能。在需要加固的地基中强行夯入块碎石，可视为块碎石以墩(柱)体形式嵌入地基土中。这样，由于块碎石墩(柱)体具有很高的强度，便和周围的地基土构成了复合地基。复合地基的加固机理，主要是通过碎石墩(柱)体的置换、排水及强夯挤密的共同作用，使地基土或加密的地基土与块碎石墩(柱)体构成一个硬壳层，从而提高了地基的承载力。

8.2.4　工程应用实例

1. 武广客运专线红黏土地基 CFG 桩处理控制技术

1) 工程概况

武广客运专线于 2005 年 6 月 23 日开工建设，正线全长 962km，路基长度 320.409km，占全长的 33.3%。设计时速 350km/h，无砟轨道结构。

2) 红黏土分布

武广客运专线沿线地形、地质情况复杂，红黏土分布广泛，主要特殊地质路基和不良地质路基有水塘路堑、地下水发育路堑、软土、松软土地基处理路基、膨胀土路基、液化土路基、顺层路堑、堆积体路基、岩溶路基、人为坑洞地段路基、危岩落石地段等路基。针对红黏土地段采用的地基处理方法有浅层采用换填、强夯及冲击压实，深层采用搅拌桩、旋喷桩、CFG 桩、预应力管桩、混凝土桩的桩网结构和桩板结构等处理方法。

3) 红黏土地基处理

武广客运专线路基的工后沉降为 15mm，路桥过渡段差异沉降错台为 5mm。考虑到武广客运专线对工后沉降的要求，采用 CFG 桩进行红黏土地基处理(图 8-8)。其中，桩直径为 500mm，桩间距为 1500mm，等边三角形布置，桩长为 13m 左右。

经过对红黏土的处理，后期沉降观测表明，工后沉降满足设计要求。

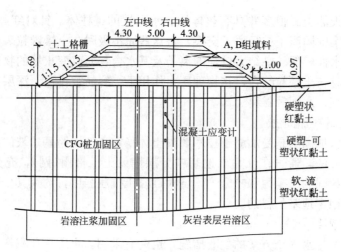

图 8-8 CFG 桩处理红黏土地基横断面图

2. 昆明新机场红黏土地基处理技术

1) 工程概况

该机场位于昆明市东北，厂区内地形起伏较大。拟建工程标高为 1985~2194m，最大自然高差为 210m，基岩之上广泛分布有红黏土、次生红黏土。

2) 红黏土分布

场区内红黏土覆盖层较厚，最深达 23.5m，均为第四系洪积土，自上而下为耕植土和红黏土，红黏土厚度约 10~23m 之间。

3) 红黏土地基处理

经分析后，采用碎石桩进行处理，根据红黏土厚度不同，设计不同的桩长及直径。红黏土厚度为 20~23m 时，桩长 20~23m，桩直径 500mm，桩间距 1800mm，碎石桩采用梅花形布置；红黏土厚度为 16~20m 时，桩长 16~20m，桩直径 500mm，桩间距 1500mm，碎石桩采用梅花形布置；红黏土厚度为 10~16m 时，桩长 10~16m，桩直径 500mm，桩间距 2000mm，碎石桩采用梅花形布置。

4) 施工工艺

为了避免施工中对环境造成污染，施工工艺采用振动沉管法成桩。

8.3 改良土地基处理

8.3.1 概述

我国近十年来，随着基本建设规模不断扩大，在铁路、公路、水利及建筑等土木工程建设中，常遇到大量复杂不良的地基及地基处理问题。地基处理是否恰当关系到整个工程的质量、进度和投资，合理地选择地基处理方法是保证工程质量和降低工程造价的重要途径。随着铁路、公路等级的不断提高，对地基的沉降要求原来越高，高速铁路甚至提出了地基的"0"工后沉降的要求，因此过去的一些地基处理方法逐渐不能满足新的地基处理要求，需要对既有的地基处理方法进行改进和研究新的地基处理方法。国内在各种地基处理技术的普及和提高方面都有了较大的发展，积累丰富的经验。目前国内最新的《建筑地基处理技术规范》(JTJ 79—2012)包括了 13 种地基处理方法：换填垫层法、预压法、强夯法和强夯置换法、振冲法、砂石桩法、水泥粉煤灰碎石桩法、夯实水泥土桩法、水泥土搅拌法、高压喷射注浆法、石灰桩法、灰土挤密桩法和土挤密桩法、柱锤冲扩桩法、单液硅化法和碱液法。对土体进行改良处理，就是其中一种地基处理方式。事实上，工程建设中的土体改良是指通过添加外加剂的方式，使得被改良土体的强度与刚度达到设计值。目前采用的改良土掺合剂主要有水泥、石灰、石灰和粉煤灰、沥青、有机阳离子化合物以及氯化钠、氯化钙等。另外，随着各种工矿企业产生的废弃物的逐渐增多，结合各种工业矿渣和工业废弃物的处理，许多新型的改良土材料大量涌现，促进了改良填料在道路和土建工程中的进一步发展和应用。我国在 20 世纪 60 年代开始进行改良土的综合利用研究，其中粉煤灰的研究和应用占主导地位。60 年代，改良填料开始在柔性路面基层中应用。近 20 年来，我国公路部门在填料改良领域进行了大量的研究，在石灰土、水泥土、二灰土的强度发展规律和物理力学性质、工业废料的应用方面都有了重大的发展。并且在粉煤灰作为筑路材料的应用技术方面，取得了丰富的成果，工程应用也越来越广泛。改良土的研究和应用在我国铁路部门起步较晚，对改良土的研究略显不足。

8.3.2　改良土的工程性质

1. 改良土的物理力学特性

以常见的 C 类填料黄土为例，进行改良试验。室内试验所采用的黄土颗粒成分以粉粒(0.005~0.05mm)为主，约占 50%~70%，属 C 类填料。天然状态下黄土的含水量较低，比较松散，水稳定性差，渗透性与崩解性较强，边坡易受冲刷与潜蚀，不易压实，其抗剪强度具有明显的各向异性特征。原生风积黄土以水平方向最大，垂直方向最低，并随含水量增大剧烈降低，是一种非饱和的欠压密土。

1) 水泥改良黄土的液塑限试验

土体的液塑限能反映土颗粒与水之间相互作用的程度，可间接反映土的工程性质。通过试验研究黄土改良前后的液限、塑限、塑性指数的变化情况，进而判断改良黄土对实际工程应用是否可行。本试验采用液塑限联合测定仪测定，测定结果如表 8-5 所示。

表 8-5　水泥改良黄土液塑限试验结果

土场	物理指标	4%水泥改良土	5%水泥改良土	6%水泥改良土	7%水泥改良土
1# 土场	液限 w_L	30	30.6	28.6	29
	塑限 w_P	20	21.4	20.7	24
	塑性指数 I_P	10	9.2	7.9	5
2# 土场	液限 w_L	31.6	31.4	32.4	30.3
	塑限 w_P	22.3	22.5	26	27.1
	塑性指数 I_P	9.3	8.9	6.4	3.2

试验结果表明：水泥改良黄土的液塑限较天然黄土有所增大，两个土样的塑性指数都随着水泥配合比的增加逐渐减小，即改良黄土的性质逐渐趋向于砂性，改变了黄土原来粉质、湿陷性特性，因此大大提高了路基的承载力，这也充分说明将水泥改良黄土作为路基填料是可行的。

2）水泥改良黄土的湿陷性试验

水泥改良黄土的湿陷性试验主要用于测定黄土改良后在施加不同压力过程中遇水的塌陷程度，即检验黄土的湿陷性是否比改良以前有所提高，从而进一步评价黄土的湿陷类型和湿陷程度等级，判断黄土改良后湿陷性是否消除或降低，是否满足作为高速铁路路基填料的要求。通过测定湿陷性系数来评价黄土湿陷性大小，从而进一步评价黄土遇水发生压缩塌陷的程度及在实际工程应用中造成的危害。

此试验方法与原状黄土的方法一样，试样尺寸为 $50mm \times 20mm$，分别施加压力为 $50kPa$、$100kPa$、$150kPa$、$200kPa$，然后浸水等待试样变形稳定后停止加压。通过测定不同压力作用下试样的变形量计算出原状黄土的湿陷性系数如表 8-6 所示。

表 8-6　水泥改良黄土的湿陷系数

土场名称	3%水泥改良土	4%水泥改良土	5%水泥改良土	6%水泥改良土	7%水泥改良土
1#土场	无	0.0010	0.0005	0.0005	0.0005
2#土场	0.0005	0.0000	0.0000	0.0000	0.0000

实验结果表明：黄土经过水泥改良后，其湿陷系数都小于 0.015，即已消除了原状黄土的湿陷性，可以作为路基填料。

3）水泥改良黄土的直剪试验

水泥改良黄土的直剪试验主要是测试黄土改良后在不同等级垂直压力作用下抗剪强度较原状黄土是否有所提高，是否满足作为路基填料的要求。

此试验方法与原状黄土的一样，在试验过程中，所用土样为从线路通过地所取不同深度处黄土的原状土样，试样尺寸为 $30mm \times 30mm$。采用应变控制式直剪仪，对试样逐级加荷载 $100kPa$、$200kPa$、$300kPa$、$400kPa$，根据土样的剪切位移进而得出土样的剪应力和抗剪强度，从而最终得出土样的黏聚力和内摩擦角，计算结果如表 8-7 和表 8-8 所示。

表 8-7　1#土样在不同垂直压力下各水泥配合比的抗剪强度　　　　单位：kPa

垂直压力	4%水泥改良土	5%水泥改良土	6%水泥改良土	7%水泥改良土	9%水泥改良土
0	41.54	157.35	33.36	121.57	122.11
50	60.08	190.71	55.27	138.75	131.87
100	68.61	224.07	67.98	152.32	141.62
200	125.89	290.79	129.66	190.27	161.13
300	162.39	357.51	174.98	235.40	180.64
400	180.02		198.9	251.76	200.15

表8-8 2#土样在不同垂直压力下各水泥配合比的抗剪强度 单位：kPa

垂直压力	4%水泥改良土	5%水泥改良土	6%水泥改良土	7%水泥改良土	9%水泥改良土
0	167.47	106.17	143.51	45.32	55.40
100	201.42	135.96	187.57	93.16	93.16
200	235.40	172.46	231.63	140.99	130.92
300	269.39	198.90	275.69	188.83	168.69
400	303.38	231.63	319.74	198.90	221.56

根据表8-7得出的不同垂直压力下的抗剪强度可以得出两个土样不同配合比下垂直压力和抗剪强度的关系曲线，如图8-9和图8-10所示。

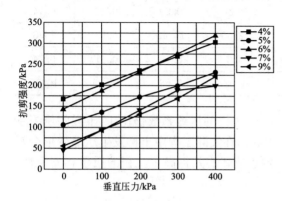

图8-9 1#土样不同配合比下垂直压力
和抗剪强度的关系曲线

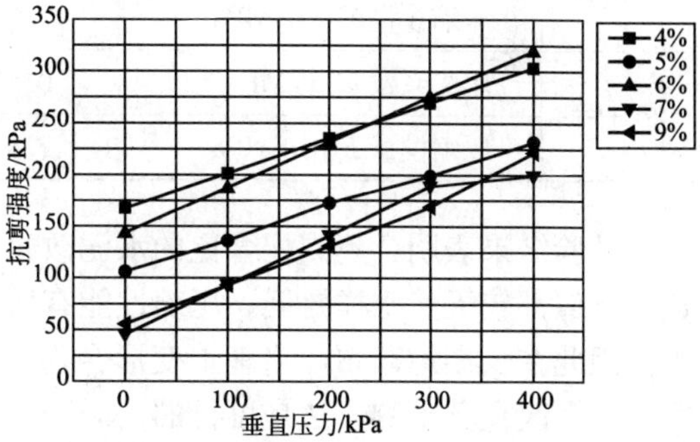

图8-10 2#土样不同配合比下垂直压力
和抗剪强度的关系曲线

根据以上两个图可以得出两个土样在不同水泥配合比下的黏聚力和内摩擦角如表8-9所示。

表8-9 土样不同水泥配合比的黏聚力 C 和内摩擦角 φ

土样名称	物理指标	4%水泥改良土	5%水泥改良土	6%水泥改良土	7%水泥改良土	9%水泥改良土
1#土样	黏聚力 c/kPa	41.5	157.4	33.4	121.6	122.1
	内摩擦角 φ/(°)	19	34	23	18	11
2#土样	黏聚力 c/kPa	167.47	106.17	143.51	45.33	55.4
	内摩擦角 φ/(°)	18.78	17.22	23.75	20.8	22.78

试验结果表明：整体上看黄土改良后的黏聚力和内摩擦角较天然黄土有明显增大，这说明黄土改良后对地基承载力提高有很大的帮助，也为下一步地基承载力计算提供可靠的指标。仅从小方面看，其内摩擦角随着水泥配合比的增加先增大后逐渐减小，这说明在6%时其内摩擦角达到最大值，是最能有效提高水泥改良黄土作为路基填料的承载力最佳

配合比。

4）水泥改良黄土的固结试验

水泥改良黄土的固结试验主要是测试原状黄土改良后在不同等级垂直压力下压缩特性较原状黄土的变化情况。

此试验方法与原状黄土一样，试样尺寸为50mm×30mm，采用固结仪，对试样逐级加荷载50kPa、100kPa、200kPa、300kPa、400kPa、600kPa，并记录每个小时的变形量，直到最后一级荷载下变形稳定为止，最后计算出水泥改良黄土的压缩系数和压缩模量，计算结果如表8-10所示。

表 8-10　水泥改良黄土固结试验结果

土样名称	物理指标	4%水泥改良土	5%水泥改良土	6%水泥改良土	7%水泥改良土	9%水泥改良土
1# 土样	压缩系数 a_{1-2}/MPa^{-1}	0.11	0.11	0.09	0.22	0.14
	压缩模量 E_{S1-2}/MPa	12.27	12.59	16.42	6.62	10.3
2# 土样	压缩系数 a_{1-2}/MPa^{-1}	0.2	0.3	0.19	0.11	0.14
	压缩模量 E_{S1-2}/MPa	7.5	4.98	7.58	13.05	10.79

试验结果表明：不同配合比的水泥改良后，2# 土样的压缩系数仍比1# 土样的压缩系数高，但都较天然土样要低，压缩性能有所改善，即在实际工程中土样发生压缩变形会减小。因此在长期运营中，路基土变形会得到一定控制，有效提高了工程的质量和安全性，所以水泥改良黄土的方法是可行的。

5）水泥改良黄土的承载比试验

水泥改良黄土的承载比(CBR)试验，主要是测定改良黄土贯入量达2.5mm时，单位压力对标准碎石压入相同贯入量时标准荷载强度的比值，是描述路基土强度的一个重要指标。

此试验共分三次击实，每次击实次数为30、50、98次，并分别测出其在不同压力作用下对应的承载比和膨胀量，计算结果如表8-11～表8-18所示。

表 8-11　1# 水泥改良黄土的 CBR 试验结果(4%)

贯入量/mm	2.5								
击数	30			50			98		
单位压力/kPa	825	740	655	850	900	925	1025	1030	1250
承载比/%	11.8	10.6	9.4	12.1	12.9	13.2	14.6	14.7	17.9
CBR 平均值/%	10.6			12.7			15.7		
CV/%　平均值/标准差	10.6	1.214		12.7	0.546		15.7	1.835	
膨胀量/%	0.8	1.8	0.8	0.8	0.8	0.8	0.4	1.7	0.8
膨胀量平均值/%	1.1			0.8			1.0		

（续）

干密度/(g/cm³)	1.73	1.73	1.71	1.77	1.77	1.77	1.80	1.83	1.80
干密度平均值/(g/cm³)	1.72			1.76			1.82		
贯入量/mm	5								
击数	30			50			98		
单位压力/kPa	1175	1120	1020	1420	1325	1450	2025	2035	1950
承载比/%	11.2	10.7	9.7	13.5	12.6	13.8	19.3	19.4	18.6
CBR 平均值/%	10.5			13.3			19.1		
CV/% 平均值/标准差	10.5	0.748		13.3	0.621		19.1	0.442	

表 8 - 12 1# 水泥改良黄土的 CBR 试验结果(5%)

贯入量/mm	2.5								
击数	30			50			98		
单位压力/kPa	800	800	700	1025	970	1000	1400	1380	1400
承载比/%	11.4	11.4	10.0	14.6	13.9	14.3	20.0	19.7	20.0
CBR 平均值/%	11.0			14.3			19.9		
CV/% 平均值/标准差	10.7	0.825		14.3	0.393		19.9	0.165	
膨胀量/%	0.4	0.8	0.8	0.8	2.5	0.4	0.4	0.8	0.5
膨胀量平均值/%	0.7			1.2			0.6		
干密度/(g/cm³)	1.72	1.72	1.71	1.76	1.77	1.76	1.83	1.85	1.80
干密度平均值/(g/cm³)	1.72			1.76			1.82		
贯入量/mm	5								
击数	30			50			98		
单位压力/kPa	1175	1120	1020	1420	1325	1450	2025	2035	1950
承载比/%	11.2	10.7	9.7	13.5	12.6	13.8	19.3	19.4	18.6
CBR 平均值/%	10.5			13.3			19.1		
CV/% 平均值/标准差	10.5	0.748		13.3	0.621		19.1	0.442	

表 8 - 13 1# 水泥改良黄土的 CBR 试验结果(6%)

贯入量/mm	2.5								
击数	30			50			98		
单位压力/kPa	1225	1215	1050	1280	1465	1525	2175	1975	2025
承载比/%	17.5	17.4	15.0	18.3	20.9	21.8	31.1	28.2	28.9
CBR 平均值/%	16.6			20.3			29.4		

（续）

CV/% 平均值/标准差	16.2	1.404		20.3	1.824		29.4	1.487	
膨胀量/%	0.8	0.5	1.2	0.7	0.8	1.0	0.4	0.5	1.3
膨胀量平均值/%	0.8			0.8			0.7		
干密度/(g/cm³)	1.73	1.74	1.74	1.78	1.77	1.80	1.84	1.83	1.84
干密度平均值/(g/cm³)	1.74			1.78			1.84		
贯入量/mm	5								
击数	30			50			98		
单位压力/kPa	1625	1675	1550	1725	2075	2060	3075	2875	2875
承载比/%	15.5	16.0	14.8	16.4	19.8	19.6	29.3	27.4	27.4
CBR 平均值/%	15.4			18.6			28.0		
CV/% 平均值/标准差	15.4	0.599		18.6	1.885		28.0	1.1	

表 8-14　1# 水泥改良黄土的 CBR 试验结果(7%)

贯入量/mm	2.5								
击数	30			50			98		
单位压力/kPa	1475	1475	1700	1800	1815	1775	2325	2275	2250
承载比/%	21.1	21.1	24.3	25.7	25.9	25.4	33.2	32.5	32.1
CBR 平均值/%	22.1			25.7			32.6		
CV/% 平均值/标准差	22.7	1.856		25.7	0.289		32.6	0.546	
膨胀量/%	0.8	0.5	1.2	0.4	0.4	0.3	1.3	0.8	0.8
膨胀量平均值/%	0.8			0.4			1.0		
干密度/(g/cm³)	1.73	1.74	1.74	1.79	1.76	1.78	1.83	1.83	1.82
干密度平均值/(g/cm³)	1.74			1.78			1.83		
贯入量/mm	5								
击数	30			50			98		
单位压力/kPa	2200	2175	2350	2125	2700	2600	3375	3375	3275
承载比/%	21.0	20.7	22.4	20.2	25.7	24.8	32.1	32.1	31.2
CBR 平均值/%	21.3			23.6			31.8		
CV/% 平均值/标准差	21.3	0.901		23.6	2.926		31.8	0.55	

表 8-15　2# 水泥改良黄土的 CBR 试验结果(4%)

贯入量/mm	2.5								
击数	30			50			98		
单位压力/kPa	985	1075	995	1300	1405	1410	2150	2150	2080
承载比/%	14.1	15.4	14.2	18.6	20.1	20.1	30.7	30.7	29.7
CBR 平均值/%	14.5			19.6			30.4		
CV/% 平均值/标准差	14.8	0.705		19.6	0.887		30.4	0.577	
膨胀量/%	0.4	0.8	0.8	0.4	0.5	0.8	0.8	2.5	0.8
膨胀量平均值/%	0.7			0.6			1.4		
干密度/(g/cm³)	1.70	1.70	1.69	1.73	1.73	1.75	1.81	1.80	1.79
干密度平均值/(g/cm³)	1.70			1.74			1.80		
贯入量/mm	5								
击数	30			50			98		
单位压力/kPa	1400	1565	1455	1875	2015	1860	2950	3100	2800
承载比/%	13.3	14.9	13.9	17.9	19.2	17.7	28.1	29.5	26.7
CBR 平均值/%	14.0			18.3			28.1		
CV/% 平均值/标准差	14.0	0.8		18.3	0.814		28.1	1.429	

表 8-16　2# 水泥改良黄土的 CBR 试验结果(5%)

贯入量/mm	2.5								
击数	30			50			98		
单位压力/kPa	1015	1095	1180	1410	1580	1730	2345	2180	2380
承载比/%	14.5	15.6	16.9	20.1	22.6	24.7	33.5	31.1	34.0
CBR 平均值/%	15.7			22.5			32.1		
CV/% 平均值/标准差	16.3	1.179		22.5	2.287		32.9	1.526	
膨胀量/%	0.7	0.9	0.4	0.4	0.8	0.4	0.6	1.7	1.3
膨胀量平均值/%	0.7			0.5			1.2		
干密度/(g/cm³)	1.69	1.70	1.71	1.76	1.74	1.76	1.82	1.83	1.81
干密度平均值/(g/cm³)	1.70			1.75			1.82		
贯入量/mm	5								
击数	30			50			98		

(续)

单位压力/kPa	1400	1450	1675	1950	2210	2235	3430	3155	3300
承载比/%	13.3	13.8	16.0	18.6	21.0	21.3	32.7	30.0	31.4
CBR 平均值/%	14.4			20.3			31.4		
CV/% 平均值/标准差	14.4	1.395		20.3	1.503		31.4	1.31	

表 8-17　2# 水泥改良黄土的 CBR 试验结果(6%)

贯入量/mm	2.5								
击数	30			50			98		
单位压力/kPa	1390	1475	1510	1785	1780	1800	2560	2530	2425
承载比/%	19.9	21.1	21.6	25.5	25.4	25.7	36.6	36.1	34.6
CBR 平均值/%	20.8			25.5			35.8		
CV/% 平均值/标准差	21.3	0.882		25.5	0.149		35.8	1.013	
膨胀量/%	0.4	0.8	1.3	0.8	0.8	0.2	0.8	0.8	0.4
膨胀量平均值/%	0.8			0.6			0.7		
干密度/(g/cm³)	1.69	1.72	1.71	1.78	1.76	1.78	1.83	1.84	1.82
干密度平均值/(g/cm³)	1.71			1.77			1.83		
贯入量/mm	5								
击数	30			50			98		
单位压力/kPa	1995	2160	1980	2630	2600	2660	3570	3505	3295
承载比/%	19.0	20.6	18.9	25.0	24.8	25.3	34.0	33.4	31.4
CBR 平均值/%	19.5			25.0			32.9		
CV/% 平均值/标准差	19.5	0.951		25.0	0.286		32.9	1.369	

表 8-18　2# 水泥改良黄土的 CBR 试验结果(7%)

贯入量/mm	2.5								
击数	30			50			98		
单位压力/kPa	1500	1475	1490	1835	1920	1860	2655	2740	2725
承载比/%	21.4	21.1	21.3	26.2	27.4	26.6	37.9	39.1	38.9
CBR 平均值/%	21.3			26.7			32.1		
CV/% 平均值/标准差	21.2	0.18		26.7	0.624		38.7	0.648	

（续）

膨胀量/%	1.3	3.3	0.8	0.8	0.4	2.5	0.8	0.8	0.8
膨胀量平均值/%		1.8			1.2			0.8	
干密度/(g/cm³)	1.70	1.72	1.72	1.75	1.74	1.75	1.80	1.80	1.73
干密度平均值/(g/cm³)		1.71			1.75			1.80	
贯入量/mm					5				
击数		30			50			98	
单位压力/kPa	1960	2050	2115	2630	2525	2565	3605	3820	3565
承载比/%	18.7	19.5	20.1	25.0	24.0	24.4	34.3	36.4	34.0
CBR 平均值/%		19.4			24.5			34.9	
CV/% 平均值/标准差	19.4	0.741		24.5	0.505		34.9	1.306	

试验结果表明：两个土场的承载比都随击实次数及水泥掺和料配合比的增加而递增，1#土场的承载比在水泥掺量较少的情况下（4%～5%）为11%～20%，2#土场的最低承载比为16%～20%，较1#土场要高，但两者强度都能满足作为路基填料的要求。

2. 改良土室内配合比试验

1）击实试验

为控制路基填筑质量，必须掌握填料的压实特性及密实度，且土样的最大干密度和最佳含水率也是控制路基填筑质量的重要条件，因此必须事先通过击实试验得到所用填料的最大干密度和最优含水率，为以后测试路基承载力和变形量提供所需的物理指标。本试验针对的是对路基填筑质量要求很高的高速铁路，因此采用重型击实标准对改良黄土进行击实试验。对不同掺和比的拌和料按5种不同含水率拌和均匀后，然后利用JSD-1型数控电动击实仪进行重型击实试验，击实分5层装土，每层土击实25次，然后测试每组试样的干密度和含水率，作出击实曲线，求得最大干密度和最优含水率，在1h内完成击实试验全过程，击实试验汇总见表8-19。

表8-19　击实试验汇总

土场	物理指标	质量比3%水泥改良土	质量比4%水泥改良土	质量比5%水泥改良土	质量比6%水泥改良土	质量比7%水泥改良土	质量比9%水泥改良土
1#土	最大干密度	1.805	1.810	1.814	1.820	1.832	1.836
	最优含水率	12%	11.60%	11.80%	11.90%	12%	11.80%
2#土	最大干密度	1.830	1.857	1.886	1.89	1.92	1.897
	最优含水率	11.60%	11.50%	11.80%	11.20%	12.40%	12.30%

2）无侧限抗压强度试验

试验主要测试黄土改良后圆柱体试样在无侧向压力的条件下，改良土抵抗轴向压力的极限强度，是评价土样抵抗竖向压力极限强度的重要力学指标。根据试验结果，取每组试样的平均值作为不同配合比时水泥改良黄土的无侧限抗压强度，把不同掺和比的掺和料制成直径 50mm、高 50mm 的圆柱状试样（按不同配合比为一组，每组 6 个试样），含水率为最优含水率，干容重为最大干容重的 95%，并进行标准养护。将试样放在应变控制式三轴仪上以 1.52mm/min 的速率匀速加荷，分别测定了试样在养护龄期为 6 天、浸水 1 天的无侧限抗压强度。无侧限抗压强度试验结果汇总见表 8-20。

表 8-20　无侧限抗压强度试验汇总表　　　　　　　　单位：MPa

土场	养护龄期	质量比 3% 水泥改良土	质量比 4% 水泥改良土	质量比 5% 水泥改良土	质量比 6% 水泥改良土	质量比 7% 水泥改良土	质量比 9% 水泥改良土
1# 土场	7d	0.517	0.643	0.78	0.873	0.993	1.217
2# 土场	7d	0.607	0.75	0.85	1	1.087	1.243

室内不同配合比的物理、力学试验结果表明：质量比 3%～9% 水泥改良土 7d 无侧限抗压强度平均值都大于等于 500kPa，但 3% 和 4% 水泥改良土 95% 概率的值 $R_{a0.95}$ 偏低，且做无侧限抗压强度试验浸水 1d 时，有崩解现象，故确定实验室水泥改良土质量比为 5%。考虑室内试验条件和工地现场条件差别，现场施工配合比应比试验配合比提高 0.5%～1%，因此确定施工采用质量比为 6% 的水泥改良土。配合比：水泥：土：水＝1：16.67：1.94。

3. 改良土配比试验影响因素分析

尽管影响水泥改良土的因素较多，但主要因素有两个：水泥含量与养护龄期，因此，试验只对这两个因素进行分析。

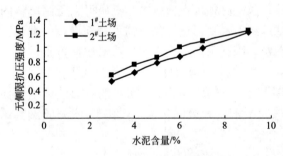

图 8-11　无侧限抗压强度试验汇总表

1）水泥含量的影响

从图 8-11 可以看出，1# 及 2# 土场，经过改良后，水泥改良土强度随水泥含量的增长而提高，强度的提高与水泥含量成正比关系，说明了水泥含量对强度的影响很大。

2）龄期的影响

水泥改良 1# 及 2# 土的无侧限抗压强度，在标准养护下，随养护龄期会发生改变。掌握其发展的规律，有助于对路基强度的发展趋势进行预测。为此，针对 2# 土制作了相同条件下的无侧限抗压强度试样，试验结果见表 8-21。

表 8-21　水泥改良 2# 土的无侧限抗压强度试验结果　　　　　　单位：MPa

时间	1	2	3	4	5	6	7	8	9	10	平均
7d	0.857	0.896	0.537	0.793	0.943	0.935	0.874	0.933	0.906	0.896	0.857
14d	1.105	1.16	1.173	1.129	1.169	1.142	1.147	1.186	1.14	1.092	1.144
28d	1.431	1.415	1.396	1.379	1.437	1.44	1.426	1.431	1.418	1.444	1.422

试验数据表明，当以 7d 平均无侧限抗压强度为标准时，14d 平均无侧限抗压强度值提高了
33.4%，28d 平均无侧限抗压强度值提高 66%。无侧限抗压强度增长趋势如图 8-12 所示。

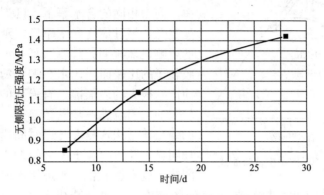

图 8-12 不同龄期无侧限抗压强度试验

4. 改良土的击实特性及时效性特征

在郑西客运专线水泥改良土的填筑过程中（土的物理性质如表 8-22 所示），前期发
现，现场水泥改良土的压实系数不易达到设计要求的压实系数 $K \geq 0.95$，而无侧限抗压强
度满足设计要求，地基系数 K_{30}、动态变形模量 E_{vd}、变形模量 E_{v2} 均大于设计要求。经分
析表明，室内击实试验是在浸润土加水泥搅拌后 1h 内完成击实试验，而现场水泥改良土
从搅拌站的搅拌、汽车运输、平地机摊铺整平到碾压成型需 3~4h。由于水泥的水化反
应，这两个时刻的水泥改良土已不是同一种土，所以压实系数会受到影响。因此，水泥改
良土的击实标准和方法与制样击实的间隔时间有直接的关系。

表 8-22 3# 低液限粉土物理参数

土样名称	液限 w_L/%	塑限 w_P/%	塑性指数 I_P	分类
3# 土样	23	16	7	低液限粉土（C 类填料）

对于素土来说，压实质量与延迟时间无关；而对水泥改良土来说，其压实质量与延迟时
间有关。路基采用水泥改良土作填料，尽管用压实系数进行现场质量控制，但最终是为了保
证水泥改良土的无侧限抗压强度满足设计要求。所以水泥改良土击实标准（最大干密度 ρ_{dmax}、
最优含水率 ω_{opt}）的确定要符合现场的实际情况，控制现场的压实质量要有科学性、合理性
和可操作性。因此，研究水泥改良土工程性状的时间效应具有十分重要的现实意义。

通过不同延迟时间下的击实试验，其试验结果如表 8-23 及图 8-13 所示。

表 8-23 水泥含量 6% 的不同延迟时间击实试验数据

延迟 1h	含水率/%	9.62	11.44	13.12	14.69	16.97	—
	干密度/(g/cm³)	1.80	1.85	1.89	1.87	1.79	—
延迟 3h	含水率/%	9.94	11.37	13.31	15.05	17.04	—
	干密度/(g/cm³)	1.78	1.80	1.84	1.87	1.80	—
延迟 5h	含水率/%	9.82	11.76	12.97	14.34	17.22	21.9
	干密度/(g/cm³)	1.76	1.78	1.80	1.82	1.80	1.62

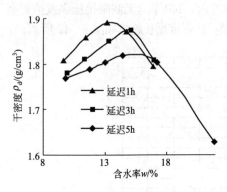

图 8-13　不同延迟时间击实试验曲线

从图 8-13 中可以看出：随着延迟时间的增加，干密度是降低的，在每种延迟时间最优含水率之前，相同的含水率下，延迟时间越长，干密度越低，超过最优含水率后，延迟时间对干密度的影响逐渐减弱。其原因是：水泥水化生成的凝胶粒子的比表面积比水泥颗粒的比表面积大，因而产生很大的表面能，有强烈的吸附活性，能使较大的土团粒进一步黏结起来，形成水泥改良土的蜂窝状结构，随着延迟时间增加，这种凝聚更加明显，并封闭各土团之间的空隙，形成坚固的团体。从宏观上看，就是使水泥土的强度大大提高，但是实际上，过多的空隙引起了过低的密度，这也是造成干密度下降的直接原因，图 8-14 及图 8-15 是延迟时间与干密度及最优含水率的关系曲线。

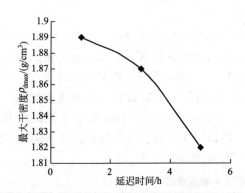

图 8-14　延迟时间与最大干密度的关系曲线

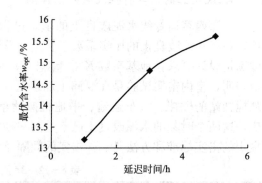

图 8-15　延迟时间与最优含水率的关系曲线

图 8-14 反映了该种改良低液限粉土的最大干密度随延迟时间的变化曲线，由图很明显地可以看出：随着延迟时间的增加，最大干密度是逐渐降低的，延迟时间对最大干密度有着重要的影响。也说明了最大干密度指标是个动态指标，而不是静态的。图 8-15 反映了该种改良低液限粉土的最优含水率随延迟时间的变化曲线，图中很明显地可以看出：随着延迟时间的增加，最优含水率是逐渐增加的，延迟时间对最优含水率有着重要的影响。

5. 改良土的强度特性

无侧限抗压强度按照《公路工程无机结合料稳定材料试验规程》(JTG E51—2009)所述方法进行，考虑到本试验的实际情况，采用直径 39.1mm 和高度 80mm 的试件，对不同延迟时间下，未经历干湿循环与冻融循环及经历干湿循环与冻融循环的 3# 土试样进行无侧限抗压强度试验。另外，由于客运专线对路基压实系数有较高的要求，本文通过重型击实试验确定最大干密度和最优含水量，根据高速铁路路基设计规范，基床底层用改良土填筑时，所要求的压实系数是 95%，故试验中采用的制样干密度为最大干密度的 95%，并适当调整含水率，将养护好的试样进行无侧限抗压强度试验，其试验数据如表 8-24 所示。

表 8-24　不同延迟时间及龄期下无侧限抗压强度数据

延迟时间/h	试样编号	7d 无侧限抗压强度/MPa	28d 无侧限抗压强度/MPa	60d 无侧限抗压强度/MPa
1	S.11	1.13	1.73	1.97
3	S.31	0.94	1.55	1.734
5	S.51	0.84	1.45	1.582

图 8-16 及图 8-17 分别给出了不同延迟时间下，无侧限抗压强度随养护时间以及不同养护时间下，无侧限抗压强度与延迟时间变化的关系曲线。

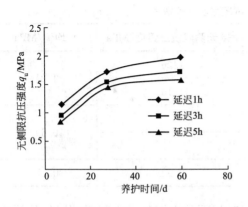

图 8-16　无侧限抗压强度与养护时间的关系图　　图 8-17　无侧限抗压强度与延迟时间的关系图

从图 8-16 中可以看出，不同延迟时间下的试样的无侧限抗压强度都是随着养护时间的增加而逐渐增加的，大概到 2 个月后，其强度都趋于一个稳定值；图 8-17 反映了不同龄期下，无侧限抗压强度与延迟时间的关系，可看出随着延迟时间的增加，无侧限抗压强度都是逐渐递减的，说明延迟时间对强度的影响较大。

经历冻融循环试验后，对各个试样进行了无侧限抗压强度试验，表 8-25～表 8-27 给出了不同延迟时间及冻融循环次数下该水泥改良土养护 28d 后的无侧限抗压强度。

表 8-25　延迟 1h 无侧限抗压强度试验数据

延迟时间/h	冻融循环次数/次	试样编号	28d 无侧限抗压强度/MPa	平均值/MPa
1	1	DR1.1	1.58	1.53
		DR1.2	1.48	
	5	DR1.3	1.03	1.06
		DR1.4	1.10	
	12	DR1.5	0.78	0.79
		DR1.6	0.80	

表 8-26　延迟 3h 无侧限抗压强度试验数据

延迟时间/h	冻融循环次数/次	试样编号	28d 无侧限抗压强度/MPa	平均值/MPa
3	1	DR3.1	1.47	1.44
		DR3.2	1.41	
	5	DR3.3	0.97	0.91
		DR3.4	0.86	
	12	DR3.5	0.69	0.65
		DR3.6	0.62	

表 8-27　延迟 5h 无侧限抗压强度试验数据

延迟时间/h	冻融循环次数/次	试样编号	28d 无侧限抗压强度/MPa	平均值/MPa
5	1	DR5.1	1.26	1.21
		DR5.2	1.16	
	5	DR5.3	0.68	0.69
		DR5.4	0.71	
	12	DR5.5	0.62	0.57

从图 8-18 及图 8-19 可以看出：不同延迟时间下的水泥改良土其无侧限抗压强度随着冻融次数的增大呈减小趋势，其中，在冻融循环次数小于 5 次以内，无侧限抗压强度降低的速率较为明显。与未经历冻融循环的无侧限抗压强度相比：冻融循环 1 次后，延迟 1h 的无侧限抗压强度降低了 11.4%，3h 的无侧限抗压强度降低了近 7.0%，而 5h 的无侧限抗压强度降低了 16.3%；冻融循环 5 次以后，各延迟时间下的无侧限抗压强度的降低值分别为 38.3%、40.23%、52.1%；经历 12 次冻融循环后，无侧限抗压强

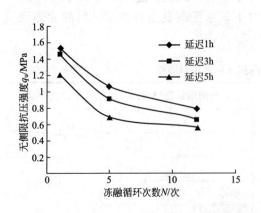

图 8-18　无侧限抗压强度与冻融循环次数的关系

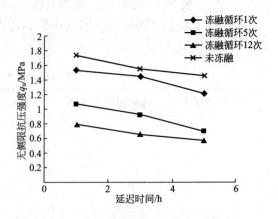

图 8-19　延迟时间与无侧限抗压强度的关系

度降低了 54.1%、54.4%及 60.4%。尽管经历了冻融循环，但是无侧限抗压强度都大于 0.5MPa。从图中也可以看出：冻融循环 5 次后无侧限抗压强度的衰减逐渐减缓，并趋于一个稳定的数值，冻融循环 12 次后无侧限抗压强度降低率明显低于冻融循环次数少于 5 次的降低率。另外从图中还可以看出，延迟 1h 的无侧限抗压强度明显大于 5h 的无侧限抗压强度，通过拟合，可以得到无侧限抗压强度随冻融循环次数变化的简易模型：

$$q_u = aN^b \qquad (8-7)$$

式中，N——冻融循环的次数，不同的延迟时间有着不同的拟合系数，从拟合公式可以对不同冻融次数下的无侧限抗压强度进行经验的预测；

a、b——拟合系数，取值如表 8-28 所示。

表 8-28 拟合系数 a 和 b

延迟时间/h	a	b	延迟时间/h	a	b
1	1.78386	0.23489	5	1.45747	0.29468
3	1.6802	0.24343			

同样，对经历干湿循环试验后的各个试样进行了无侧限抗压强度试验，表 8-29~表 8-31 给出了不同延迟时间及干湿循环次数下该水泥改良土养护 28d 后的无侧限抗压强度值。

表 8-29 延迟 1h 无侧限抗压强度试验数据

延迟时间/h	干湿循环次数/次	试样编号	28d 无侧限抗压强度/MPa	平均值/MPa
1	1	GS1.1	1.58	1.57
		GS1.2	1.57	
	5	GS1.3	1.15	1.15
		GS1.4	—	
	12	GS1.5	0.92	0.93
		GS1.6	0.94	

表 8-30 延迟 3h 无侧限抗压强度试验数据

延迟时间/h	干湿循环次数/次	试样编号	28d 无侧限抗压强度/MPa	平均值/MPa
3	1	GS3.1	1.49	1.53
		GS3.2	1.58	
	5	GS3.3	1.02	1.08
		GS3.4	1.14	
	12	GS3.5	0.71	0.71
		GS3.6	—	

表8-31　延迟5h无侧限抗压强度试验数据

延迟时间/h	干湿循环次数/次	试样编号	28d 无侧限抗压强度/MPa	平均值/MPa
5	1	GS5.1	1.21	1.21
		GS5.2	—	
	5	GS5.3	0.88	0.83
		GS5.4	0.79	
	12	GS5.5	0.69	0.69

从图8-20可以看出：不同延迟时间下的水泥改良土其无侧限抗压强度随着干湿循环次数的增大呈减小趋势，其衰减的趋势与冻融循环的趋势类似。其中，大体干湿循环次数小于5次以内，无侧限抗压强度降低的速率较为明显。与未经历干湿循环的试样无侧限抗压强度相比：干湿循环1次后，延迟1h的无侧限抗压强度降低了8.7%，3h的降低了近1.0%，而5h的降低了16.1%；干湿循环5次以后，无侧限抗压强度的衰减逐渐减缓，并趋于一个稳定的数值。各延迟时间下的强度的降低值分别为33.5%、30.3%、42.4%；干湿循环12次后，各延迟时间下，分别降低了46.0%、54.19%、52.41%，干湿循环12次后无侧限抗压强度降低率要低于干湿循环次数少于5次的降低率。另外，从图中还可以看出，各延迟时间及干湿循环次数下的无侧限抗压强度值都大于0.6MPa。通过拟合，可以得到无侧限抗压强度预测模型的系数值，如表8-32所示。

表8-32　拟合系数 a 和 b

延迟时间/h	a	b	延迟时间/h	a	b
1	1.58745	0.21217	5	1.22186	0.21988
3	1.50276	0.27616			

从图8-21可以看出：未干湿与不同干湿循环次数下水泥改良土其无侧限抗压强度随着延迟时间的增大呈减小趋势。未干湿的无侧限抗压强度明显比干湿后的无侧限抗压强度要大。同样以最不利工况干湿循环12次为例，延迟5h干湿循环12次后的无侧限抗压强度要比延迟3h干湿循环12次的强度降低了2.8%，比1h的降低了26.04%。

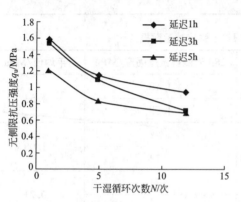

图8-20　无侧限抗压强度与干湿循环次数的关系

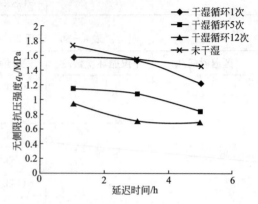

图8-21　无侧限抗压强度与延迟时间的关系

考虑到延迟时间、冻融及干湿循环对强度有较大的影响，当使用水泥改良土作填料时，在进行现场水泥改良土无侧限抗压强度检测时应考虑延迟时间、冻融及干湿循环的影响。

6. 改良土的动力特性及应力-应变关系

目前，在高速铁路的修建中，水泥改良土越来越受到工程技术人员的青睐，一方面可以改善填料土的工程力学特性，另一方面也可以减少投资。水泥改良土在循环荷载作用下的变形、孔压和强度问题都是值得关注的重点。水泥掺入土料中遇水会发生水解和水化反应、离子交换、团粒化及碳酸化作用，从而在土体孔隙中产生纤维充填物。该物质填充了土孔隙并增强了土颗粒间的联结，形成了孔隙性较为封闭的结构。正是这种土结构性的改变，导致其宏观力学特性的变化。在动力荷载的作用下，水泥改良土的破坏过程是介于素土与混凝土之间的一种破坏形式。荷载振幅、荷载频率、环境因素直接影响着水泥改良土的动力特性，但荷载振幅的影响比荷载频率的影响大得多。

1) 改良土的动力特性

总体而言，目前在水泥改良土动力特性研究方面，研究多局限于未受环境因素影响的水泥改良土的动强度、动孔压及动模量等参数的变化规律，对考虑施工延迟效应下，受环境因素（冻融、干湿）影响的水泥改良土动力特性还缺乏研究。为此，本章在 3# 低液限粉土中掺入一定含量的水泥，通过试验研究了掺水泥试样在不同延迟时间，不同冻融循环次数以及不同干湿循环次数下的动力特性，为今后高速铁路路基设计应用改良土提供重要的试验研究数据。试验仪器采用 DDS-70 电磁式振动三轴仪。它由计算机动力控制部分、静力控制部分、压力室及数据采集和处理部分等组成。动力加荷部分采用电磁式激振器，由计算机动力控制部分控制，可在应力控制条件下沿试样轴向施加各种形式的振动应力，并由计算机对动力控制信号及试验过程进行编程控制，同时采集记录试验数据供后期处理使用。该振动三轴系统的频率选择范围为 $0\sim10Hz$，最大轴向动荷载为 $70kg$。图 8-22 是该系统的整体外形照片。

(a) 压力室   (b) 控制系统

图 8-22 振动三轴试验设备

在研究水泥改良土的动力特性时，破坏标准的选取尤为重要。考虑到水泥改良土是一种结构性土，结构性土的破坏具有类似混凝土脆性破坏的特征。因此，试验中采用第三类破坏标准，即应变破坏标准。同时，定义变形发展过程中出现的转折点应变为屈服应变 ε_y，取 $\varepsilon_d=5\%$ 作为破坏应变。本试验加载频率采用 4Hz，考虑到路基基床底层表面处水平应力大体在 $20\sim40kPa$，本试验取 20kPa。另外，由于路基在填筑过程后，处于偏压状态，试验固结比 K_c 取 1.75，整个试验过程中为不排水状态。

（1）冻融循环作用下水泥改良土的动力特性。

① 动孔压的特性。

图 8-23～图 8-25 是水泥改良土分别冻融循环 1、5、12 次后，不同延迟时间下的动强度的关系曲线图。

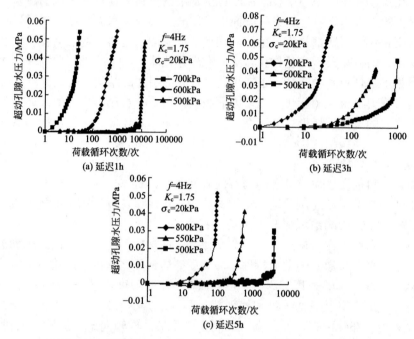

图 8-23　冻融循环 1 次超动孔隙水压力与荷载循环次数关系

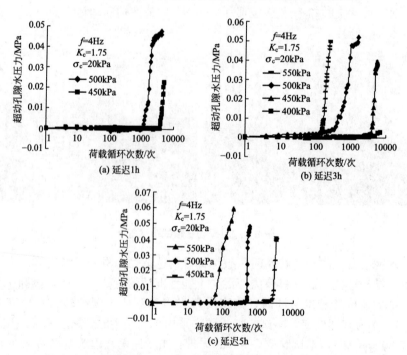

图 8-24　冻融循环 5 次超动孔隙水压力与荷载循环次数关系

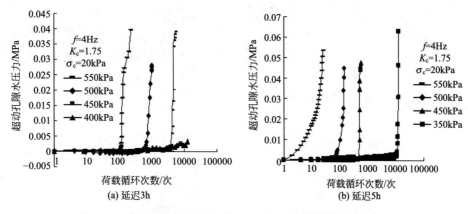

图 8 - 25 冻融循环 12 次超动孔隙水压力与荷载循环次数关系

图 8 - 23～图 8 - 25 给出了不同冻融循环次数、不同延迟时间下的峰值孔压-振次曲线。从图中可以看出：随着循环荷载幅值的增大，孔隙水压力(简称孔压)均随振次不断上升，表现为非结构性土的孔压增长特点。孔压整体上具有结构性土结构破坏时突然变化的特征，与屈服应变有明确的对应关系，尤其是在小振幅情况下。因此，孔压曲线可以反映水泥改良土结构的破坏特性，也可以作为改良土破坏标准的参考。大体而言，在同一固结压力下，孔压发展速率随动应力幅值的增加而提高，但水泥改良土结构发生破坏时的孔压值(对应的孔压值)则相反。前一情况是因为在小幅值循环荷载作用下，土颗粒间的相互错动和位移较小，土体的剪缩过程进行得较慢，因此孔压上升的速率也比较慢；后一情况与孔压增长的累积效应及孔压测量的滞后效应有关。一方面，孔压随振次不断累积增长，虽然动应力幅值越小，孔压增长速率越慢，但由于小幅值荷载作用下的破坏振次较大，最终的累积孔压也能达到较大值；另一方面，当动应力较大时，试样很快破坏，虽然破坏面孔压值较大，由于水泥改良土的渗透性低，该孔压来不及在土中重分布，导致测点所在位置的孔压要小于破坏面处的孔压，动应力越小，试样破坏所需的振次越大，土中孔压就有越多的时间进行重分布，孔压滞后效应就越小，测得的孔压值也就越接近真实值，因此测得的土结构破坏时的孔压值反而越大。

② 动强度特性。

图 8 - 26 是水泥改良土分别延迟 1、3、5h 后，不同冻融循环次数下的动强度的关系曲线图。

图 8 - 26 是经过不同延迟时间后动强度-延迟时间变化规律的曲线。比较可以看出，在相同的冻融循环次数和延迟时间下，随着荷载循环次数的增加，动强度也是减小的，大体上减小趋势呈线性关系。延迟时间对动强度的影响较大，在相同的振次下，延迟时间越长，动强度越低；冻融循环次数越多，动强度的降低也较明显。

图 8 - 27 是水泥改良土分别冻融循环 1、5、12 次后，不同延迟时间下的动强度的曲线图。

图 8 - 27 是经过不同冻融次数后动强度-冻融次数变化规律的曲线。由比较可以看出，在相同的冻融循环次数和延迟时间下，随着荷载循环次数的增加，动强度也是减小的，大体上减小趋势呈线性关系。假如以冻融循环 1 次的强度为基准，则延迟 1h 的试样，在 5 次冻融循环后，饱和土体的动强度下降了 12% 左右；12 次冻融循环后，饱和土体的疲劳

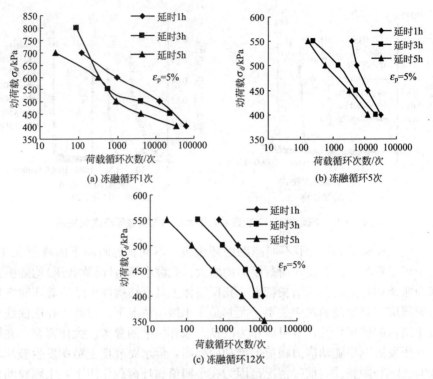

(a) 冻融循环1次   (b) 冻融循环5次

(c) 冻融循环12次

图 8-26 不同冻融循环次数下动强度曲线

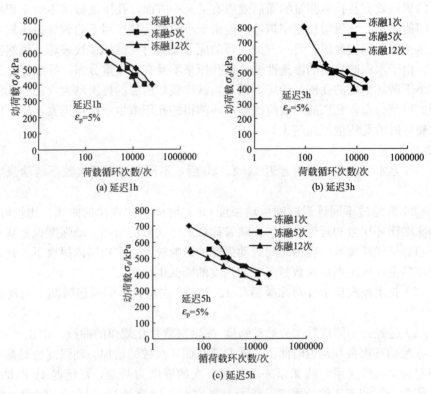

(a) 延迟1h   (b) 延迟3h

(c) 延迟5h

图 8-27 不同延迟时间下动强度曲线

强度降低了15%左右。延迟3h及5h的试样，也分别降低了10%、13%和8%、18%左右。延迟时间对动强度的影响较大，在相同的振次下，延迟时间越长，动强度越低；冻融次数越多，动强度的降低也较明显。

③ 动变形特性。

图8-28~图8-30是水泥改良土分别冻融循环1、5、12次后，不同延迟时间下的累积塑性应变与荷载循环次数的关系曲线图。

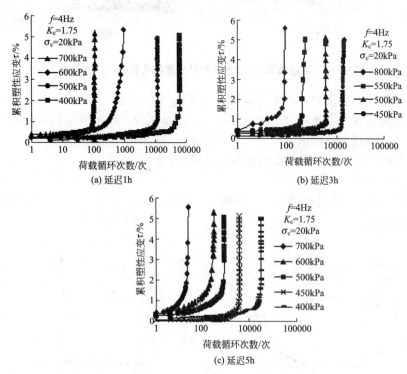

图8-28 冻融循环1次累积塑性应变与荷载循环次数的关系

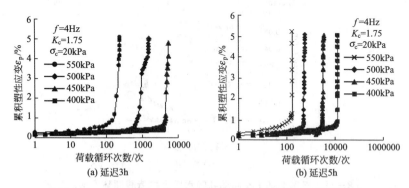

图8-29 冻融循环5次累积塑性应变与荷载循环次数的关系

由图8-28~图8-30可以看出：土样承受小幅值循环荷载时，动应变初期发展较慢，当循环荷载作用到一定振次后，出现应变转折点，土样变形开始急剧增大，在随后很少的振次范围内就达到破坏，表现出明显的脆性破坏特征。随着动应力比的增大，土样破坏所需的振次不断减少，屈服应变相应增大，脆性破坏特征不断减弱。各延迟时间及冻融次数

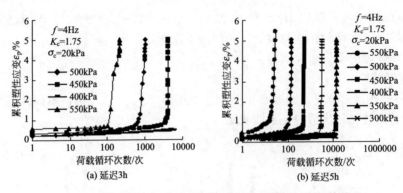

图 8-30　冻融循环 12 次累积塑性应变与荷载循环次数的关系

下，施加不同幅值的动应力，其屈服应变大致落在一条直线上。从以上各变形曲线也可以看出，土体结构出现屈服时对应的转折点应变并不是定值，而是随所施加的动荷载幅值而变化，动应力幅值越大，则该转折点出现得越早，对应的应变值也越大。

（2）干湿循环作用下水泥改良粉土的动力特性。

① 动孔压的特性。

图 8-31～图 8-33 是水泥改良土分别干湿循环 1、5、12 次后，不同延迟时间下的动强度的关系曲线图。

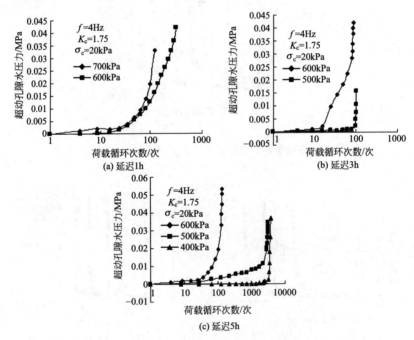

图 8-31　干湿循环 1 次超动孔隙水压力与荷载循环次数的关系

图 8-31～图 8-33 给出了不同延迟时间及不同干湿循环次数下的超动孔隙水压力与荷载循环次数的关系。大体上孔压的增长也是随应变变化的，在动荷载作用下，随着应变的逐渐积累，孔压也是在一个很小范围内波动，当荷载循环次数达到破坏振次时，孔压突然增大，而后，孔压增长速率急剧上升直至破坏。孔隙水压力的发展模式类似于经历冻融循环的发展模式。

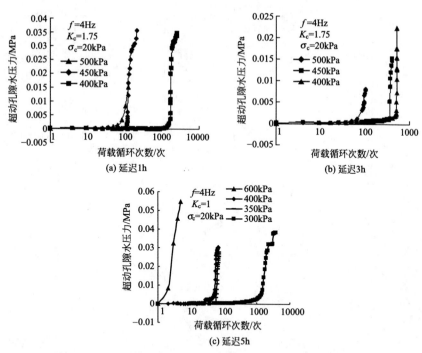

图 8-32　干湿循环 5 次超动孔隙水压力与荷载循环次数的关系

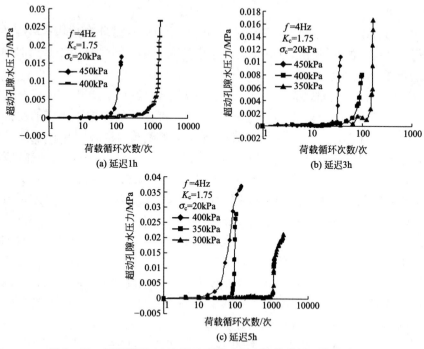

图 8-33　干湿循环 12 次超动孔隙水压力与荷载循环次数的关系

② 动强度特性。

图 8-34 是水泥改良土分别延迟 1、3、5h 后，不同干湿循环次数下的动强度的关系曲线图。

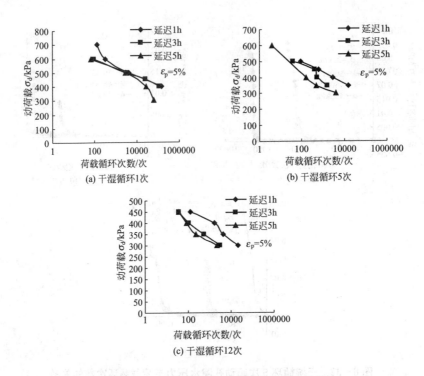

图 8-34　不同干湿循环次数下的动强度曲线

从图 8-34 可以看到，干湿循环后的动强度曲线与荷载循环次数基本呈线性关系，延迟时间越短，在相同的荷载循环次数下，动强度越高，其原因也是由于延迟时间越长，试样干密度也越低，故强度也越低。

由图 8-35 可知，假如以失水 1 次的强度为基准，则延迟 1h 的试样，在 5 次干湿循环后，饱和土体的动强度下降了 20%左右；12 次干湿循环后，饱和土体的动强度降低了 26%左右。随着干湿循环次数的增加，破坏振次逐渐降低，也表明破坏塑性应变逐渐增大，并且在干湿 5 次以内，破坏振次降低速率较大；过了 5 次以后，破坏振次趋于稳定。其原因是：对于铁路路基工程中使用的水泥改良土，其水泥掺入量一般小于 10%，改良后的土结构中土颗粒团起着主导作用，当土颗粒团中含有黏粒时，就会导致水泥改良土具有吸水膨胀、失水收缩的特性。由于水泥改良土本身具有一定的结构强度，与湿胀变形必然受到水泥改良土自身结构强度的限制。当变形产生的应力超过水泥改良土自身的结构强度时，就会在土颗粒团间相互连接的薄弱环节处产生应力集中，形成微裂缝，随干湿循环次数的不断增加，干缩与湿胀变形也将进一步增大，并导致微裂缝不断扩展，造成水泥改良土自身结构的破坏，从宏观上就会使土强度逐渐衰化。特别是随土料中黏粒含量的增加，每一次干湿循环引起的改良土体内部的湿胀和干缩变形增大，从而使干湿循环后土体强度的降低程度随土中黏粒含量的增加而增大，上述试验结果在一定程度上证明了这一推论。另一方面，当干湿循环 5 次以后，其内部的微裂缝就会扩展到一定程度。如果再经历干湿循环过程，土体内部的干缩湿胀变形也就有了一定空间，此变形在水泥土结构中产生的应力就会减小，微裂缝进一步扩展的趋势也随之减弱，从而导致水泥改良土强度衰减程度随干湿循环次数的增加而逐渐趋于稳定。

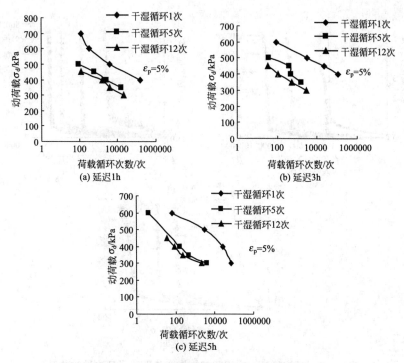

图 8-35 不同延迟时间下的动强度曲线

③ 动变形特性。

图 8-36～图 8-38 是水泥改良土分别干湿循环 1、5、12 次后，不同延迟时间下的累积塑性应变与荷载循环次数的关系曲线图。

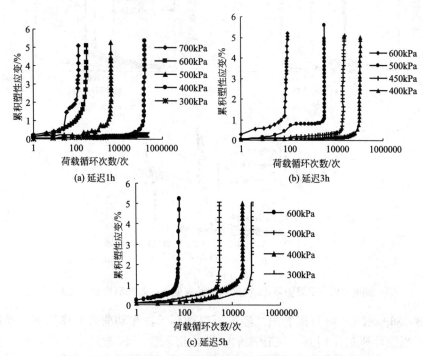

图 8-36 干湿循环 1 次累积塑性应变与荷载循环次数的关系

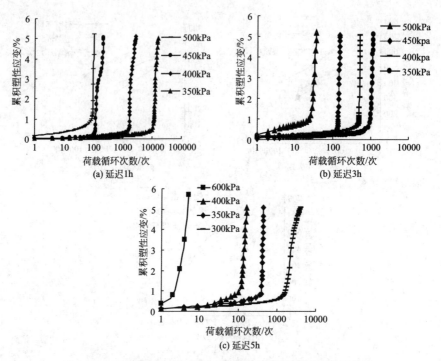

图 8-37 干湿循环 5 次累积塑性应变与荷载循环次数的关系

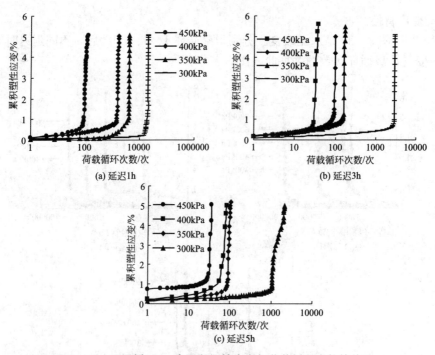

图 8-38 干湿循环 12 次累积塑性应变与荷载循环次数的关系

从图 8-36～图 8-38 可以看出：经过干湿循环后，在动荷载的作用下，动应变初期发展较慢，当循环荷载作用到一定振次后，同样出现应变转折点，土样变形开始急剧增大，在随后很少的振次范围内就达到破坏，表现出明显的脆性破坏特征。随着动应力的增大，土样破坏所需的振次不断减少，破坏应变相应增大，脆性破坏特征不断减弱。各延迟时间及干湿次数下，施加不同幅值的动应力，其转折点应变也大致落在一条直线上。

2）改良土的应力-应变关系

目前反映土应力-应变关系的模型较多，已提出的应力-应变模型主要分为三类，即黏弹性模型、弹塑性动本构模型和内时应力-应变模型。这些模型从不同角度用不同方法描述了土的动动力-应变特性。黏弹性应力-应变模型将土体视为由一个或多弹簧和黏性体组合而成的黏弹性模式，主要包括双线模型、等效非线形黏弹性模型或等效线弹性模型、Masing 模型、Ramberg - Osgood 型、Seed 模型及其相应的修正模型。弹塑性动本构模型建立在弹塑性理论的基础上，可考虑弹性和塑性应变，从而更加真实地揭示动荷载作用下建筑物的反应态，但由于模型复杂，故在实用上受到限制。内时应力-应变模型以内时参数量度材料变形历史的记忆，其转换变量可表示土在受荷过程中的加密作用、体积应变、应变、孔压增长及其他不可恢复的非线性反应。在众多模型中，等效线性模型不寻求滞回曲线的具体数学表达式，将不同应变幅值下的滞回特性用阻尼比随应变变化，即 $\lambda(\gamma_d)$ 或者 $\lambda(\varepsilon_d)$ 来反映；同样将骨干曲线的非线性特性用 $G_d = G_d(\gamma_d)$ 或 $E_d = E_d(\varepsilon_d)$ 来反映，即把土视为弹性体，采用等效弹性模量 E（或 G）和等效阻尼 λ 这两个参数来反映土动动力-应变关系的两个基本特征：非线性与滞后性。该模型因其概念明确，应便的特点，目前得到了广泛应用。

本次试验以等效线性模型为基础，根据动三轴试验给出动弹模量及阻尼比与动应变的关系曲线，提出动力计算参数，分析研究了延迟时间、冻融循环次数、干湿循环次数对动弹模量与动应变关系以及阻尼与动应变关系的影响规律。

（1）延迟时间及冻融循环下的等效线性模型。

图 8 - 39 及图 8 - 40 是不同冻融循环次数与不同延迟时间下动模量与动应变的关系曲线图。

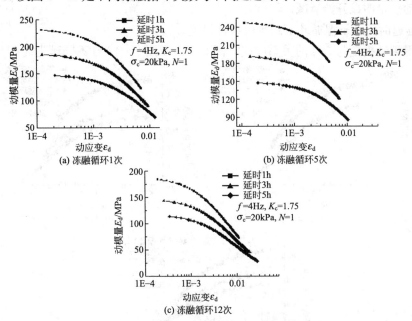

图 8 - 39　不同冻融次数下动模量与动应变的关系曲线

从图 8 - 39 及图 8 - 40 可以看出：动模量随着动应变增加呈衰减趋势，动应变较小时，改良土处于弹性状态，动模量基本上不衰减；但是当动应变超过某个应变值后，动模量则

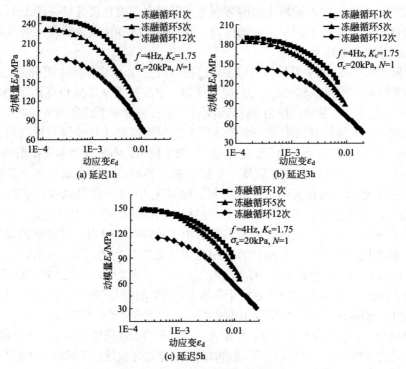

图 8-40　不同延迟时间下动模量与动应变关系曲线

出现明显的衰减。大体上动应变在 $10^{-4} \sim 10^{-3}$ 范围内，模量开始有少量的衰减，当 $\varepsilon_d >$ 10^{-3} 后，动模量明显开始衰减。

（2）延迟时间及干湿循环下的等效线性模型。

可以得到动模量与应变的关系曲线，图 8-41 及图 8-42 是不同延迟时间与不同干湿

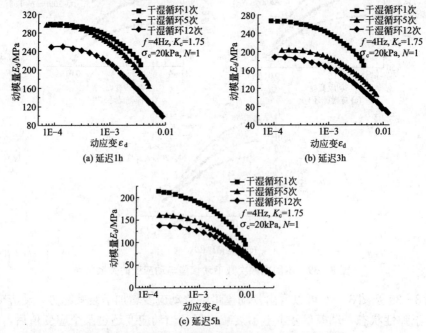

图 8-41　不同延迟时间下动模量与动应变关系曲线

循环次数下动模量与动应变的关系曲线图。

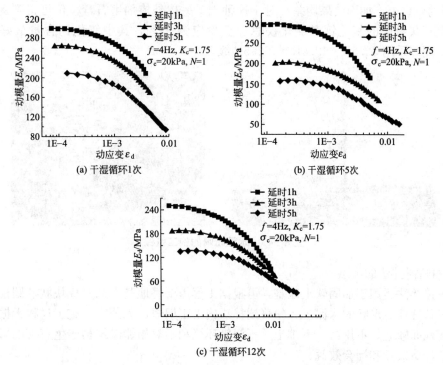

图8-42 不同干湿循环次数下动模量与动应变关系曲线

从图8-41及图8-42可以看出：在相同的延迟时间下，干湿循环次数越多以及延迟时间越长，其模量也越小，反之亦然。其原因是：延迟时间导致的干密度的下降和干湿循环导致的失水收缩和饱水膨胀对其结构造成的破坏耦合作用的结果。也可以看出，动模量随着动应变增加呈衰减趋势，当 $\varepsilon_d < 10^{-4}$ 时，动模量的基本上不衰减，改良土处于弹性状态，但是当动应变超过 10^{-4} 后，动模量则出现明显的衰减。动应变在 $10^{-4} \sim 10^{-3}$ 范围内，模量有小幅度的衰减；当动应变在 $10^{-3} \sim 10^{-2}$ 范围内，不同干湿循环次数及延迟时间下的该改良土模量衰减的速率迅速增加，表现出了明显的非线性。

8.3.3 改良土地基处理设计与施工

1. 水泥粉喷搅拌改良处理

1）概述

粉体喷射搅拌法是一种深层搅拌加固技术（图8-43）。其原理是通过专用的深层粉体喷射搅拌机，将粉状加固料，如水泥粉、石灰粉（国外也有用干氢氧化铝粉、钢渣粉），用压缩空气喷入地基深部。凭借搅拌机的回转钻头叶片与原位软土混合，并吸收地下水，经过一系列物理化学反应，形成具有整体性、水稳性及一定强度的加固柱体（通称粉喷桩）。这种柱状加固体与软土地基一起组成复合地基，从而起到加固地基的目的；或组成地下连续墙，形成坑壁支护结构。粉喷桩加固法适用的软弱土质广泛。石灰加固土一般适用于黏土颗粒含量较高的黏性土。在黏土含量不足的情况下，可以添加粉煤灰。水泥加固土一般适用于淤泥质土、黏性土、粉土和杂填土。无论是水泥土或石灰土，对有机质含量高，pH 较低的黏性土，加固效果均差。对于这种土，另掺外掺剂生石膏，仍可得到良好加固效果。生石灰粉中的氧化钙和氧化镁总和至少应为 85%，其中氧化钙含量最好不低于 80%，水泥多采用 32.5R、42.5R 或 52.5R 级。

图 8-43　水泥粉喷的施工机械

2）粉喷搅拌法的优点

粉喷搅拌法运用于加固软土地基，可根据工程需要将地基土加固成块状、圆柱状、壁状、格子状等任意形状的水泥土。粉喷搅拌法施工工期短，无公害，施工过程无振动、无噪声，无地面隆起，不排污、不排土，不污染环境和不对相邻建筑物产生有害的影响，具有较好的经济效益和社会效益。

此法的特点是使用粉体吸收地基中的水分，从而减少含水量，改良效果好；搅拌精度高，改良土强度均匀；可使用粒径在 5mm 以下的材料，可根据土质选择固化材料；气体-固体的分离性好，能均匀分布在固化材料的搅拌面上；使用密封气压输送粉粒状固化剂，能防尘，也可在雨天施工。

3）粉喷搅拌桩在国外的应用

（1）整体加固技术。

整体加固技术是在深层水泥粉喷搅拌改良技术的基础上发展而来的。它是由芬兰的 YIT 建筑有限公司提出来的，主要用于加固深度在 10m 以内的大型软土地基。整体加固技术的施工机械由挖掘机改造而成，另外配套设备还有灰罐、空气压缩机及搅拌工具（图 8-44）。加固剂（如水泥）的输入方法和粉喷桩一样，通过高压空气注入土中。搅拌时水平向和竖直向同时搅拌，提高了固化土的搅拌均匀程度。搅拌头的直径通常为 600~800mm，旋转速率为 80~100r/min。

图 8-44　整体加固技术施工机械

在北欧地区，许多工程采用了整体加固技术加固有机质等软土，并且取得了较好的效果。Veittostensuo 地区的 12 号公路试验段采用了浅层水泥粉喷搅拌改良技术加固上部淤泥。土层地质条件为表层为 3～5m 厚的泥炭，含水量为 16.7%～25.3%，抗剪强度为 3～8kPa。整体加固厚度为 3m，固化剂为 50% 的速凝水泥＋50% 高炉炉渣，固化剂用量为 250kg/m³。整体加固层的设计强度为 50kPa。施工完成后，对固化土强度采用桩体贯入试验和桩体十字板试验，其强度为 40～150kPa，满足设计要求。芬兰赫尔辛基地区的 Vuosaari 海港采用了整体加固技术改良技术加固处理了近海地区的软土地质。地质条件为 3～6m 厚的淤泥层，抗剪强度为 4～8kPa。设计整体加固厚度为 4.5m，添加剂使用波特兰水泥。固化剂用量为 130kg/m³。改良地层设计强度为 70kPa。施工完成后 90d，测得土体强度为 90～200kPa，满足设计要求。

(2) MDM 法。

当地基土的天然含水率小于 30%（黄土地基含水率小于 25%）或者具有较薄硬土层等情况时，普通粉喷搅拌法难以施工，且水泥难以充分水化，不能取得良好的加固效果。基于此，Gunther 和 Lindrtrom 于 2004 年提出了改进的粉喷法、MDM 法。

MDM 法就是在传统的粉喷法施工时，通过特定的导管向土中喷入一定量的水，从而加固常规粉喷法不能加固的土体。MDM 法的施工机械在常规的粉喷桩机基础上改装而成，改进了粉喷桩机搅拌头，增加了一个水泵、一个水管以及喷水量控制计量装置。水和水泥通过不同的导管、不同的喷口喷入土中，这样可以防止喷口堵塞(图 8-45)。应该注意的是，MDM 法中，喷入土中的水泥用量应该考虑土中天然含水率和加入的水量，通过水泥的室内配合比试验确定。

图 8-45 MDM 法搅拌喷射头

MDM 法与常规的粉喷法相比有更加广泛的适用范围。

① 密砂或者干土中天然含水量较低时，喷入的水泥粉不能充分水化，从而得不到预期的加固效果，并且还会浪费材料。喷入一定量的水以后，使得水泥充分水化，可以取得较高强度的桩体。

② 处理较硬的土层或者硬土层以下的软土时，需要打穿较硬的土体，常规的粉喷法难以施工，MDM 法可以在较硬的土体正常施工。

③ MDM 法还可以处理沿深度具有不同密实度、不同含水量和不同稠度的土层。MDM 工法和常规的粉喷法相比，其优越性主要表现为：具有更加广泛的适用范围；增加土中的含水率以后，可以提高施工搅拌效率。尽管土中水灰比的加大会影响水泥土的强度，但是搅拌效率的提高可以增加水泥土的均匀性，包括沿桩体截面和桩体深度，综合考虑这两方面，反而增加了桩体强度。

④ MDM 法和常规粉喷法的现场对比试验表明，MDM 法可以获得预期的加固效果。现场试验地位于瑞典首都斯德哥尔摩郊区的 Bro 地区和 Tullinge 地区，分别位于黏土地基和沙土地基。瑞典的 Herules Grundlagging AB 建筑公司完成了现场施工。Bro 地区的试验目的主要是验证改装的机械施工的可能性。Tullinge 地区试验主要是验证 MDM 法的可

行性、现场成桩工艺试验，以及 MDM 法和常规粉喷法的对比试验。

为了对比 MDM 法和常规粉喷法，在同一地区进行了常规粉喷法的一根试桩，但是贯入一定深度以后，发现搅拌头抱团，搅拌头无法拔出，只得开挖出搅拌头。设计的 MDM 桩体直径为 820mm，初始的贯入速率为 150mm/min，导致下降速率不均匀，因此试验后期改贯入速率为 25mm/min。MDM 法施工时，土体中的水灰比调整为 0.4～1.2，采用普通的硅酸盐水泥加固，水泥用量为 450kg/m³。一根 7.5m 长的 MDM 桩体施工大约需要 7min 的时间。

试桩完成以后，在地表以及地表以下 0.5m 处测得的桩体直径为 850mm。现场施工完成 30d 时，现场开挖 4.5m，检查水泥土的均匀性和桩体直径。分别在三根桩的 1/2 桩体半径处以及其中一根桩的桩心处连续取样，进行水泥土的室内无侧限抗压试验，取样过程中还进行水泥土的渗透试验。

现场开挖后可以发现，所有桩体的桩直径较设计值约大 30mm，开挖深度内的桩体水泥搅拌均匀。但是在原土层为薄的粉土层的地方(地表下 3.5m 处)，桩体直径较设计值大 100～300mm，这可能和该处较大的水压力和渗透系数有关。水泥土的外观搅拌均匀，但是可以看到一些分布均匀的小空隙，这可能是由于喷灰时喷入的空气引起的。尽管如此，还是可以得到较高强度的水泥土桩体。

实测水泥土的重度为 20kg/m³，较加固前的 18kg/m³ 有所增加。另外，CaO 的实测结果表明，水泥沿桩体径向和竖向分布均匀。

水泥土桩的现场取样率几乎可以达到 100%，水泥土的无侧限抗压强度为 4.0～12.0MPa，变形模量 E_{50} 约为 700～4000MPa(多为 1200～2400MPa)，E_{50}/q_u 的比值约为 200。常水头渗透试验表明，水泥土的渗透系数达到了 10^{-7}m/s，较加固前原状土的 10^{-5}～10^{-3}m/s 显著降低。

因此，MDM 工法现场试验表明，在土体含水量较低时，MDM 工法可以获得预期的加固效果。

2. 深层搅拌浆喷法

深层搅拌浆喷法(CMD 法)是深层搅拌加固法的一种，它是一种利用水泥浆、石灰等材料作为固化剂的主剂，通过特制的深层搅拌机械，在地基深处就地将软土和固化剂强制搅拌，利用固化剂和软土间产生的一系列物理、化学反应，使软土硬结成具有整体性、水稳定性和一定强度的优质地基的处理方法。国外使用水泥土搅拌法加固的土质有新吹填的超软土、泥炭土和淤泥质土等饱和软土。深层搅拌浆喷法是一种加固软土地基很好的方法，但不适用于 pH 小于 4 或天然含水率大于 70% 的地基土。图 8-46～图 8-47 是国外常用的深层搅拌浆喷法设备。

1) 水泥加固土的机理

水泥加固土的机理与混凝土的硬化机理不同。在水泥加固土中，由于水泥掺量很小(7%～20%)，水泥的水解和水化反应完全是在具有一定活性的介质——土的围绕下进行，所以水泥加固土的强度增长过程比混凝土缓慢。水泥加固土主要经过以下几个过程。

(1) 水泥的水解和水化反应。

(2) 黏土颗粒与水泥水化物的作用。

(3) 碳酸化作用。

图 8-46 深层搅拌浆喷法使用的钻头

图 8-47 深层搅拌浆喷法的施工机械

2) 深层搅拌法的优点

(1) 可根据地基条件选择固化剂,从而获得所需的加固强度。

(2) 在短期内能获得所需的加固强度。

(3) 是一种噪声低、振动小、余土少、公害少的处理方法。

(4) 改善了加固土的压缩性,使荷载引起的变形沉降变小。

3) 深层搅拌浆喷法在国外的应用

(1) JACSMAN 法。

近年来,日本在深层搅拌法和高压喷射注浆法两种传统的地基处理技术的基础上,把机械搅拌和喷射搅拌结合起来,开发了一种"内搅外喷"的新技术,称为深层喷射搅拌法。同传统的地基处理方法相比,深层喷射搅拌法有许多突出的优点,它既克服了深层搅拌在正常桩径(500~700mm)、正常掺入比(15%)情况下,软土中桩体无侧限抗压强度(现场平均值)仅能保持在 1.5MPa 左右,形成的桩身强度决定承载力的不合理的模式,又避免了高压喷射注浆法需要的较大切割能量。深层喷射搅拌法使软土中成桩最大直径可达 2.5m 左右,单桩承载力可高达 600kN 以上。深层喷射搅拌法有机地结合了机械搅拌和喷射搅拌,将两种传统地基处理方法取长补短,所以这一新的地基处理技术有着广阔的应用前景。

JACSMAN 法采用了双钻头交叉喷射装置,每个钻头有 2 个切削翼,当每个翼端有 2 个喷嘴时,共有 8 个喷嘴;当每个翼端有 1 个喷嘴时,共有 4 个喷嘴。射流交叉角为 60°,交叉射流的作用是控制成桩直径,提高搅拌效果,调整桩体强度(2000~5000kPa)。JACSMAN 法的成桩直径与两个喷嘴的射流量、提升速度、压缩空气等因素有关,一般直径为 1.0~2.5m。有气喷流时,桩径较大;无气喷流时,桩径较小,而且桩径随提升速度的增大而减小。图 8-48 为交叉喷射搅拌示意图。

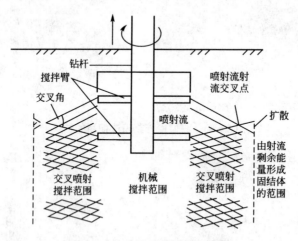

图 8-48　交叉喷射搅拌示意图

JACSMAN 法适用于软土地基加固、深基坑支护工程、临时支护桩工程和高耸结构物基础加固。试验表明,JACSMAN 法的成桩直径较大,桩径较均匀,桩与其他结构黏结紧密。单桩承载力可达 500kN 以上,是一种较理想的地基处理方法。

JACSMAN 法的主要优点如下。

① JACSMAN 法形成的水泥桩内圈是机械搅拌区,外圈是喷射搅拌部分,由于机械搅拌作用,减少了单独使用高压喷射注浆法所需的切割能量。

② JACSMAN 法通过设置交叉高压喷嘴，在射流交叉点处消散射流能量，准确地控制了水泥土桩的直径。

③ JACSMAN 法的成桩直径可在 0.15～2.15m 之间调整，调整的办法是控制喷射压力和提升速度。

④ JACSMAN 法在进行地基加固时，外圈水泥土桩为喷射部分，对已有地下和地上结构没有破坏作用，使水泥土桩与相邻结构之间紧密可靠。

⑤ 水泥土桩的桩身强度可在 3～8MPa 间调整，调整的办法是控制提升速度、喷射压力、水泥强度等级和水灰比等设计参数。

⑥ 由于机械搅拌和高压喷射搅拌的结合，使水泥土桩的水泥与加固土体混合比较均匀，从而使水泥土桩的桩身强度较均匀。这样，在桩顶部分一般不需复搅(或复喷)，保证了加固效果。

⑦ 深层喷射搅拌法既适用于天然地基承载力标准值 $f_{s,k}$ 低于 120kPa 的软土地基加固，也可适用于天然地基承载力标准值 $f_{s,k}$ 大于 120kPa 的黏土或粉砂的地基加固，适用范围广。

(2) FP-BESTEX 法。

在日本，有一种预钻孔后沉设预制钢筋混凝土竹节桩的新工法，称为 FP-BESTEX 法。

该法使用的钻杆带有搅拌叶片、螺旋钻头。钻孔时，从螺旋钻头注入掺有纤维质矿物粉末的护壁液(水灰比为 150%，纤维质矿物粉末与水泥比为 0.75%，4 周抗压强度 3MPa 以上)。钻孔达到竹节直径＋50mm 为止。在孔底 2m 范围内注入固根液(水灰比为 100%，纤维质矿物粉末与水泥比为 0.75%，4 周抗压强度 8MPa 以上)，通过与土混合搅拌，筑成固根部位，再换成护壁液。当注入的护壁液达到钻孔体积的 40% 时即可下桩，在规定深度固定，最大施工深度可达 38m。

该法桩端适用地基：黏性土层、砂质土层和砾质土层。桩的形状和尺寸如图 8-49 和表 8-33 所示。

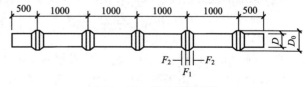

图 8-49 竹节桩的形状

表 8-33 竹节桩的尺寸

公称直径/mm	桩轴直径(D)/mm	桩节直径(D₀)/mm	厚度(t)/mm	竹节形状/mm		桩长(L)/m
				F_1	F_2	
φ300～450	300	450	60	75	75	4～15
φ400～500	400	500	65	75	50	4～15
φ400～550	400	550	65	75	75	4～15

该法的特点如下。

① 由于在护壁液和固根液中，掺入了防止漏浆的纤维质矿物粉末，故可防止桩节间泛浆。

② 钻孔不用水，掘削搅拌土的强度提高，且不会扰动钻孔周边的地基。

③ 由于注入了护壁液，钻孔时不仅能正转反转，而且还能上下反复和边混合搅拌边

掘进，所以塌孔可能性很小，可使竹节桩在规定深度固定。

④ 可选用通用施工机械和简单的施工机具，施工效率高、经济。

⑤ 竹节桩端部分是开口的，泥土可进入桩内，使排土量减少。

施工流程如图 8-50 所示。

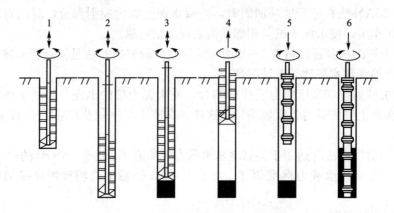

图 8-50　FP-BESTEX 法施工流程

1—钻孔；2—成孔；3—注入固根液；4—提升钻杆；5—沉设；
6—固定(自重沉设、旋转沉设)

(3) DYNABIG 法。

DYNABIG 法是一种在日本很流行的用来加固软弱地基的方法。该法是钻孔到持力层，反转钻机扩孔。在钻孔中放入一个纤维质袋，袋进入扩孔部位后，向袋内压入水泥浆，插入钢管，使钢管和水泥硬化体及持力层一体化，且由于通过纤维质可脱掉多余的水，使桩底部形成高密度的水泥硬化体，从而提高桩的承载力。扩底直径约为桩直径的 2 倍，扩底高度为 2.1~2.7m。桩径为 300~600mm，桩深度在 70m 以内。

工法特点如下。

① 承载力大，可做到一柱一桩，桩根数减少可节约投资并可缩短工期。

② 有利于环保，由于桩径相对较细，掘土就少，减少了工业废弃物处理量。

③ 抗震性能好，因钢管内衬高强混凝土，桩的全长部位都有很好的适应变形能力和抗剪切性能。

施工流程详如图 8-51 所示。

(4) KING 法。

在日本，有一种使用深层搅拌法插入钢管加固砂基的方法，称为 KING 法。该法是首先使用钻机钻孔，后扩桩底至比钢管直径大 100~200mm。扩底后边注入水泥浆边进行混合搅拌。这样充填钢管内外的水泥浆硬化后与钢管一体化，可确保承载力。钢管外径为 400~1016mm(砂质土)或 400~812.8mm(砾质土层)。桩深可达 25m。

工法特点如下。

① 有可靠的承载力；

② 低噪声、低振动；

③ 经济；

④ 排土少(钢管实体面积小)；

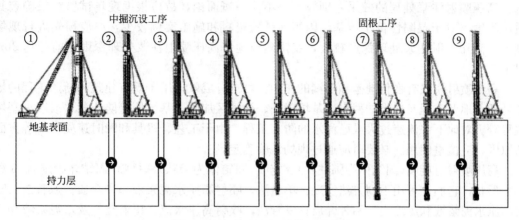

图 8-51 DYNABIG 法施工流程图

①—钻孔；②—扩孔；③—注浆；④—插桩；⑤、⑥—沉桩

⑤ 无二次公害。

施工流程如图 8-52 所示。

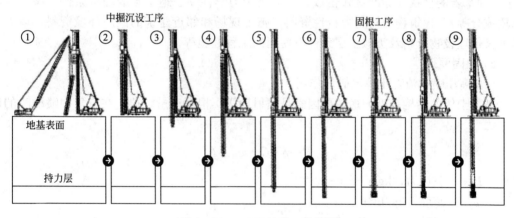

图 8-52 KING 法施工流程图

3. 高压喷射注浆法

1）适用范围

高压喷射注浆法包括旋喷（桩）、定喷和摆喷三种方法。该法欧美国家称为 Jet Grouting，日本称为高压喷射注浆法或 CCP 法、JSG 法等。由于高压喷射注浆使用的压力大，因而喷射流的能量大、速度快。当它连续和集中地作用在土体上，压应力和冲蚀等多种因素便在很小的区域内产生效应，对从粒径很小的细粒土到含有粒径较大的卵石、碎石土，均有巨大的冲击和搅动作用，使注入的浆液和土拌和凝固为新的固结体。实践表明，该法对淤泥、淤泥质土、流塑或软塑黏性土、粉土、砂土、黄土、素填土和碎石土等地基都有良好的处理效果。

但对于硬黏性土，含有较多的块石或大量植物根茎的地基，因喷射流可能受到阻挡或削弱，冲击破碎力急剧下降，切削范围小或影响处理效果。而对于含有过多有机质的土层，则其处理效果取决于固结体的化学稳定性。鉴于上述几种土的组成复杂、差异悬殊，高压喷射注浆处理的效果差别较大，不能一概而论，故应根据现场试验结果确定其适用程度。对于湿陷性黄土地基，因当前试验资料和施工实例较少，亦应预先进行现场试验。高压喷射注浆处理深度较大，我国建筑地基高压喷射注浆处理深度目前已达 30m以上。

高压喷射注浆有强化地基和防漏的作用，可卓有成效地用于既有建筑和新建工程的地基处理、地下工程及堤坝的截水、基坑封底、被动区加固、基坑侧壁防止漏水或减小基坑位移等。对地下水流速过大或已涌水的防水工程，由于工艺、机具和瞬时速凝材料等方面的原因，应慎重使用。必要时应通过现场试验确定。

高压喷射有旋喷(固结体为圆柱状)、定喷(固结体为壁状)和摆喷(固结体为扇状)3 种基本形状，它们均可用下列方法实现：单管法，喷射高压水泥浆液一种介质；双管法，喷射高压水泥浆液和压缩空气两种介质；三管法，喷射高压水流、压缩空气及水泥浆液等三种介质。由于上述 3 种喷射流的结构和喷射的介质不同，有效处理长度和范围也不同，以三管法最长，双管法次之，单管法最短。实践表明，旋喷形式可采用单管法、双管法和三管法中的任何一种方法。定喷和摆喷注浆常用双管法和三管法。

在制定高压喷射注浆方案时，应搜集和掌握各种基本资料。主要是岩土工程勘察资料(土层和基岩的性状、标准贯入击数、土的物理力学性质、地下水的埋藏条件、渗透性和水质成分等)，建筑物结构受力特性资料，施工现场和邻近建筑的四周环境资料，地下管道和其他埋设物资料及类似土层条件下使用的工程经验等。

2) 加固原理

(1) 高压喷射流对土体的破坏作用。

破坏土体的结构强度的最主要因素是喷射动压，根据动量定律，在空气中喷射时的破坏力为

$$P = \rho \cdot Q \cdot v_m \cdot A^2 \tag{8-8}$$

式中，P——破坏力，$kg \cdot m/s^2$；

$\quad\quad \rho$——密度，kg/m^3；

$\quad\quad Q$——流量，m^3/s，$Q = v_m \cdot A$；

$\quad\quad v_m$——喷射流的平均速度，m/s；

$\quad\quad A$——喷嘴截面积，m^2。

式 8-8 表示破坏力对于某一密度的液体而言，与该射流的流量(Q)、流速(v_m)的乘积成正比。而流量(Q)又为喷嘴截面积(A)与流速(v_m)的乘积。所以在一定的喷嘴面积 A 的条件下，为了获得更大的破坏力，需要增加平均流速，也就是需要增加旋喷压力。一般要求高压脉冲泵的工作压力在 20MPa 以上，这样就使射流像刚体一样冲击破坏土体，使土与浆液搅拌混合，凝固成圆柱状的固结体。

喷射流在终期区域，能量衰减很大，不能直接冲击土体使土颗粒剥落，但能对有效射程的边界土产生挤压力，对四周土有压密作用，并使部分浆液进入土粒之间的空隙里，使固结体与四周土紧密相依，不产生脱离现象。

(2) 水(浆)、气同轴喷射流对土的破坏作用。

单射流虽然具有巨大的能量，但由于压力在土中急剧衰减，因此破坏土的有效射程较短，致使旋喷固结体的直径较小。当在喷嘴出口的高压水喷射流的周围加上圆筒状空气射

流，进行水、气同轴喷射时，空气流使水或浆的高压喷射流从破坏的土体上将土颗粒迅速吹散，使高压喷射流的喷射破坏条件得到改善，阻力大大减少，能量消耗降低，因而增大了高压喷射流的破坏能力，形成的旋喷固结体的直径较大。旋喷时，高压喷射流在地基中将土体切削破坏。其加固范围就是喷射距离加上渗透部分或压缩部分的长度为半径的圆柱体。一部分细小的土颗粒被喷射的浆液所置换，随着液流被带到地面上（俗称冒浆），其余的土颗粒与浆液搅拌混合。在喷射动压力、离心力和重力的共同作用下，在横断面上土颗粒按质量大小有规律地排列起来，小颗粒在中部居多，大颗粒多数在外侧或边缘部分，形成了浆液主体搅拌混合、压缩和渗透等部分，经过一定时间便凝固成强度较高且渗透系数较小的固结体。随着土质的不同，横断面结构也多少有些不同。由于旋喷体不是等颗粒的单体结构，固结质量也不均匀，通常是中心部分强度低，边缘部分强度高。

定喷时，高压喷射注浆的喷嘴不旋转，只作水平的固定方向喷射，并逐渐向上提升，便在土中冲成一条沟槽，并把浆液灌进槽中，最后形成一个板状固结体。固结体在砂性土中有一部分渗透层，而在黏性土中却无这一部分渗透层。

在大砾石层中进行高压喷射注浆时，因射流不能将大砾石破碎和移位，只能绕行前进并充填其空隙。其机理接近于静压灌浆理论中的渗透灌浆机理。

在腐殖土中进行高压喷射注浆时，固结体的形状及其性质受植物纤维粗细长短、含水量高低及土颗粒多少影响很大。在含细短纤维不太多的腐殖土中喷射注浆时，纤维的影响很小，成桩机理与在黏性土中相同。在含粗长纤维不太多的腐殖土中喷射注浆时，射流仍能穿过纤维之间的空隙而形成预定形状的固结体；但在粗长纤维密集部位，射流受严重阻碍导致破坏力大为降低，固结体难以形成预定形状且强度受到显著的影响。

（3）水泥与土的固结机理。

水泥和水拌和后，首先产生铝酸三钙水化物和氢氧化钙，它们可溶于水中，但溶解度不高，很快就达到饱和，这种化学反应连续不断地进行，就析出一种胶质物。这种胶质物体有一部分混在水中悬浮，后来就包围在水泥微粒的表面，形成一层胶凝薄膜。所生成的硅酸二钙水化物几乎不溶于水，只能以无定形体的胶质包围在水泥微粒的表层，另一部分渗入水中。由水泥各种成分所生成的胶凝膜，逐渐发展起来成为胶凝体，此时表现为水泥的初凝状态，开始有胶黏的性质。此后，水泥各成分在不缺水、不干涸的情况下，继续不断地按上述水化程序发展、增强和扩大，从而产生下列现象：①胶凝体增大并吸收水分，使凝固加速，结合更密；②由于微晶（结核晶）的产生进而生出结晶体，结晶体与胶凝体相互包围渗透并达到一种稳定状态，这就是硬化的开始；③水化作用继续渗入水泥微粒内部，使未水化部分再参加以上的化学反应，直到完全没有水分以及胶质凝固和结晶充盈为止。但无论水化时间持续多久，很难将水泥微粒内核全部水化完，所以水化过程是一个长久的过程。

3）设计原理

（1）高压喷射注浆形成的加固体强度和范围，应通过现场试验确定。当无现场试验资料时，也可参照相似土质条件的工程经验。旋喷桩直径的确定是一个复杂的问题，尤其是深部的直径，无法用准确的方法确定。因此，除了浅层可以用开挖的方法确定之外，只能用半经验的方法加以判断、确定。根据国内外的施工经验，其设计直径可参考表 8-34 选用。定喷及摆喷的有效长度约为旋喷桩直径的 1.0～1.5 倍。

表 8-34 旋喷桩的设计直径

土质	方法	单管法	双管法	三管法
黏性土	0<N<5	0.5~0.8	0.8~1.2	1.2~1.8
	6<N<10	0.4~0.7	0.7~1.1	1.0~1.6
砂土	0<N<10	0.6~1.0	1.0~1.4	1.5~2.0
	11<N<20	0.5~0.9	0.9~1.3	1.2~1.8
	21<N<30	0.4~0.8	0.8~1.2	0.9~1.5

注：N 为标准贯入击数。

(2) 竖向承载旋喷桩复合地基承载力特征值应通过现场复合地基载荷试验确定。单桩竖向承载力特征值可通过现场单桩载荷试验确定。也可按下面两式估算，取其中较小值：

$$R_a = \eta f_{cu} A_p \tag{8-9}$$

$$R_a = u_p \sum_{i=1}^{n} q_{si} l_i + q_p A_p \tag{8-10}$$

式中，f_{cu}——与旋喷桩桩身水泥土配比相同的室内加固土试块（边长为 70.7mm 的立方体）在标准养护条件下 28d 龄期的立方体抗压强度平均值，kPa；

η——桩身强度折减系数，可取 0.33；

n——桩长范围内所划分的土层数；

l_i——桩周第 i 层土的厚度，m；

q_{si}——桩周第 i 层土的侧阻力特征值，kPa，可按现行国家标准《建筑地基基础设计规范》（GB 50007—2011）有关规定或地区经验确定；

q_p——桩端地基土未经修正的承载力特征值，kPa，可按现行国家标准《建筑地基基础设计规范》（GB 50007—2011）有关规定或地区经验确定。

(3) 当旋喷桩处理范围以下存在软弱下卧层时，应按现行国家标准《建筑地基基础设计规范》（GB 50007—2011）的有关规定进行下卧层承载力验算。竖向承载旋喷桩复合地基宜在基础和桩顶之间设置褥垫层。褥垫层厚度可取 200~300mm，其材料可选用中砂、粗砂、级配砂石等，最大粒径不宜大于 30mm。竖向承载旋喷桩的平面布置可根据上部结构和基础特点确定。独立基础下的桩数一般不应少于 4 根。

(4) 桩长范围内复合土层以及下卧层地基变形值应按现行国家标准《建筑地基基础设计规范》（GB 50007—2011）有关规定计算，其中，复合土层的压缩模量可根据地区经验确定。高压喷射注浆法用于深基坑、地铁等工程形成连续体时，相邻桩搭接不宜小于300mm，并应符合设计要求和国家现行的有关规范的规定。当旋喷桩需要相邻桩相互搭接形成整体时，应考虑施工中垂直度误差等，设计桩径相互搭接不宜小于300mm。尤其在截水工程中尚需要采取可靠方案或措施保证相邻桩的搭接，防止截水失败。

(5) 施工方法。

① 施工前，应对照设计图样核实设计孔位处有无妨碍施工和影响安全的障碍物。如遇有上水管、下水管、电缆线、煤气管、人防工程、旧建筑基础和其他地下埋设物等障碍物影响施工时，应与有关单位协商清除或搬移障碍物或更改设计孔位。

② 由于高压喷射注浆的压力愈大，处理地基的效果愈好，根据国内实际工程中应用实例，单管法、双管法及三管法的高压水泥浆液流或高压水射流的压力宜大于20MPa；气流的压力以空气压缩机的最大压力为限，通常在0.7MPa左右；低压水泥浆的灌注压力，通常在1.0～2.0MPa左右，提升速度为0.05～0.25m/min，旋转速度可取10～20r/min。

③ 喷射注浆的主要材料为水泥，对于无特殊要求的工程宜采用强度等级为32.5级及以上的普通硅酸盐水泥。根据需要，可在水泥浆中分别加入适量的外加剂和掺合料，以改善水泥浆液的性能，如早强剂、悬浮剂等。所用外加剂或掺合剂的数量，应根据水泥土的特点通过室内配比试验或现场试验确定。当有足够实践经验时，亦可按经验确定。喷射注浆的材料还可选用化学浆液。因费用昂贵，只有少数工程应用。

④ 水泥浆液的水灰比越小，高压喷射注浆处理地基的强度越高。在生产中因注浆设备的原因，水灰比太小时，喷射有困难，故水灰比通常取0.8～1.5，生产实践中常用1.0。由于生产、运输和保存等原因，有些水泥厂的水泥成分不够稳定，质量波动较大，可导致高压喷射水泥浆液凝固时间过长，固结强度降低。因此事先应对各批水泥进行检验，鉴定合格后才能使用。对拌制水泥浆的用水，只要符合混凝土拌和标准即可使用。

⑤ 高压喷射注浆的全过程为钻机就位、钻孔、置入注浆管、高压喷射注浆和拔出注浆管等基本工序。施工结束后应立即对机具和孔口进行清洗。钻孔的目的是为了置入注浆管到预定的土层深度，如能用振动或直接把注浆管钻入土层预定深度，则钻孔和置入注浆管的两道工序合并为一道工序。

⑥ 高压泵通过高压橡胶软管输送高压浆液至钻机上的注浆管，进行喷射注浆。若钻机和高压水泵的距离过远，势必要增加高压橡胶软管的长度，使高压喷射流的沿程损失增大，造成实际喷射压力降低的后果。因此钻机与高压水泵的距离不宜过远，在大面积场地施工时，为了减少沿程损失，则应搬动高压泵保持与钻机的距离。实际施工孔位与设计孔位偏差过大时，会影响加固效果。故规定孔位偏差值应小于50mm，并且必须保持钻孔的垂直度。土层的结构和土质种类与加固质量关系更为密切。只有通过钻孔过程详细记录地质情况并了解地下情况，施工时才能因地制宜地及时调整工艺和变更喷射参数，达到处理效果良好的目的。

⑦ 各种形式的高压喷射注浆，均自下而上进行。当注浆管不能一次提升完成而需分数次卸管时，卸管后喷射的搭接长度不得小于100mm，以保证固结体的整体性。

⑧ 在不改变喷射参数的条件下，对同一标高的土层做重复喷射时，能加大有效加固长度和提高固结体强度。这是一种局部获得较大旋喷直径或定喷、摆喷范围的简易有效方法。复喷的方法根据工程要求决定。在实际工作中，旋喷桩通常在底部和顶部进行复喷，以增大承载力和确保处理质量。

⑨ 当喷射注浆过程中出现下列异常情况时，需查明原因并采取相应措施：流量不变而压力突然下降时，应检查各部位的泄漏情况，必要时拔出注浆管，检查密封性能。出现不冒浆或断续冒浆时，若系土质松软则视为正常现象，可适当进行复喷；若系附近有空洞、通道，则不应提升注浆管继续注浆直至冒浆为止或拔出注浆管待浆液凝固后重新注浆。压力稍有下降时，可能系注浆管被击穿或有孔洞，使喷射能力降低。此时应拔出注浆管进行检查。压力陡增超过最高限值、流量为零、停机后压力仍不变动时，则可能系喷嘴堵塞。应拔管疏通喷嘴。

⑩ 当高压喷射注浆完毕后,或在喷射注浆过程中因故中断,短时间(小于或等于浆液初凝时间)内不能继续喷浆时,均应立即拔出注浆管清洗备用,以防浆液凝固后拔不出管来。为防止因浆液凝固收缩,产生加固地基与建筑基础不密贴或脱空现象,可采用超高喷射(旋喷处理地基的顶面超过建筑基础底面,其超高量大于收缩高度)、回灌冒浆或第二次注浆等措施。

⑪ 高压喷射注浆处理地基时,在浆液未硬化前,有效喷射范围内的地基因受到扰动而强度降低,容易产生附加变形,因此在处理既有建筑地基或在邻近既有建筑旁施工时,应防止施工过程中,在浆液凝固硬化前导致建筑物发生附加下沉。通常采用控制施工速度、顺序和加快浆液凝固时间等方法防止或减小附加变形。

⑫ 在城市施工中泥浆管理直接影响文明施工,必须在开工前做好规划,做到有计划地堆放或将废浆及时排出现场,保持场地文明。

⑬ 应在专门的记录表格上做好自检,如实记录施工的各项参数和详细描述喷射注浆时的各种现象,以便判断加固效果并为质量检验提供资料。

(6)质量检查。

① 高压喷射注浆应在严格控制施工参数的基础上,根据具体情况选定质量检验方法。可根据工程要求和当地经验采用开挖检查、取芯(常规取芯或软取芯)、标准贯入试验、载荷试验或围井注水试验等方法进行检验,并结合工程测试、观测资料及实际效果综合评价加固效果。开挖检查法虽简单易行,通常在浅层进行,但难以对整个固结体的质量做全面检查。钻孔取芯是检验单孔固结体质量的常用方法,选用时需以不破坏固结体和有代表性为前提,可以在 28d 后取芯或在未凝以前软取芯(软弱黏性土地基)。标准贯入和静力触探试验在有经验的情况下也可以应用。载荷试验是建筑地基处理后检验地基承载力的良好方法。压水试验通常在工程有防渗漏要求时采用。建筑物的沉降观测及基坑开挖过程的测试和观察是全面检查建筑地基处理质量的不可缺少的重要方法。

② 检验点应布置在下列部位:检验点的位置应重点布置在有代表性的加固区。必要时,对喷射注浆时出现过异常现象和地质复杂的地段也应检验。主要包括有代表性的桩位;施工中出现异常情况的部位;地基情况复杂,可能对高压喷射注浆质量产生影响的部位。检验点的数量为施工孔数的 1%,并不应少于 3 点。量检验宜在高压喷射注浆结束28d 后进行。竖向承载旋喷桩地基竣工验收时,承载力检验应采用复合地基载荷试验和单桩载荷试验。载荷试验必须在桩身强度满足试验条件时,并宜在成桩 28d 后进行。检验数量为桩总数的 0.5%~1%,且每项单体工程不应少于 3 点。

8.3.4 工程应用实例

1. 京沪高速铁路德州东站填料改良试验与填筑质量控制技术

京沪高速铁路土建工程二标段德州东站站场及区间路基施工起讫里程 DK326+192.25～DK330+090.46,全长 3898.21m,位于德州市开发区袁桥乡境内。该地区为冲积平原,当地无 A、B 组填料,德州市及附近有多个火电厂,粉煤灰资源丰富。路基设计基床以下路堤掺 4%水泥改良,基床底层路堤掺 5%水泥改良,路基设计横断面如图 8-53 所示,共设计填筑改良土 81.3692 万 m³。

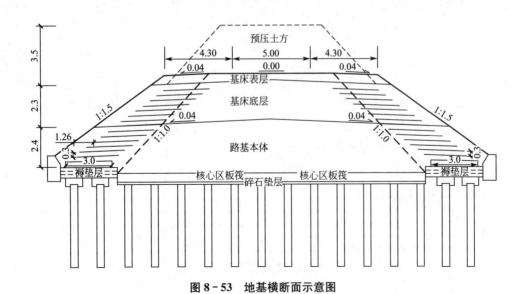

图 8 - 53 地基横断面示意图

设计取土地点为德州市开发区袁桥乡孙良子取土场，取土场面积 450 亩（1 亩 = 666.7m²），取土深度 5.0m。取土场填料以粉土和粉质黏土为主，属 C 组填料，夹部分高液限黏土属 D 组土。

室内击实试验取土场填料（图 8 - 54）掺水泥后最佳含水率为 13%～15%，从以上数据揭示取土场土体天然含水率均远高于最佳含水率，取土场填料直接按原设计掺 4%、5% 水泥达不到填筑要求。因而采取 6% 水泥对填料进行改良处理，同时地基采用 CFG 桩处理。

图 8 - 54 取土场土质情况照片

经过改良处理后，填料强度、刚度均满足填筑要求，也解决了工后沉降问题。

2. 郑西客运专线工程湿陷性黄土水泥搅拌桩改良处理

新建的郑西无碴轨道客运专线，穿越大量的湿陷性黄土地区，由于客运专线对路基沉降要求极为严格，因而必须对湿陷性黄土地基进行处理，以达到消除黄土湿陷性和控制地基压缩变形的目的。

选择郑西客运专线某试验段，对试验段 40m 范围内的湿陷性黄土地基进行水泥搅拌桩改良处理。地基处理平面图如图 8 - 55 所示，横断面图如图 8 - 56 所示。

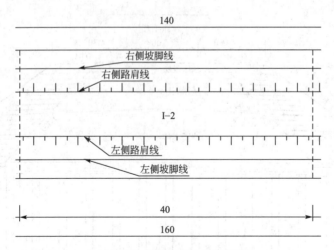

图 8 - 55　地基处理平面俯视图

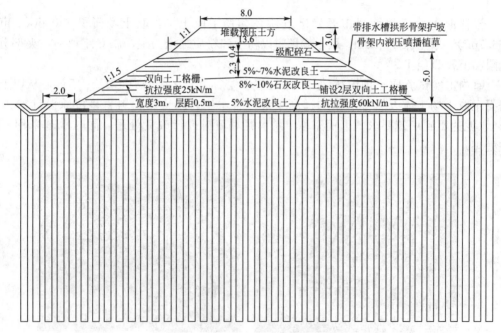

图 8 - 56　地基处理横断面图

采用静力触探试验、标准贯入试验、荷载板试验，辅助地质雷达和面波等原位测试手段对处理前后的地基进行了检测。结果表明，水泥土挤密桩消除了上部 15m 深度地层的湿陷性，达到了设计要求。

本 章 小 结

通过以上简单的介绍，我们了解了区域性特殊土的工程特性，并对几类特殊土的地基处理有了一定的认识。然而由于文章篇幅的限制，一方面，本章未能够全面而详尽地介绍各种区域性特殊土的地基处理；另一方面，本章介绍的岩溶地基、红黏土地基、改良土地基处理所涉及的设计(土性分析、计算分析)相对较少，想了解此类内容可参考其他相关资料。

习　　题

一、思考题

1. 红黏土的定义是什么？

2. 红黏土的分布特点是什么？

3. 红黏土的一般工程特征是什么？

4. 红黏土的组成成分有什么特点？

5. 红黏土的一般物理力学特征有哪些？

6. 红黏土的物理力学性质变化规律是什么？

7. 裂隙对红黏土强度和稳定性有何影响？

8. 在确定红黏土地基承载力时，应按什么情况分别确定不同地区的承载力？

9. 在无冻胀影响地区、无特殊地质地貌条件和无特殊使用要求的情况下，建筑基础宜尽量浅埋在什么地方？

10. 对于一般建筑物，地基承载力往往由地基强度控制，而不考虑地基变形。但是在什么情况下则必须考虑地基变形问题？

11. 红黏土地基承载力的确定方法有哪些？

12. 岩溶作用的定义是什么？地基的形成原因是什么？

13. 岩溶地基的形成原因及类型是什么？

14. 影响岩溶地基的因素有哪些？

15. 岩溶地基对工程的危害表现形式有哪些？

16. 岩溶地基常用的处理方法有哪些？

17. 改良土的定义是什么？

18. 改良土地基的类型有哪些？

19. 改良土的物理力学特性有哪些？

20. 冻融循环是如何影响改良土力学特性的？

21. 干湿循环是如何影响改良土力学特性的？

22. 改良土的动力特性有哪些？

二、单选题

1. 发育于坡脚的红黏土主要为(　　)。

A. 原生红黏土　　　B. 次生红黏土　　　C. 残积红黏土　　　D. 冲洪红黏土

2. 红黏土中小于 0.005mm 的黏粒含量为(　　)。

A. 50%～60%　　　B. 60%～80%　　　C. 30%～50%　　　D. 80%～90

3. 红黏土黏粒中小于 0.002mm 的胶粒含量为(　　)。

A. 30%～50%　　　B. 70%～80%　　　C. 40%～70%　　　D. 80%～90%

4. 以下不是红黏土地基处理方法的是(　　)。

A. 晾晒法　　　B. 深层搅拌法　　　C. 换填法　　　D. 碾压法

5. 红黏土下卧基岩起伏不平并存在软弱土层，容易引起(　　)。

A. 边坡滑移　　　B. 地基不均匀沉降　　C. 地基水平位移　　D. 地基剪切破坏

6. 按照岩溶地基处理的一般原则，当采用桩基时，宜优先采用(　　)。

A. 大直径嵌岩桩　　B. 中小型灌注桩　　C. CFG 桩　　　D. 水泥土桩

7. 在岩溶地区的建筑场地，当采用大直径嵌岩桩时，勘探点进入洞底的深度为(　　)。

A. 不小于桩径的 3 倍且不小于 5m　　　B. 不小于桩径的 3 倍且不小于 7m

C. 不小于桩径的 5 倍且不小于 3m　　　D. 不小于洞径的 3 倍且不小于 8m

8. 土洞地表塌陷的处理宜采用(　　)。

A. 注浆加固　　　　　　　　　　　B. 挖填配合梁板跨越处理

C. 挖填置换　　　　　　　　　　　D. 灌注细石混凝土

9. 岩溶地基中最主要的类型是(　　)。

A. 裸露型、掩埋型　　　　　　　　B. 掩埋型、半覆盖型

C. 裸露型、覆盖型　　　　　　　　D. 覆盖型、掩埋型

10. 以下不是岩溶地基形成的机制的是(　　)。

A. 溶蚀作用、冲蚀作用、崩塌作用、沉积作用

B. 冲蚀作用、崩塌作用、腐蚀作用、沉积作用

C. 堆积作用、沉积作用、腐蚀作用、冲蚀作用

D. 溶蚀作用、腐蚀作用、挤压作用、堆积作用

11. 目前采用的改良方法中，以下不属于物理改良的是(　　)。

A. 加筋土　　　B. 土工格栅　　　C. 土工布　　　D. 粉煤灰

12. 采用水泥进行黄土改良，现场水泥改良土的压实系数不易达到设计要求的原因是(　　)。

A. 现场操作误差　　　　　　　　　B. 室内试验误差

C. 水泥击实时间的影响　　　　　　D. 环境因素影响

13. 改良黄土的固结试验表明(　　)。

A. 改良后压缩系数都小于天然土样　　B. 改良后压缩系数大于天然土样

C. 改良后压缩系数都等于天然土样　　D. 无法确定

14. 评价改良土抵抗竖向压力极限强度的重要指标是(　　)。

A. 固结系数　　　B. CBR　　　C. 无侧限抗压强度　　D. 变形模量

15. 以下因素中对改良土力学性质影响最小的是(　　)。

A. 冻融循环　　　B. 干湿循环　　　C. 颗粒成分　　　D. 配合比

三、多选题

1. 红黏土的主要成分是(　　)。

A. 高岭石　　　B. 蒙脱石　　　C. 伊利石　　　D. 石英

2. 红黏土的一般特点是(　　)。

A. 含水量高　　　B. 塑性强　　　C. 孔隙比大　　　D. 低压缩性

3. 红黏土的分布特征是（　　）。

A. 残积、坡积类型

B. 多分布在山区或丘陵地带

C. 分布于盆地、谷地中心

D. 冲积、冲洪积类型

4. 红黏土的分类方法有（　　）。

A. 成因类型　　　　B. 湿度状态　　　　C. 土体结构　　　　D. 化学成分

5. 红黏土地基承载力的确定方法有（　　）。

A. 查阅地基规范　　B. 载荷试验　　　　C. 理论计算　　　　D. 公式计算

6. 红黏土中裂隙的出现和存在将导致地基不均匀沉降，基础墙体开裂，边坡坍塌，地表水下漏影响施工等许多病害。为此可根据不同情况采取（　　）措施。

A. 为防止建筑物开裂，在基础浇筑前，于基底铺设 20～30cm 的砂或碎石层，使土的收缩变形得以减缓和扩散，不致集中传给基础

B. 建筑物外围做 1.5～2.1m 宽混凝土散水坡，坡度大于 3%，散水坡将能起到稳定基底土含水量的作用，减少收缩变形

C. 适当增加基础埋深，以减少浅层大裂隙的影响。红黏土的裂隙发育深度约 4～6m，也有达 10m 以上的，此时宜采用桩基础

D. 基础上部设置圈梁，以增加建筑物的整体性，减少不均匀沉降

7. 下列地基处理方法中适宜红黏土的是（　　）。

A. 石灰桩法　　　　B. 强夯法　　　　C. 强夯置换法　　　　D. 砂石桩法

8. 在对岩溶洞隙塌滑不稳定进行处理时，下列属于结构措施的是（　　）。

A. 应选用有利于与上部结构共同工作，并可适应小范围塌落变位、整体性好的基础形式

B. 可采用跨越结构，选用调整柱距，有足够支承的梁、板、拱及悬挑等方式

C. 从岩溶对建筑稳定性和适宜性出发，在总平面布局上，使各类安全等级建筑物的布置与岩溶发育程度分区相适应

D. 场地上主要建筑物的位置尽量避开岩溶发育强烈地段，宜选择在非可溶岩分布的地段上

9. 以下是岩溶地基对工程危害的表现形式的是（　　）。

A. 引起地基不均匀沉陷

B. 地基沿软弱结构面的产生滑动破坏

C. 产生坍塌，地基突然下沉

D. 产生腐蚀

10. 当洞体开口较小，开挖清理困难时，可用（　　）的方法进行处理。

A. 桩基处理　　　　B. 灌注砂浆填塞　　C. 灌注混凝土　　　　D. 挖填置换

11. 岩溶导致的土洞宜采用（　　）。

A. 抛石夯实处理

B. 挖填配合梁板跨越处理

C. 挖填置换

D. 钻孔灌砂（或压力灌注细石混凝土）

12. 在对地基进行改良处理时，下列属于化学改良方式的是（　　）。

A. 水泥改良　　　　B. 石灰改良　　　　C. 粉煤灰改良　　　　D. 加筋土

13. 水泥改良黄土的湿陷性试验主要用于（　　）。

A. 测定黄土改良后在施加不同压力过程中遇水的塌陷程度

B. 检验黄土的湿陷性是否比改良以前有所提高

C. 评价黄土的湿陷类型和湿陷程度等级

D. 评价黄土的承载力

14. 黄土改良后，其物理力学性质有所变化，主要表现在(　　)。

A. 改良后的黏聚力和内摩擦角较天然黄土有明显增大

B. 内摩擦角随着水泥配合比的增加先增大后逐渐减小

C. 水泥掺量越大，摩擦角也越大

D. 水泥掺量越大，黏聚力也越大

15. 以下方法中适宜于地基改良的是(　　)。

A. 桩基处理
B. 水泥粉喷搅拌改良处理

C. 高压喷射注浆法
D. 深层搅拌浆喷法(CMD 法)

16. 改良黄土的 CBR 试验表明(　　)。

A. 改良后承载比都随击实次数递增而增加

B. 改良后承载比都随水泥掺和料配合比的增加而递增

C. 改良后承载比都随击实次数递增而减小

D. 改良后承载比随水泥掺和增加而递增

参 考 文 献

[1] 中华人民共和国行业标准. 软土地区岩土工程勘察规程(JGJ 83—2011) [S]. 北京：中国建筑工业出版社，2011.

[2] 中华人民共和国国家标准. 建筑地基基础设计规范(GB 50007—2011) [S]. 北京：中国建筑工业出版社，2011.

[3] 王钟琦，等. 岩土工程测试技术 [M]. 北京：中国建筑工业出版社，1986.

[4] 铁道部第一勘测设计院. 盐渍土地区铁路工程 [M]. 北京：中国铁道出版社，1986.

[5] 葛忻声. 区域性特殊土的地基处理技术 [M]. 北京：中国水利水电出版社，2011.

[6] 侯兆霞，刘中欣，武春龙. 特殊土地基 [M]. 北京：中国建材工业出版社，2007.

[7] 刘起霞. 地基处理 [M]. 北京：北京大学出版社，2013.

[8] 李书伟. 强夯置换法加固大面积荷载下的软土地基 [J]. 建筑结构，2003，33(4)：49‐51.

[9] 杜文义，蒙学礼. 水泥土搅拌桩在高层建筑地基处理中的应用 [J]. 探矿工程，2010，37(11)：45‐47.

[10] 陈东佐，葛忻声. 长短桩复合地基的理论与实践 [J]. 太原大学学报，2008，9(4)：126‐129.

[11] 马骥，张东刚，张震，等. 长短桩复合地基设计计算 [J]. 岩土工程技术，2001，2：86‐91.

[12] 文海涛，赵艳林，王磊，等. 长短桩复合地基设计计算方法探讨 [J]. 桂林理工大学学报，2010，30(2)：240‐245.

[13] 葛忻声，龚晓南，张先明. 长短桩复合地基有限元分析及设计计算方法探讨 [J]. 建筑结构学报，2003，24(4)：91‐96.

[14] 马小东. 长短桩复合地基在山区高速公路软土地基中的应用研究 [D]. 重庆：重庆交通大学，2011.

[15] 杜东菊，杨爱武，刘举，等. 天津滨海吹填土 [M]. 北京：科学出版社，2010.

[16] 韩选江. 大型围海造地吹填土地基处理 [M]. 北京：中国建筑工业出版社，2009.

[17] 龚丽飞，唐彤芝，关云飞，等. 吹填土浅层真空预压处理技术 [J]. 施工技术，2013，42(1)：80‐82.

[18] 王芳，郭进京，郑忠成. 吹填土地基处理方法的讨论 [J]. 岩土工程界，2009，12(6)：15‐17.

[19] 叶国良，郭述军，朱耀庭. 超软土的工程性质分析 [J]. 中国港湾建设，2010，5：1‐9.

[20] 刘莹，王清，肖树芳. 不同地区吹填土基本性质对比研究 [J]. 岩土工程技术，2003，4：197‐200.

[21] 彭涛，武威，黄少康，等. 吹填淤泥的工程地质特征研究 [J]. 工程勘察，1999，5：1‐5.

[22] 徐红，罗国煜. 粉煤灰处理软土地基的试验研究 [J]. 工程地质学报，2001，9(3)：286‐290.

[23] 杜海卫，邵伟. 高真空击密法在京唐港3000万t煤炭泊位工程吹填土软基处理中的应用 [J]. 中国港湾建设，2008，2：35‐37.

[24] 董江平，张雄壮，洪雷，等. 无砂垫层真空预压法提高吹填淤泥地基承载力试验研究 [J]. 水利与建筑工程学报，2010，8(4)：131‐133.

[25] 刘肇庆. 强夯法在新近吹填土地基加固中的应用 [J]. 化工设计，2000，10(2)：26‐29.

[26] 刘勇健，李彰明，张丽娟. 动力排水固结法在大面积深厚淤泥软基加固处理中的应用 [J]. 岩石力学与工程学报，2010，29，s2：4000‐4007.

[27] 张文彬，许忠发，苏波，等. 无砂垫层真空预压法加固大面积软土地基的实例研究 [J]. 水利与建筑工程学报，2012，10(3)：52‐57.

[28] 雷学文，白世伟，孟庆山．动力排水固结法的加固机理及工艺特征 [J]．岩土力学，2004，25 (4)：638 - 645.

[29] 高有斌，刘汉龙，王博，等．高真空击密法加固滨海吹填土地基试验研究 [J]．工业建筑，41 (8)：64 - 68.

[30] 季冰，肖许沐，黎忠．疏浚淤泥的固化处理技术与源化利用 [J]．安全与环境工程，2010，17 (2)：54 - 56.

[31] 傅志斌，张丽红，张继星，等．深圳滨海相吹填土固化的试验研究 [J]．工程勘察，2012，3：7 - 11.

[32] 刘莹，王清．水泥加固吹填土试验研究 [J]．公路交通科技，2006，23(6)：45 - 48.

[33] 薛红波，娄炎．砂井真空排水法加固饱和软土地基的强度特性 [J]．水利学报，1990，6：61 - 68.

[34] 中华人民共和国行业标准．公路路基路面现场测试规程(JTG E60—2008) [S]．北京：中国建筑工业出版社，2008.

[35] 中华人民共和国国家标准．岩土工程勘察规范(GB 50021—2001) [S]．北京：中国建筑工业出版社，2001.

[36] 中华人民共和国行业标准．公路路基施工技术规范(JTG F10—2006) [S]．北京：中国建筑工业出版社，2007.

[37] 程骁，张凤祥．土建注浆施工与效果检测 [M]．上海：同济大学出版社，1998.

[38] 铁道部第二勘测设计院．工程地质试验手册 [M]．北京：中国铁道出版社，1986.

[39] 高大钊．土质学与土力学 [M]．北京：人民交通出版社，2001.

[40] 陈仲颐，叶书麟．基础工程学 [M]，北京：中国建筑工业出版社，1990.

[41] ［苏］索柯罗维奇．土体化学加固 [M]．裴章勤，冯克宽，译．兰州：甘肃科学技术出版社，1988.

[42] 钱鸿缙，王继唐，等．湿陷性黄土地基 [M]．北京：中国建筑工业出版社，1985.

[43] 裴章勤，刘卫东．湿陷性黄土地基处理 [M]．北京：中国铁道出版社，1992.

[44] 杨广庆，等．高速铁路路基改良土的有关问题 [J]．铁道标准设计，2003，(5)：15 - 16.

[45] 肖林，王春义，郭汉生．建筑材料水泥土 [M]．北京：中国水利水电出版社，1985.

[46] 孙立川，韩杰．水泥加固土无侧限抗压强度影响因素分析及预测 [J]．地基处理，1994(4)：31 - 37.

[47] 卢肇均．地基处理手册 [M]．北京：中国建筑工业出版社，1988.

[48] 黄鹤，张俐，等．水泥土材料力学性能的试验研究 [J]．太原理工大学学报，2000，31(6)：705 - 709.

[49] 倪军，王德晓，张保俭．高速铁路路基改良填料的工程特性试验研究 [J]．石家庄铁道学院学报，2001，1(4)：11 - 13.

[50] 高亚成，郑建青．水泥土的室内试验研究 [J]．河海大学学报，1999，27(5)：103 - 106.

[51] 要文堂．高速铁路路基粉黏土填料改良技术的探讨及应用 [J]．铁道标准设计，2004，(1)：18 - 22.

[52] Wong. P. K. K. , Mitchill. R. J. Yielding and Plastic Flow of Sensitive Cemented Clay [J]. Geotechnique, 1997(14): 763 - 784.

[53] 郝巨涛．水泥土材料力学特性的探讨 [J]．岩土工程学报，1991，5(3)：53 - 99.

[54] 马学宁，梁波．水泥改良黄土力学特性试验研究 [J]．岩土工程技术，2005，19(5)：241 - 244.

[55] 周丽萍，申向东，白忠强．外掺剂对冻融循环水泥土强度影响的试验研究 [J]．人民长江，2008，39(24)：73 - 76.

[56] 宁宝宽，陈四利，刘斌．冻融循环对水泥土力学性质影响的研究 [J]．低温建筑技术，2004，(5)：10 - 12.

[57] 许原. 水泥稳定土延迟时间对强度和干密度的影响 [J]. 南平师专学报，2005, 24(2)：68-69.

[58] David J. White, Dale Harrington, Zach Thomas. Fly Ash Soil Stabilization for Non-Uniform Subgrade Soils [R]. Volume I：Engineering Properties and Construction Guidelines, Final Report, April 2005.

[59] 赵明龙，王建华，梁爱华. 干湿循环对水泥改良土疲劳强度影响的试验研究 [J]. 中国铁道科学，2005, 26(2)：25-26.

[60] 曹新文，蔡英，铁路路基动态特性的模型试验研究 [J]. 西南交通大学学报，1996, 31(1)：36-41.

[61] 韩文斌，王元汉. 京沪高速铁路路基基床填料改良试验研究 [J]. 岩石力学与工程学报，2001, 20(增)：1910-1916.

[62] 陈善民，王立，等. 水泥土动力特性室内试验及复合地基抗震特性分析 [J]. 2000, 34(4)：388-402.

[63] 侯勇峰，张航，周建，等. 循环荷载作用下水泥复合土变形性状试验研究 [J]. 岩土下程学报，2001, 23(31)：288-291.

[64] 段俊彪，白志勇. 铁路路基改良土填料浸水强度试验研究 [J]. 路基工程，2006, (3)：55-57.

[65] 王晶，江巍，王洪娟. 红黏土地基处理方法分析 [J]. 四川建筑科学研究，2009, 35(5)：94-95.

[66] 冯忠居. 特殊地区基础工程 [M]. 北京：人民交通出版社，2008.

[67] 中华人民共和国国家标准. 复合地基技术规范(GB/T 50783—2012) [S]. 北京：中国建筑工业出版社，2012.

[68] 中华人民共和国行业标准. 湿陷性黄土地区建筑基坑工程安全技术规程(JGJ 167—2009) [S]. 北京：中国建筑工业出版社，2009.

[69] 中华人民共和国国家标准. 湿陷性黄土地区建筑规范(GB 50025—2004) [S]. 北京：中国建筑工业出版社，2004.

[70] 中华人民共和国国家标准. 膨胀土地区建筑技术规范(GB 20112—2012) [S]. 北京：中国建筑工业出版社，2012.

[71] 中华人民共和国行业标准. 冻土地区建筑地基基础设计规范(JGJ 118—2011) [S]. 北京：中国建筑工业出版社，2011.

[72] 中华人民共和国行业标准. 公路路基设计规范(JTG D30—2004) [S]. 北京：人民交通出版社，2004.

[73] 中华人民共和国行业标准. 公路桥涵地基与基础设计规范(JTG D63—2007) [S]. 北京：人民交通出版社，2007.

[74] 印永嘉. 大学化学手册 [M]. 济南：山东科学技术出版，1985.

[75] 常士骠，张苏民. 工程地质手册 [M]. 北京：中国建筑工业出版社，1994.

[76] 熊厚金，林天健，李宁. 岩土工程化学 [M]. 北京：科学出版社，2001.

[77] 刘特洪. 工程建设中膨胀土问题 [M]. 北京：中国建筑工业出版社，1997.

[78] 袁灿勤. 城市建设岩土工程勘察 [M]. 成都：西南交通大学出版社，1994.

[79] 闫明礼，张东刚. CFG 桩复合地基技术及工程实践 [M]. 北京：中国水利水电出版社，2006.

[80] 刘增荣. 土力学 [M]. 上海：同济大学出版社，2005.

[81] 河北省宣大高速公路管理处. 黄土地区高速公路施工新技术 [M]. 北京：人民交通出版社，2001.

[82] 孟高头. 土体原位测试机理方法及工程应用 [M]. 北京：地质出版社，1997.

[83] 关文章. 湿陷性黄土工程性能新篇 [M]. 西安：西安交通大学出版社，1992.

[84] 曲祥民，张滨. 季节性冻土区水工建筑物抗冻技术 [M]. 北京：中国水利水电出版社，2008.

[85] 周幼吾，郭东信，邱国庆，等. 中国冻土 [M]. 北京：科学出版社，2000.

[86] 薛明，姚洪林. 盐渍土地区公路养护与环境技术 [M]. 北京：人民交通出版社，2006.

[87] 柴寿喜，王晓燕. 滨海盐渍土改性固化与加筋利用研究 [M]. 天津：天津大学出版社，2006.

[88] 徐攸在. 盐渍土地基 [M]. 北京：中国建筑工业出版社，1993.

[89] 孙文怀，刘起霞，等. 基础工程设计与地基处理 [M]. 北京：中国建材工业出版社，1999.

[90] 刘起霞. 环境工程地质 [M]. 郑州：黄河水利出版社出版，2001.

[91] 刘起霞. 土力学与地基基础 [M]. 北京：中国水利水电出版社，2006.

[92] 孙伟. 潍坊滨海盐渍土地区公路病害防治技术研究 [D]. 济南：山东大学，2012.

[93] 刘永球. 盐渍土地基及处理方法研究 [D]. 长沙：中南大学，2002.

[94] 徐燕. 季冻区草炭土工程地质特性及变形沉降研究 [D]. 长春：吉林大学，2008.

[95] 刘起霞，刘存中，郑培. 真空预压法在粮库软基处理中的运用 [J]. 粮食与食品工业，2006，5 (13)：39-43.

[96] 汪双杰，陈建兵，章金钊. 保温护道对冻土路基地温特征的影响 [J]. 中国公路学报，2006，19(1).

[97] 汪双杰，陈建兵，黄晓明. 热棒路基降温效应的数值模拟 [J]. 交通运输工程学报，2005，3.

[98] 汪双杰，李祝龙，武憼民. 多年冻土地区公路筑路技术研究现状与新课题 [J]. 冰川冻土，2003，25(4).

[99] 崔建恒，等. 青藏公路多年冻土路基整治探讨 [J]. 冰川冻土，1993，15(2).

[100] 李庭玉，等. 牙林线 K282 路基冰锥病害整治 [J]. 路基工程，2003，(1).

[101] 王吉望. 复合地基的研究及计算原理 [J]. 岩土工程师，1990，1：18-26.

[102] 龚晓南. 地基处理手册 [M]. 3 版. 北京：中国建筑工业出版社，2008.

[103] 中华人民共和国行业标准. 建筑地基处理技术规范(JGJ 79-2012) [S]. 北京：中国建筑工业出版社，2012.

[104] GRIME R E. Clay mineralogy [M]. New York：Mcgraw hill，1986.

[105] QiXia Liu, Yang Bai. The Application of Compaction Sand Pile in the Yellow River-Crossing Project for South-to-North Water Diversion [J]. Applied Mechanics and Materials，Vols. 226-228：1396-1400.

[106] QiXiaLiu, LiangFan. The Records of Slope Reinforcement Engineering in a Loess City [J]. Applied Mechanics and Materials，Vols. 190-191：1227-1233.

[107] QiXia Liu, Yang Bai. Application of Vacuum Preloading for Soft Foundation Treatment in Grain Storage [J]. Applied Mechanics and Materials，Vols. 190-191：1207-1213.

北京大学出版社土木建筑系列教材(已出版)

序号	书名	主编	定价	序号	书名	主编	定价
1	建筑设备(第2版)	刘源全　张国军	46.00	50	土木工程施工	石海均　马　哲	40.00
2	土木工程测量(第2版)	陈久强　刘文生	40.00	51	土木工程制图	张会平	34.00
3	土木工程材料(第2版)	柯国军	45.00	52	土木工程制图习题集	张会平	22.00
4	土木工程计算机绘图	袁　果　张渝生	28.00	53	土木工程材料(第2版)	王春阳	50.00
5	工程地质(第2版)	何培玲　张　婷	26.00	54	结构抗震设计	祝英杰	30.00
6	建设工程监理概论(第3版)	巩天真　张泽平	40.00	55	土木工程专业英语	霍俊芳　姜丽云	35.00
7	工程经济学(第2版)	冯为民　付晓灵	42.00	56	混凝土结构设计原理(第2版)	邵永健	52.00
8	工程项目管理(第2版)	仲景冰　王红兵	45.00	57	土木工程计量与计价	王翠琴　李春燕	35.00
9	工程造价管理	车春鹂　杜春艳	24.00	58	房地产开发与管理	刘　薇	38.00
10	工程招标投标管理(第2版)	刘昌明	30.00	59	土力学	高向阳	32.00
11	工程合同管理	方　俊　胡向真	23.00	60	建筑表现技法	冯　柯	42.00
12	建筑工程施工组织与管理(第2版)	余群舟　宋会莲	31.00	61	工程招投标与合同管理	吴　芳　冯　宁	39.00
13	建设法规(第2版)	肖　铭　潘安平	32.00	62	工程施工组织	周国恩	28.00
14	建设项目评估	王　华	35.00	63	建筑力学	邹建奇	34.00
15	工程量清单的编制与投标报价	刘富勤　陈德方	25.00	64	土力学学习指导与考题精解	高向阳	26.00
16	土木工程概预算与投标报价(第2版)	刘　薇　叶　良	37.00	65	建筑概论	钱　坤	28.00
17	室内装饰工程预算	陈祖建	30.00	66	岩石力学	高　玮	35.00
18	力学与结构	徐吉恩　唐小弟	42.00	67	交通工程学	李　杰　王　富	39.00
19	理论力学(第2版)	张俊彦　赵荣国	40.00	68	房地产策划	王直民	42.00
20	材料力学	金康宁　谢群丹	27.00	69	中国传统建筑构造	李合群	35.00
21	结构力学简明教程	张系斌	20.00	70	房地产开发	石海均　王　宏	34.00
22	流体力学(第2版)	章宝华	25.00	71	室内设计原理	冯　柯	28.00
23	弹性力学	薛　强	22.00	72	建筑结构优化及应用	朱杰江	30.00
24	工程力学(第2版)	罗迎社　喻小明	39.00	73	高层与大跨建筑结构施工	王绍君	45.00
25	土力学(第2版)	肖仁成　俞　晓	25.00	74	工程造价管理	周国恩	42.00
26	基础工程	王协群　章宝华	32.00	75	土建工程制图	张黎骅	29.00
27	有限单元法(第2版)	丁　科　殷水平	30.00	76	土建工程制图习题集	张黎骅	26.00
28	土木工程施工	邓寿昌　李晓目	42.00	77	材料力学	章宝华	36.00
29	房屋建筑学(第2版)	聂洪达　郄恩田	48.00	78	土力学教程	孟祥波	30.00
30	混凝土结构设计原理	许成祥　何培玲	28.00	79	土力学	曹卫平	34.00
31	混凝土结构设计	彭　刚　蔡江勇	28.00	80	土木工程项目管理	郑文新	41.00
32	钢结构设计原理	石建军　姜　袁	32.00	81	工程力学	王明斌　庞永平	37.00
33	结构抗震设计	马成松　苏　原	25.00	82	建筑工程造价	郑文新	39.00
34	高层建筑施工	张厚先　陈德方	32.00	83	土力学(中英双语)	郎煜华	38.00
35	高层建筑结构设计	张仲先　王海波	23.00	84	土木建筑CAD实用教程	王文达	30.00
36	工程事故分析与工程安全(第2版)	谢征勋　罗　章	38.00	85	工程管理概论	郑文新　李献涛	26.00
37	砌体结构(第2版)	何培玲　尹维新	26.00	86	景观设计	陈玲玲	49.00
38	荷载与结构设计方法(第2版)	许成祥　何培玲	30.00	87	色彩景观基础教程	阮正仪	42.00
39	工程结构检测	周　详　刘益虹	20.00	88	工程力学	杨云芳	42.00
40	土木工程课程设计指南	许　明　孟苗超	25.00	89	工程设计软件应用	孙香红	39.00
41	桥梁工程(第2版)	周先雁　王解军	37.00	90	城市轨道交通工程建设风险与保险	吴宏建　刘宽亮	75.00
42	房屋建筑学(上:民用建筑)	钱　坤　王若竹	32.00	91	混凝土结构设计原理	熊丹安	32.00
43	房屋建筑学(下:工业建筑)	钱　坤　吴　歌	26.00	92	城市详细规划原理与设计方法	姜　云	36.00
44	工程管理专业英语	王竹芳	24.00	93	工程经济学	都沁军	42.00
45	建筑结构CAD教程	崔钦淑	36.00	94	结构力学	边亚东	42.00
46	建设工程招投标与合同管理实务	崔东红	38.00	95	房地产估价	沈良峰	45.00
47	工程地质(第2版)	倪宏革　周建波	30.00	96	土木工程结构试验	叶成杰	39.00
48	工程经济学	张厚钧	36.00	97	土木工程概论	邓友生	34.00
49	工程财务管理	张学英	38.00	98	工程项目管理	邓铁军　杨亚频	48.00

序号	书名	主编	定价	序号	书名	主编	定价
99	误差理论与测量平差基础	胡圣武　肖本林	37.00	121	土力学	贾彩虹	38.00
100	房地产估价理论与实务	李龙	36.00	122	交通工程基础	王富	24.00
101	混凝土结构设计	熊丹安	37.00	123	房屋建筑学	宿晓萍　隋艳娥	43.00
102	钢结构设计原理	胡习兵	30.00	124	建筑工程计量与计价	张叶田	50.00
103	钢结构设计	胡习兵　张再华	42.00	125	工程力学	杨民献	50.00
104	土木工程材料	赵志曼	39.00	126	建筑工程管理专业英语	杨云会	36.00
105	工程项目投资控制	曲娜　陈顺良	32.00	127	土木工程地质	陈文昭	32.00
106	建设项目评估	黄明知　尚华艳	38.00	128	暖通空调节能运行	余晓平	30.00
107	结构力学实用教程	常伏德	47.00	129	土工试验原理与操作	高向阳	25.00
108	道路勘测设计	刘文生	43.00	130	理论力学	欧阳辉	48.00
109	大跨桥梁	王解军　周先雁	30.00	131	土木工程材料习题与学习指导	鄢朝勇	35.00
110	工程爆破	段宝福	42.00	132	建筑构造原理与设计(上册)	陈玲玲	34.00
111	地基处理	刘起霞	45.00	133	城市生态与城市环境保护	梁彦兰　阎利	36.00
112	水分析化学	宋吉娜	42.00	134	房地产法规	潘安平	45.00
113	基础工程	曹云	43.00	135	水泵与水泵站	张伟　周书葵	35.00
114	建筑结构抗震分析与设计	裴星洙	35.00	136	建筑工程施工	叶良	55.00
115	建筑工程安全管理与技术	高向阳	40.00	137	建筑学导论	裴鞠　常悦	32.00
116	土木工程施工与管理	李华锋　徐芸	65.00	138	工程项目管理	王华	42.00
117	土木工程试验	王吉民	34.00	139	园林工程计量与计价	温日琨　舒美英	45.00
118	土质学与土力学	刘红军	36.00	140	城市与区域规划实用模型	郭志恭	45.00
119	建筑工程施工组织与概预算	钟吉湘	52.00	141	特殊土地基处理	刘起霞	50.00
120	房地产测量	魏德宏	28.00				

相关教学资源如电子课件、电子教材、习题答案等可以登录 www.pup6.cn 下载或在线阅读。

扑六知识网(www.pup6.com)有海量的相关教学资源和电子教材供阅读及下载(包括北京大学出版社第六事业部的相关资源)，同时欢迎您将教学课件、视频、教案、素材、习题、试卷、辅导材料、课改成果、设计作品、论文等教学资源上传到 pup6.com，与全国高校师生分享您的教学成就与经验，并可自由设定价格，知识也能创造财富。具体情况请登录网站查询。

如您需要免费纸质样书用于教学，欢迎登陆第六事业部门户网(www.pup6.com.cn)填表申请，并欢迎在线登记选题以到北京大学出版社来出版您的大作，也可下载相关表格填写后发到我们的邮箱，我们将及时与您取得联系并做好全方位的服务。

扑六知识网将打造成全国最大的教育资源共享平台，欢迎您的加入——让知识有价值，让教学无界限，让学习更轻松。

联系方式：010-62750667，donglu2004@163.com，linzhangbo@126.com，欢迎来电来信咨询。